日・独夜間戦闘機の塗装とマーキング

© Shigeru Nohara

ドルニエ Do17Z-7 第２夜間戦闘航空団第Ⅰ飛行隊第２中隊
1940年秋 オランダ

メッセーシュミット Bf110D-3 第１夜間戦闘航空団第Ⅳ飛行隊第10中隊
1942年２月 ノルウェー

メッサーシュ 本部小隊
1944年夏 ト

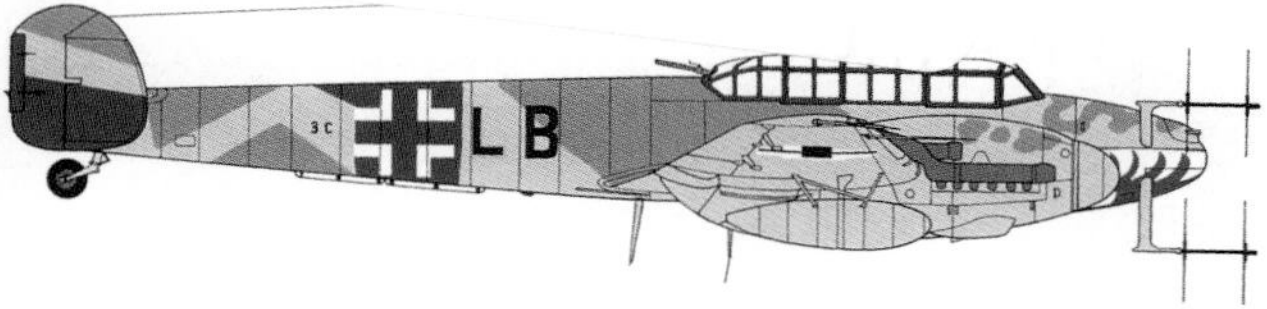

メッサーシュミット Bf110G-4/R3 第101夜間戦闘航空団第Ⅱ飛行隊第６中隊
1945年５月 ドイツ本国

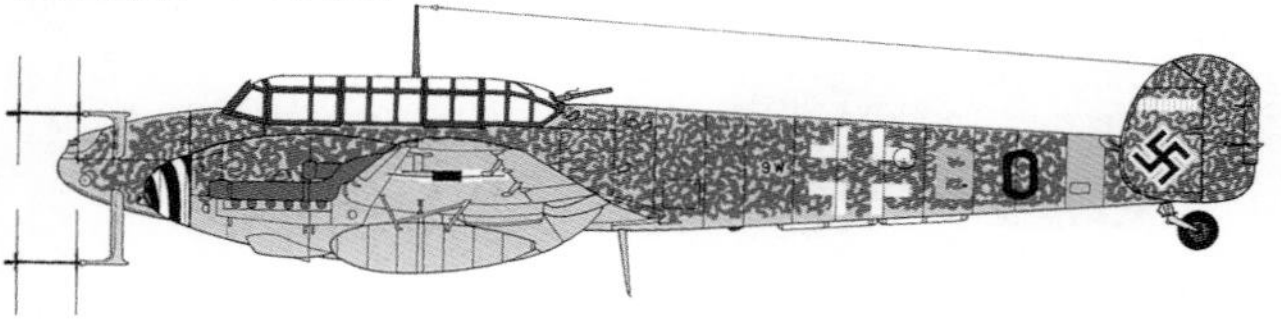

メッサーシュミット Bf110G-4 W.Nr160026 第６夜間戦闘航空団司令官
ヘルベルト・ルーイェ大佐乗機 1945年５月 ドイツ本国

ドルニエ Do217N-2/R22 W.Nr1570 第４夜間戦闘航空団第Ⅱ飛行隊第６中隊
1944年５月 フランス

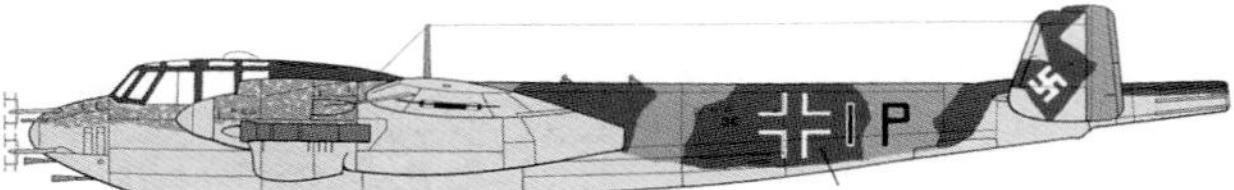

ユンカース Ju88C-6 第２夜間戦闘航空団第Ⅱ飛行隊第５中隊
1943年６月 シシリー島

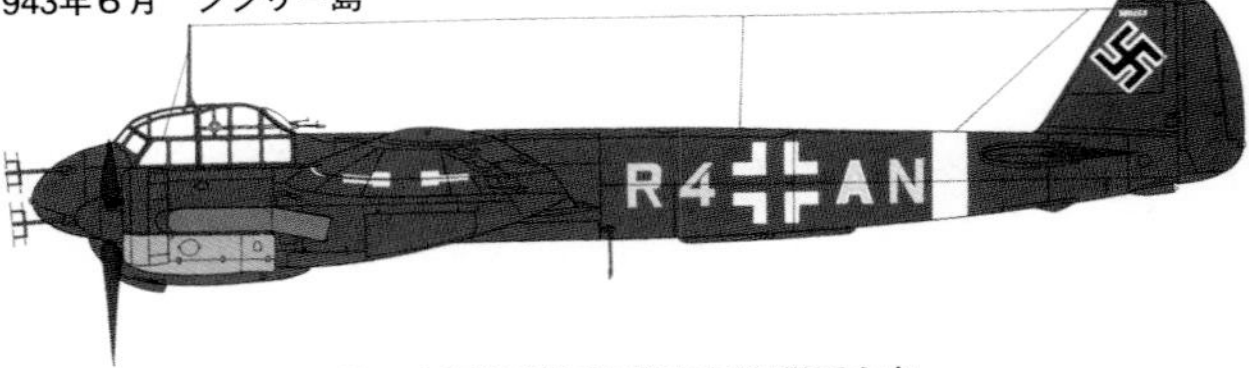

ユンカース Ju88C-6 第５夜間戦闘航空団第Ⅳ飛行隊司令官
H.P.zuS.ヴィトゲンシュタイン大尉乗機 1943年５月 ロシア

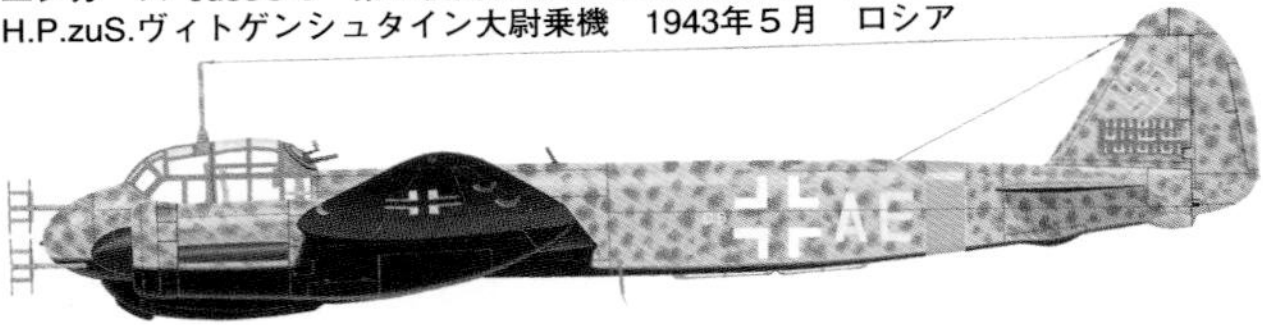

ユンカース　Ju88G-1　W.Nr714911　第４夜間戦闘航空団第Ⅲ飛行隊第７中隊
1945年４月　ドイツ本国

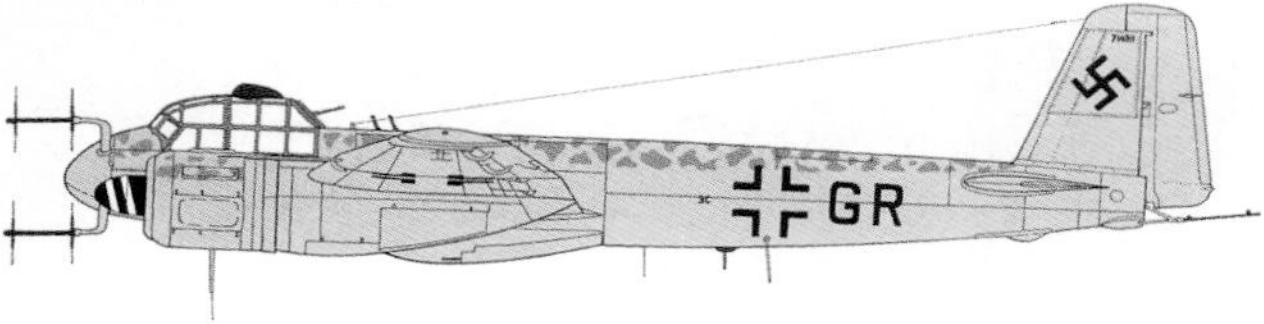

ユンカース　Ju88G-6　第２夜間戦闘航空団第Ⅰ飛行隊本部小隊
1945年５月　ドイツ本国

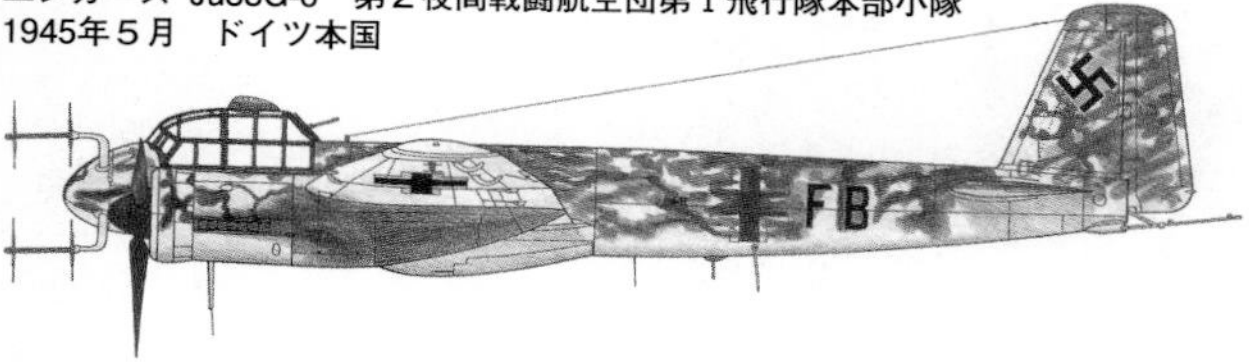

ハインケル　He219A-2　W.Nr290123　第１夜間戦闘航空団第Ⅰ飛行隊第１中隊
1945年５月　ドイツ本国

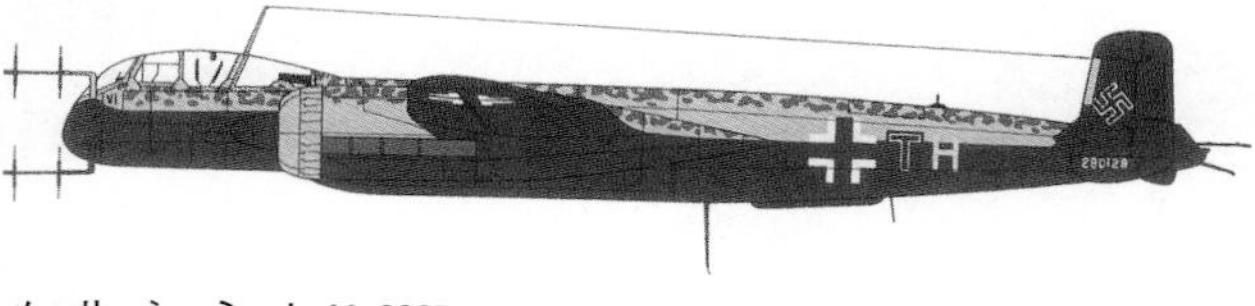

メッサーシュミット　Me262B-1a/U1　W.Nr110305
第11夜間戦闘航空団第Ⅳ飛行隊第10中隊
1945年５月　ドイツ本国

中島 海軍 夜間戦闘機「月光」一一型［J1N1-S］第三〇二海軍航空隊
昭和20年　厚木基地

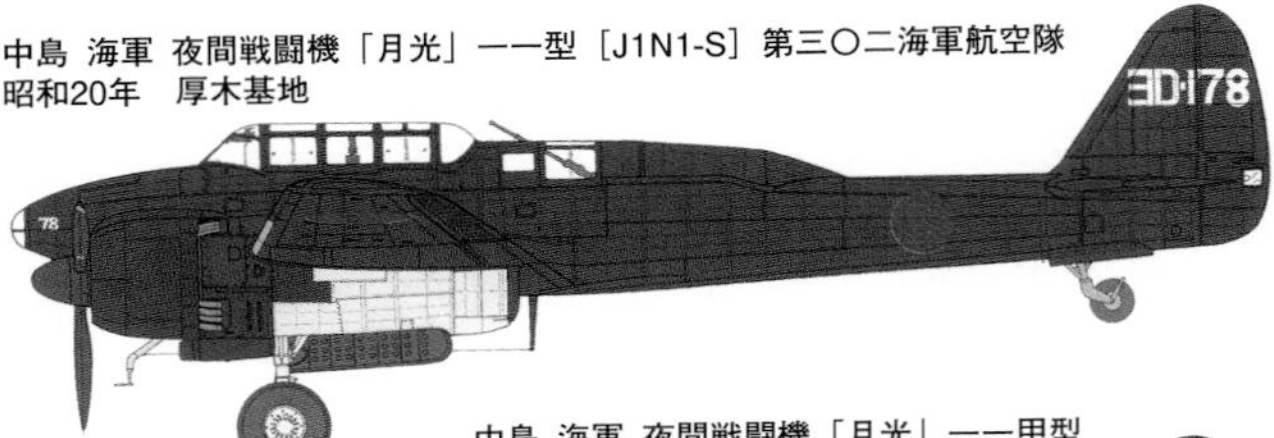

中島 海軍 夜間戦闘機「月光」一一甲型
［J1N1-Sa］第三五二海軍航空隊
昭和19年９月　大村基地

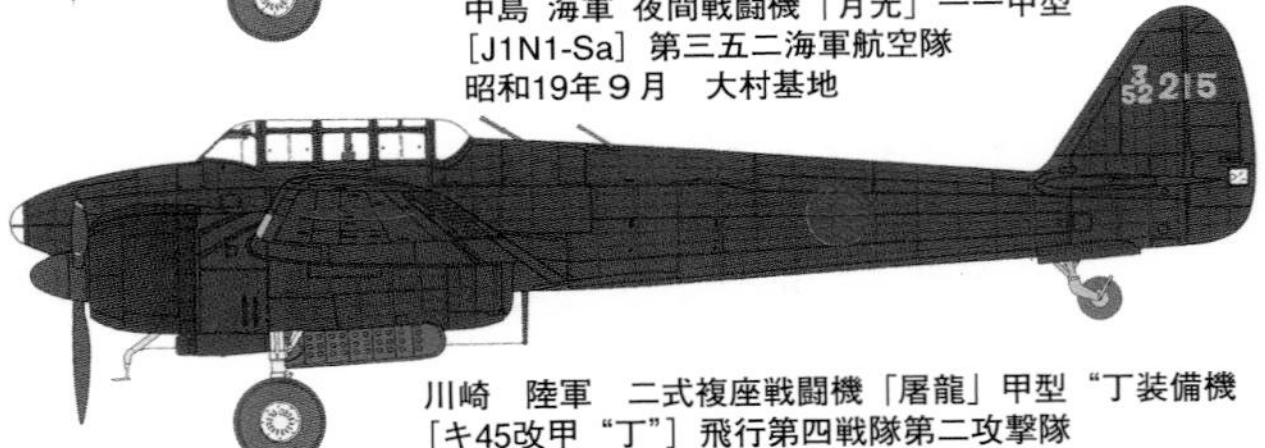

川崎　陸軍　二式複座戦闘機「屠龍」甲型“丁装備機
［キ45改甲“丁”］飛行第四戦隊第二攻撃隊
昭和19年　小月飛行場

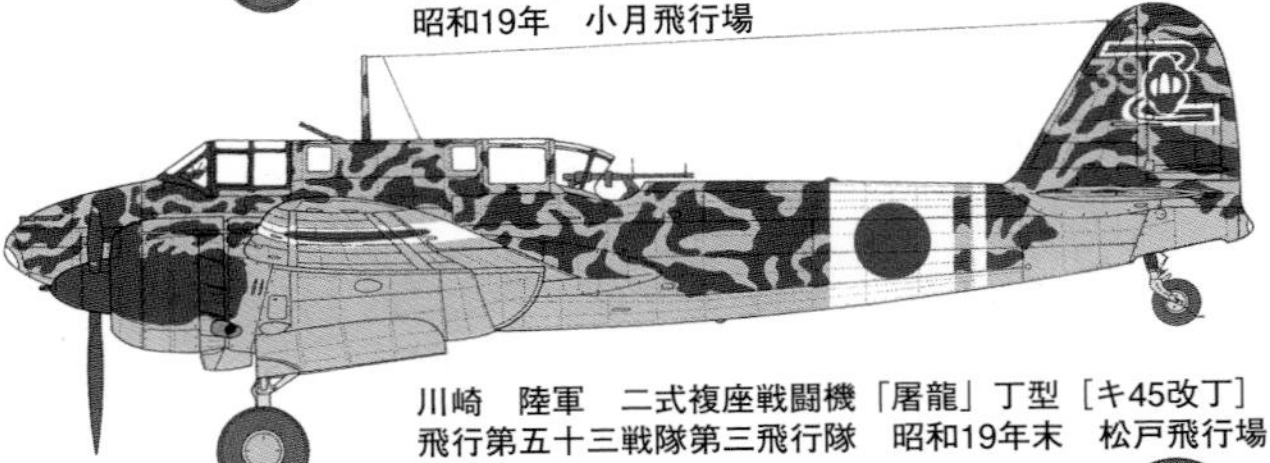

川崎　陸軍　二式複座戦闘機「屠龍」丁型［キ45改丁］
飛行第五十三戦隊第三飛行隊　昭和19年末　松戸飛行場

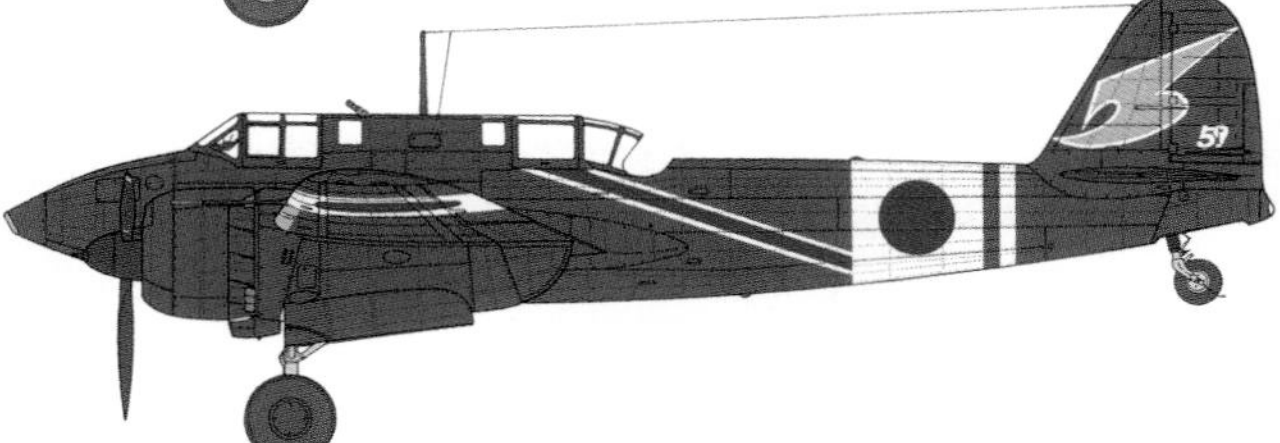

博物館に現存する日・独夜間戦闘機

メッサーシュミット Bf110G-4 WNr.730301

Photos: S. Nohara

▲▼イギリスのヘンドン空軍敷地内に所在する、イギリス空軍博物館「バトル・オブ・ブリテン」コーナーに保存・展示されている、Bf110G-4夜戦。全体形状をオリジナルのまま維持するBf110としては、各型式を通じても唯一の現存機。機首の特徴あるレーダー・アンテナを含め、機体の特徴をつぶさに観察できる。周囲に配置された、搭乗員と婦人軍属のマネキンなども資料性が高い。

ユンカース Ju88R-1 W.Nr360043

Photos: S. Nohara

［３枚とも］前ページのBf110G-4の脇に並んで保存・展示されている、Ju88R-1夜戦。Ju88夜戦といえば、何といっても主役はＧシリーズだが、残念ながら現存するのは、このマイナーなＲシリーズの１機のみである。1943年５月９日、ノルウェー国内基地を出撃して、イギリス本土上空に侵入したが、スピットファイアに迎撃されて不時着し、そのまま接収された曰くつきの機体だ。爆撃機型Ａシリーズと異なる、空冷BMW801Aエンジン（1,600hp）を搭載したことがポイント。

Ｒシリーズには R-1とR-2の２種のサブ・タイプがあり、前者のレーダーは初期タイプのFuG202、後者のそれはFuG220であることが、外観上の識別点。

中島 夜間戦闘機「月光」一一甲型［J1N1-Sa］

Photos: NASM

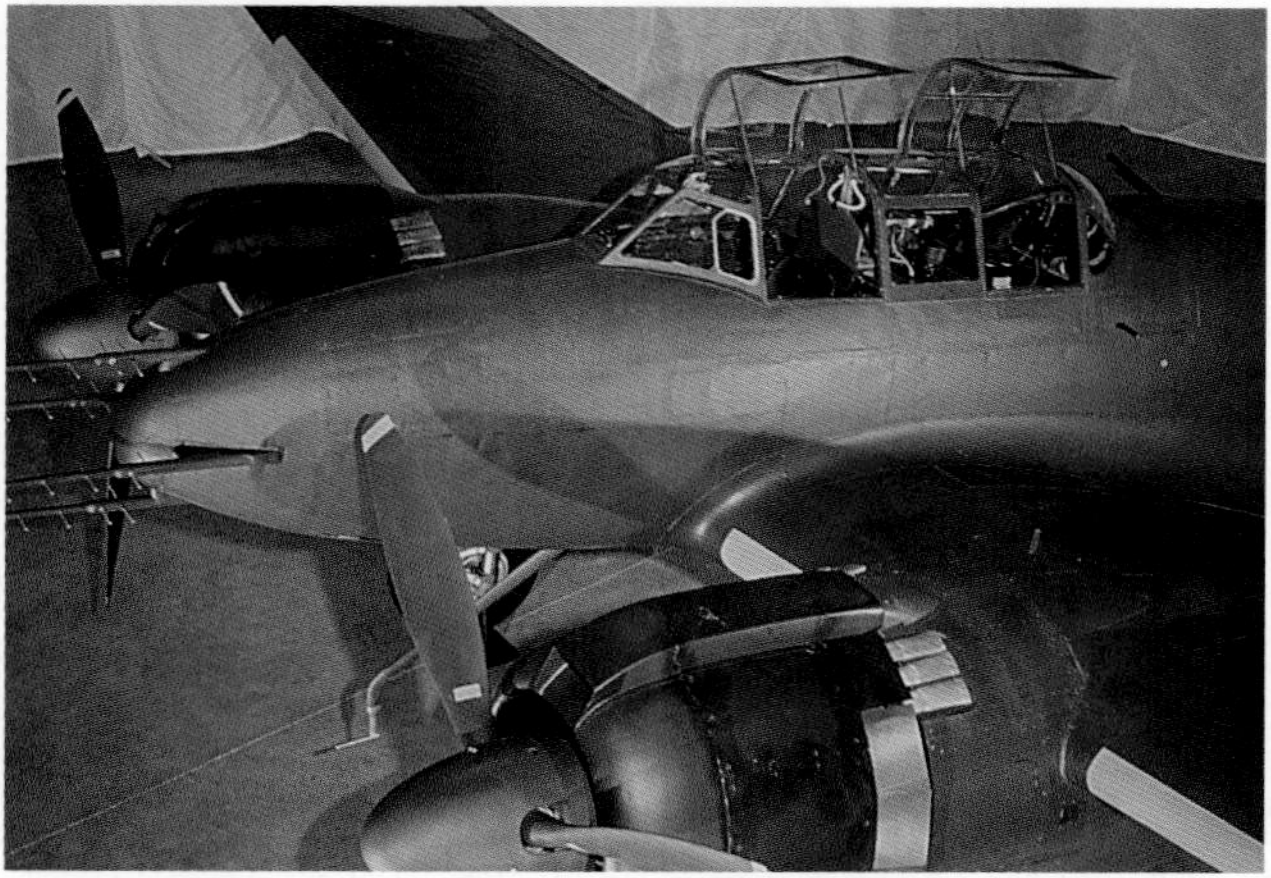

▲▼アメリカの国立航空宇宙博物館（NASM）が保存・展示する、唯一の現存「月光」一一甲型、製造番号中島第7334号機。太平洋戦争終結後に横須賀基地でアメリカ軍に接収され、調査のため同本国に搬送された。戦後、長期にわたり、スクラップ同然に放置されていたのを、NASMが足掛け4年、17,247マン・アワーを費して、1983年12月、ほぼオリジナルに近い状態に復元した。操縦室内なども、下写真のごとく完璧に近い仕上がりだ。

川崎 二式複座戦闘機丁型「屠龍」［キ45改丁］

Photos: M. Akimoto

［このページ3枚とも］前ページの「月光」と同様、アメリカのNASMが保管する、唯一の現存二式複戦丁型「屠龍」。月光のように復元作業はうけておらず、胴体、主翼、発動機、主脚、尾翼などがすべて分離された状態で、現在は、胴体部分のみが「月光」とともに、2003年12月にオープンした、首都ワシントン郊外のダレス国際空港に隣接する、新館に展示されている。写真上は胴体前半部右側、同中は操縦室内を示す。後者をみる限り、オリジナル度は高い。

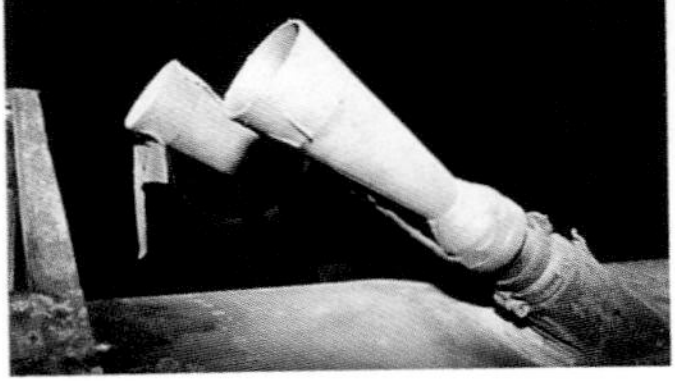

◀屠龍丁型夜戦の必殺武器、「ホ五」二〇粍上向き砲部分クローズ・アップ。「月光」が初めて装備した、海軍式「斜め銃」の陸軍版である。操縦室後方の背部に、前上方32度に指向して2門装備した。

NF文庫
ノンフィクション

日独夜間戦闘機

「月光」からメッサーシュミットBf110まで

野原 茂

潮書房光人新社

日独夜間戦闘機——目次

第一部　ドイツの夜間戦闘機

第二部　日本の夜間戦闘機

日独夜間戦闘機

「月光」からメッサーシュミットBf110まで

第一部　ドイツの夜間戦闘機

はじめに

現在のロシア対西欧、アメリカ対中国の最前線でのせめぎ合いもそうだが、現代の航空戦術はコンピューター、レーダーなど、高度な電子機器なくしては成り立たない。人間の頭脳、技術がすべてを決した時代は遠い過去のものとなった。

今日のこうした〝電子戦術〟の基礎が確立したのは、第二次世界大戦中のヨーロッパ、具体的にいえばイギリス空軍とドイツ空軍の間で生起した、夜間航空戦である。

1940年夏、ドイツ空軍による史上前例のない大規模航空攻勢をしのぎ、祖国滅亡の危機を脱したイギリスは、翌年以降こんどはドイツに対し、容赦のない夜間無差別爆撃攻勢をかけることになった。

イギリス空軍が、爆撃作戦を夜間に限定したのは、爆撃機はいかに防御策をこらそうとも、昼間に敵制空権下を迎撃戦闘機を振り切って行動することは不可能という、かつての第一次世界大戦において、高い代償を払って得た教訓に基づくものだった。

イギリス空軍爆撃機軍団による、この夜間爆撃作戦は、やがて受け身のドイツ空軍に夜間防空組織の飛躍的な拡充をもたらし、両空軍は、以降ヨーロッパ戦終結にいたるまで、ハード、ソフト両面において熾烈な争いを繰り広げるのである。

攻める側も守る側も、人間の視力が効かない暗闇の中の戦いで、その勝敗に重大な影響をおよぼしたのが、ほかならぬレーダーをはじめとする電子機器の優劣であった。

この電子機器の開発で、終始優勢に立ったのがイギリスである。すでに開戦前に世界に先がけて地上、機上レーダー双方の実用化に成功しており、とくに地上早期警戒レーダー網は、1940年夏のバトル・オブ・ブリテンにおいて大きな威力を示し、航空戦の概念を根本から覆すほどのインパクトをもたらした。

イギリスに遅れをとったドイツも、同空軍機による夜間空襲の本格化とともに、1940年6月にまず夜間戦闘航空団を創設し、あわせて地上警戒、誘導レーダー網の整備に力を注いだ。

ドイツ側の、レーダーをはじめとした防空システムの充実に対し、イギリスは1942年に入って、一度に大量の爆撃機を出撃させ、短時間に集中して目標に投弾、ドイツのGCI（地上管制防空）システムをオーバー・ワークさせてしまう、いわゆる〝飽和爆撃〟戦術を採って対抗した。

また、あわせて〝GEE〟、〝オーボエ〟の両無線航法補助装置、H2S地形表示レーダーを実用化し、爆撃機の目標到達率を飛躍的に高めたことと、ドイツ側のレーダー、無線通信網の機能をマヒさせる〝ムーン・シャイン〟、〝マンドレル〟などの妨害措置をとったことが特筆される。今日で言うところの、ECM戦の幕開けである。

　ドイツ空軍も、1942年なかばにようやく機上レーダーが充足し、夜戦隊は自らの〝目〟で敵機を捕捉することが可能になった。

　以後、イギリス側がドイツの地上、機上レーダー、無線通信を妨害する装置を実用化すると、ドイツがそれに対抗して妨害を受けにくい改良型を送り出し、イギリスはまた新たな妨害装置を造るというパターンが繰り返された。

　しかし、1944年秋には〝電子戦〟で常に先手を打ってきたイギリスが、あらゆる面でドイツ側を圧倒し、夜の戦いにほぼ決着がついた。

　ドイツは、ついに最後までマグネトロン真空管を使うマイクロ波長（cm波長）レーダーが実用化できず（極く少数が生産されはじめたところで敗戦になった）、これがため、新型のメートル波長レーダーもたやすく妨害措置をとられてしまい、その有効期間がきわめて短かったことも、電子戦に敗れた大きな要因のひとつである。

　1944年末には、ドイツのGCI、機上レーダー、無線通信網は完全にマヒしてしまって用をなさなくなった。

　夜の戦いの結末をみるまでもなく、すでにドイツは、うち続いたアメリカ陸軍航空軍の昼間大爆撃によって、軍需産業が壊滅して瀕死の状態にあり、降伏は時間の問題だった。

　戦後の分析でも、ドイツを崩壊に至らしめたのは、アメリカ陸軍航空軍による軍需産業を目標にした昼間爆撃だったという結論で一致しており、イギリス空軍の夜間地域爆撃は、戦略上からはそれほど大きな効果はなかったとされている。

しかし、ドイツの夜空に展開された、たがいに〝見えざる敵〟との、目も眩むような壮大なスケールの戦いは、今日の電子戦を暗示するものであり、航空戦術の面ではかりしれないほどの大きな教訓をもたらした。

本書は、この夜空の戦いで一方の主役となった、ドイツ夜間戦闘機、およびその機体構造などを中心に紹介するが、資料面での都合もあって全ての機体を同レベルの内容にすることは叶わず、主力機種のＢｆ１１０、Ｊｕ88、Ｈｅ２１９に多くのページを割き、他は現存資料の程度にあわせて分量を調整した。

夜戦の場合は、昼間戦闘機のように機体設計、飛行性能の優劣が価値を左右するというよりも、搭載する電子機器の優劣、地上管制システム、効果的な戦闘法などのファクターが重要になる。その意味で全体的な夜間戦闘の推移を冒頭に記しておく。

また、イギリス、ドイツの夜間戦闘とは比較にならぬレベルだが、太平洋戦域における夜間戦闘がどのようなものだったのか、日本陸海軍の夜戦「屠龍」「月光」を中心に第二部で紹介することにした。

第一章　夜間航空戦の始まりとその後の推移

古来、敵の寝込みを襲う、すなわち「夜襲」は兵法のイロハであり、数知れない戦《いくさ》の場で、決定的な効果をあげる戦術として重用されてきた。

第一次世界大戦で、ようやく兵器としての地位を固めたばかりの航空機は、地上兵器と異なり、何の専用装置も持たず、また地上からの支援も無いという状況で、当初は夜に飛行することなど考えも及ばなかった。

しかし、開戦から5ヵ月ほど経った1915年1月19日の夜、ドイツ海軍の有名な「ツェッペリン」飛行船、L5、L6号の2隻が、夜陰に乗じてイギリス本土南東部沿岸に侵攻し、爆弾を投下して、史上最初の航空機（船）による夜間空襲を記録した。

現代の車程度の速度（80〜90㎞／h）で飛ぶ飛行船は、いわば風船と同じであり、爆発などの事故を別にすれば、墜落の危険は航空機に比べてはるかに少なく、わずかな指標さえあれば、夜間飛行するのはそれほど困難ではなかった。

夜ならば、航空機が迎撃に上がってくる可能性もなく、対空砲火の脅威もほとんどないという現状を、うまく利用した、ドイツ海軍のヒラメキが功を奏したわけである。

▲史上初めて夜間航空戦が生起するきっかけをつくった、ドイツの「ツェッペリン」超大型飛行船。全長200m、直径最大27.6mの巨大サイズで、大戦中に計115隻も建造された。

1916年当時のドイツ飛行船隊基地、およびイギリス航空隊本土防衛部隊基地配置

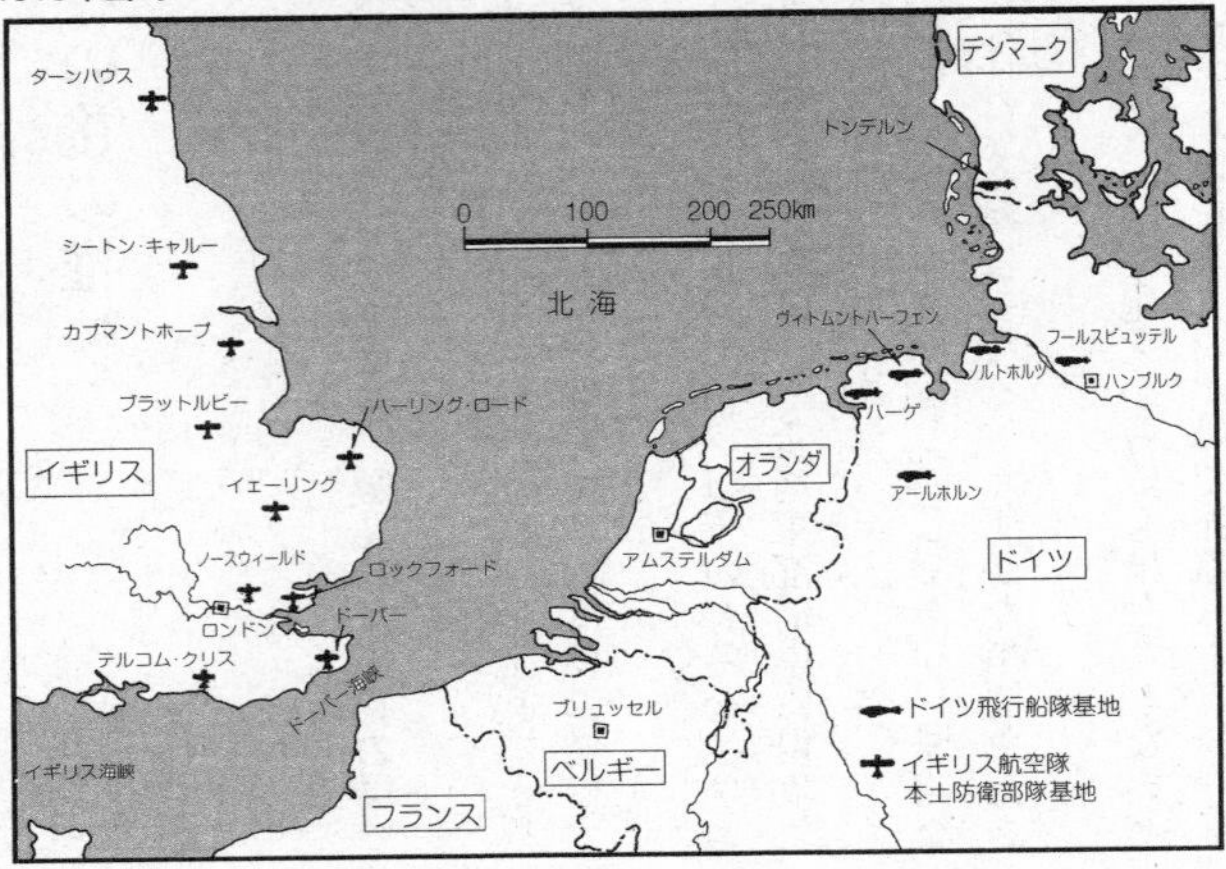

ツェッペリン飛行船隊によるイギリス本土空襲は、次第にエスカレートし、その鉾先が首都ロンドンにまで向けられるようになったため、イギリス側も否応なく、照空灯（サーチライト）を交えた、航空機と対空砲火による夜間防空態勢の構築に乗り出さざるを得なくなった。

その効果が初めて出たのは、1915年6月6日夜で、ロンドン空襲に飛来した数隻のツェッペリン飛行船隊の帰路を、フランス沿岸部に駐留していた、イギリス海軍航空隊第1飛行隊のアンリ・ファルマン複葉機、モラン・ソルニエ単葉機各2機が迎撃して、そのうちの1隻、LZ37号を撃墜することに成功した。

殊勲のパイロットは、R．A．Jワーンフォード少尉で、彼は、小型爆弾（9kg）6発を懸吊したモラン・ソルニエ機を駆り、飛行船隊の上空からこれを投下、うち1発が見事にLZ37号に命中し、史上最初の夜間戦果記録者の栄誉に浴した。

もっとも、照空灯の助けがあるとはいえ、何の航法装置も持たない航空機が、暗闇の中を飛行して目標を捕捉し、さらに基地に戻るのは至難のことだった。

ツェッペリン飛行船隊によるイギリス本土への夜間空襲は、その後1916年11月まで頻繁に実施されたが、同年8月までの1年2ヵ月間、ワーンフォード少尉につづく航空機による戦果が無かったことからも、それが察せられよう。

しかし、イギリス航空隊が前方固定機銃、もしくは、上方にも指向できる旋回機銃を備えたスカウト機（戦闘機）による射撃で、飛行船を攻撃する戦法を常套化した1916年9月

▶1915年6月6日深夜、ツェッペリン飛行船「LZ37」号を撃墜して、航空機による初めての夜間戦果を記録した、イギリス海軍航空隊第1飛行隊のR.A.Jワーンフォード少尉と、そのときの乗機モラン・ソルニエ単葉機。彼は、この殊勲によりビクトリア・クロス勲章受章の栄誉に浴するが、そのわずか11日後に、事故であっけなく死亡してしまう。

以降、ツェッペリン隊の被害は急増した。

すなわち、9月2日夜、ロンドンに飛来したうちの1隻、SL11号は、哨戒飛行中のW.リーフィ・ロビンソン中尉が駆るBE2c複葉スカウト機に捕捉され、ドラム弾倉2個分の7.7㎜機銃弾を、その巨大な船腹に射ち込まれて炎の塊と化し大地に激突、乗員16名全員とともに四散した。そして、同月中にさらに2隻（L32、L33号）が同じように撃墜されたのである。

飛行船体の内部には、浮揚のための可燃性水素ガスが詰まっており、ここに機銃弾、ましてや焼夷弾が射ち込まれれば、ひとたまりもなく引火、爆発してしまう。

航空機の射撃に対し、飛行船の脆弱ぶりが明らかになると、ドイツもイギリス本土に対する空襲を控えるようになり、夜間戦闘はひとまず沈静化した。

●航空機同士の夜間戦闘始まる

ツェッペリン飛行船による空襲が下火となり、イギリスの夜空は、しばらく静かにはなった。しかし、1917年9月、

▲ツェッペリン飛行船に代わり、1917年９月からイギリス本土夜間空襲の主戦力となった、ゴータＧ型双発爆撃機。手前に立つ乗員と比較すれば、その大きさが知れる。主要な生産型は、Ⅲ、Ⅳ、Ⅴの３型式で、イギリス本土夜間空襲の主力となったのはⅣである。1916年８月から翌年秋にかけて、計232機つくられた。写真はＶ型。

▶戦時中に描かれた、ゴータＧ型によるイギリス本土夜間空襲のイラスト。のちの第二次大戦機と違い、夜間爆撃高度はせいぜい2,000～3,000mと低く、対空機銃の射程圏内に入っていたので、高角砲がなくても射ち落とされる場合があった。爆弾携行量は、標準で500kg。

再び夜空を焦がす炎と硝煙の臭いに包まれるようになった。今度の侵入者は、飛行船ではなく、はるかに機動力に勝る航空機だった。

ツェッペリンによる首都ロンドンの空襲が挫折すると、ドイツ航空隊は、航法能力に長けた大型多発爆撃機をその後継とすることにし、１９１７年早々、ゴータＧ型双発複葉機で構成された長距離爆撃航空団を7個新編した。

各航空団はそれぞれ3個飛行隊から成っていたが、唯一、第3爆撃航空団のみは6個飛行隊を有し、イギリス本土爆撃のみに専念することから、〝イギリ

▲ツェッペリン飛行船によるイギリス本土夜間空襲が始まったとき、防空戦闘機に転用されて中核を成したアブロ504型機。練習機として有名だが、第一次大戦末期にも、なお5個本土防衛飛行隊に就役していた、使い勝手のよい機体だった。

▲SE 5とともに、第一次大戦後期のイギリス航空隊（海軍も含めて）の主力戦闘機として君臨した名機、ソッピース「キャメル」。むろん、本土防衛飛行隊にも多くが配備され、大戦終結時には、8個飛行隊が本機を装備していて、主力を占めていた。写真は、上翼に機銃1挺を突き出した2F.I型。

ス航空団〟と通称された。

これらゴータGによるイギリス本土空襲は、1917年3月25日を期して開始されたが、当初は昼間出撃を原則とした。しかし、イギリス側の防空態勢が強化されたこともあって、目標に正確に爆弾を投下するのが、日々困難になっていった。

そのため、8月22日の出撃で3機が失われたのを機会に昼間爆撃は中止され、月明下の夜間爆撃に転換した。

イギリス防空部隊が、初めて航空機によるゴー

▲ドイツのツェッペリン飛行船、ゴータG爆撃機によるイギリス本土空襲に対する報復として、イギリス航空隊が1917年３月から西部戦線、およびドイツ本土夜間爆撃に投入した、ハンドレーペイジO/100の改良型、O/400双発大型爆撃機。

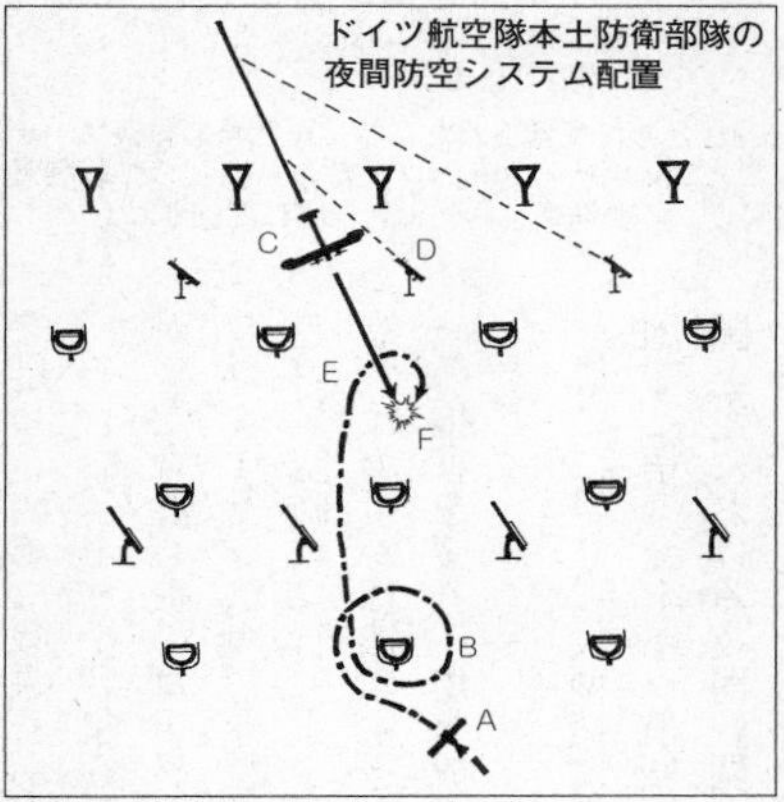

ドイツ航空隊本土防衛部隊の
夜間防空システム配置
A
B
C
D
E
F
聴音器
探照灯
小口径対空火器
大口径対空火器
A　防空戦闘機
B　防空戦闘機待機空域
C　敵爆撃機
D　小口径対空火器射撃による敵機の追跡、および爆撃目標指示
E　防空戦闘機の敵機捕捉
F　撃墜

タＧ型爆撃機の撃墜に成功したのは、同年12月18日夜のことであるから、ツェッペリン飛行船に比べて、夜間の捕捉がいかに困難であったか察しがつく。

それでも、翌１９１８年に入ると、従来までの夜間迎撃の主力だった低性能のアブロ５０４やＢＥ２ｃ、ＢＥ12などに代わり、大陸戦線で戦闘機隊の主力機として君臨している、高性能のソッピース「キャメル」単座機、ブリストルＦ２ｂ複座機などが本土防衛部隊にも

▲ドイツ本土防衛部隊の主力戦闘機として配備された、特異な三葉形態機フォッカーDr.I。"レッド・バロン"ことM.v.リヒトホーヘン大尉の乗機として著名だが、1918年5月末以降、その多くが、本土防衛部隊、練習部隊に配転された。

充足し、次第に戦果もあがるようになった。

そして、1918年5月19日夜、ロンドン空襲に向かった合計43機のゴータG型、およびツェッペリン・シュターケン大型爆撃機群は、防空戦闘機83機と、激しい対空砲火に行く手を阻まれ、目標上空に辿り着けたのはわずか13機にすぎず、しかも6機撃墜、2機大破の損害を蒙り、爆撃成果もほとんど無いまま終わった。

ここに至り、大型機によるイギリス本土夜間空襲が、困難と悟ったドイツ航空隊は、作戦の中止を決定、同国上空における夜間戦闘も終息した。ドイツが、ふたたびイギリス本土夜間爆撃に挑むのは、それから約22年後のことである。

●ドイツ上空の夜間戦闘

ツェッペリン飛行船、ゴータG型爆撃機の夜間空襲に対し、イギリス側もただ一方的に受身に廻っていたわけではない。1917年4月、ドイツ航空隊のゴータG型よりもふたまわりも大きい、ハンドレーペイジO／100双発爆撃機による、大陸内のドイツ占領地区に対する夜間爆撃を開始し、報復に出た。

ただし、ドイツ航空隊による最初の夜間撃墜戦果は、これより2ヵ月ほど前の2月11日に、ベルギー戦線のアラス地区にて、来襲したイギリス側小型爆撃機2機を、野戦飛行隊隷下のペーター少尉、フローヴェイン少尉の搭乗した、複座のDFW CV複葉機が迎撃して仕留め、すでに記録されていた。

ドイツ側の夜間防空態勢も、ほぼイギリス側のそれに倣ったもので、P.21図に示すように、爆撃目標となりそうな主要都市部の周辺に、聴音器、探照灯、大口径、および小口径の対空射撃兵器を配置し、敵機が侵入してくると、探照灯と小口径対空火器がこれを捕捉、追跡する。そして、この間に後方区域をパトロール中の戦闘機が敵機を視認し、攻撃するというシステムを採っていた。

ドイツ本土上空で、イギリス爆撃機が初めて夜間撃墜されたのは、1917年8月8日夜で、本国防衛飛行隊の単座戦闘機が、フランクフルト／マイン地区で、1機を仕止めている。10月25日夜にはハンドレーペイジO／400と思われる大型機が、ザールブリュッケン地区に撃墜され、英、独双方の夜空でかつてない緊迫の航空戦が繰り広げられるようになった。

ただ、空襲に投入できる大型爆撃機そのものの数が少なかったのと、やはり、迎撃機の行動範囲が限定されたことなどもあって、夜間戦闘の規模は小さく、大陸の前線上空で繰り広げられている、昼間航空戦とは隔世の感があった。

前述したように、1918年5月19日夜を最後に、イギリス上空での夜間戦闘は事実上終息しており、大陸戦線が最後の決戦モードに入ったこともあって、そのまま11月の大戦終結まで、特筆されるべき夜間航空戦はみられなかった。ヨーロッパの夜空が、ふたたび炎と硝煙の渦に包まれるのは、第二次大戦勃発後のことである。

第二章　ドイツ夜間防空戦

夜間戦闘のプレリュード

たがいに正面きって主力部隊が激突し、決着をつけるという戦いは、古代より大戦争の定石ではあったが、敵が寝入った夜間に、スキをみて襲いかかり、少ない損害で大きな効果をあげる、〝夜戦〟もまた、兵法のイロハのひとつでもあった。

航空戦の分野において、初めて夜間戦闘が生起したのは、戦闘機が兵器としての地位を確立した第一次世界大戦の初期で、前述した如く1915年1月19日、ドイツの有名な飛行船ツェッペリン2隻がイギリス本土を夜間爆撃した際、イギリス海軍戦闘機がこれを迎撃したのが始まりである。

その後、たがいに大型双発爆撃機が相手の本土に夜間爆撃を行ない、これを戦闘機が迎撃するという応酬が繰り返されたが、当時は無線機すらない時代で、航法能力の貧弱な戦闘機が、なんの地上支援も受けずに暗闇の中を飛行すること自体、ほとんど冒険に近かったから、大規模な夜間航空戦が生起するはずもなかった。

1920年～30年代前半を通じ、航空機の性能、装備は大きく進歩したが、平和な時代で

▲照明弾、対空砲火に加え、燃える市街の火焔も夜空を明るく照らし、イギリス空軍四発重爆ランカスターがくっきりとシルエットになって浮かぶ。大戦中期以降、ドイツの上空で日常的に繰り返されたシーンである。

は、各国とも夜間戦闘を重要なテーマとして本格的に研究するほどの状況はみられなかった。

ただ、序文にも記したように、イギリス、ドイツ両国は、１９３４～３５年にレーダーの効果を認識し、これを軍事的に利用する研究に着手、以後の夜間戦闘の根幹を成す電子機器の開発で他国に先行した。

そして、イギリスは１９３６年に早くも〃チェイン・ホーム〃と呼ばれた地上警戒レーダの試作に成功し、高度４５４５ｍを飛行する単発機を、１２０㎞の彼方から探知できることを実証。ただちに本土東部、南部を中心に同レーダー基地群の建設を開始し、第二次大戦開戦前に、すでに早期警戒レーダー網を整備していたのである。

１９３９年11月には、さらに〃チェイン・ホーム・ロウ〃と呼ばれた低空捜索用レーダーも実用化し、海峡を隔てた大陸沿岸部上空まで監視できる警戒網を形成するに至った。

この〃チェイン・ホーム〃レーダー警戒網は、１９４０年夏のドイツ空軍によるイギリス本土昼間航空侵攻作戦において威力を示し、結果的にスピットファイア、ハリケーン両戦闘機による迎撃戦勝利に大きく貢献した。

地上警戒レーダーに加え、さらに小型、軽量、精密さを要求される、航空機搭載用レーダの開発においてもイギリスは先行し、第二次世界大戦開戦2ヵ月前の1939年7月、最初の実用型AI Mk.IIと呼ばれたタイプを、双発戦闘機ブレニムを皮切りに装備させた。

一方、ドイツでは軍自体の攻撃的性格もあって、防御兵器とみなされたレーダーの開発優先度は低くおさえられ、その実用化はイギリスに大きく遅れをとってしまった。

それでも、1939年末までには最初の地上警戒レーダー〝フライア〟8基が、大陸西方の3島に設置され、これらは、12月18日午後のイギリス空軍双発爆撃機ウエリントン22機による、ヴィルヘルムスハーフェン昼間空襲時にいち早く編隊をキャッチ、有利な迎撃態勢をとったBf109、Bf110による10機撃墜、5機大破の一方的勝利に貢献した。

この日の戦闘で、爆撃機の敵制空権下への昼間出撃は不可能と判断したイギリス空軍は、以後、ドイツ本土に対する空襲は夜間に限定することを決めたのである。結局のところ、遅れはとったものの、ドイツのレーダーの存在がイギリスをして夜間爆撃に走らせ、それがまたドイツの夜間防空システムの拡充をも強いるという、相互に連鎖反応を起こしていったのだ。

とはいっても、当時のイギリス空軍が保有し得たハンドレーペイジ ハンプデン、アームストロング・ホイットワース ホイットレー、ヴィッカース ウエリントンの双発爆撃機トリ

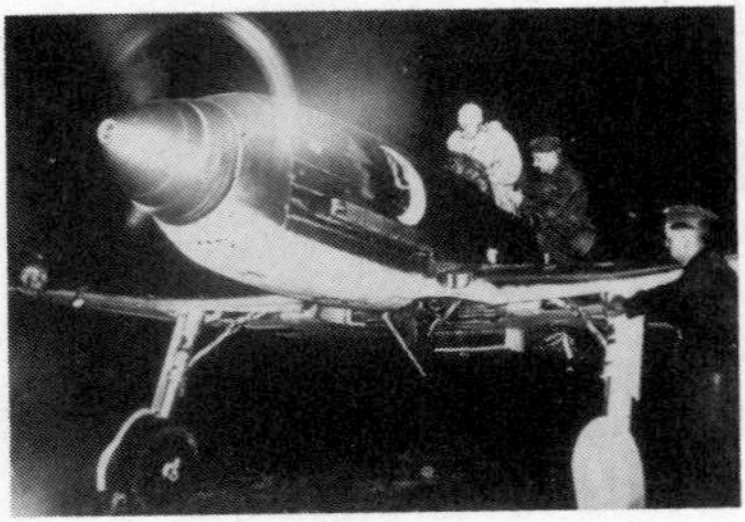
◀"夜間戦闘機出動!!"の見出しがぴったりの傑作写真だが、じつはドイツ宣伝省がプロパガンダ用に撮影させたヤラセ写真で、役を演じたHe100 D-1も実際には空軍に不採用を宣告された機体だ。1940～41年にかけて、発足間もないドイツ夜戦隊をアピールする目的だったことは言うまでもない。部隊マークも念が入っている。

オの性能は低く、地上支援態勢も不充分で、とてもドイツ本土に対して本格的な夜間爆撃を加えられる力はなかった。

ドイツ空軍は、開戦当時、各戦闘航空団内に、付属のような形で計5個の夜間戦闘中隊を保有してはいたが、これは多分に気休め的な措置にすぎず、装備機種も昼間戦闘機そのままのBf109C／D、もしくは複葉の旧式機Ar68という有様だった。

その邀撃戦法も月、星のあかりを頼りに、敵機の進入コースにおおよその見当をつけて飛び、運よくサーチライトが捕捉した目標を射撃するといった、第一次大戦当時とさして変わらない、おおらかなものだった。

しかし、こんな悠長な状態は長くはつづかず、フランス侵攻作戦が始まって間もない1940年5月15日夜、ドイツのルール地方（重工業産業の中枢地域）が、初めてイギリス空軍爆撃機による本格的空襲（計99機が参加）を受けたため、ドイツ空軍は専任の夜間防空戦闘組織を編制する必要に迫られたのである。

〝ルール地方には、たとえ1機たりとも敵機の侵入は許さない〟と大みえをきっていた、国家元帥兼空軍司令官ヘルマン・ゲーリングの面目は丸つぶれだった。

それはともかくとして、ルール地方空襲から1ヵ月がすぎた１９４０年6月22日、ドイツ空軍内に最初の夜戦部隊、第1夜間戦闘航空団（Nachtjagdgeschwader《ナハトヤークトゲシュヴァーダー》1――ＮＪＧ１と略記する）が発足、司令官には駆逐機パイロットとして夜間出撃の経験もある、ヴォルフガング・ファルク少佐が任命された。そして、翌7月17日にはＮＪＧの上部組織にあたる夜間戦闘師団（Nachtjagddivision《ナハトヤークトディフィジョン》――ＮＪＤと略記）も編制され、師団長にはヨーゼフ・カムフーバー大佐が着任した。

ＮＪＤは、ＮＪＧのほか通信隊、サーチライト、聴音器（敵機のエンジン音をラッパ状の集音管でキャッチし、おおよその侵入方向と高度を判定できた）隊なども管理下におさめ、夜間防空組織を一元化した。師団本部は占領下のベルギーのブリュッセルに置かれた。

夜間戦闘では、邀撃戦闘機に確かな航法能力がないと成功はおぼつかない。したがって夜間戦闘機は航法に専念する同乗者が必要であり、複座が望ましい。

ＮＪＧ１の発足当時、ドイツ空軍内には複座戦闘機といえば、双発の駆逐機（日本流に言うと重戦闘機）Ｂｆ１１０しかなく、夜戦部隊の主力機は必然的に本機に決まった。

しかし、Ｂｆ１１０は駆逐航空団への配備が優先されていたため、夜戦部隊までは十分な数がまわせないので、その不足分は他機種からの転用機でまかなうしかなかった。

その転用機に選ばれたのが、双発爆撃機Ｄｏ17とその発展型のＤｏ２１５、およびＪｕ88

▲夜戦師団長、第XII航空軍団司令官として夜戦隊の拡充に敏腕をふるった、ヨーゼフ・カムフーバー中将（最終階級）。隊員たちから“夜戦隊の父”と呼ばれ絶対の信頼を得ていたが、あまりにも声高に夜戦隊の増強を叫んだため、攻撃しか頭にないヒトラーのおぼえを悪くし、1943年11月、第５航空艦隊司令官としてノルウェーに追いやられてしまった。

である。

これら3機種は、爆撃装備を撤去し、機首をソリッド化してここに７・９２、20㎜機銃を取り付けるという改造要領で夜戦に〝転身〟した。もとが爆撃機なので、速度、運動性能はＢｆ１１０にとうてい及ばないが、航続距離の大きいことが、長時間飛行を要求される夜戦には有利だった。

もっとも、Ｄｏ17、Ｄｏ２１５改造夜戦は、やはり低性能が災いしていずれも極く少数造られただけに終わった。ドルニエ社は、引き続き発達型のＤｏ２１７爆撃機の改造夜戦を開発し、後に採用されて１９４２年３月から１９４３年９月までの間に計３６４機生産し、面目をほどこす。

一方、Ｊｕ88のほうも通常の爆撃機型の優先度が高くて夜戦型の生産は遅々として進まず、１９４０年末までに引き渡された数はわずか13機にすぎなかった。Ｊｕ88夜戦型が真に実戦力として活躍するのは１９４２年に入ってからである。

前記したように、発足間もないころのドイツ夜戦隊は組織、戦力ともにきわめて不十分なものだったが、師団長カムフーバー大佐は、拡充のために精力的に活動した。

▲夜戦隊創設時から、ずっと主力機の座にあったBf110。昼間双発戦闘機として失格し、一時は命脈が尽きかけたが、夜戦に転用されてから活路が開け、最終的に5700機余の量産数を記録する。写真は、1940～41年にかけての冬、基地に待機するI./NJG1所属のBf110C。当時の夜戦のスタンダードである全面黒の塗装。

〔図1〕“明るい夜間戦闘《Helle Nachtjagd》”要領

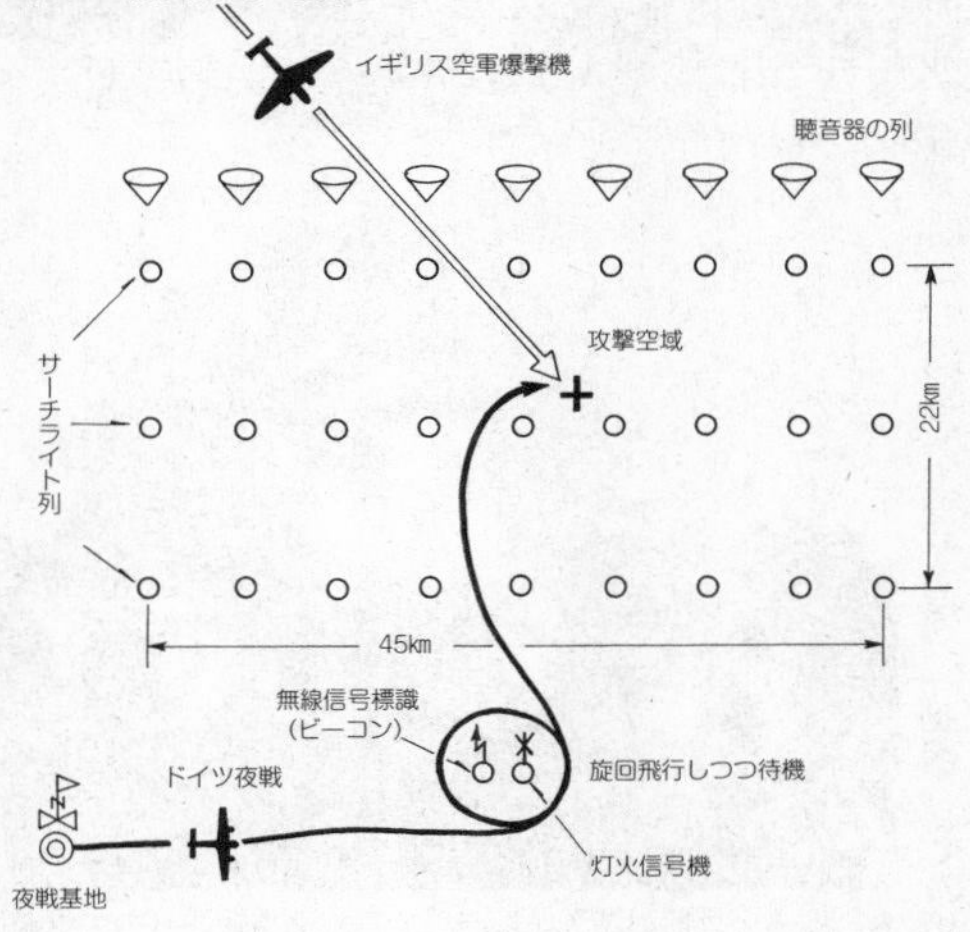

カムフーバーは、夜戦の増強とともに地上管制、支援設備の充実にもとくに力を注ぎ、情報入手の源である早期警戒レーダー〝フライア〟の増設を図るのは当然のこととして、とりあえずサーチライトを大幅に増やして侵入敵機の捕捉率向上に務めた。

イギリス本土からの敵機侵入飛行コースにあたるドイツ北西部の3ヵ所に、聴音器を最前列に並べ、その後方に3列のサーチライトを奥行き22㎞、幅45㎞にわたって配置した、〝光のボックス〟を設けたのである。

▲“明るい夜間戦闘”法において、地上支援器材の中枢を成した聴音器（上写真）とサーチライト（下写真）。下写真のサーチライトは、最も多く配備された直径150cm型だが、ほかに200cmの大型もあった。

夜戦は、この光のボックス近くの基地に配置され、フライアからの情報が入ったらただちに発進、指定されたビーコン（無線、灯火信号標識）上空を旋回しながら待機する。そして光のボックスが敵機を捕捉したことを無線で知らされると、みずからも光のボックス内に入っていき、サーチライトに照らされた敵機を攻撃するというのが、基本戦術だった。

この空戦は、サーチライトの光の中で行なわれることから、〝明るい夜間戦闘〟（Helle《ハレ》-Nachtjagd《ナハトヤーク》）と呼ばれた（図1参照）。

NJG1発足から約1ヵ月後の1940年7月20日深夜、ドイツ西部のギュータースロー基地を発進した、第2中隊長ヴェルナー・シュトライプ中尉機（Bf110C）は、ルール地方上空にて、光のボックスに捉えられたイギリス空軍双発爆撃機ホイットレー1機を撃墜し、〝明るい夜間戦闘〟法による最初の戦果を記録した。

シュトライプ中尉は、その後も着実に夜間撃墜をかさね、最終的には65機撃墜を果たして大佐に昇進し、NJG1司令官を経て、最後は夜間戦闘機隊総監にまで昇りつめる人物だ。

シュトライプ中尉の初戦果につづき、〝明るい夜間戦闘〟法による成果はポツポツと上がってはいった。しかし、いかんせんサーチライトは晴天の日はよいが、雲があると光の届く範囲が極端に狭くなってしまい、敵機の捕捉が困難になるうえ、捕捉しつづける時間も短いことなど限界があった。

さらに、夜戦パイロットはすばやく射撃位置に占位できる高度な操縦技術が要求されるほか、自身もサーチライトの光芒のなかに入るために、一時的に目が眩んで視力がきかなくな

▲“遠距離夜間戦闘”でイギリス本土に侵攻し、傷つきながらもかろうじて大陸沿岸近くに辿り着き、胴体着陸をした9./NJG2のJu88C-4、コードレター“R4+MT”。遠距離夜間戦闘は効果があったが、こうした損耗も少なくなく、搭乗員にとっては苛酷な任務だった。

るなど、だれにでもこなせるほど簡単な戦法ではない。

そのためか、昼間戦闘機隊から転属してきた夜戦隊員の中には成果が上がらないのに嫌気がさし、原隊への復帰願いを申し出る者が少なからずいた。後に、夜間撃墜102機の大エースとなる、ヘルムート・レント中尉もその1人だったことは有名なエピソードだ。

夜戦師団拡充の兆し

〝明るい夜間戦闘〟は、いうまでもなく敵機の侵入をじっと待つ、いわば受け身の戦術だ。主導権はあくまで敵側にある。

受け身の戦術より、積極的に敵機を追い求め、これを撃破できればより効率が高いのに決まっている。機知に富むカムフーバーがこのことに気づくのは当然で、航続距離の大きいJu88C、Do17Z改造夜戦を主に使用し、イギリス本土東部（ドイツに最も近く、爆撃機隊の発進基地が集中していた）まで夜間に侵攻していき、敵爆撃機の離着陸時を狙って襲うという戦術が考案され、そのための夜戦隊として2番目のNJG、第2夜間戦闘航空団が発足（1940年9月1日）した。

もっとも、NJG2はその性格からしてまっさらの新編制というわけにはいかず、Ⅱ．／NJG1の人員、機材をそっくり転入してその基幹とした。〝遠距離夜間戦闘〟（Fern《フエルン》－Nachtjagd《ナハトヤークト》）と名づけられたこの戦術の手順は、まず無線傍受により敵爆撃機の出撃準備中の基地と機数をキャッチする。

連絡を受けたNJG2の夜戦は、ただちに第一波が発進して北海を越え、イギリス本土上空に向かう。そして肉眼（離着陸時は誘導灯、標識灯などが点灯され基地周囲は明るくなっている）により敵機を捕捉し、離陸した直後の動きの鈍いところを襲う。

つづいて第二波、第三波を発進させ、こんどは爆撃を終えて帰還する敵機を北海上空で襲うか、もしくは〝送り狼〟となって基地上空まで追跡、着陸態勢に入って気が緩んだところを襲うという算段である。

この遠距離夜間戦闘は、きわめて効果があり、1940年末までに夜戦隊全部の戦果（計42機撃墜）の半分近くを占めた。

ただし、その反面、長距離夜間飛行、支援システムの不足、敵地上空での戦闘ということが搭乗員に相当の負担を強い、損害もまた多かった。1941年1月現在のI．／NJG2の装備定数30機に対し、保有数がわずか7機という状況にそれがよく表われている。

それでも、カムフーバーは遠距離夜間戦闘を強く推奨し、戦力の増強に力を注いだが、ドイツは地中海／北アフリカ、さらには東部へと戦線を拡大し、本土防空のための戦力を確保するのは容易ではなかった。

そして、1941年10月、ヒトラーの〝鶴の一声〟により、〝遠距離夜間戦闘〟はあっさりと中止されてしまった。理由は〝国民の見えないところでの戦果は意味がない〟、ただそれだけである。I./NJG2は、その後、地中海戦域にとばされてしまった。この〝遠距離夜間戦闘〟の放棄に限ったことではなく、ドイツ空軍は外部の素人判断による致命的なミスを数えきれないほど犯しており、いまさら驚くにはあたらない。

話を少し前にもどそう。夜戦隊が〝明るい夜間戦闘〟と〝遠距離夜間戦闘〟で苦労しているさなか、舞台裏ではカムフーバーの強い意志により、待望の邀撃レーダー〝ヴュルツブルク〟の実用化が急ピッチで進められていた。

ヴュルツブルクは、テレフンケン社が開発したレーダーで、1940年早春に生産が始まっていた。360度回転する直径5・5mの皿型パラボラ・アンテナを有し、周波数560MHzの電波を使用し、30〜40kmの有効探知距離をもつ。早期警戒用フライアは高度の判定ができなかったが、ヴュルツブルクは距離誤差±50m、左右角度誤差±0・45度、上下角度誤差±10度の精密さで高度を判定できることが強みだった。

ヴュルツブルクは、1940年夏にまず高射砲部隊に配備され、10月には早期警戒用フライアとリンクする、新しいレーダー管制システムに組み込まれた。

〝天蓋ベッド（Himmelbett《ヒンメルベット》）〟と呼ばれたこの管制システムは、フライア1台とヴュルツブルク2台が1組になり、まずフライアが遠距離で敵編隊をキャッチすると、1台のヴュルツ

◀最初の邀撃レーダーとなった、FuMG62ヴュルツブルク。テレフンケン社製で、周波数560MHz、波長53cmの電波を用い、最大40kmの有効探知距離をもつ。直径5.5mの皿型パラボラ・アンテナが特徴。

▼ドイツ夜戦隊の命綱ともいうべきGCIシステムの要、"天蓋ベッド"のステーション。中央が早期警戒用のフライア、左右がヴュルツブルク邀撃レーダー。写真の両レーダーは初期の型よりも性能向上しており、前者はFuMG401AフライアLZ、後者はヴュルツブルク・リーゼである。

ブルクがそのうちの1機をモニターして正確な方向、距離、高度を把握、もう1台が味方夜戦をモニターし、それぞれの位置をつや消しガラス・テーブルの上に青、赤のスポット・ライトで表示、管制指揮官が双方の動きを判断して会合点を割り出し、無線で夜戦をその地点にまで導くというものであった。今日では常識となったGCI（地上管制邀撃）システムの原型である。

　カムフーバーは、この〝天蓋ベッド〟のステーションを、大陸沿岸に沿い32kmの間隔で、北はユトランド半島北部から南はフランス東部まで設置し、西方からドイツ本土に侵入する敵機は、必ずどれかの天蓋ベッドに捕捉される、つまりは空の防壁を形成するよう計画した。これが、後に誰いうとなく名づけられた〝カムフーバー・ライン〟である。

カムフーバー・ラインは、1941年に入って設置が本格化し、同年末には大陸北西沿岸部のほぼ全域をカバーすることが可能になっていた。その後、このラインはさらに長さと厚みを増し、1943年夏には図2に示すようにドイツの周囲、および国内重要地域のほぼ全てをカバーするまでになる。

〝天蓋ベッド〟システムによる最初の戦果は、1940年10月2日夜、NJG1第4中隊のルートヴィッヒ・ベッカー少尉により記録された。

この夜、Do17Z－10に搭乗したベッカー少尉は情報を受けて出動し、天蓋ベッドの誘導により、1機のウエリントン爆撃機に接敵し、50mの至近から斉射を浴びせて撃墜した。サーチライトのアシストを受けない、天蓋ベッド誘導の邀撃戦は、先の〝明るい夜間戦闘〟に対し〝暗い夜間戦闘〟(Dunkelnachtjagd《デュンケルナハトヤークト》) と呼ばれ、後に機上レーダーが実用化されるに及んで、ドイツ夜戦の基本邀撃戦術となる。

天蓋ベッド・システムの導入は、イギリス空軍にとって大きな脅威になったが、同システムにもまったく弱点がなかったわけではない。

ヴュルツブルクはかなりの精度で目標まで誘導してくれるが、同時にモニターできるのは敵味方1機ずつに限られ、大編隊で一気にカバー領空を突破されると、お手上げだった。また、精度が高いといっても、いつもドンピシャリで目標に接触できるわけではなく、近くに迫っても雲や靄などで搭乗員の視界が制限されると、とり逃してしまうことも多かった。最後の段階で目標を確認するには、やはり人間の目に頼るしかなかった。

この弱点を補う手段として、当時、Ｄｏ17Ｚ、Ｂｆ１１０の一部は〝シュパナー〟(Spanner)と呼ばれた赤外線暗視装置を装備(図3参照)していたが、望遠鏡と同じ筒型のスコープは視野が狭く、パイロットがこれをのぞきながら片目で操縦して接敵するのはとても難しく、実戦ではほとんど役に立たなかった。

やはり、天蓋ベッドの弱点を補うには〝電波の目〟すなわち機上レーダーが必要だった。しかし、機上レーダーが夜戦隊に充足し、真に兵器として威力を示すには、なお1年半以上の月日が必要だった。

１９４１年は、ドイツ空軍にとってさらに大きな負担が課せられた年で、年頭には地中海、北アフリカ、6月下旬にはソビエトに対しても戦端が開かれたために、戦力の大部分をこれら両戦域に投入しなければならなくなった。

こんな厳しい状況下では、カムフーバーの唱える夜間防空戦力の大幅な拡充はとても望めなかったが、１９４１年1月時点で計１９５機だった夜戦保有数は、１９４２年2月時点で３６７機にまで増強された。

また、地上レーダーのほうも、１９４１年秋には、ヴュルツブルクの新型ヴュルツブルク・リーゼ(巨大ヴュルツブルク)の配備が始まり、有効距離、精度が向上するなど、ＧＣＩシステムの充実も図られた。

〔図２〕1943年夏頃の“カムフーバー・ライン”

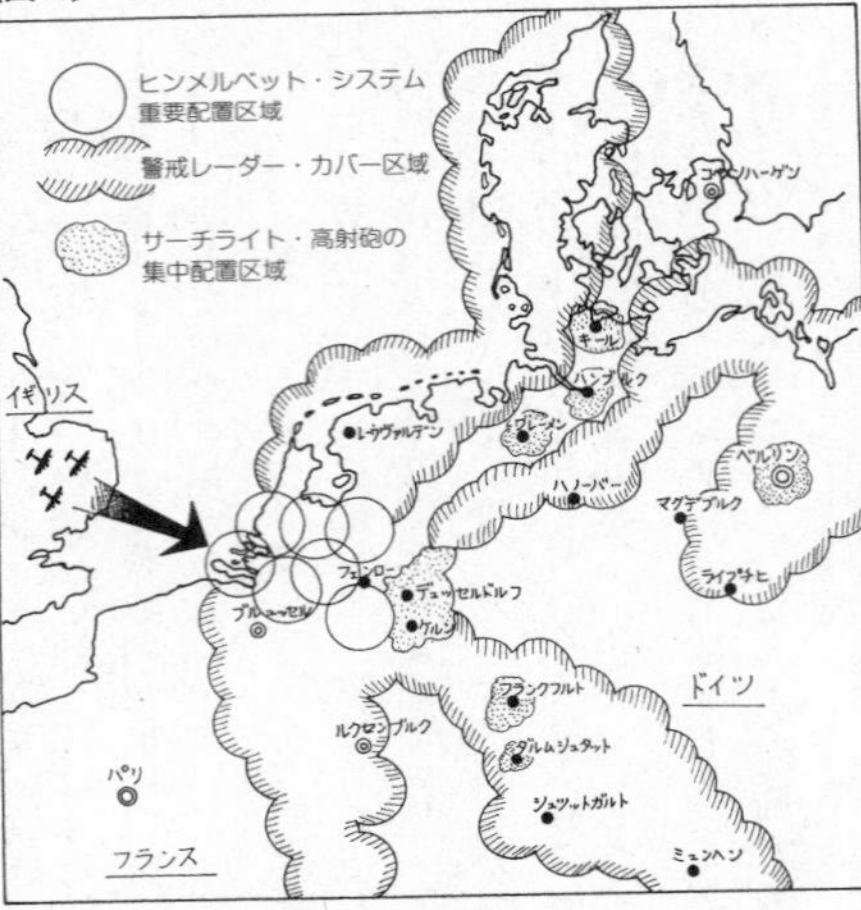

〔図３〕赤外線暗視装置“Spanner”のスコープ

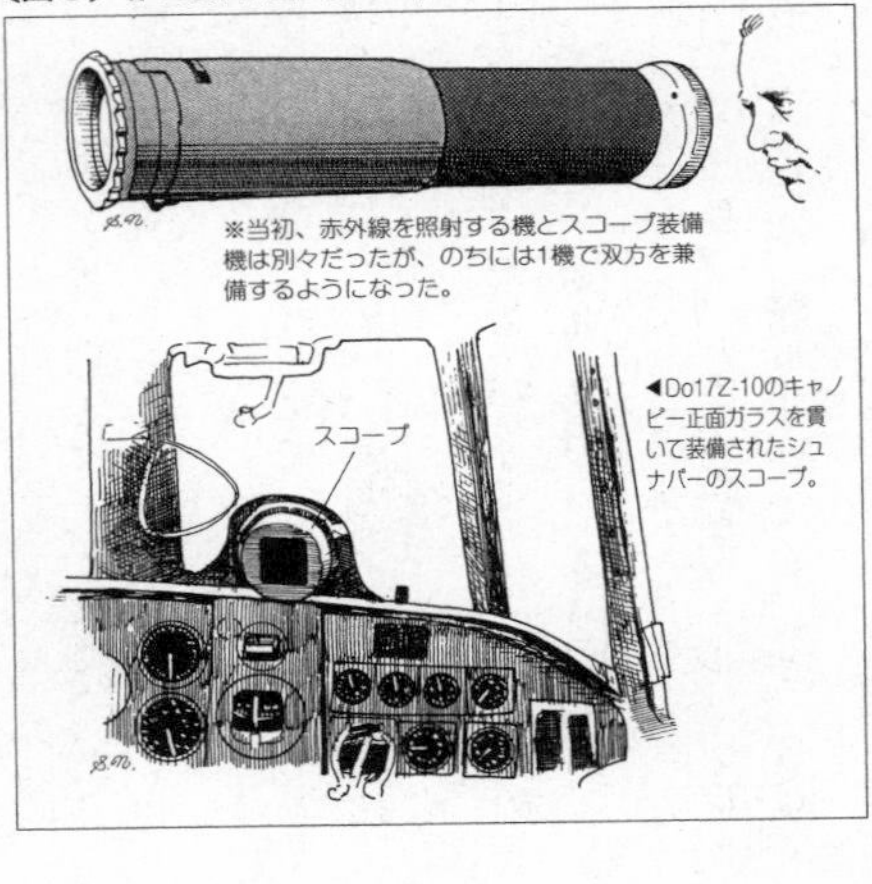

※当初、赤外線を照射する機とスコープ装備機は別々だったが、のちには1機で双方を兼備するようになった。

◀Do17Z-10のキャノピー正面ガラスを貫いて装備されたシュナパーのスコープ。

さらに、夜戦隊にとっては、待望の機上レーダー第1号、テレフンケン社のＦｕＧ２０２リヒテンシュタインＢ／Ｃの実用化が近づいたことも朗報のひとつだった。

ＦｕＧ２０２は、機外に小型の針金細工のようなアンテナ４組をもち、周波数４９０MHzの電波を用い、３・２km〜１８０ｍ範囲内の目標を探知できた。

ただ、電波の覆域が70度と狭く、敵機に急激な回避操作をとられると逃してしまう弱点は

▶Do217Nの機首に取り付けられた、FuG202機上レーダー用アンテナ。送、受信用それぞれ2本ずつ、計4本のダイポールで1組となる。スコープは陰極線管表示式。1943年7月末のハンブルク大空襲から開始された、イギリス空軍の妨害策“ウインドウ”により、その効力を失った。

▲“敵編隊来襲”の報をうけ、DB601エンジンをフル回転させて出動するBf110C。黒一色の初期塗装から、グレイ系迷彩に衣替えした1941年末～42年はじめころの撮影。機首に描かれた“エングラント・ブリッツ”（イギリスへの電撃）は、夜戦航空団に属する機体の共通したエンブレムである。

あったが、とにかく暗闇でも目標を捉えられる、電波の目をもつことになったのは大きな前進だった。

ＦｕＧ２０２を最初に装備したのはＮＪＧ１第Ⅱ飛行隊で、同レーダー使用による初戦果の栄誉に浴したのは、〝天蓋ベッド〟システムのときと同じく、またしてもルートヴィヒ・ベッカー中尉である。

１９４１年８月９日～10日にかけての深夜、ＦｕＧ２０２を装備したＤｏ２１５Ｂ－５に搭乗したベッカー中尉は、天蓋ベッドの支援を受けてオランダのレーウワルデン基地を発進、暗闇のなかでFuG202のスコープ（陰極線管表示）上にイギリス爆撃機を捉え、一撃のもとに葬ったのである。

ベッカー中尉は、引き続き同機を操って8月12日～9月30日の間にさらに5機の爆撃機を葬り、〝電波の目〟の威力をまざまざと実証した。

しかし、FuG202がすぐさま他の夜戦隊にも普及したのかというとそうではない。II./NJG1が受領したのは試作品であり、量産品が出まわるにはまだ少し時間がかかり、なによりも搭乗員がレーダーの取り扱い、とくに陰極線管表示のスコープ映像から、正しく目標の方向、距離を読みとれるようになるまでには一定の訓練が必要だった。

最初の量産品14セットがBf110に取り付けられたのは1941年12月、そしてベッカー中尉以降に、本レーダーを使用しての撃墜戦果が記録されたのは、さらに半年後の1942年6月のことだった。初めての機上レーダーを、手のうちに入れるのは容易なことではなかったのだ。

機材、装備品といったハード面もさることながら、1941年中には夜戦隊の組織にも変化があり、8月10日付けをもって従来までの夜戦師団は1ランク上の第XII航空軍団（XII Fliegerkorps《フリーガーコール》）に格上げされ、その下に新たな夜戦師団を置き、各NJG、地上組織をそれぞれの夜戦師団が指揮するという形にした。むろん、軍団司令官にはカムフーバー少将がそのまま就任した。

夜間防空戦の激化

攻める側のイギリス空軍も、守る側のドイツ空軍も、１９４１年中はそれなりに夜間戦闘兵力の拡充に力を注いだが、大局的には世界の目は東部戦線と地中海／北アフリカに注がれており、当事者のドイツでさえ本土防空に関心を抱く者は少なかった。

しかし、１９４２年に入ると状況は大きく変わった。その変化の兆しがまず現われたのはイギリスのほうである。

２月、新たに爆撃機軍団司令官に就任したアーサー・ハリス中将は、それまでの爆撃戦術はまったく手ぬるいと決めつけ、もっと強烈な戦術でドイツを叩かねば効果がないと空軍上層部に直訴した。

たしかに、多くても３００機程度の爆撃機（大半が双発機）が、広く散開した編隊でいく波にも分かれて目標を爆撃していた従来の方法では、弾着の拡散がいちじるしく、またドイツ側の〝天蓋ベッド〟システムにとってもおあつらえ向きで、夜戦の邀撃を容易ならしめていた。

ハリスが提案した戦術は、一度にできる限り多数の爆撃機を出撃させ、密集した編隊を組んでドイツのレーダー警戒網を突破、

1942年５月時点におけるドイツ空軍夜間戦闘組織

第XII航空軍団（XII Fliegerkorps）
司令官：ヨーゼフ・カムフーバー中将
司令部：ゼイスト（オランダ）

第１戦闘師団（1 Jagddivision）	第２戦闘師団（2 Jagddivision）	第３戦闘師団（3 Jagddivision）
師団長：デーリング少将	師団長：シュヴァーベディッセン少将	師団長：ユンク大佐
司令部：デーレン（オランダ）	司令部：シュターデ	司令部：メス（フランス）
担当空域：オランダ、ベルギー北部、ルール地方	担当空域：ドイツ北西部、ベルリン	担当空域：フランス北部、ベルギー南部、ドイツ南西部
担当NJG：第１夜間戦闘航空団（NJG1）	担当NJG：第３夜間戦闘航空団（NJG3）	担当NJG：第２夜間戦闘航空団第II飛行隊（II./NJG2） 第４夜間戦闘航空団第III飛行隊（III./NJG4）
地上部隊：第201、211通信連隊	地上部隊：第202、212、222通信連隊	地上部隊：第203、213通信連隊

短時間のうちに目標を集中爆撃して抹殺してしまうというものだった。

　敵味方１機ずつしかモニターできないドイツの〝天蓋ベッド〟は、大編隊をさばききれずに、お手上げになるはずだった。

　〝飽和爆撃〟と称されたこの戦術は空軍上層部の認めるところとなり、まずその〝小手調べ〟として実施されたのが、３月28日夜の古都リューベックに対する爆撃だった。

　参加機数こそ計１９１機と少なかったが、全機が密集編隊を組んで警戒網を突破し、短時間のうちに爆弾３００トンを投下して、木造家屋の多い旧市街地を一瞬のうちに焼き払った。

▶１９４２年に入り、フライアにかわって早期警戒レーダーの主力となった〝ヴァッサーマン〟（水売り）。９種類のタイプがあり、高さ36～60ｍに達する巨大なアンテナにより、最大３００㎞の有効探知距離をもち、高度判定も可能な優秀な警戒レーダーである。写真はＦｕＭＧ４０２／Ⅳ〝ヴァッサーマンＭⅣ〟と呼ばれたタイプ。

ドイツ夜戦により8機が撃墜されたが、損失率は4・1％にとどまり、まずは成功といえた。

4月24日～27日にかけては、4夜連続してドイツ北部沿岸に近いロストク市がターゲットになり、延べ468機の爆撃機が参加し、市の60％を破壊した。その中には市郊外にあったハインケル社航空機工場も含まれており、同社はこれを契機に設計部門などをオーストリアに移転した。対空砲火、夜戦により13機が撃墜されたが、損失率は2・7％で、これまた許容範囲内だった。

2度の小手調べで、その有効性を確認したハリスは、いよいよ本番の〝1000機爆撃〟を決行することにし、その目標に選んだのがルール地方の重要都市ケルン。

5月30日夜、練習部隊の旧式機までが動員された。史上前例のない1042機もの爆撃機群が、わずか1時間半の短時間にケルン市上空を通過し、合計1455トンの爆弾を投下して、3300の家屋を焼き払い、9500の家屋を破壊した。市民の犠牲者も474名にのぼった。

ドイツ夜戦組織も必死に防戦し、計37機を撃墜（高射砲の戦果含む）したが、損失率はわずか3・5％にとどまった。

先のロストク爆撃につづくこのケルン大爆撃は、ヒトラー以下ナチス首脳部に大きな衝撃をあたえ、ゲーリングでさえも本土防空を他戦域に優先して考えなければならないことを悟った。ただ、ヒトラーだけが〝イギリス本土への報復爆撃あるのみ〟とわめき散らし、どうにもならなかった。

ただ、ドイツにとっての救いは、イギリス空軍とて練習機までを動員しての〝1000機爆撃〟はそう何回も出来ることではなく、6月1日夜のエッセン市（参加機数956機）、同25日夜のブレーメン市（同1067機）に対する爆撃をもってひと区切りとなり、以降は再び200～300機程度の規模に戻った。

　1000機爆撃を控えたかわりに、イギリス空軍は機材、電子機器の更新を図り、また新しい戦術を採ることにより、爆撃効率の向上でそれをカバーする策を採った。

　性能的限界にきたホイットレー、ハンプデン、ウエリントンの双発爆撃機にかわり、ハンドレーペイジ ハリファックス、アブロ ランカスター両四発重爆の配備が本格化したのもこのころである。とくにランカスターは性能もよく、大型爆弾搭載能力もあって、対ドイツ夜間爆撃の切り札的存在だった。

　電子機器の分野では、新たに導入（1941年秋から）した航法補助装置〝GEE《ジー》〟の普及率を高め、目標到達率の向上を図った。

　GEEは、地上の2ヵ所の基地から発信されるパルス信号を、機上で別々にキャッチし、両波の時間差から自機の位置を割り出す仕組みになっている。有効距離は最大400マイル（約640km）で、イギリス本土東部からルール地方までカバーできた。

　1942年はイギリス、ドイツ共にたがいに相手の電子機器の働きを妨害する手段を見いだしたことでも特筆され、いわば今日のECM戦の始まりを告げた年でもあった。先行したのはやはりイギリス側で、夏ごろにはドイツのフライア早期警戒レーダーを妨害する〝ムーンシャイン〟が使われ始めた。

ムーンシャインは、フライアの電波を受信すると、それを増幅して送り返し、スコープ上に実際以上の大編隊を写し出させる装置だった。もっとも同装置は昼間しか使えなかったため、夜間爆撃の補助にはならず、年末までには新手の〝マンドレル〟にとって替えられる。

そのマンドレルは、フライアの周波数にあわせた電波を発し、ノイズを発生させて妨害する装置。機上への搭載が可能で、1個飛行隊あたり2機がこれを装備した。

さらに、各爆撃機にはドイツ上空で英語以外の無線通信を受信すると、その波長に対して、自機のエンジン音を発信させ、通話を聞きとれなくしてしまう妨害装置〝チンゼル〟も開発され、マンドレルと共に、12月のマンハイム爆撃から使用され始めた。

戦術面における工夫では、1942年8月に新編制した〝パスファインダー・グループ〟(Pathfinder Group——目標表示専任飛行隊)の存在が見逃せない。

従来の爆撃行では、各グループごとに成績優秀な飛行隊が先導して目標を捉え、焼夷弾や照明弾などでそれを明示し、後続の編隊が爆弾を投下するという方法を採っていたが、効率をあげるために、先導役を専門にする〝エリート〟飛行隊を独立させることにしたのだ。

同グループは、8月19日から12月31日までの4ヵ月間に計26回の爆撃行を先導し、うち3／4を成功に導き、その存在をアピールした。後には装備機種をランカスターとモスキートに統一してさらに充実する。

こうした、イギリス空軍爆撃機軍団の攻勢に対し、ドイツ側も対抗策を怠らなかった。

〝飽和爆撃〟に対しては、カムフーバー・ラインの厚みを増し、天蓋ベッドの能力を向上し、1組のステーションが2機以上の夜戦を誘導できるようにした。

早期警戒レーダーは、1942年春には、有効探知距離を大幅に増した（約322㎞）〝マムート〟、および高度判定を可能にした〝ヴァッサーマン〟の配備が始まり、イギリス機の侵入をさらに早く、かつ正確に捉えられるようになった。

夜戦隊の保有機数は、あいかわらず漸増の状態がつづいていたが、それでも1942年末には計389機に達した。主力機は依然としてBf110で、うち300機を占めた。

1942年を通してイギリス空軍爆撃機軍団が実施した作戦回数は、のべ3万2701回におよび、合計1390機を失った。うち687機はドイツ夜戦に撃墜されたものだ。とくに6月〜8月の3ヵ月は連続して100機以上撃墜の月間戦果をあげており、ドイツの夜戦組織は大いに健闘したとみるべきだろう。

火炎地獄

ハリス中将の意気込みはともかく、イギリス爆撃機軍団による夜間地域爆撃は、ドイツにとって戦争遂行上からは、まだ深刻な脅威にはならなかった。

しかし、1943年を迎えると東部、地中海／北アフリカの外郭戦域でドイツ軍の後退が相次ぎ、戦線はじわじわと縮少されつつあり、第三帝国の先行きに不吉な影がさしてきた。

本土上空とて例外ではなく、空軍が以前より恐れていた、在英アメリカ陸軍航空軍によるドイツ本土昼間爆撃が本格化し、防空戦力をさらに強化しなければならなくなったのだ。もとより昼間防空戦はＢｆ１０９、Ｆｗ１９０の担当なのだが、戦力が不充分なこともあって、夜戦隊にも昼間出動が課せられることになり、大きな負担となった。

もちろん、このころにはまだＢ－17四発爆撃機だけで侵入してきたので、Ｂｆ１１０でも迎撃は可能だったが、夜間の後方肉薄攻撃法が習性として身についていた夜戦パイロットは、Ｂ－17に対しても同様の戦法を採ったため、強力な防御火網につかまり、つぎつぎと返り討ちにあった。

誘導レーダー、

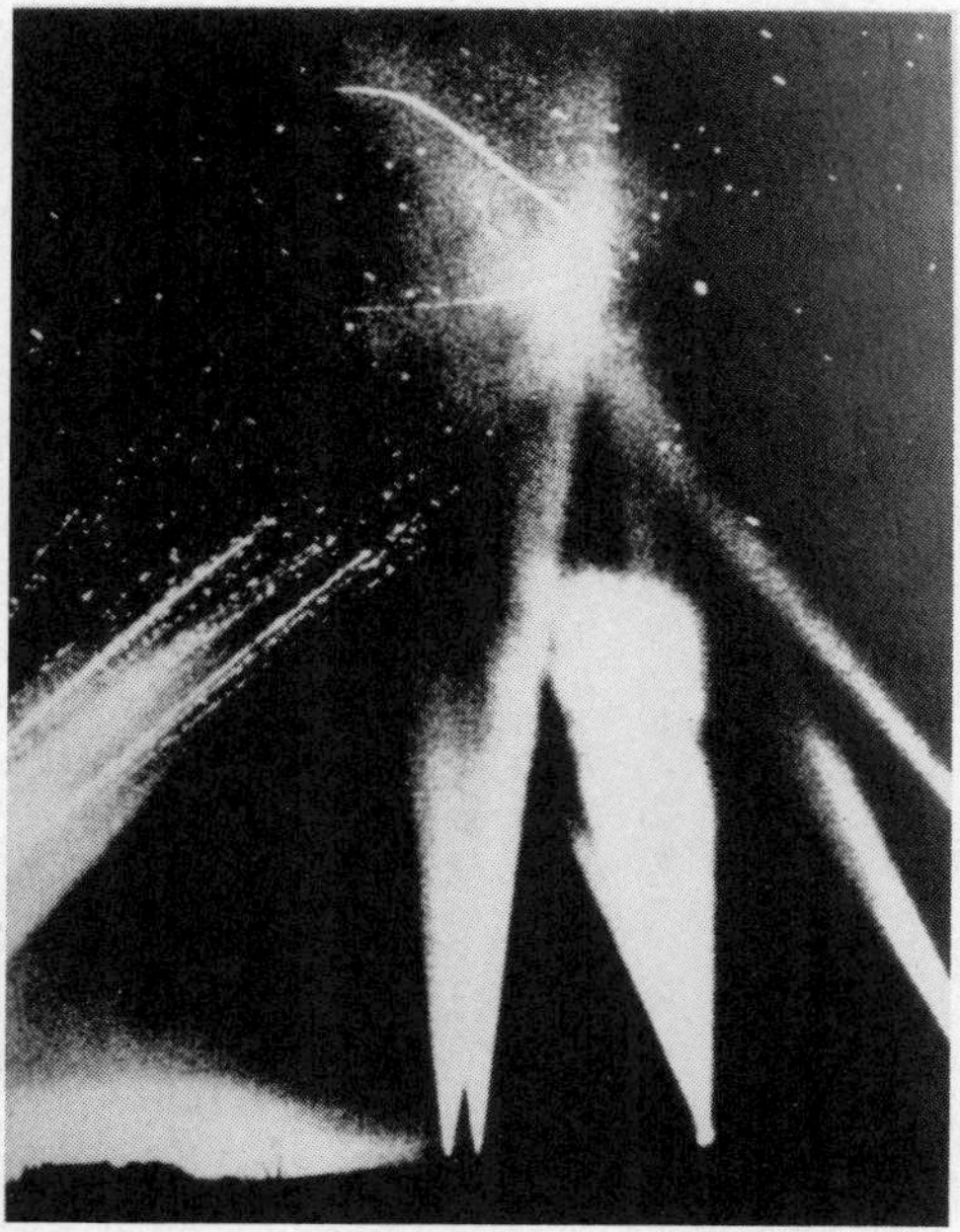

▲ドイツ上空で繰りひろげられる壮大な“光のショー”。サーチライトに捕捉されたイギリス爆撃機に、対空砲火（画面左から伸びる光点）が集中する。上空のひときわ明るい航跡は、被弾したイギリス爆撃機の火災焔か。同じく点々と光るのは高射砲弾の炸裂焔。画面左下の明るい部分は爆撃で炎上する市街地。

機上レーダーを使用しての初戦果をあげ、夜戦部隊で知らぬ者さえいなかった英雄ルートヴィヒ・ベッカー大尉もその1人で、夜間撃墜44機のスコアを残し、1943年2月26日、エムデン爆撃に来襲したB-17編隊に突入したままついに帰らなかった。この日は、ベッカー大尉にとって最初の昼間迎撃戦だった。

1943年1月14日、イギリスのチャーチル首相、アメリカのルーズベルト大統領はアフリカのカサブランカで会談し、両国爆撃機隊に対ドイツ戦略爆撃に関する訓令を発布した。それには爆撃目標の優先順位が明記され、1：Uボート工場、2：航空機工場、3：輸送機関、4：製油所、もしくは人造石油工場、5：他の軍需工場などとなっており、明らかに昼間精密爆撃を前提にしたアメリカ側の意見が反映されていた。

しかし、ハリス中将は夜間地域爆撃の方針を変える気はなかったので、結局、両国爆撃機隊は従来どおり、それぞれが別々に作戦を進めることになった。

カサブランカ会談後、イギリス爆撃機軍団がまず実施したのは、3月5日夜のエッセン市を皮切りとするルール地方各都市に対する無差別爆撃である。

いわゆる〝ルールの戦い〟と称された4ヵ月間にわたる爆撃作戦は、ハリス中将の強い意志をあらためてドイツ側に思い知らせるものとなった。

いずれの爆撃行も数百機単位で行なわれ、4ヵ月間にエッセン、ドゥイスブルク、デュッセルドルフの旧市街は跡かたもなく燃え尽き、ヴパタール、ボッフム、ドルトムント各市なども大部分が瓦礫の山と化した。

ただ、こうした祖国の破壊をつぶさに見たドイツ夜戦隊員の士気は高く、苦しい戦力ながら、イギリス爆撃機軍団に相当の出血を強いた。

とくに5月27日夜〜28日未明にかけての2番目のエッセン空襲では、出撃した518機のうち22機が撃墜され、13機が大破、同29日夜〜30日未明にかけてのヴパタール、ブレーメン空襲では719機中33機が未帰還となり、他に対空砲火もふくめて66機が大破、6月14日夜〜15日未明にかけてのオーバーハウゼン空襲では、203機中17機が失われ、43機が大破する損害を出した。

4ヵ月間をトータルした延べ出撃機数1万8506機に対し、未帰還機は872機にのぼり、他に大小破機が216機もあった。損失率こそ4・7%にとどまったが、決して小さくはない損害である。

なお、このルールの戦いが始まる直前、イギリス爆撃機軍団はさらに2つの新型航法装置を実用し始めていた。

ひとつは〝オーボエ〟と呼ばれた地上誘導装置で、GEEと同様2つの基地から電波を発信するのだが、違うのは、爆撃機がひとつの基地から発信された電波を頼りに一定円周上のコースを飛行し、もうひとつの基地から発信された電波が爆撃機をモニターしつつ機体の速度、高度、風向き、投弾線などを全て計算して、爆撃開始地点まで誘導、その地点に達したら、無線信号で知らせるという仕組み。

ただ、オーボエの欠点は1組が1度に1機しか誘導できないため、1時間にさばける機数は4～6機程度がせいぜいで、爆撃地点到達までの10～15分間は、爆撃機は一定コースを維持しなければならず、対空砲火、夜戦の格好の標的となる危険が大きかった。

もうひとつは、H2Sと呼ばれた装置。本装置は、イギリスのレーダー開発技術の先進性を示す傑作で、いわば今日のマッピング・レーダーの原型である。

マグネトロン真空管があってはじめて可能な、マイクロ波長（センチメートル波）の電波を、飛行中の機体から下に向けて発信し、その反射波により地形をスコープ上に写し出す。航法士は、このスコープ上に写し出された地形と、航空地図を見比べるだけで、自分がいまどこを飛んでいるのかひと目でわかる。

H2Sは、すでに1942年3月に実用可能になっていたが、装備機が撃墜され、それがドイツ側の手に入ってコピーされるのではないかという恐れから、使用許可がなかなか下りなかったものだ。逆にいえば、H2Sがいかに画期的な〝新兵器〟だったかということだろう。

しかし、開発主任ワトソン・ワット博士の〝ドイツがコピーして同じものを造るには、最低12～18ヵ月は必要〟という助言もあり、その前にドイツを叩き潰せばよいという判断で、1943年に入りようやく使用され始めたのである。

このH2Sの導入により、爆撃機の航法能力が飛躍的に向上したことはいうまでもない。〝ルールの戦い〟で少なからぬ損害を蒙ったイギリス空軍爆撃機軍団は、1943年7月に入っていったん小休止し、この間につぎの大規模作戦に備えるとともに、ハリス中将はひと

▲◀ドイツ夜戦組織の中枢にあたる戦闘師団司令部の作戦指揮室のスケッチ。画面右の巨大なガラス盤には、担当空域の地図が描かれ、数百の細かいマス目で仕切ってある。中央の階段状になった席には、味方夜戦の位置を追うプロッターがずらりと並び、前方のガラス盤にプロジェクターでスポット・ライトをあてて動きを示す。このガラス盤の反対側（画面右外）では、左写真に示したように女性の軍属が席に並び、それぞれ受け持ちの敵爆撃機の動き（各レーダー基地から逐次情報が入る）をスポット・ライトでガラス盤の裏側から示す。両者の動きを見て、接敵地点を割り出した誘導担当官（階段状席の最上部に並ぶ人物）が、夜戦を敵爆撃機編隊に無線で誘導するという仕組みだ。その情景から、“カムフーバーの映画”、または“戦闘オペラ・ハウス”と呼ばれた。

つの決断を下した。

ずっと以前から考えていたこと、ドイツの警戒、誘導レーダーを一時的にマヒさせる秘策、〝ウインドウ〟の使用許可がそれだ。

ウインドウとは、ドイツ側レーダーの波長に合わせた短冊状の紙片にアルミ箔を貼ったもので、今日のチャフと同じだ。この紙片を空中にバラ撒くと、レーダー波がこれに反射し、スコープ上に無数の輝点を写し出し、本物の機体がどれなのか識別できなくなってしまう。

イギリスは、ずっと以前にウインドウを考え出していたのだが、ドイツに同じ手口で仕返しされるのを恐れ、使用をためらっていたのだが、この時期ようやくウインドウに影響されない地上、機上レーダーが実用化したこともあって使用に踏みきったのだった。

このウインドウを最初に使用する大規模爆撃作戦は7月下旬に実施されることに決まり、目標に選ばれたのはドイツ第二の都市ハンブルクである。同市を壊滅させれば、ドイツに与える衝撃もそれだけ大きいという理由からだった。この作戦は、『ゴモラ作戦』と名づけられた。

1943年7月24日夜、ドイツの早期警戒レーダーは、北海上空に数百機の敵編隊をキャッチし、ただちに夜戦隊に出動が命じられた。ここまではいつもの迎撃と何ら変わらない。だが、異変はその後に起こった。突然、ヴュルツブルク・レーダーのスコープ上に無数の輝点が現われモニタリングが不可能になってしまったのだ。双発夜戦の機上レーダーFuG202も同様である。

フライア、ヴァッサーマン、マムートの各早期警戒レーダーも、同じような状況だったが、波長が大きいために、かろうじて敵機と正体不明の輝点とを識別できると報告してきた。

しかし、早期警戒レーダーだけではどうにもならない。ヴュルツブルク・レーダーがモニター不可能となって使いものにならなくなってしまっては、夜戦も高射砲もサーチライトも動きようがない。カムフーバー・ラインはパニック状態になった。

ドイツの防空網がマヒしている間、イギリス爆撃機の大編隊は、幅32㎞、長さ320㎞の奔流となって南西方向からハンブルク上空に殺到し、計791機（うち四発重爆が718機）が2396トンもの爆弾を投下、西地区から市中心部にかけてが廃墟と化した。

誘導の手段を失ったドイツ夜戦は、むなしく飛びまわり、サーチライトはただやみくもに夜空をかきまわしただけだった。

出撃した791機の爆撃機のうち、未帰還機は12機だけ。この規模の作戦としてはきわめて少ない損失で、ウインドウの効果はてきめんだった。

この夜にばら撒かれたウインドウはじつに40トン、計9200万枚に達し、各機は大陸沿岸の手前から、爆撃を終えて再び北海上空に出るまで、1分間隔で数千枚ずつ撒きつづけたのだ。

イギリス空軍は3日後の7月27日夜には739機、さらに2日後の7月29日夜には726機、8月3日夜には740機でハンブルクを反復爆撃し、市の60％を破壊し尽くし、約5万5千人の市民の命をも奪った。

ハンブルクの惨状はヒトラー以下のナチス首脳部に大きな衝撃を与え、ヒトラーは空軍に対し、ただちにイギリスを報復爆撃するよう命じたが、もとよりそんな作戦にまわせるほど、爆撃機戦力に余裕などあろうはずがなかった。

ウインドウ・ショックからの復活

ハンブルクの惨劇もさることながら、ドイツ空軍夜戦隊にとって、ウインドウの出現は大ショックだったが、それで夜戦隊が潰れてしまったのかというとそうではない。

7月27日夜の2度目のハンブルク空襲のおり、ドイツ空軍は天蓋ベッドに頼らない方法で迎撃戦を展開したのだ。

レーダーが駄目なら、また元の〝明るい夜間戦闘〟に戻ればよいという発想で、昼間単発戦Bf109、Fw190を装備する目視迎撃専任部隊も夜戦に混って出動した。

この戦術の提案者は、もと爆撃機乗りのハヨー・ヘルマン少佐で、じつはハンブルク空襲より1ヵ月も前に彼自身により専任部隊が編制され、7月3日夜のケルン爆撃時に初出撃して予期した以上の戦果をあげていた。

単発昼戦（Bf109、Fw190）を使うため、夜戦の名称がつかない第300戦闘航空団（JG300）と命名された同隊の行動手順は、無線で敵編隊の爆撃目標都市を簡単に指示されたらただちに発進、サーチライト、照明弾、火災により明るくなった夜空で、肉眼により敵機を捕捉して攻撃する。この際、味方高射砲とあらかじめ戦闘高度を打ち合わせしておき、同士討ちを防ぐようにしておくというのが要旨（図4参照）。

7月27日夜、情報を受けて発進したJG300のBf109計12機は、ヘルマン少佐に率いられハンブルク上空に急行。火災の焔、サーチライト、照明弾で真昼のように明るい空に敵爆撃機をはっきりと視認し、双発夜戦の分とあわせ計17機を撃墜し、3度目の7月29日夜には28機を墜とした。

〝ヴィルデ・ザウ〟（Wilde Sau——野イノシシ）と呼ばれたこの目視迎撃戦術は、ウインドウに対する当面の有効な手段になり得ることが確認されたが、空軍は機上レーダーが用をなさなくなった双発夜戦についても、新たな戦術を採ることとした。

◀レーダー誘導に頼らない単発戦闘機Bf109、Fw190を用いた夜間目視邀撃戦術〝ヴィルデ・ザウ〟を提唱し、2度目のハンブルク空襲以降、みずからその先頭に立って奮戦したハヨー・ヘルマン少佐。その功績により、1944年1月、剣付柏葉騎士鉄十字章を受章し大佐に昇進した。写真はそのときのもの。

〔図4〕"ヴィルデ・ザウ" 戦術

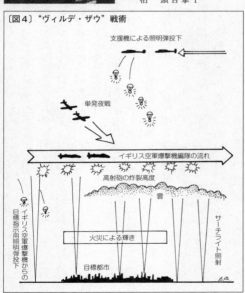

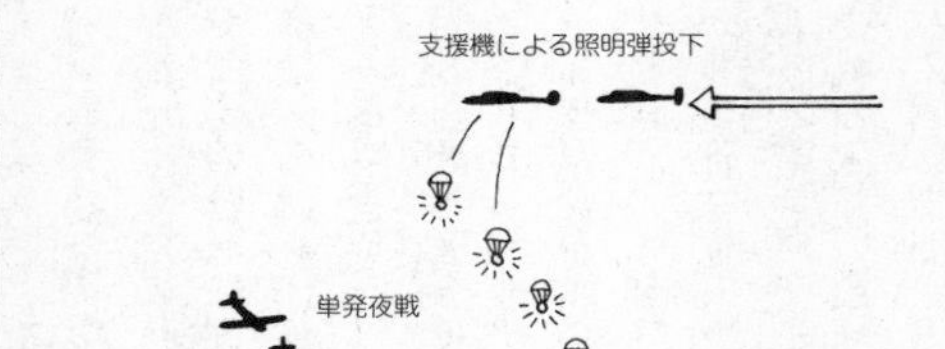

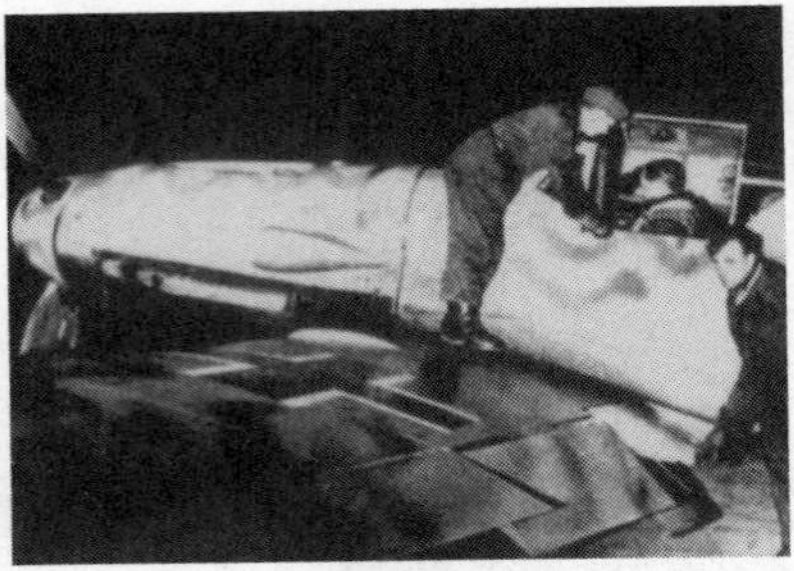

▶漆黒の夜空へ出撃するヴィルデ・ザウ部隊、第300戦闘航空団のBf109G-6。上面は76カラー地に75の蛇行パターン、下面は黒という夜間行動に適した迷彩塗装を施している。しかし、1943年秋ころまで成果をあげたヴィルデ・ザウ戦術も、晩秋になって悪天候がつづくようになると、航法能力の貧弱さから事故による損害が目立って増加し、年末にはJG300も昼間戦闘部隊に転換されてしまう。

ヴィルデ・ザウに対し〝ツァーメ・ザウ〟（Zahme Sau——飼い馴らされたイノシシ）と名づけられたこの新戦術は、爆撃目標都市上空での行動要領はヴィルデ・ザウと同じだが、それまで所定の管区に固定されていた双発夜戦を〝解放〟し、敵爆撃機編隊の流れに従い、自由に〝狩り〟ができるようにしたこと（図5参照）。

ツァーメ・ザウ戦術の提案者は、航空省技術局のフィクター・フォン・ロスベルク大佐で、7月30日の会議で承認され、以後、ドイツ双発夜戦の基本戦術となる。

8月17日夜、イギリス空軍爆撃機軍団は597機を繰り出して、バルト海に面したペーネミュンデ（ドイツのロケット兵器に関する総合開発、実験センターがあった）を襲ったが、ドイツ夜戦の激しい邀撃にあい、41機を失った。

さらに23日、31日、9月3日の3夜にわたる首都ベルリン空襲においては、延べ出撃機数の7・5％にあたる125機が失われた。

この数字は、ヴィルデ・ザウ、ツァーメ・ザウ戦術を採ったドイツ夜戦隊が、ウインドウ・ショックから立ち直り、以前にも増してイギリス爆撃機軍団の脅威になったことをはっきり示していた。

ドイツ夜戦隊の復活は機材、装備面でも着実に裏付けられつつあった。ハンブルク空襲の直前、夜戦隊にとって待望の新型夜戦2機種が登場した。

ひとつは、ハインケル社が開発した最初の専用夜戦He219。"Uhu"《ウーフー》（鷲ミミズク）の非公式名で呼ばれた本機は、強力なDB603エンジン（1750hp）を搭載する双発機で、最大速度は630km／hに達し、30mm砲×2、20mm機銃×4の重武装をもち、世界最初

◀"ツァーメ・ザウ"戦術を提唱し、ドイツ双発夜戦隊の危機を救った、航空省技術局のフィクター・フォン・ロスベルク大佐（写真は少佐当時のもの）。

〔図5〕"ツァーメ・ザウ"戦術

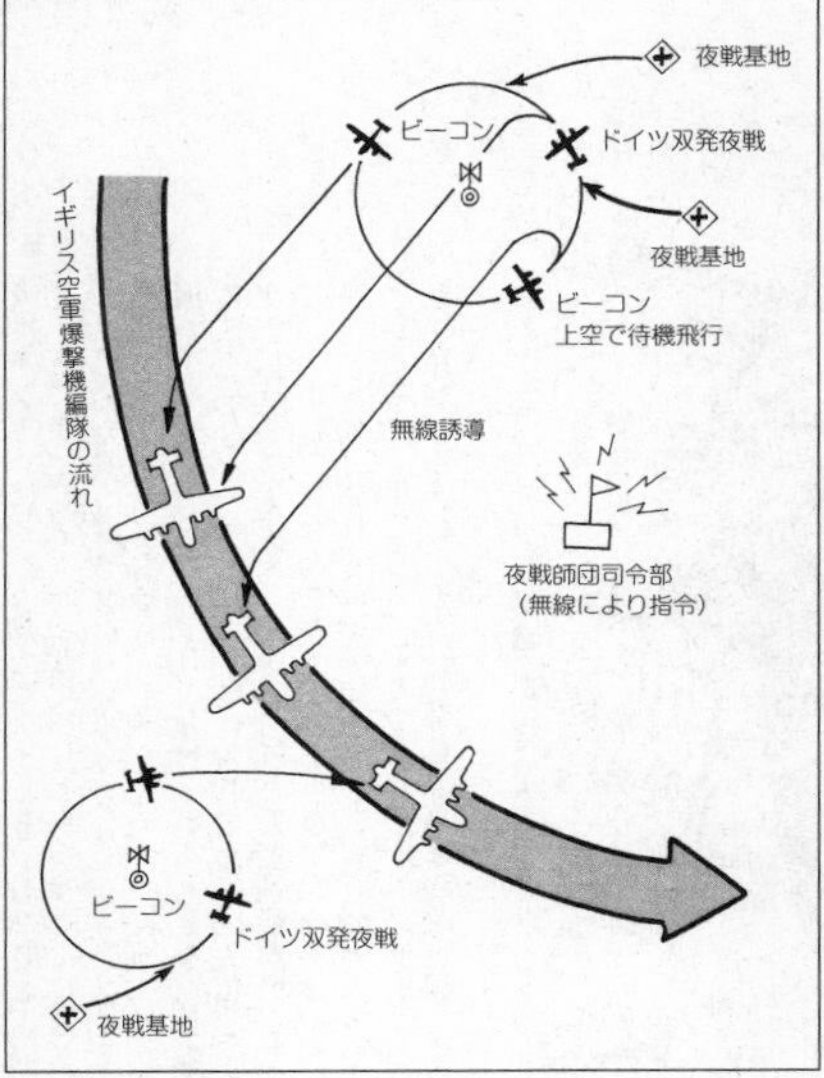

▲ドイツ夜戦隊員が、その大量配備を渇望した、新鋭機ハインケルHe219"ウーフー"。しかし、期待もむなしく、ナチスに心服しないハインケル社長、エルンスト・ハインケル博士に対する空軍上層部の冷遇もあって、敗戦までにわずか268機の少数生産に終わった。

◀ウインドウによって効力を失ったＦｕＧ２０２、同２１２にかわり、１９４３年10月から夜戦隊に装備されはじめたＦｕＧ２２０リヒテンシュタインＳＮ-２機上レーダー。写真はＢｆ１１０Ｇ-４に装備された同レーダー用アンテナ。３・３ｍという大きな波長の電波を使うため、アンテナはいちじるしく巨大化し、空気抵抗の増加により40㎞／ｈほど速度性能が低下したが、止むを得なかった。中央の小型アンテナは、初期のＦｕＧ２２０の最小探知距離が５００ｍと大きかったために、併用されていたＦｕＧ２１２リヒテンシュタインＣ-１レーダー（ＦｕＧ２０２の改良型）用のもの。

の射出座席を備えるなど、申し分のない優秀機だった。

Ｈｅ２１９は、本機の開発段階からの熱烈な支持者でもあった、英雄シュトライプ大尉（当時）の操縦により、すでにハンブルク空襲の前に鮮やかな実戦デビューを果たしていた。すなわち、１９４３年６月11日夜、先行生産型Ｈｅ２１９Ａ－０の１機に搭乗し、オランダのフェンロー基地を発進したシュトライプは、デュッセルドルフ爆撃に来襲したイギリス爆撃機群を迎え撃ち、なんと１度に５機のランカスターを仕止めたのだ。

大尉の凄腕のせいもあったが、Ｈｅ２１９が優秀な夜戦であることは、だれの目にも明らかだった。カムフーバー中将は、ただちにＨｅ２１９の最優先量産を技術局に要請した。

Ｈｅ２１９につづくもう１種の新型夜戦は、フォッケウルフ社のＴａ１５４である。Ｆｗ１９０を生んだ名設計者クルト・タンク博士の手になる本機は、イギリス空軍の高速爆撃／戦闘機Ｄ．Ｈ．モスキートに倣った木製構造の異色機で、非公式名称もズバリ〝Moskito《モスキート》〟。

Ｔａ１５４は、Ｊｕｍｏ２１１系エンジン（１３４０ｈｐ）を搭載した、Ｈｅ２１９よりひとまわり小型の双発機で、ハンブルク空襲の約１ヵ月前の７月１日に初飛行した。

最大速度は６２０～６３０㎞／ｈで、機体が小柄なだけにＨｅ２１９より運動性、操縦性は良かった。空軍はＴａ１５４も制式採用の方針で、ひきつづきフォッケウルフ社に先行生産型、生産型の開発を命じた。

Ｈｅ２１９、Ｔａ１５４が登場したとはいえ、両機が数的に充足するのは、当分先の話であり、その間まだまだ夜戦の主力機とならなければいけないＢｆ１１０も、ハンブルク空襲の直後あたりから、夜戦専用型G-4の配備が本格化し、質的な向上が図られた。

電子機器の面では、ウインドウにマヒさせられてしまったFuG202、212両機上レーダーに代わる、新型FuG220〝リヒテンシュタインSN-2〟の開発が最優先で進められた。

FuG220は波長3・3mの低周波を用いるため、機外のアンテナがいちじるしく巨大化して、空気抵抗の増加をもたらす欠点はあったが、後には周波数を可変式にして、ウインドウなどの妨害にほとんど影響されなくなり、ドイツ夜戦にふたたび電波の目が復活することになった。

FuG220は10月には配備が始まり、3ヵ月のうちにはほぼ全ての夜戦航空団にいきわたり、年末から翌年にかけての〝夜戦隊の勝利〟に大きく貢献する。

FuG220と並行し、敵機の電子機器が発する電波をキャッチし、その位置を知る、いわゆるパッシブ・レーダーの開発も進み、地形表示レーダーH2Sの電波に感応するFuG227フレンズブルク、〝モニカ〟後方警戒器の電波に感応するFuG350〝ナクソスZ〟の両機器が、年末までに実用化して夜戦隊に配備され始める。

兵装面では、現地部隊の思いつきから奇妙な〝斜め銃／砲〟が考案され、これが意外にも夜戦の切り札的武器になった。

ドイツ夜戦が、イギリス爆撃機を仕留めるときは、後下方にもぐり込み、加速をつけて機首上げ姿勢で上昇しながら、機首に装備した機銃／機関砲で斉射を加えた後、降下して離脱するというのが基本的な手順だった。当然のことながら、爆撃機の尾部銃座の射撃圏内に入らざるを得ず、反撃されることも多い。

斜め銃／砲は、乗員室後部もしくは胴体後部に、機関銃／砲を前上方65～70度の仰角をつけて2挺／門を取り付け、爆撃機の死角となる真下に近い位置を平行して飛びながら、主翼付根、エンジンまわりを目標に射撃するという構想だ。

これだと、尾部銃座から反撃も受けず、平行して飛ぶので射撃時間が長く、かつ正確な照準が可能だった。

もともと、この斜め銃／砲は、1941年当時にNJG1第4中隊のルドルフ・シェーネルト中尉が提案し、Do17、217に試験的に装備（角度は垂直だった）されていた。しかし、実戦テストでその効果が証明できなかったので放っておかれたものだ。

たまたま、タルネヴィッツの空軍兵器実験センターに置かれていたDo217の斜め銃／砲を見た、NJG5第Ⅱ飛行隊付きの兵器員パウル・マーレ曹長が興味を示し、〝日曜大工〟程度の簡単な工事で、自隊のBf110の後席後方に、余剰となっていたMGFF20㎜機関銃2挺を据え付けてみた。

そして、このBf110の実戦テストをかってでたのが、今はⅡ．／NJG5の飛行隊司令官に昇格していたシェーネルト大尉である。

1943年5月のある夜、この斜め銃装備のBf110を駆って首都ベルリン上空に出動したシェーネルト大尉は、見事に爆撃機を仕留め、戦果第一号を記録する。

▶1943年秋以降、ドイツ夜戦の必須装備となった斜め射撃兵装“シュレーゲ・ムジーク”。写真はJu88夜戦最後の量産型G-6（1944年春から就役）のそれを示す。右手前の胴体後部上面に突き出した２本の棒状のものがシュレーゲ・ムジークで、機銃はMG151/20 20mm。Bf110、Do217、He219もふくめて、ほかにMGFF 20mm、MK108 30mm機関砲も使われ、とくに統一はされなかった。

初めは半信半疑だった他の夜戦搭乗員も、この事実をみてマーレ曹長につぎつぎと斜め銃の装着を依頼し、彼らは8月17日夜のペーネミュンデ空襲時に、同銃による初めての大量戦果をあげるのである。

同銃の効果に注目した空軍は、10月以降Ｂｆ１１０、Ｊｕ88、Ｄｏ２１７などの生産ラインにて、R仕様と称しこれを装備することを決定、マーレ曹長には褒美として感謝状と金５００マルクが授与された。その装備法から〝シュレーゲ・ムジーク〟（Schräge Musik ——ジャズ音楽）と名づけられたこの斜め銃は、１９４３年末〜44年3月にかけて、〝ドイツ夜戦隊勝利〟期間の大半を占め、必須装備となるのである。

夜戦隊の頂点と衰退

ウインドウ・ショックから立ち直ってゆくドイツ夜戦隊に対し、イギリス空軍爆撃機軍団もただ手をこまねいていたわけではない。

戦術面では、ドイツ夜戦隊のヴィルデ・ザウ、ツァーメ・

ザウの成否に直結する、目標都市の予測を困難にするため、陽動作戦の巧妙化をさらに徹底させた。

少数機による別働隊をいくつかのコースに分けて大陸上空に侵入させ、これらのオトリにドイツ夜戦がおびき寄せられている間に、本隊が目標を爆撃するという算段だ。

これにひっかかると、とくに航続距離の短いヴィルデ・ザウのＢｆ１０９、Ｆｗ１９０は引き返しがきかず、邀撃は不可能になる。

それまで、ほとんど手つかずだったドイツ側の無線通信網に対する妨害処置がとられたこともその対抗策のひとつ。

まず、ＶＨＦ通信に対してはＡＢＣ（Airbone Ciger）装置を使って混乱させる。ＡＢＣはランカスター重爆に搭載され、専任の第１０１飛行隊を編制し、10月から爆撃機編隊に同行して妨害電波を発信しつづけた。

ＨＦ通信に対しては、本土内の地上局から強力な電波で、ドイツ語の話せる操作員が、でたらめな誘導を行なうという手段を採った。

〝コロナ〟（Corone）作戦と呼ばれたこの妨害装置は、10月22日から開始され、どちらが本物の情報なのか夜戦はとまどい、コロナの偽情報を聞いて怒り狂った地上管制官がわめきちらすなど、空中と地上のやりとりに多大の困難が生じた。

そして、11月にはこうした妨害任務とモスキート夜戦による味方爆撃機の護衛（爆撃行に随伴する）を専門とする、いわばＥＣＭ戦のプロともいうべき第１００グループが編制され、ドイツ夜戦隊に圧力をかけてゆく。

1943年9月、10月と、ドイツ夜戦隊の健闘で、出撃のたびに少なからぬ損害を出しながら、ハリス中将はドイツ各都市への攻撃を緩めなかった。

この期間は主に西部、北部の都市が目標となり、9月5日にはマンハイム、ルートヴィヒスハーフェンが、10月4日にはフランクフルト・アム・マインが、同8日にはハノーバーが廃墟と化した。

10月22日のカッセル市爆撃は、ハンブルクの再現とも思える惨烈さで、市街地への集中投弾の結果、猛烈な火災強風の渦巻が発生してすべてを焼き尽くし、一週間たってもなお火が消えなかった。

そして、イギリス空軍爆撃機軍団は11月に入ると、対ドイツ夜間爆撃の仕上げとなる、首都ベルリンへの大爆撃作戦に備え、態勢をととのえた。地方の主要都市が廃墟となり、首都さえも潰滅してしまえば、ドイツは降服するしかないだろうという、ハリス中将自身の判断により決まった作戦である。

第一回爆撃は、11月18日に402機をもって実施され、以後1944年3月24日まで都合16回にわたり、各600～800機という出撃数で繰り返し行なわれた。

しかし、北欧特有の冬の悪天候に妨げられて、H2Sを使った雲上からの盲爆になるケースが多く、弾着が拡散して徹底した破壊ができなかった。

悪天候はドイツ夜戦隊にとっても不利だったが、首都防衛という使命感に燃える搭乗員たちの死にものぐるいの奮戦により、年明け以降、イギリス爆撃機の損害は目立って増加した。1月21日には648機中55機、同28日には683機中43機、2月15日には891機中42機、最後の3月24日には811機中72機が失われた。

結局、ベルリン爆撃作戦を通して計492機を失い、損失率は6・2％に達した。ほとんどが四発機であり、搭乗員の損失数も膨大なものである。ハリス中将が思った以上にドイツ夜戦は強力だったのだ。

このベルリン爆撃作戦の合い間を縫って、2月19日に行なわれたライプチッヒ市爆撃でも823機中78機を失い、3月30日のニュルンベルク爆撃では795機中94機と、大戦を通じ一回の作戦で最大の損害を蒙ってしまった。

1943年末から1944年3月にかけての、これら一連の爆撃作戦は明らかにドイツ夜戦隊の勝利に終わった。いかに補充がきくといっても、これだけの高い損失率はイギリス空軍にとっても耐え難いものだ。ハリス中将の構想は根本から修正を余儀なくされた。

ドイツ夜戦隊の勝利の要因は、前述した首都防衛の使命感もさることながら、前年以来の激戦のなかで、夜戦搭乗員も地上管制組織も、ツァーメ・ザウ戦術を完全、かつ巧妙に駆使できるようになったことと、FuG220機上レーダー、シュレーゲ・ムジークをはじめとした有効兵器の存在などが大きくモノをいった。

3月30日のニュルンベルク空襲のあと、イギリス爆撃機の夜間来襲がパッタリ止絶えたのをみたドイツ空軍は、夜戦隊の勝利によりイギリスはドイツ夜間爆撃の中止に追い込まれた

▲対ドイツ夜間爆撃の主力機として君臨した、イギリス空軍のアブロ ランカスター四発重爆。性能はともかくとして、その防御機銃がすべて7.7mmという貧弱さで、ドイツ夜戦に狙われたら、まず反撃の効果はほとんどなかった。これはハリファックスにも同じことがいえる。実績も大きいが、大戦を通した損害の多さもまた膨大だった。

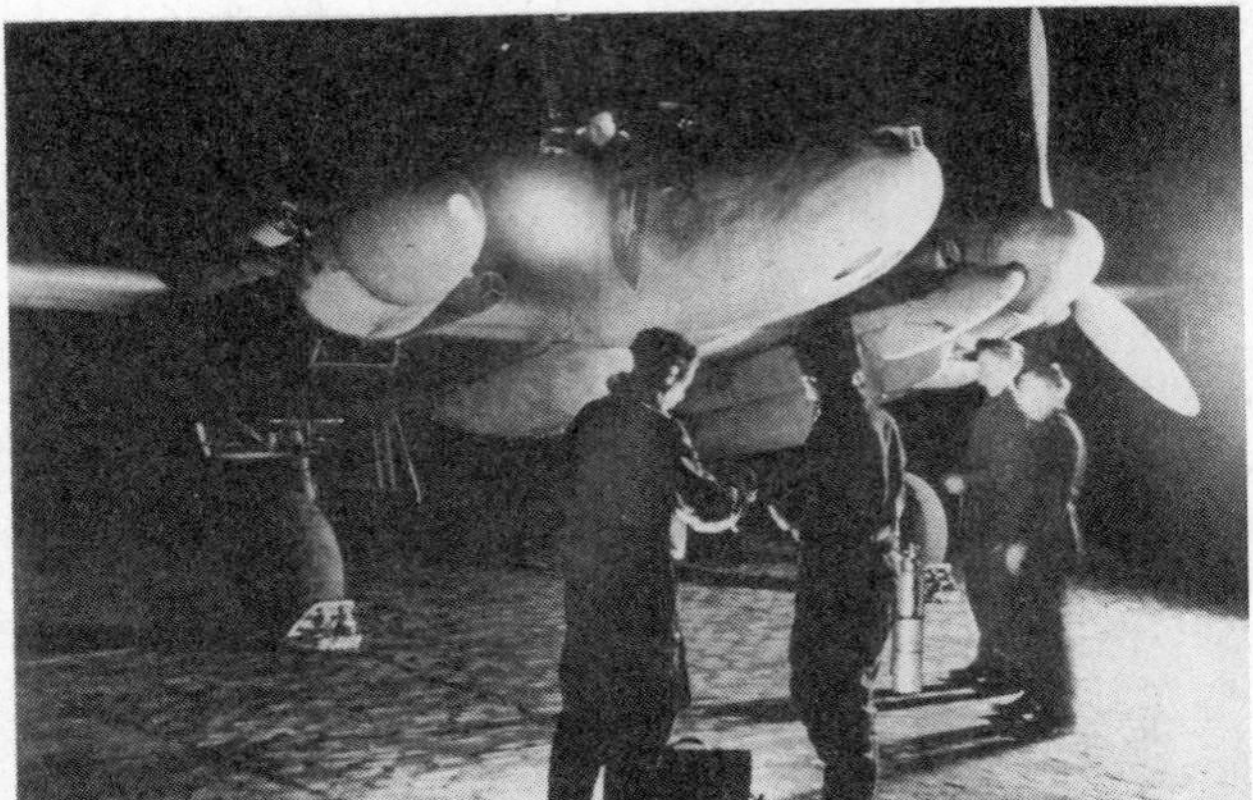

▲照明に照らされ、出撃準備中のBf110G-4夜戦。機上レーダーを装備していないが、効力を失ったFuG202を取り外したのだろうか？　ナセルもふくめ、右主翼下面を黒く塗っているのは、味方高射砲の誤射を防ぐための識別標識で、1944年はじめころから適用した。胴体下面の膨らみは、MG151/20 20mm機銃２挺を収めた追加武装パック（M1仕様と称した）だが、銃自体は取り外している。

と判断した。

たしかにそれは当たっていた。が、それには別の理由もあったのだ。連合軍はこのころ、来たるべき大陸侵攻作戦（後のノルマンディー上陸作戦）への準備を着々と進めており、アメリカ、イギリス両航空部隊も全力をあげて、この作戦を支援することになっていた。

その支援の一環として、1944年4月以降、まずフランス領内のドイツ軍輸送網を破壊しておくために、鉄道、物資集積所などに対する昼間戦術爆撃を開始、アメリカの戦略爆撃部隊はもとより、ハリス中将の爆撃機軍団もこれに従事したのである。

6月6日、史上空前の規模で上陸作戦が行なわれた後も、爆撃機軍団は上陸部隊の内陸進攻を支援するため戦術爆撃を継続し、あわせて〝V1〟飛行爆弾発射基地を攻撃するなど、密接に協力した。

この間、フランス上空でのドイツ戦闘機の迎撃はほとんどなかったため、3月までの大損害を補充し、さらに戦力増強した爆撃機軍団は、1944年秋になり、ドイツ夜間爆撃を再開した。

イギリス爆撃機搭乗員は、ドイツ夜戦の脅威を身にしみて味わっていたから、また同じような損害を蒙るのではないかと恐れていた。しかし、この半年間に情況は一変し、ドイツ夜戦隊はまったく別次元の問題から、苦境に陥っていたのだった。

すなわち、前年以来のうちつづくアメリカ陸軍重爆隊による軍事目標への空襲により、ドイツ軍の生命線である石油精製工場が壊滅状態となり、燃料不足が深刻化し、乏しい燃料は

▲ドイツ夜戦として最後に就役した、革命的なジェットエンジン機Me262B-1a/U1。レシプロエンジン機を一蹴するその高性能は素晴らしかったが、いかんせん登場が遅きに失し、実戦投入された機数も10機以下という少なさでは、どうにもならなかった。

▲ドイツ夜戦隊の最期。写真は、戦後デンマークのグローブ基地に並べられてスクラップ処分を待つJu88G-6夜戦群。1944年末には、夜戦隊の保有機数は各種計1000機（大部分がBf110とJu88）を超えたが、そのほとんどは燃料不足で飛べず、むなしく地上に置かれたまま敗戦を迎えた。

昼間戦闘機隊に優先してまわされ、夜戦隊の分は大幅に削減されてしまったのだ。

皮肉なことに、激しい空襲を受けながらも、地方への分散・疎開、あるいは地下工場に潜るなどの手段により、大戦を通じて最高の量産数を達成した各航空機工場関係者の努力により、1944年末のドイツ夜戦隊の保有機数はじつに1000機を超えるまでになったが、それらの大半は燃料不足で飛べなかったのだ。

さらに、ドイツ夜戦部

隊にとって致命的だったのは、連合軍地上部隊の進撃により、頼みとする早期警戒レーダー基地群がつぎつぎと占領され、情報網に大きな穴が開いて、効果的な邀撃作戦がとれなくなってしまったことである。

これに拍車をかけるように、イギリス側の電子妨害はさらに強力となり、FuG220機上レーダーをはじめ、地上レーダー、通信網もほとんど用をなさなくなってしまった。

1945年2月13日夜、古都ドレスデン市爆撃に参加した1164機のイギリス爆撃機に対し、迎撃に上がったドイツ夜戦はわずか27機にすぎず、戦果もたったの2機で、もはや昔日の面影はまったくなかった。

このころ、ドイツ夜戦隊は世界最初の実用ジェット夜戦Me262B-1a/U1を就役させ、首都ベルリン上空の防空戦に投入し、そのレシプロ機と隔絶する高性能により、宿敵モスキート夜戦を一方的に叩き落として溜飲を下げた。しかし、いかんせん10機以下の戦力では焼け石に水だった。

Bf110、Ju88の両夜戦は、最後には爆弾を懸吊して、ドイツ国内を東西から進撃してくる連合軍、ソ連軍地上部隊攻撃に駆り出され、その活動を終えた。

1945年5月8日、ドイツは無条件降伏し、6年の長きにわたった大戦が終結、ドイツ国内の各基地を占領した連合軍、ソ連軍地上部隊兵士が目にしたのは、燃料タンクが空の、真新しいBf110G、Ju88G夜戦の群れだった。

第三帝国の崩壊とともに、一時はイギリス爆撃機軍団の夜間空襲を中止させるほどの勝利をおさめ、興隆を誇ったドイツ夜戦隊も、最後は足元から腰砕けのような形で敗れ去ってしまった。

結局のところ、ドイツは国力に不相応に戦線を広げすぎ、最も優先するべき本土防空に戦力を割くのが遅れたことと、アメリカの巨大な力を見くびっていたことがその敗因だった。

ただ、敗れはしたが、ドイツ夜戦隊と地上の管制組織をも含めた防空システム全体の健闘は、大いに評価されるべきだろう。別表に示した各夜戦隊の戦果をみるだけでも、それぞれのセクションで夜間防空に関わった兵士1人1人の奮闘ぶりが伝わってくる。

「はじめに」にも記したように、ドイツの夜空に繰り広げられた壮大なスケールの〝電子戦〟は、今日の航空作戦を考えるうえで貴重な教訓であり、また興味の尽きないテーマといえるだろう。

なお、ドイツ夜戦隊の一部は東部戦線にも展開し、ソ連機を相手に戦った。しかし、電子機器など無いに等しいソ連空軍を相手にした夜間戦闘は、散発的に来襲する双発爆撃機などを、ドイツ夜戦が一方的にレーダーを使って撃墜するという形に終始し、規模も小さかったので、今回はとくに触れなかった。

第二次大戦後の夜戦

第二次大戦が終結すると、アメリカ、ソビエト、イギリス、フランス、中国などの列強国は、核兵器を保有するに至り、もはや世界規模の大戦争は生起し得なくなった。いきおい、敵爆撃機の迎撃を本務とする夜間戦闘機の、必要性も薄れ、いつしか、その機種名称自体が〝死語〟になった。

代わって登場したのが、全天候戦闘機〔All Weather Fighter〕という機種で、レーダーはもとより、高機能の電子機器を装備し、夜間に限らず、視

ドイツ夜戦隊の部隊別撃墜戦果

NJG 1	2,311機
NJG 2	約800機
NJG 3	約820機
NJG 4	579機
NJG 5	約850機
NJG 6	約400機
NJG101	約200機
NJG102	約50機
NJG100、200、(東部戦線)(他の独立夜戦中隊含む)	約1,000機
JG300、301、302 NJGr.10、NJG11 (単発夜戦隊)	約400機
	合計約7,410機

ドイツ空軍地上レーダー要目

型式	名称	製作会社名	使用周波数	波長	有効探知距離	全高	全幅	重量	使用期間
FuG80	Freya	ゲマ	125MHz	2.40 m	200km	8～10 m	6 m	6,200～6,500kg	1939～42
GuG401	Freya Fahrstuhl	ゲマ	125MHz	2.40 m	230km	25.5 m	――	16,700kg	1943～
FuMo51	Mammut	テレフンケン	120～138MHz	2.1～2.5 m	300km	10 m	30 m	24,500kg	1942～
FuG402	Wassermann	ジーメンス	120～250MHz	1.3～2.5 m	300km	36～60 m	6～12.4 m	29,500～59,000kg	1942～
FuMG404	Jagdschloss	ゲマ、ジーメンス、ローレンツ	120～560MHz	2.4 m	80～150km	24 m	5 m	24,500～29,500kg	1943～
FuMG62D	Wurzburg	テレフンケン	560MHz	5.3 m	40km	アンテナ直径5.5 m		1,600～1,800kg	1940～41
FuMG65	Wurzburg-Riese	テレフンケン	560MHz	5.3 m	60～80km	アンテナ直径7.5 m		14,700kg	1942～

ドイツ空軍機上レーダー要目

型式	名称	製作会社名	使用周波数	有効探知距離(最大～最小)	使用期間
FuG202	Lichtenstein BC	テレフンケン	490MHz	3.5km～200 m	1942～43
FuG212	Lichtenstein C-1	テレフンケン	420～480MHz	3.5km～200 m	1943.6～1943.11
FuG220	Lichtenstein SN-2	テレフンケン	37.5～118MHz	4 km～300 m	1943.9～
FuG216	Neptun V	FFO	125MHz	3.5km～500 m	1944～
FuG217	Neptun V/R	FFO	158,187MHz	4 km～400 m	1944～
FuG218	Neptun G/R	FFO/ジーメンス	157～187MH.	5 km～120 m	1944～
FuG240/1	Berin N-la	テレフンケン	3,250～3,330MHz	5 km～300 m	1945.1～
			受信可能周波数域	受信可能範囲	
FuG227	Flensburg	ジーメンス	80～230MHz	100km	1944～
FuG350	Naxos Z	テレフンケン	2,500～3,750MHz	50km	1944～

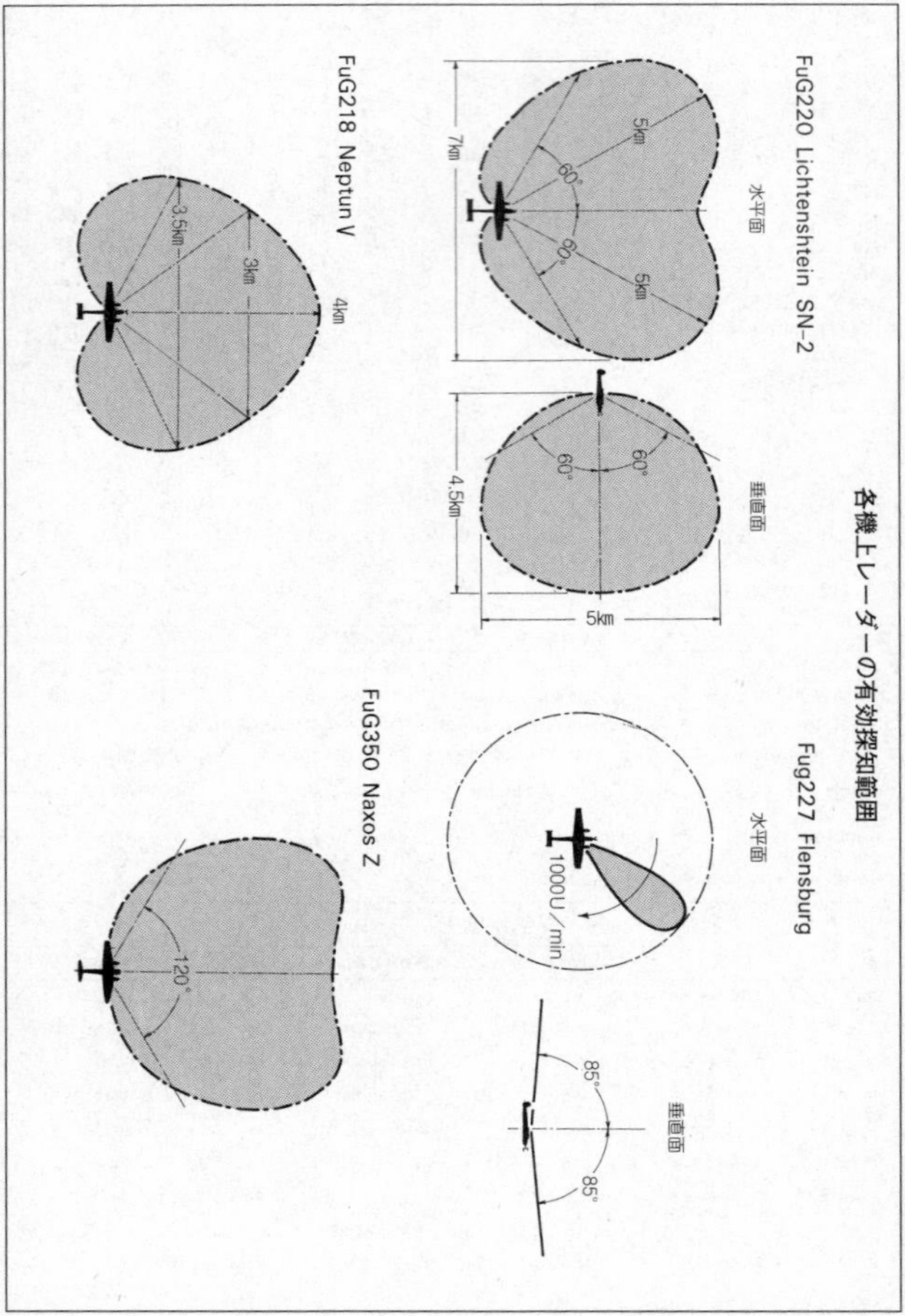
各機上レーダーの有効探知範囲
FuG220 Lichtenshtein SN-2
水平面
垂直面
5㎞
5㎞
60°
60°
7㎞
60°
60°
4.5㎞
5㎞
FuG218 Neptun V
3.5㎞
3㎞
4㎞
Fug227 Flensburg
水平面
1000U／min
垂直面
85°
85°
FuG350 Naxos Z
120°

界の効かない昼間の悪天候下でも、航法を誤ることなく飛行できることが可能な機体を意味した。

この全天候戦闘機は、ジェット時代が熟した1960年頃まで存在感を示したが、やがて、電子機器の発達により、通常の戦闘機でもあらゆる条件下で飛行できるようになり、1970年代に入ると、もはや全天候戦闘機という機種名称も死語同然となり、かつての夜間戦闘機の系譜は途絶えたといってよい。

第三章　ドイツ夜戦各機体解説

●アラドＡｒ234Ｂ／Ｃ（Arado Ar234B/C）

Ｍｅ262と並び、ドイツ空軍ジェット軍用機の先駆けとなり、かつ世界最初の実用ジェット爆撃機として、航空機史上に名を残すアラドＡｒ234〝ブリッツ〟は、レシプロ単発戦闘機を凌ぐ高速（Ｂ‐2型で735㎞／ｈ）からして、当然のごとく夜戦型の開発も試みられた。

Ａｒ234の設計主務者ヴァルター・ブルーメ技師と、航空省技術局のジークフリート・クネマイヤーとの協議により、1944年9月12日、コード・ネーム〝Nachtigall《ナハティガル》〟（さよなきどり）の名のもと、夜戦型の開発が決定され、まず爆撃機型のＢ‐2をベースに、ＦｕＧ218機上レーダーを搭載し、胴体後部内にそのオペレーター1席を追加、胴体下面にＭＧ151／20 2挺をポッド式に装備したＡｒ234Ｂ‐2／Ｎ 30機が製作されることに決まった。

最初の1機は1944年末に完成し、空軍司令部直属の第3実験中隊に配属され、ヨーゼフ・ビスピンク大尉／アルベルト・フォーグル大尉のペアにより、翌年2月まで首都ベルリ

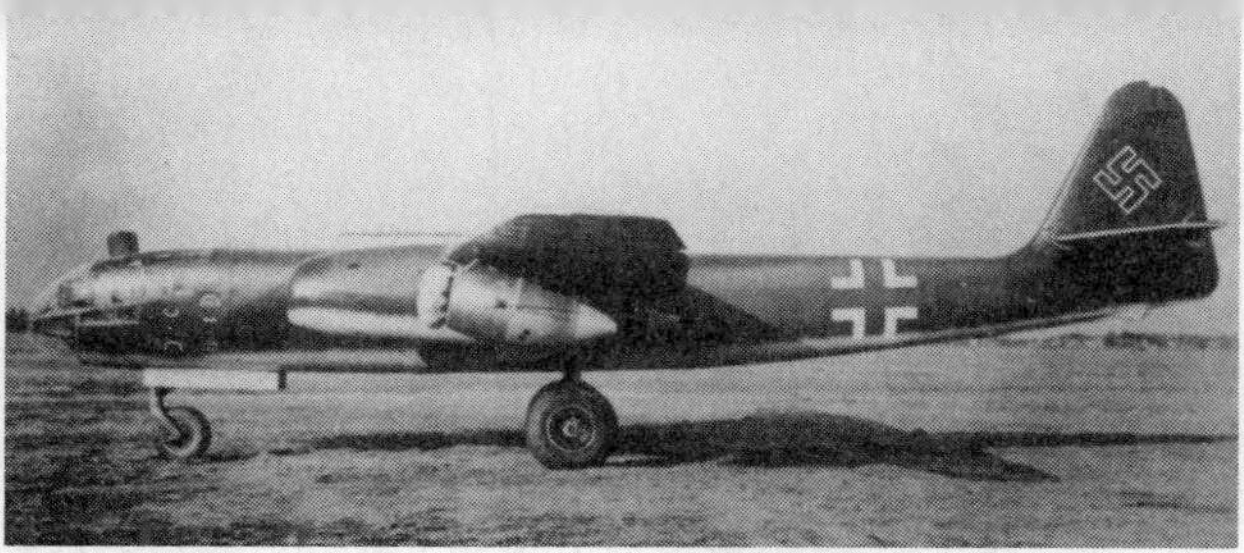

▲夜戦型Ar234B-2/Nのベースになった、爆撃機型Ar234B-2。追加されたレーダー・オペレーター席は、ちょうど胴体国籍標識あたりの内部にくる。

Ar234B-2/N W.Nr140146 クルト・ボノブ大尉/ベッポ・マーヒェッティ曹長乗機1945年３月　※塗装は、上面RLM76地に同75のスポット、下面は黒。

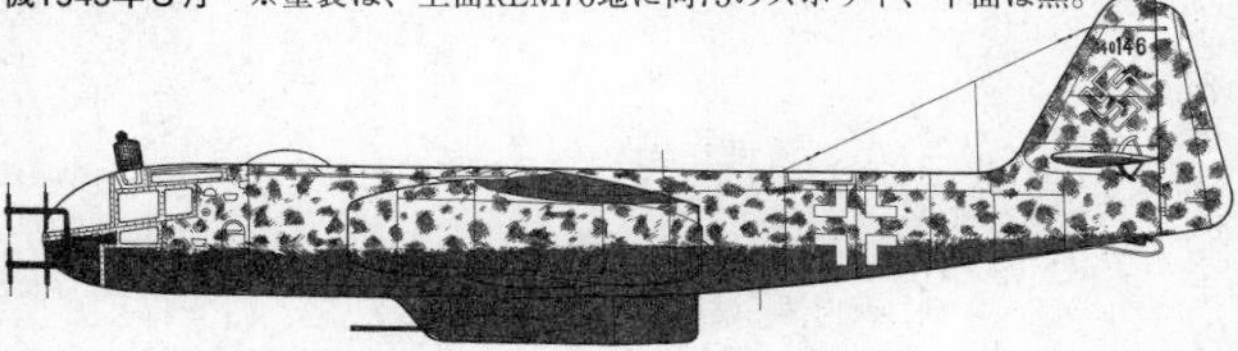

Ar234B-2/N 胴体内部配置図

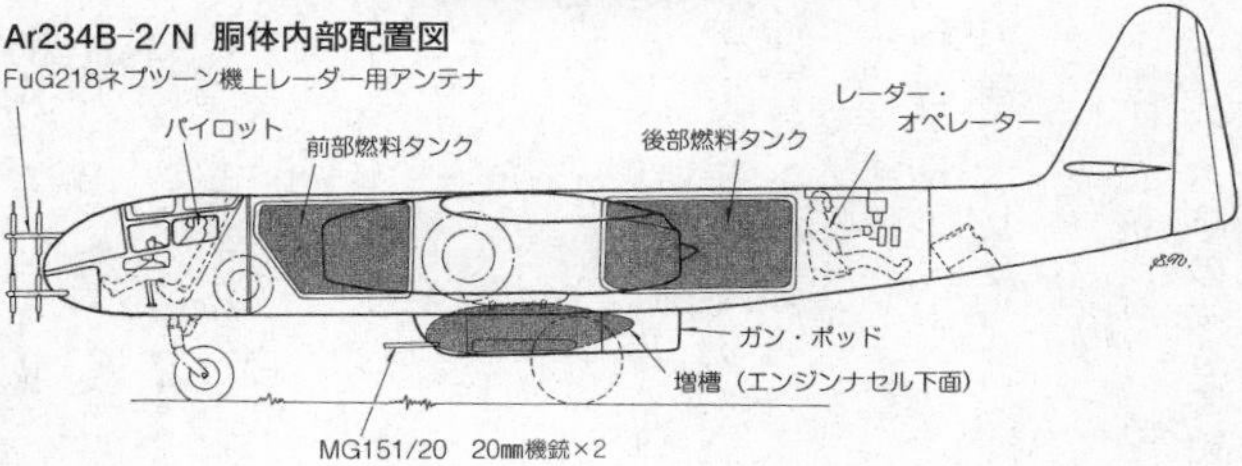

◀正面からみたAr234B-2。B-2/Nでは機首両側にFuG218ネプツーン機上レーダーのアンテナが付く。

ン北方のオラニエンブルク基地から実戦出撃を行なった（戦果不明）。

１９４５年３月１日には、２機目のＡｒ２３４Ｂ－２／Ｎがオラニエンブルク基地の実験中隊に届き、２月23日夜に離陸事故で死亡したビスピンク／フォーグル両大尉から職を引き継いだ、クルト・ボノプ中尉／ベッポ・マーヒェッティ曹長のペアにより実戦出撃を繰り返した。しかし、敗戦までに撃墜戦果を挙げたかどうかは不明。

敗戦直前の混乱もあって、計30機つくられる予定だったＢ－２／Ｎは、結局２機だけしか完成しなかった。

アラド社は、Ｂ－２／Ｎにつづいて、四発型Ａｒ２３４Ｃシリーズの夜戦型も計画し、Ｃ－３の機首にＦｕＧ２４４〝ブレーメン〟機上レーダー（マイクロ波長）を収め、胴体下面の兵装パックをＭＫ１０８ 30㎜砲２門としたＡｒ２３４Ｃ－３／Ｎ、その改良型Ｃ－７、乗員を４名としたＰシリーズの設計をすすめたが、Ｃ－３／Ｎの原型機にあたるＡｒ２３４Ｖ27が完成したところで敗戦となり、他は陽の目をみなかった。

●ドルニエDo17Z〝カウツ〟（Dornier Do17Z "Kauz"）

１９４０年６月、最初の夜戦航空団ＮＪＧ１が創設された当時、その主力機として採用されたＢｆ１１０が、数的に不足していたため、Ｊｕ88とともにその穴を埋める機体として、爆撃機から転用されたのがドルニエＤｏ17Ｚ〝Kauz《カウツ》〟（ふくろう）である。

改造ベースになったのは、偵察爆撃機型のＺ－３で、その改造要領はＪｕ88Ｃと同様にガラス窓の機首を金属カバーで流線形に整形し、内部にＭＧ17　7・92㎜機銃×3、ＭＧＦＦ20㎜機関銃×1を固定装備した。

Ｄｏ17Ｚ－7〝Kauz Ⅰ〟と命名されたこの最初の夜戦型は、1940年夏までに計9機つくられ、Ⅱ．／ＮＪＧ1に配属された。

ひきつづき、Ｚ－7の機首整形カバーを細長く洗練し、武装をＭＧ17×4、ＭＧＦＦまたはＭＧ151／20×2に強化したＤｏ17Ｚ－10〝Kauz

Do17Z-7

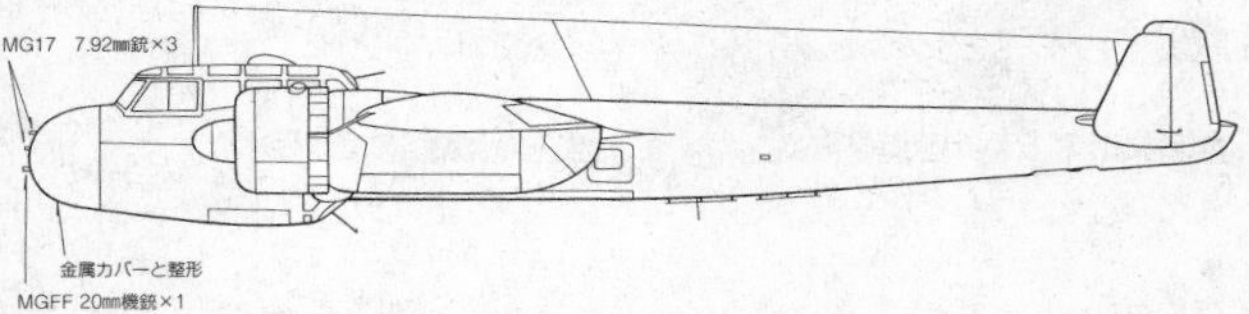

Do17Z-10“シュパナー”装備機

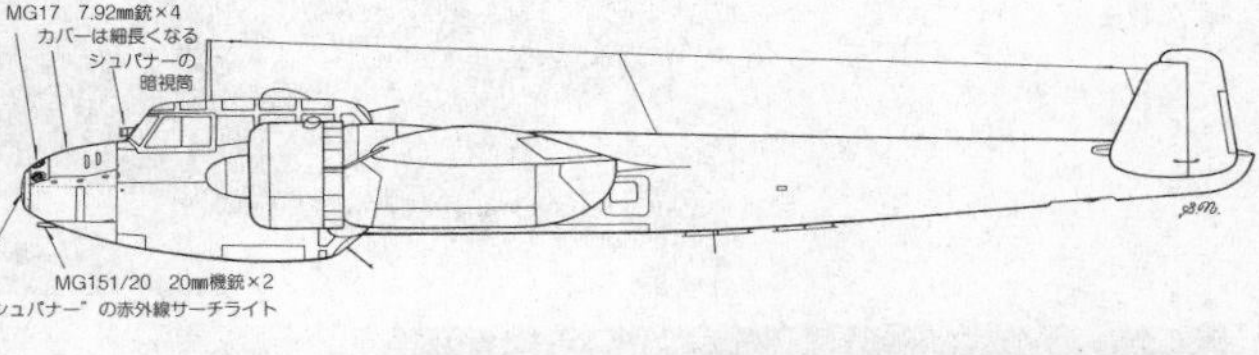

▶NJG2に配置されたDo17Z-7の1機。生産数が極くわずかということもあり、Z-10も含めてDo17夜戦の写真は数枚しか残されておらず、本写真も貴重な1枚。ソリッド化された機首が確認できる。

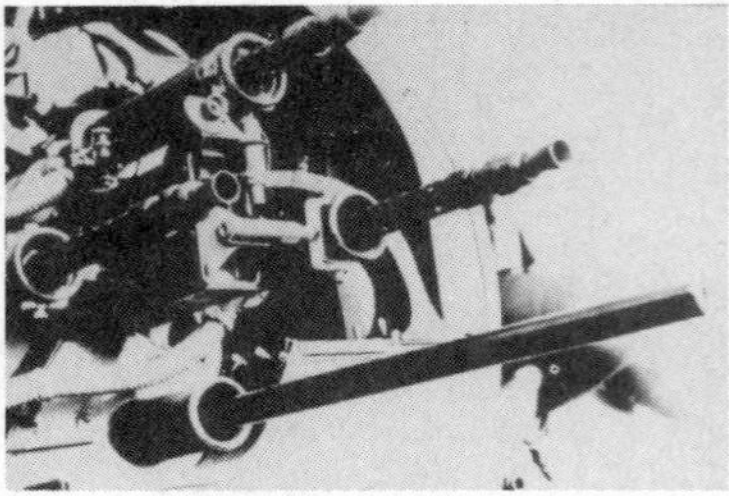

◀Do17Z-7の機首カバーを外し、内部の射撃兵装をみる。上方の3挺がMG17 7.92mm機銃。下の1挺がMG151/20 20mm機関銃。ただし、生産機は下の1挺はMGFF 20mm機関銃を装備した。

▼赤外線暗視装置“シュパナー”を装備した、Do17Z-10の原型機と思われる1機。シュパナーは、機上レーダーが実用化されるまえの、夜戦にとっての唯一の専用装備品であったが、視野が狭いうえに、これをのぞきながら片目で機を操縦するのは“芸当”に近く、実戦ではほとんど有効には使われなかった。

▶上の写真と同じDo17Z-10の機首クローズ・アップ。先端に“シュパナー”の赤外線サーチライト、キャノピー正面にその暗視筒を取り付けている。サーチライトの上方にMG17 4挺の銃身がのぞいている。

◀Do17Z-10の操縦室内。画面左下に操縦桿がみえ、パイロットはその手前に座る。中央寄り下にみえる3本のボンベは、MG17用の圧搾空気ボンベ（装填用)。正面計器板の左上に、Revi/C12D射撃照準器が付いている。

2〟が9機つくられ、10月までに全てI.／NJG2に配属された。なお、一部のZ-10は、赤外線暗視装置〝シュパナI〟を装備し、機首先端に同サーチライト、キャノピー正面に暗視筒をそれぞれ取り付けた。

このDo17Z-7、Z-10両夜戦は、長距離夜間戦闘にも使われたが、いかんせん最大速度が420㎞／hどまりでは性能不足の感は覆い難く、それ以上の生産は行なわれなかった。

1941年に入るとZ-7はリタイアし、Z-10もしばらくは第一線にとどまったものの、その後は訓練機に格下げされた。

●ドルニエDo215B〝カウツ3〟
(Dornier Do215B "Kauz 3")

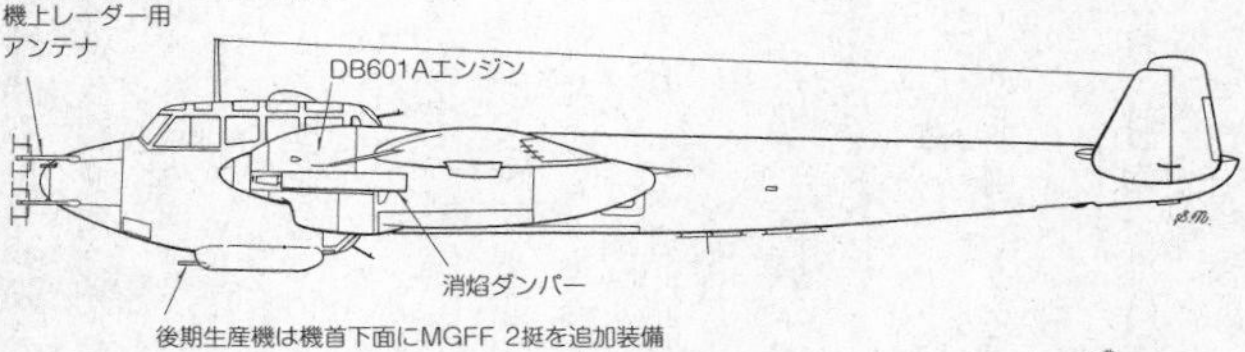

ドルニエ社作図によるDo215B-5 公式三面図
※MG17×4、MGFF×1の初期生産機

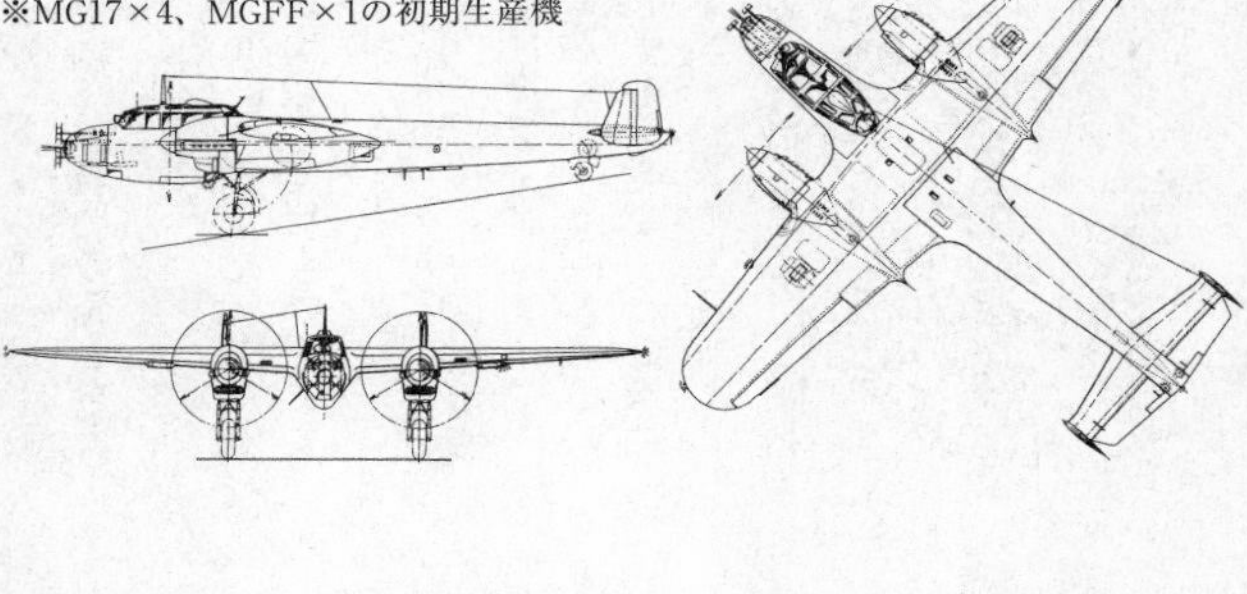

Do17Z－7、Z－10の両型が、夜戦として性能不足だと認識していたドルニエ社は、Do17の発展型であるDo215双発爆撃機の改造夜戦をも並行して手掛け、当局の発注を得て、1940年末から生産に入った。Do215は、Do17Zのエンジンを液冷DB601A（1000hp）に換装した以外は基本的に変わらない。夜戦への改造要領も、B－4型をDo17Z－10に順じて行ない、まったく同じ。

Do215B－5〝Kauz 3〟と命名されたこの夜戦型は、1941年1月からI．／NJG1、およびII．／NJG2へ配属され、後者は遠距離夜間戦闘にも使われた。

Do215B－5は、Do17Z－10に比べて最大速度は80km／hも速く、Ju88C－2の495km／hをも凌いだが、やはり機体構造上夜戦には不向きで、1941年はじめまでに約20機がつくられただけで生産は打ち切られた。

夜戦としては成功と言い難いDo215B－5だが、本機はドイツ夜戦として最初に機上レーダー（FuG202リヒテンシュタインBC）を搭載したことで名を残している。そのうちの1機、4．／NJG1所属〝G9＋TM〟機は、ルートヴィヒ・ベッカー中尉の操縦により、1941年8月10日夜、その機上レーダー使用による最初の夜間撃墜を記録し、夜戦史上にも名をとどめた。

1942年以降、第一線を退いたDo215B－5の一部はIV．／NJG1などで訓練機として使われ、1944年まで現役にあった。

●ドルニエＤｏ２１７Ｊ／Ｎ（Dornier Do217J/N）

Ｄｏ17Ｚ、Ｄｏ２１５Ｂ両夜戦は、いずれも増加試作機の域を出ない程度の少数生産に終わったが、夜戦隊の主力機Ｂｆ１１０とＪｕ88Ｃの不足はなお深刻だったこともあり、当局はドルニエ社に対し、当時最新鋭の双発爆撃機Ｄｏ２１７をベースにした夜戦型の開発を命じた。

夜戦型はＤｏ２１７Ｊシリーズと命名され、Ｄｏ２１７Ｅ－２が改造ベースになった。夜戦への改造要領はＤｏ17Ｚ、Ｄｏ２１５Ｂと同じく、機首をソリッド化し、ここにＭＧ17×４、ＭＧＦＦ×４の射撃兵装を施した。

水平爆撃照準器などは撤去されたが、胴体の爆弾倉は残してあり、遠距離夜間戦闘の際に小型爆撃を懸吊し、射撃照準器を使っての緩降下爆撃を可能にしていた。

最初の生産型Ｄｏ２１７Ｊ－１の原型機は、早くも１９４１年末に初飛行し、翌１９４２年３月、４．／ＮＪＧ１を皮切りに部隊配備が始まった。

しかし、Ｊ－１は極く少数がつくられただけで、まもなくＤｏ２１７Ｊ－２に切り替えられた。Ｊ－２は、爆弾倉を廃止し、ＦｕＧ２０２機上レーダーを標準装備したことがＪ－１との大きな相違。

Ｄｏ２１７Ｊは、全幅19ｍ、全長18・９ｍ、総重量13トンという、Ｊｕ88を凌ぐ大型夜戦で、最大速度は４５５㎞／ｈ、運動性能も戦闘機であるＢｆ１１０クラスとは比べものにならないほどに鈍かったが、イギリス空軍爆撃機軍団のスターリング、ハリファックスの両四発重爆に対しては20～30㎞／hは優速だったから、その強力な武装を生かして、なんとか太刀打ちできた。

Do217Jによる初の夜間撃墜戦果は、1942年5月29日～30日にかけての夜、ヴッパータール爆撃に来襲した150機のイギリス爆撃機編隊を迎撃した際に記録された。この夜、Ⅱ./NJG1所属の13機のBf110Eと3機のDo217J-2が出動、協同して11機のイギリス爆撃機を仕止めている。

爆撃機型シリーズが、エンジンを空冷BMW801系から液冷のDB603系に換装したM型に切り替えられると、夜戦型もこれにならい、Do217Nシリーズに切り替えられた。

1942年7月31日に初飛行したDo217N-1は、DB603Aエンジン（1750㏋）を搭載し、高度6000mで486㎞／hの最大速度を出し、J-2に比べて30㎞／hも速くなった。

M型は、機首まわりも完全に再設計されたが、N-1はJ-2のそれを引き継ぎ、武装もまったく同じである。FuG20

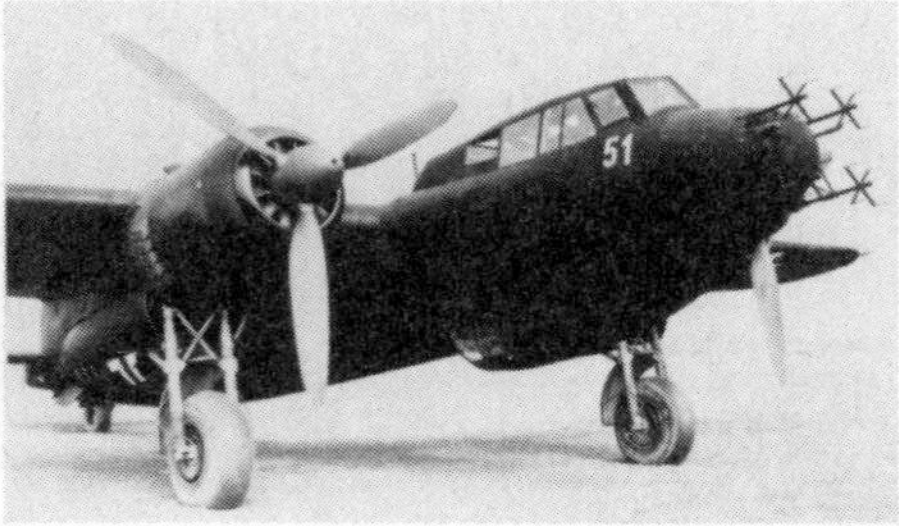

◀ドルニエ社フリードリヒスハーフェン工場で完成したDo217J-2の試作機、もしくは先行生産機と思われる1機、コード〝GE+EA〟（W.Nr1151?）。全面黒1色の初期標準塗装で、機首にFuG202機上レーダー用アンテナを付けている。

Do217J-1

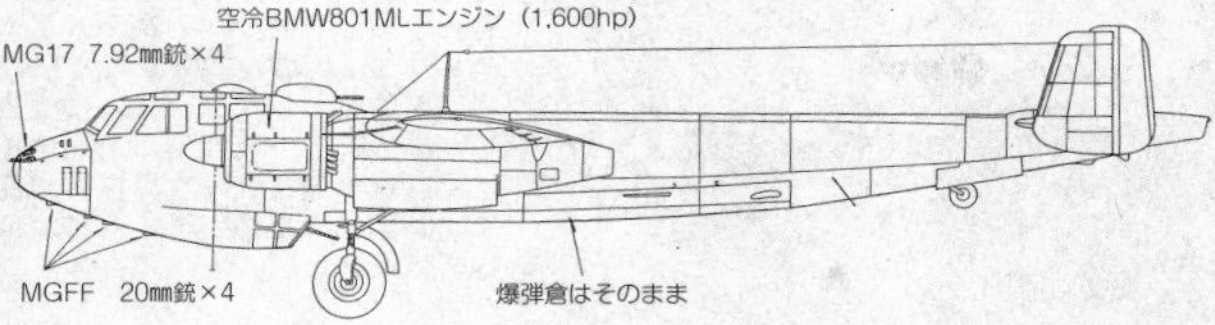

Do217J-2

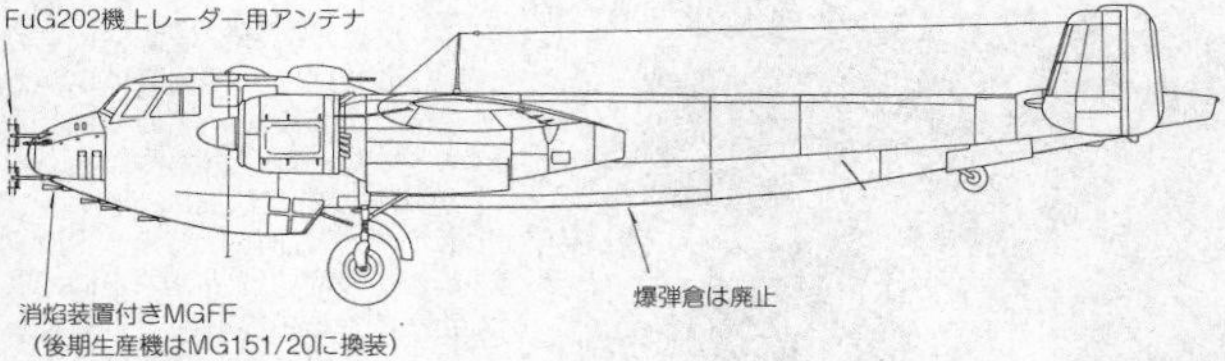

Do217N-1

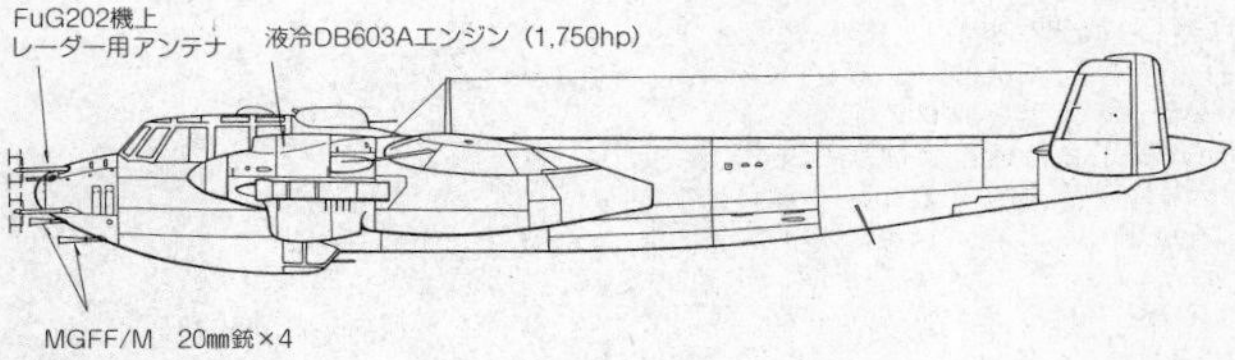

Do217N-2

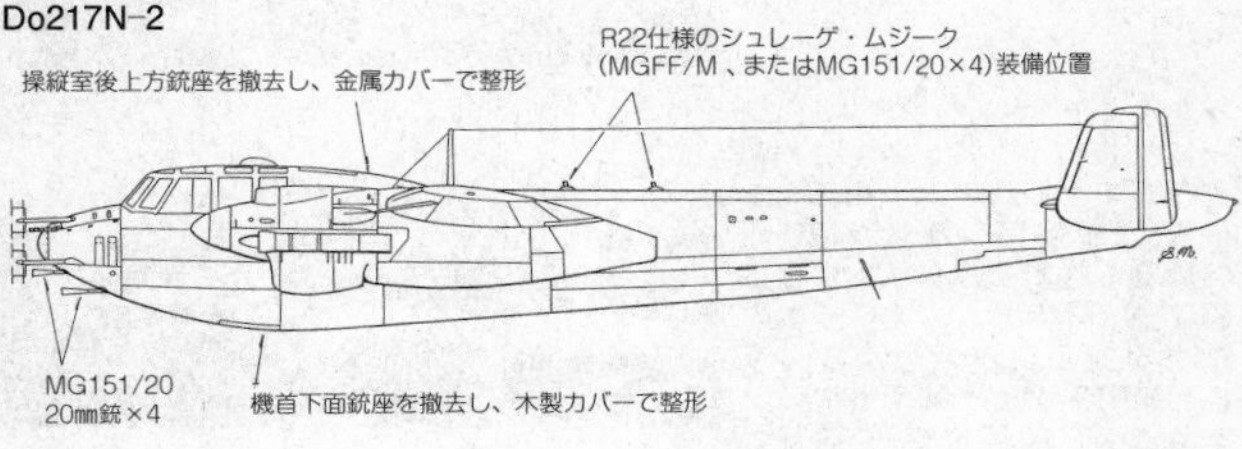

◀1942～43年にかけての冬、積雪の基地に待機するDo217J-1。RLM76カラー地に同75カラーの蛇行パターンを配した夜戦特有の迷彩を施しており、それがスピナーにまでおよんでいることに注目。手前右エンジンナセルに突出した排気管は、夜間用の消焔タイプではなく通常タイプ。機首右側にエンブレムを描いているが、部隊名は不詳。

◀エンジンを液冷DB603Aに換装したDo217N-1、コード"GG+YG"。ドルニエ社工場で完成したばかりの状態で、排気管には消焔ダンパーがまだ付いていない。前部キャノピー下に小さく記入された"N7"（白）は、生産第7号機を示す？　上面RLM75、下面同76カラーの塗装は、この当時の夜戦用迷彩として標準的ではなく、ドルニエ社の試験的なもの。

▶爆撃機型の名残りである機首下面の防御銃座を撤去し、木製カバーで滑らかに整形したDo217N-2。FuG202機上レーダー用アンテナを取り外しているが、前述した機首下面から胴体下面に至る整形要領と、エンジンナセルのディテールがよくわかる。本機は、機首内部のMG151/20も2門に減じている。

▶左後方からみたDo217N-2、コード"PE+AW"機。全面RLM76カラーの上面にのみ、同75カラーの蛇行パターンを吹き付けた特徴ある迷彩に注目。本機は、胴体中央部上面にみえる4個の小さな突起からもわかるように、MGFF 20mm銃4挺の"シュレーゲ・ムジーク"を装備したR22仕様である。

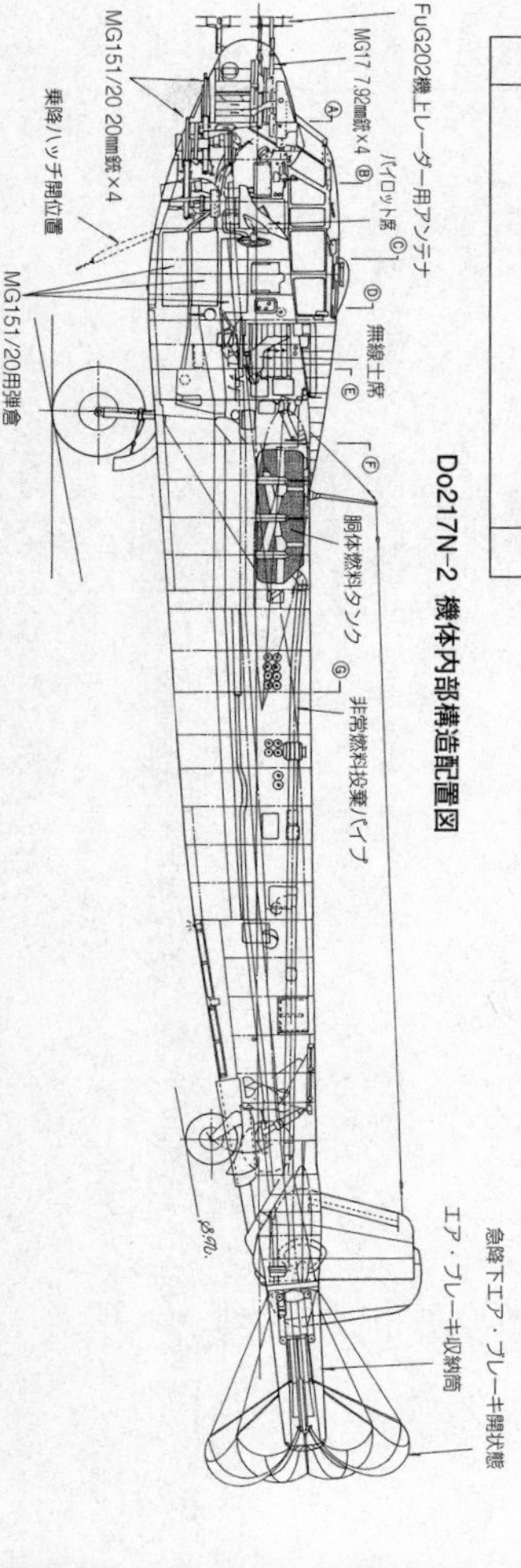

Do217N-2 機体内部構造配置図

Do217J/N生産実績

1942年		1943年	
3月	8機	1月	23機
4月	13機	2月	30機
5月	35機	3月	17機
6月	27機	4月	21機
7月	21機	5月	20機
8月	12機	6月	23機
9月	13機	7月	28機
10月	14機	8月	20機
11月	4機	9月	25機
12月	10機		
合計	364機		

胴体断面図

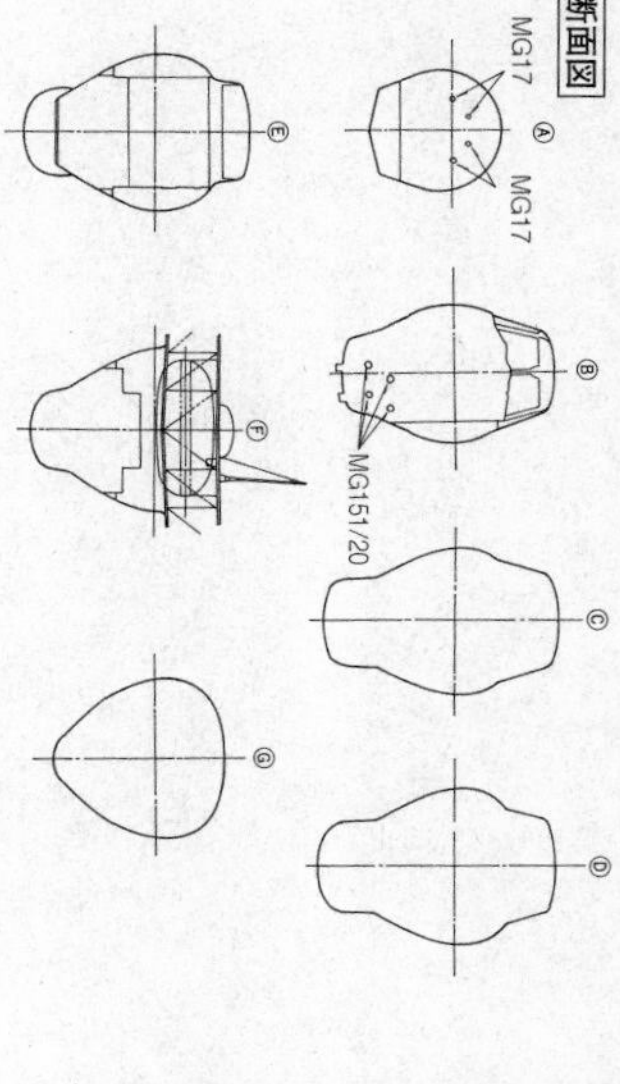

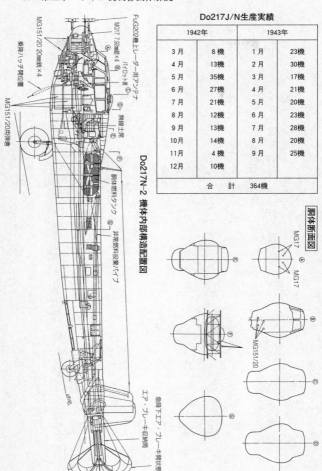

Do217N-2 機体内部構造配置図（つづき）

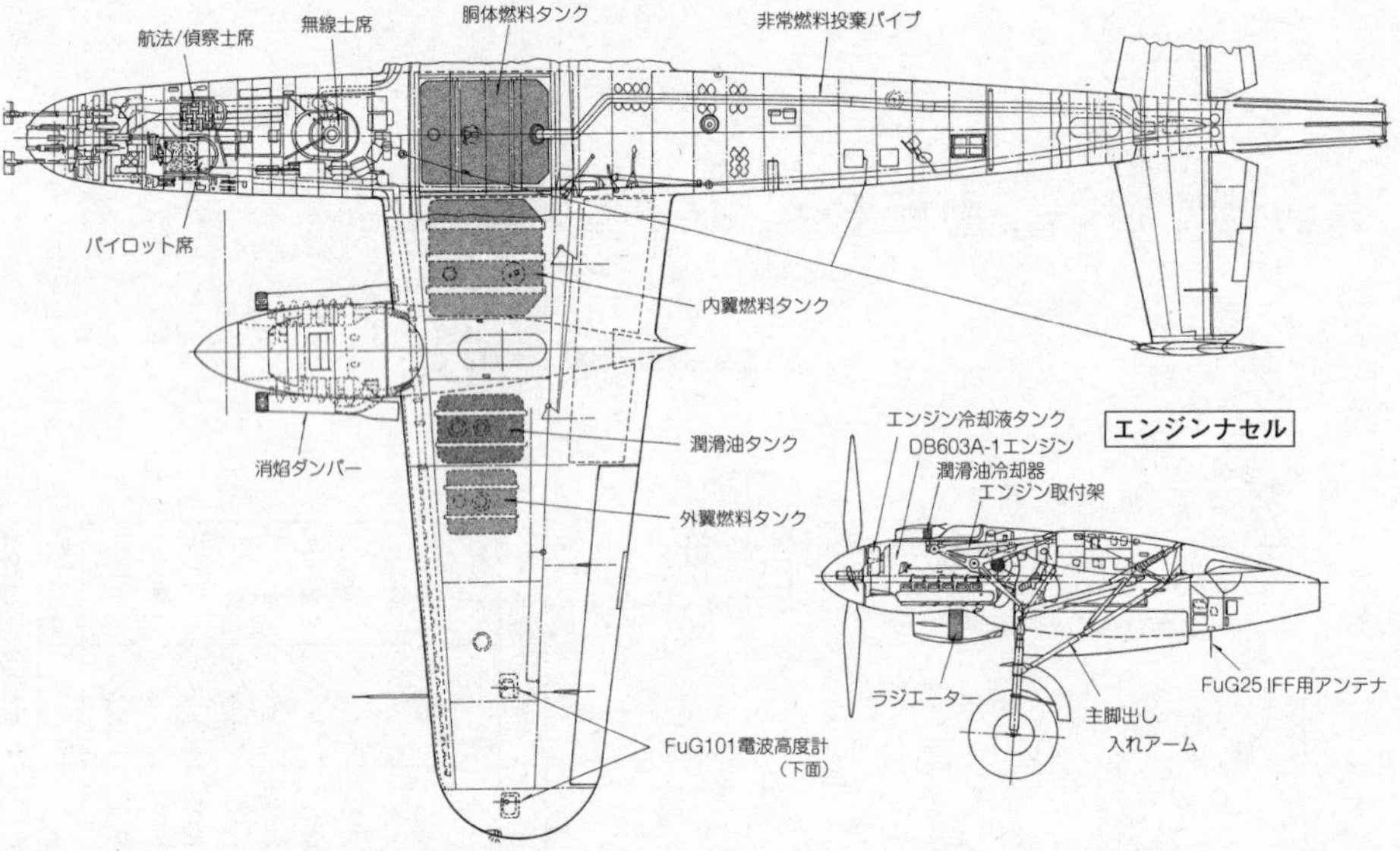

▲Do217N-2の機首クローズ・アップ。針金細工のようなFuG202機上レーダー用アンテナの上方2本の間に、MG17 7.92mm機銃×4、下面にMG151/20 20mm機銃×4の武装を集中装備している。MG151/20は、銃身先端にラッパ状の消焔装置を付けている。画面左下に2つみえる長形孔は、MG151/20の空薬莢排出孔。

▲Do217N-1のコクピット内部。Do217Jも含め爆撃機型Do217Eとほとんど同じ。正面計器板の手前左側にパイロット席がくるが、写真では各部をよくみせるために取り外してある。

▼1944年5月2日未明1時55分、フェリーの途中に燃料不足となり、中立国スイスのビルスフェルデン飛行場に不時着し、同空軍に接収された6./NJG4所属のDo217N-2、W.Nr1570、コード“3C+1P”。本機は、胴体中央部にMG151/20 4挺の“シュレーゲ・ムジーク”を装備したR22仕様で、胴体尾端に急降下エアブレーキを備え、FuG227“フレンズブルク”パッシブ・レーダーを搭載していた（右主翼端に近い前縁にそのアンテナが付いている）ことが特筆される。

2機上レーダーは最初から標準装備とされた。

Do217N-1の生産は1942年12月末に始まり、翌1943年1月から部隊就役したが、ほどなく生産ラインはDo217N-2に切り替えられた。

N-2は、爆撃機型の名残りである機首下面の防御銃座を取りはらい、木製カバーでスムースに整形した点が主な相違。

その空力的な洗練と、重量の軽減とが相俟って、Do217N-2の最大速度は500km/hに向上し、Ju88C-6より45km/hも優速となった。

なお、Do217N-1、N-2の一部は、1943年6月以降、後にドイツ夜戦の必須兵装となる斜め銃/砲（シュレーゲ・ムジークの通称で呼ばれた）をオプション装備したが、Bf110、Ju88が通常20mm、または30mm×2にとどめたのに対し、本機は余裕あるスペースから、MGFF、またはMG151/20 20mm機銃4挺とした。この仕様はR22と称する。

Do217Nは、夜戦としてそれなりの能力、性能をもっていたが、1943年夏に至り、Bf110、Ju88の生産が順調に伸びてくると、その価値観は薄れ、当局は9月をもってDo217N夜戦の生産を打ち切らせた。

1942年3月からのDo217夜戦の合計生産数は、J、N型合わせて364機（うちN型が200機余）にとどまり、Bf110、Ju88のそれに比べると微々たる数だが、大戦中期までドイツ夜戦隊を支えた功績は小さくない。

●ドルニエDo335〝プファイル〟(Dornier Do335 "Pfeil")

エンジン2基を胴体前後に搭載し、双発機の大パワーと、単発機の空力特性を備えた、ドイツ空軍最後のレシプロ戦闘機として期待されたDo335〝プファイル〟(矢の意)にも、当然のごとく夜戦型が存在し、敗戦当時、量産寸前まで進んでいた。

その夜戦型1番手Do335A－6は、戦闘爆撃機型Do335A－1をベースに、エンジンをDB603E(1800hp)に換装、コクピット後方に無線／レーダー手席を独立して設け、複座にしていたことが大きな違い。

この座席は、将来、ハインケル社製の射出座席に変更する予定だった。

1944年秋にDo335A－6が提案された当時は、機上レーダーにFuG220リヒテンシュタインSN－2dを予定していたが、その後、生産機はFuG218ネプツーンを装備することになった。

後席の追加にともない、容量が減少した胴体内燃料タンクを補うために、A－6では両主翼下面に300ℓ入増槽各1個を懸吊可能にしたほか、エンジン出力を短時間に限って2000hpにアップさせるMW－50水メタノール噴射装置も備えることにしていた。

他の電子機器では、当時の夜戦が標準装備していたFuG350〝ナクソスZ〟パッシブ・レーダー、FuG101電波高度計を備え、射撃照準器はもちろんジャイロ式の新型EZ－42が予定された。

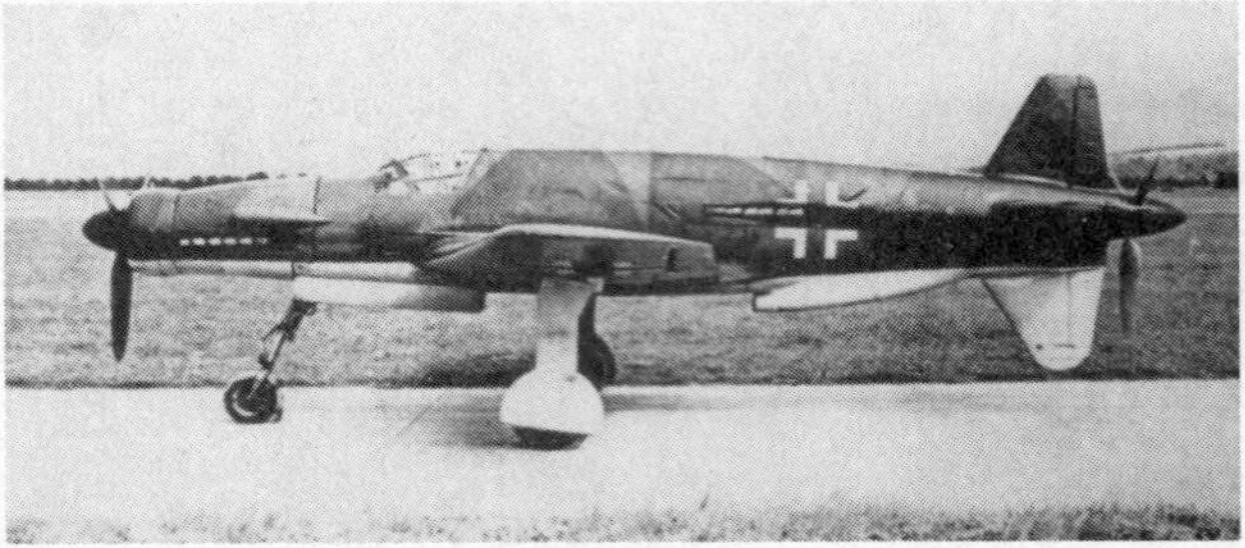

▲胴体前後にエンジンを配置するというラディカルな設計で有名なDo335。最初の生産型A-1用原型機の１機Do335V9で、夜戦型A-6はこれを複座化し、機上レーダーを搭載したことが目立つ相違だった。

ドルニエ社が計画していた、レシプロ／ジェット混合動力Do335夜戦の内部配置図

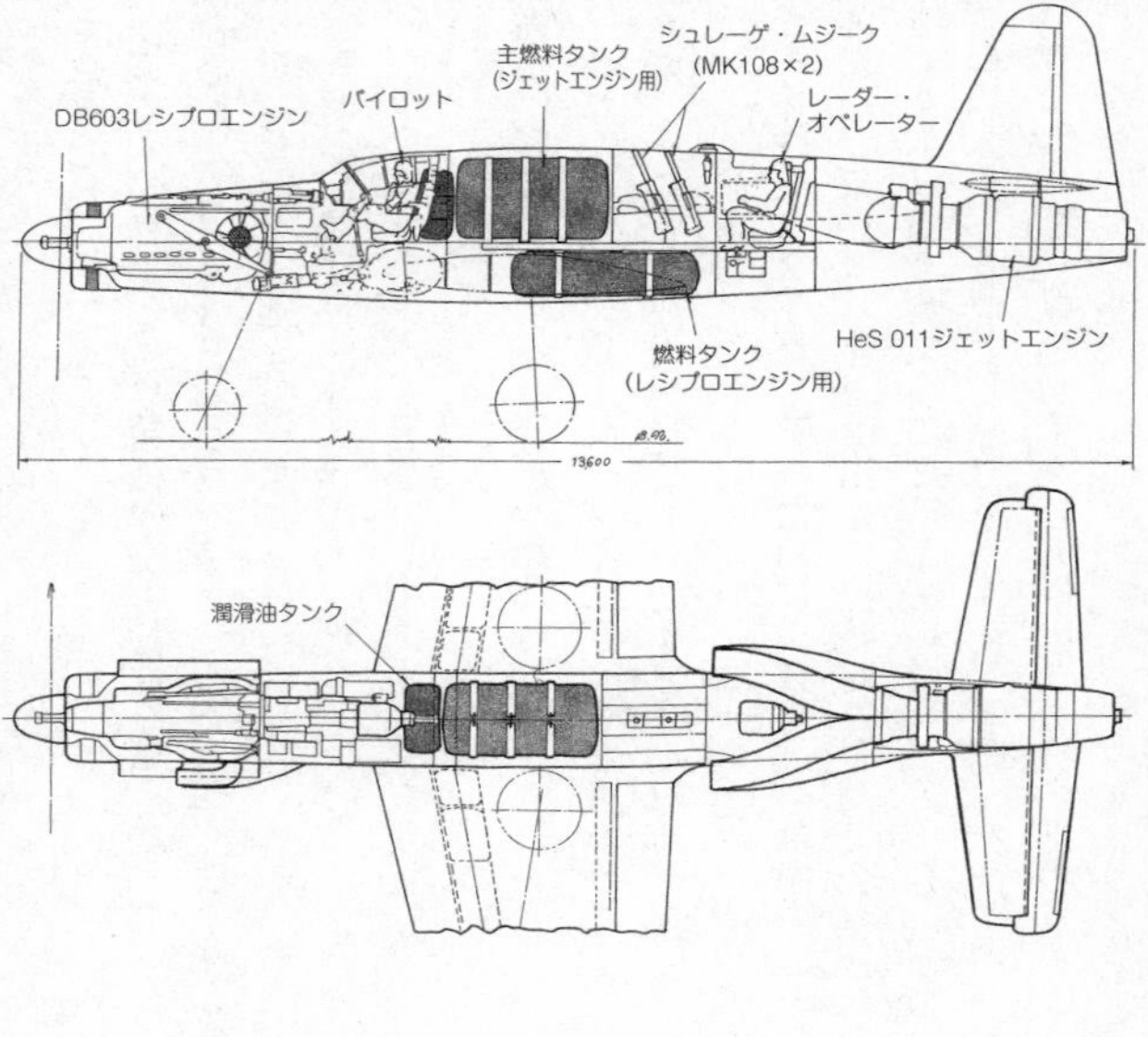

Do335A-6
三面図

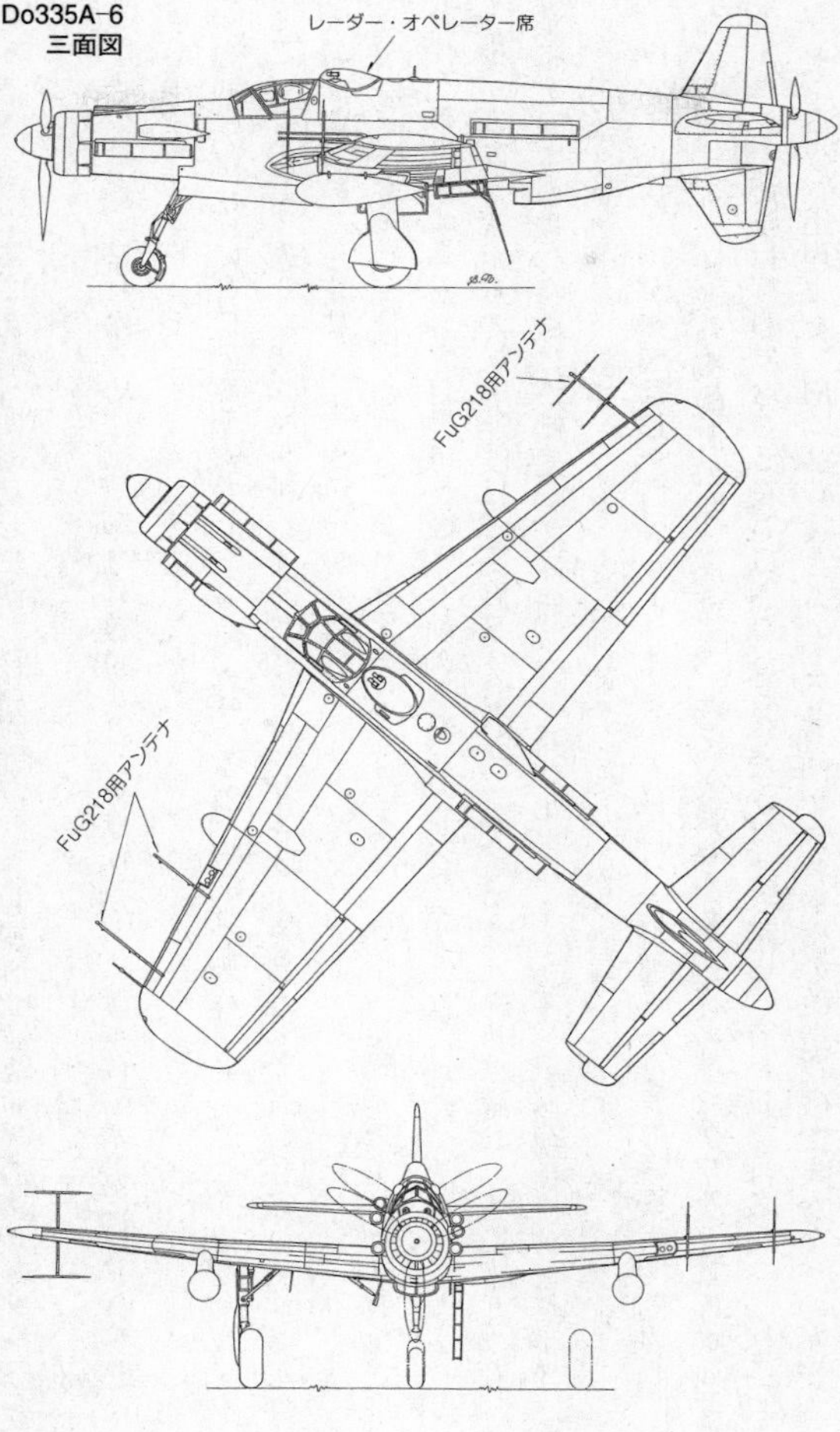
レーダー・オペレーター席
FuG218用アンテナ
FuG218用アンテナ

原型機にあてられたDo335V-10 コード〝CP+UK〟は、1945年1月24日、ディーペンゼーにて初飛行に成功したが、後席キャノピーは胴体上面と面一なフラット・タイプだった。

ひきつづき、2月はじめには原型2号機Do335V16が引き渡され、本機にはFuG218ネプツーン機上レーダーが装備されていた。

当局は、さらに3機の原型機Do335V15、V21、V22を製作させ、これらをヴェルノイヒェンのレーダー・テスト・センターに送って実用テストを行なった後、生産型A-6の配備をすすめる予定にしていた。

しかし、ドルニエ社が約束した、1945年3月までにA-6 50機をフィーゼラー社で肩代わり生産するという目標は、敗戦直前の混乱のために実現しなかった。

Do335A-6の最大速度は、高度5400mにて692km/hに達し、当時ドイツ夜戦にとって最大の脅威になっていたイギリス空軍のモスキート夜戦（爆撃機に随伴してドイツ本土に侵攻してきていた）を圧倒できる性能を証明したが、時すでに遅かった。

Do335V10が初飛行した当日の1945年1月24日、首都ベルリンの航空省で開かれた『夜間／全天候戦闘機検討会議』の席上、その委員長を務めたフォッケウルフ社のクルト・タンク博士は、Do335夜戦は1945年なかばまで用い、それ以後は3座の本格的ジェット夜戦出現まで、Me262とAr234両ジェット機の改造夜戦でまかなうのが妥当と述べ、A-6以降のDo335夜戦はジェットエンジンとレシプロエンジンの混合動力型を併行して開発し、もしコストが高くなるようなら双方とも開発中止するという結論で合意させた。

この方針に沿い、在来型としてDo335B‐6（A‐6の改良型）、B‐7（DB603LAエンジンに換装し、主翼幅を延長）、B‐8（B‐7の主翼幅をさらに延長した高々度夜戦型）が、ジェット／レシプロ混合動力型としてDo335P・232などが計画されたが、B‐6用原型機1～2機が完成したのみで、他はいずれも実現しなかった。

●フォッケウルフTa154モスキート（Focke‐Wulf Ta154“Moskito”）

当面、夜戦隊の主力機として位置付けられたBf110、Ju88の両機も、いずれイギリス空軍四発重爆が大挙して来襲してくるころには、性能的に限界がくると予測していた航空省技術局は、1941～1942年にかけて相次いで2種の専用夜戦の開発を決定した。

そのうちのひとつが、フォッケウルフ社のTa154“Moskito《モスキート》”（蚊）である。Fw190を生んだ名設計者クルト・タンク博士の頭文字を冠するこの小型双発夜戦は、イギリス空軍の高速爆撃機D・Hモスキートに習った木製構造の異色機でもある。

当初Ta211と呼ばれていた本機は、液冷Jumo211系エンジン（1340～1500hp）を搭載し、極端に細く絞った胴体に肩翼配置の主翼を組み合わせ、前脚式降着装置をもつ、きわめて空力洗練のいきとどいたフォルムが印象的だった。

原型1号機Ta154V1は、設計着手後わずか10ヵ月という異例の短期間で完成し、1

943年7月1日、初飛行した。

操縦したのはフォッケウルフ社のベテラン・テストパイロット、ハンス・ザンダーで、〝操舵は軽く、バランスがよくとれて快適な飛行ができる〟と評価した。ただ、空力洗練を優先して、機首に埋まったようなコクピットのせいで、横、後方への視界が悪いことが指摘され、速度性能も計算値を下まわり、最大速度は〝本家〟モスキートよりかなり遅い610～620㎞/hにとどまったことが不満だった。

1943年11月末、インスターブルクでヒトラー総統に対する〝御前飛行〟に供されたTa154V1の印象がよかったせいもあり、間もなく当局はフォッケウルフ社に対し、250機の量産発注を行なった。

もっとも、空軍内では次官のエアハルト・ミルヒをはじめとして、Ta154、He219の両新型夜戦に否定的な意見をもつ者もあって、その扱いは一貫性を欠き、スムーズに事が運ばなかった。

Ta154も、先行生産型A-0は夜戦として製作されたものの、量産型A-1は複座の昼間戦闘機、A-2は単座の昼間戦闘機、A-3は複座の練習機とされ、A-4ではじめて夜戦型になるチグハグさだった。

Aシリーズにつづくタa154B、Cシリーズも、昼戦、夜戦、偵察、戦闘爆撃型各種が計画され、設計スタッフの労力をあたらムダ使いさせていた。

だいたい、米陸軍のP-47、-51両戦闘機がドイツ本土に侵攻してくるようになった状況

▲ドイツ版“モスキート”、Ta154の試作１号機V1。単発戦よりも細い胴体と、ラジエーターをエンジン前面に環状配置し、一見すると空冷エンジン機を思わせるナセルの、特徴あるフォルムがよくわかる。コクピットは胴体先端近くに配置されたが、上方への突出がないキャノピーからもわかるように、横、後方の視界は悪い。塗装は昼間戦闘機の標準スタイルで、上面が74/75の塗り分け、下面が76。

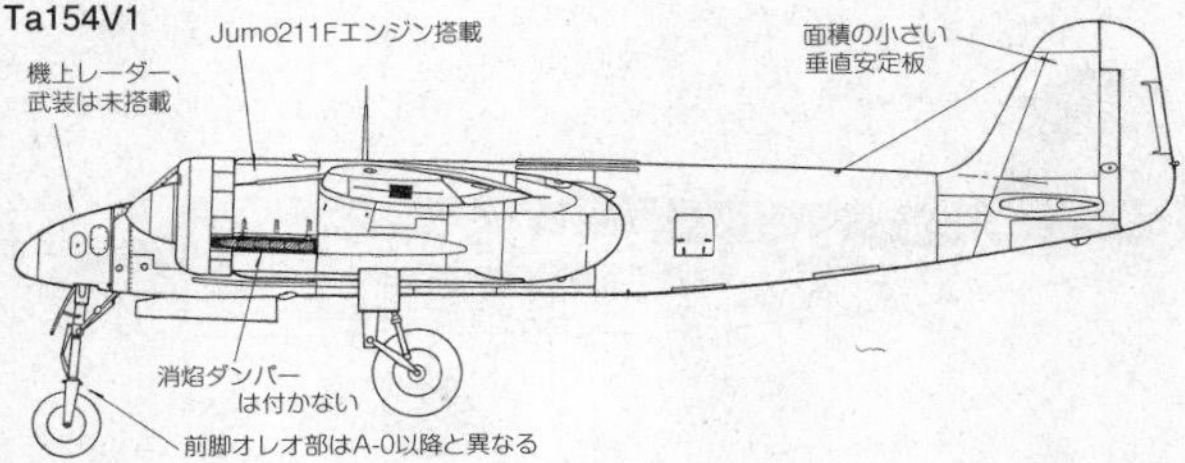

下で、いまさら昼間双発戦闘機など出る幕はなく、現状無視もいいところだった。

Ｔａ１５４Ａ－０は、１９４４年３月以降、計22機が完成し、さらに夏までにＡ－１が６機、Ａ－２が４機、Ａ－４が２機完成したが、６月に入って連続して３機が空中分解事故をおこし、生産は一時停止された。

空中分解の原因は、木製部品の接着に使用した石灰酸樹脂系の木工用ボンド〝カウリト〟（ダイナミト社が生産）が、接合部分を酸化・腐蝕させ、強度を弱めてしまったためと判明した。

機体構造の根幹にかかわる重大事だが、カウリトにすぐ替わり得

▲飛行テスト中のTa154V1。このアングルからみると、胴体、エンジンナセルは主翼に吊り下げたように感じられる。搭載したJumo211Fエンジンの出力（1340hp）がそれほど大きくないせいもあり、V1の最大速度は618km/hにとどまり、1943年夏時点の双発戦としては、高速と呼べる値ではなかった。

▼Ta154Aシリーズが搭載したJumo211液冷倒立V型12気筒エンジン。試作機Vシリーズと、先行生産型のA-0は211F（プロペラは木製VS11）。生産型A-1～A-4は211N（プロペラは木製VS9）をそれぞれ適用した。写真は211Fを示す。

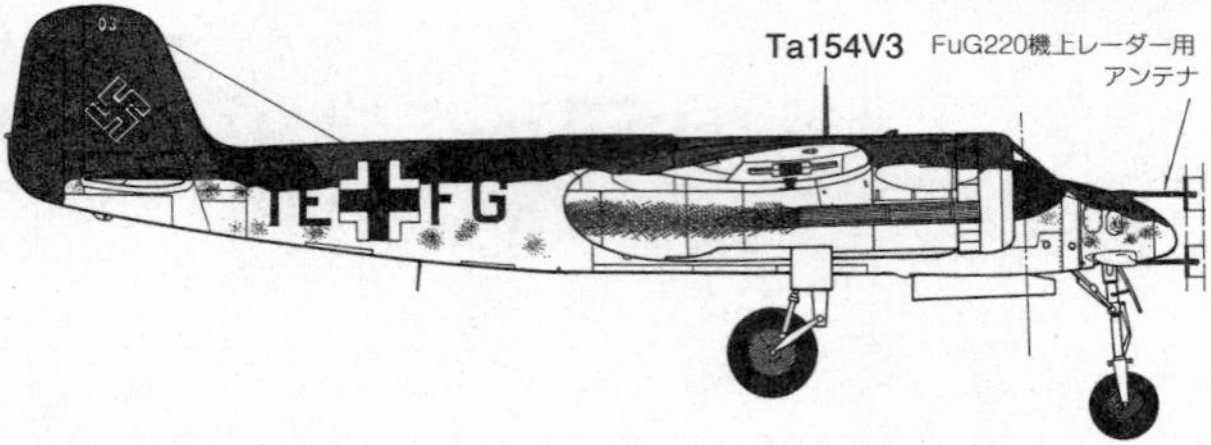

▲1943年11月25日に初飛行した原型第3号機Ta154V3、W.Nr10003、コード“TE+FG”。機首にFuG202と同じタイプのFuG212機上レーダー用アンテナを付けており、コクピット両側にはMG151/20各２挺を装備している。前脚オレオが伸びきって、かなりの機首上げ姿勢になっている。

▲後上方からみた、原型第７号機Ta154V7、W.Nr100007。コード“TE＋FK”。RLM76カラー地の上面に施された同75カラーの“ゾウリ”形迷彩パターンが珍しい。1944年３月24日に完成した本機は、機上レーダーは搭載しなかった。

る木工用ボンドは存在せず、タンク博士は止むなくＴａ１５４の生産中止を決定するしかなかった。

事態を把握できないゲーリング国家元帥兼空軍司令官は、タンク博士の独断による生産中止を意図的なサボタージュだと追求し、軍事裁判にかけたが、結局は〝無罪〟を認めるしかなかった。

当局がＴａ１５４の開発中止を公式に決定したのは８月14日である。

こうして、ドイツ版〝モスキート〟は敢えなく挫折してしまったわけだが、そもそも木製構造に入念な準備もしないまま、敵国機の成功を真似てこれを安易に導入しようとした当局の判断も甘く、フォッケウルフ社とタンク博士はそのツケを払わせられた格好だった。

なお、計画ではＪｕｍｏ２１３エンジンを搭載するＴａ２５４Ａ、ＤＢ６０３Ｌを搭載する

Ta154A-0（図は３号機W.Nr120005を示す）

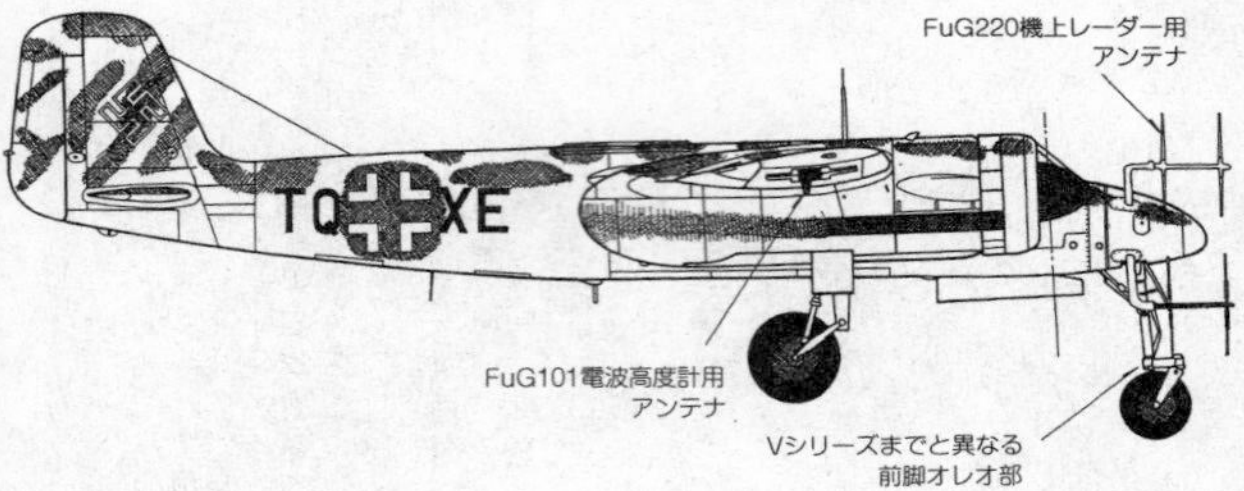

Ta154A-0 上面図

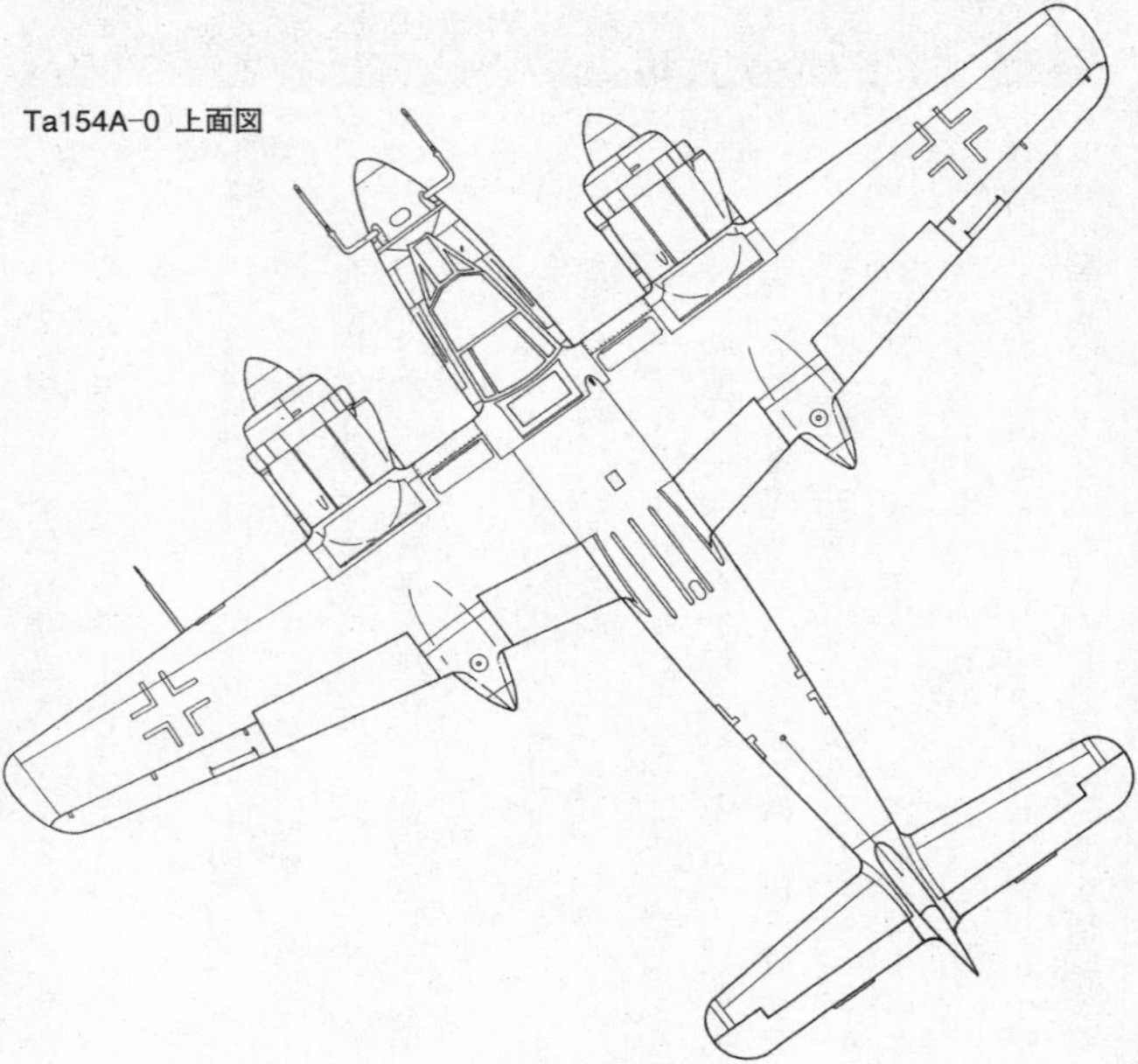

▲1944年３月から完成しはじめた、先行生産型Ta154A-0の第３号機、W.Nr120005、コード“TQ＋XE”。機上レーダーは、当時の標準だったFuG220を搭載している。右主翼下面に突き出した、小さな“T”字状アンテナは、FuG101電波高度計のもの。

Ta154A-0 胴体内部構造配置図

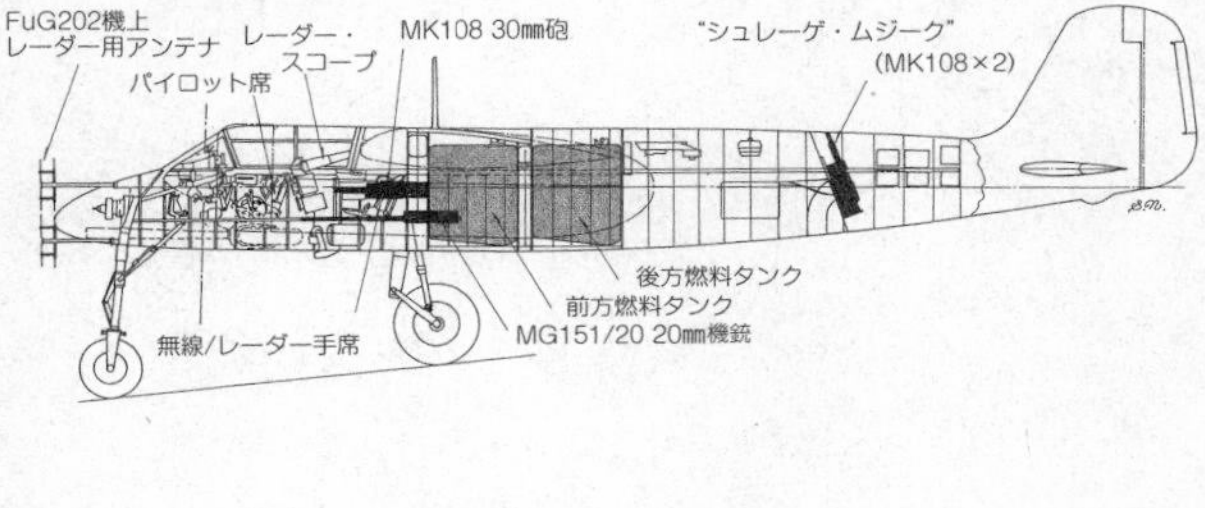

Ta154A-4正面図

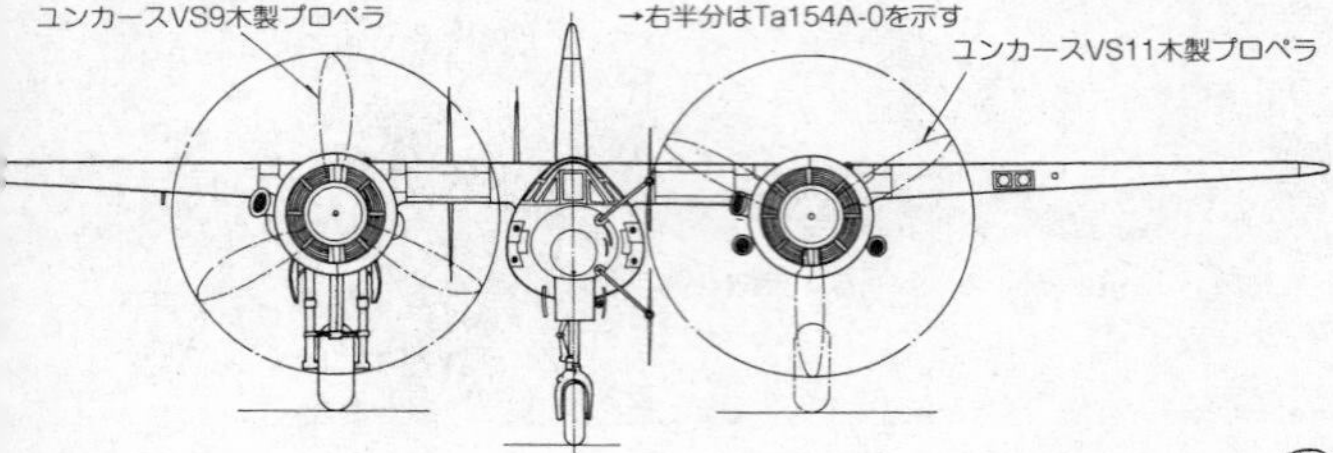

Ta154A-4下面図

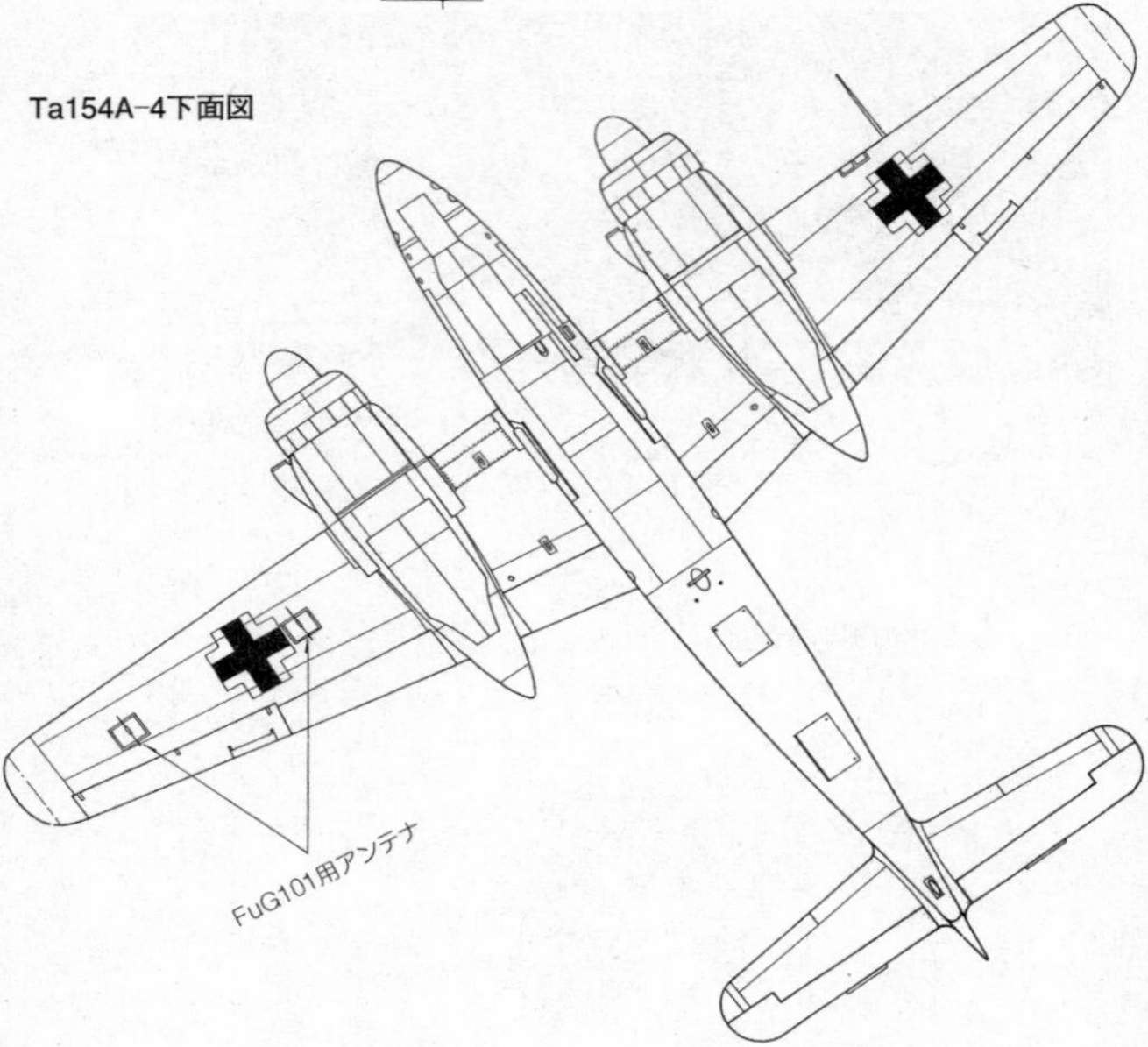

Ta154A-4（複座夜間戦闘機）

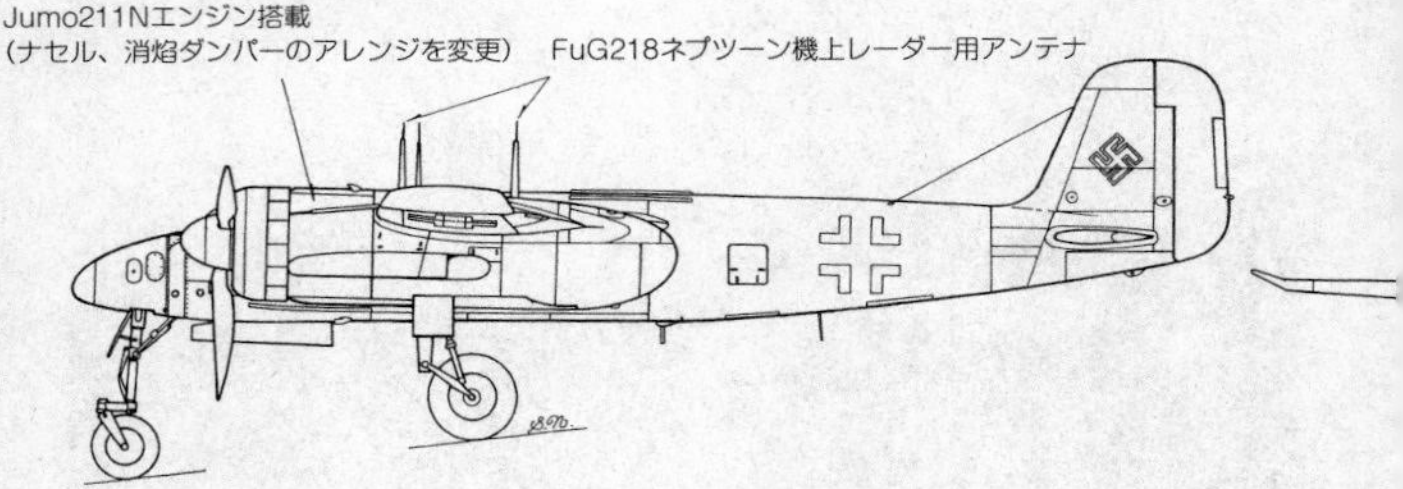

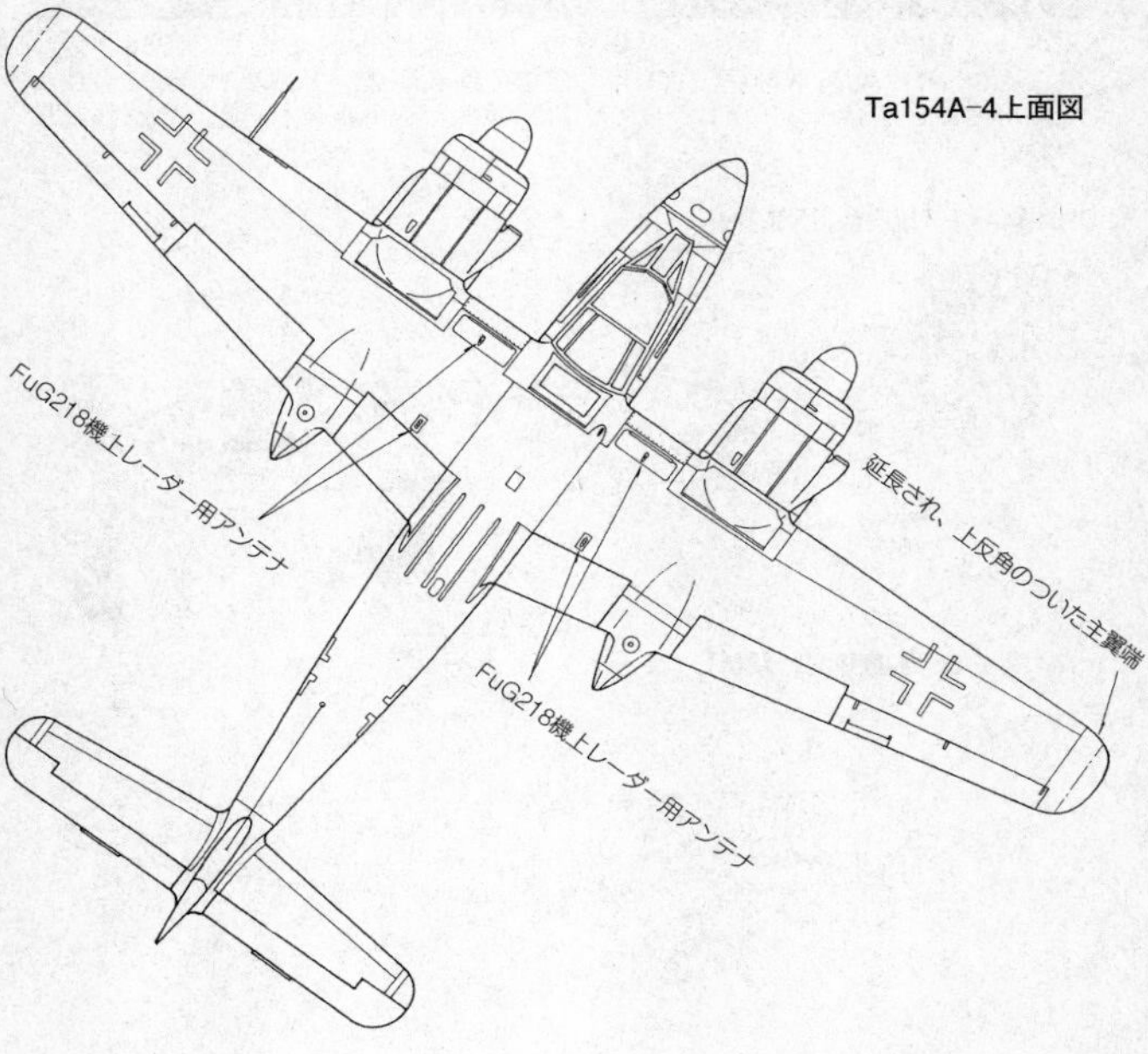

▲ドイツ敗戦後、レヒフェルト基地の一角に放置されたまま、処分を待つTa154A-1/R1、W.Nr320003。A-1は複座の昼間戦闘機型であるが、写真の機は夜戦用迷彩を施しており、おそらくNJG3で実戦テストに使われていた機体と思われる。

Ta154A-1（複座昼間戦闘機）

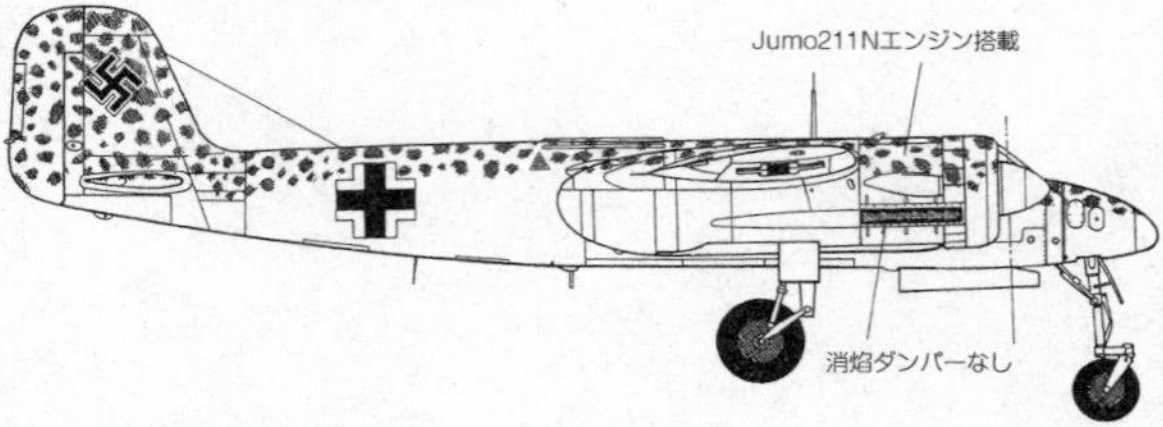

Ta154A-2（単座昼間戦闘機）

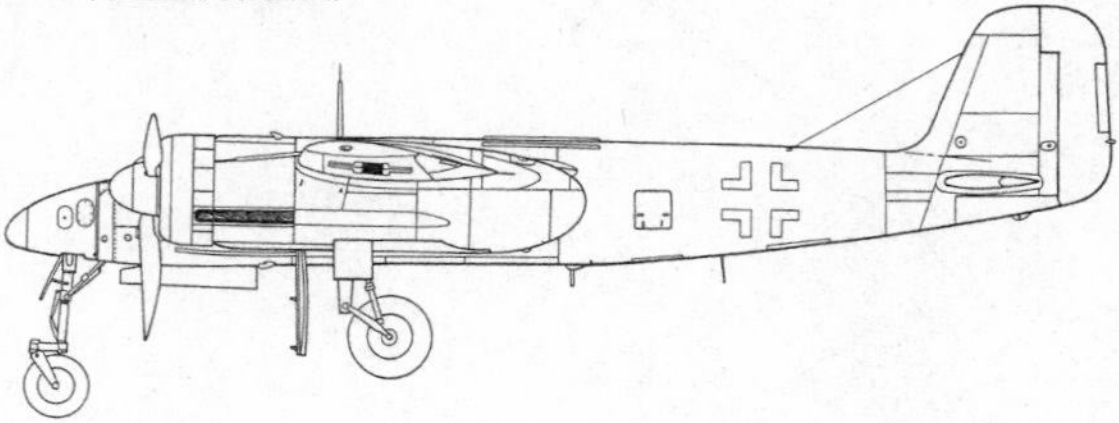

Ta154C-1（複座夜間戦闘機）

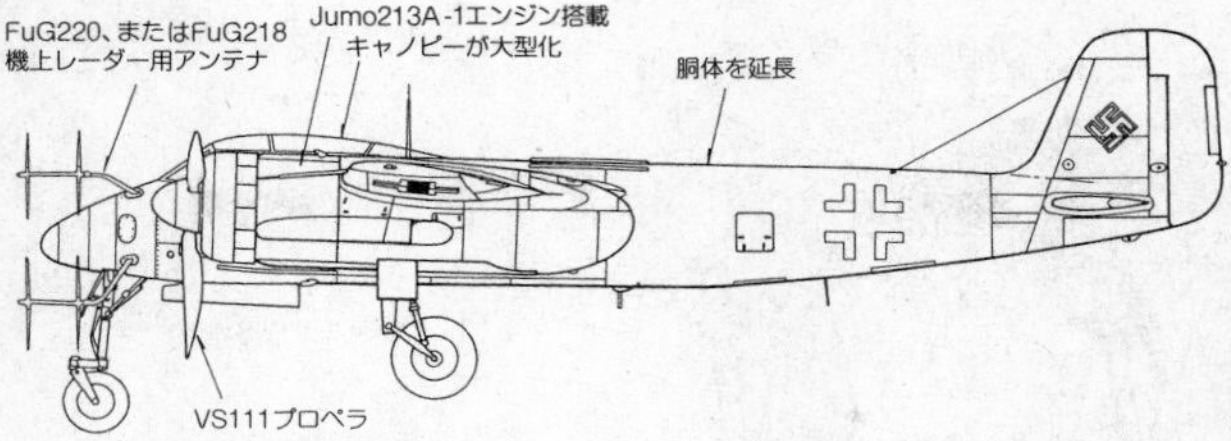

Ta154C-2（単座昼間戦闘機）

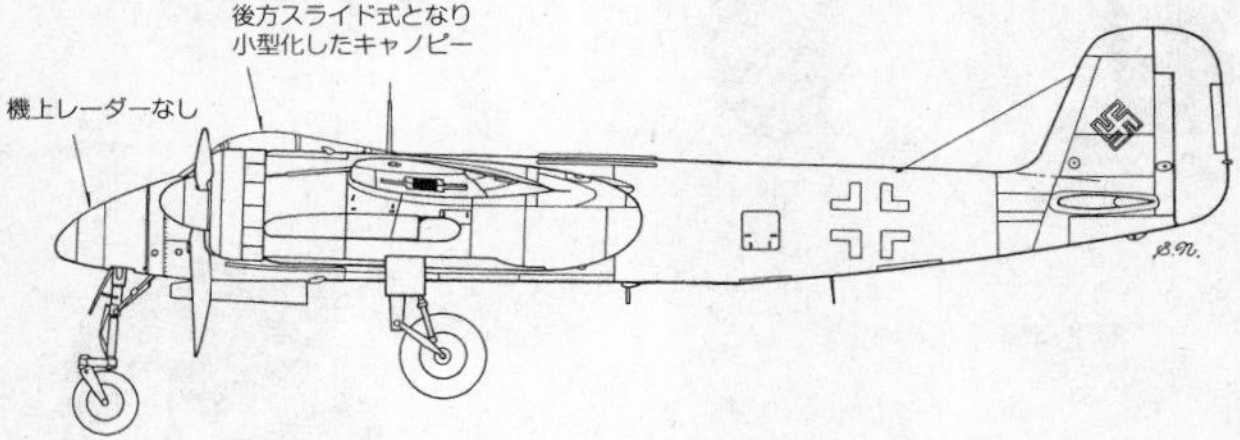

Ta154A-0の主翼骨組み

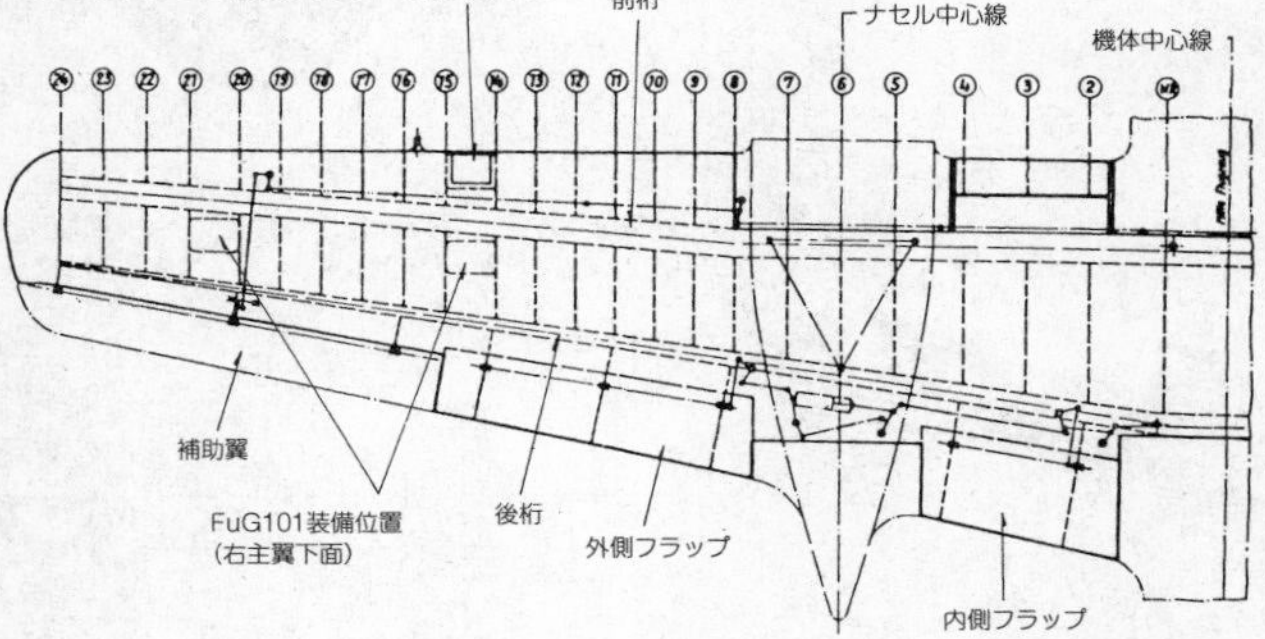

前脚構成
※タイヤ・サイズは共に700×175mm

Vシリーズ

A-0以降

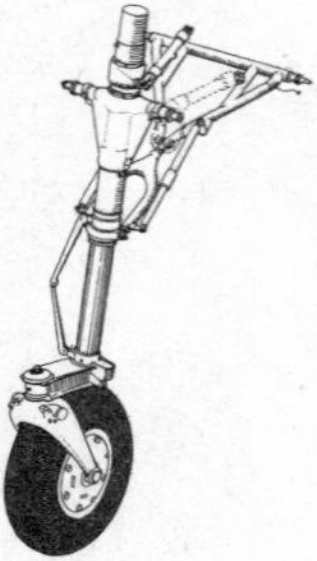

主脚構造図

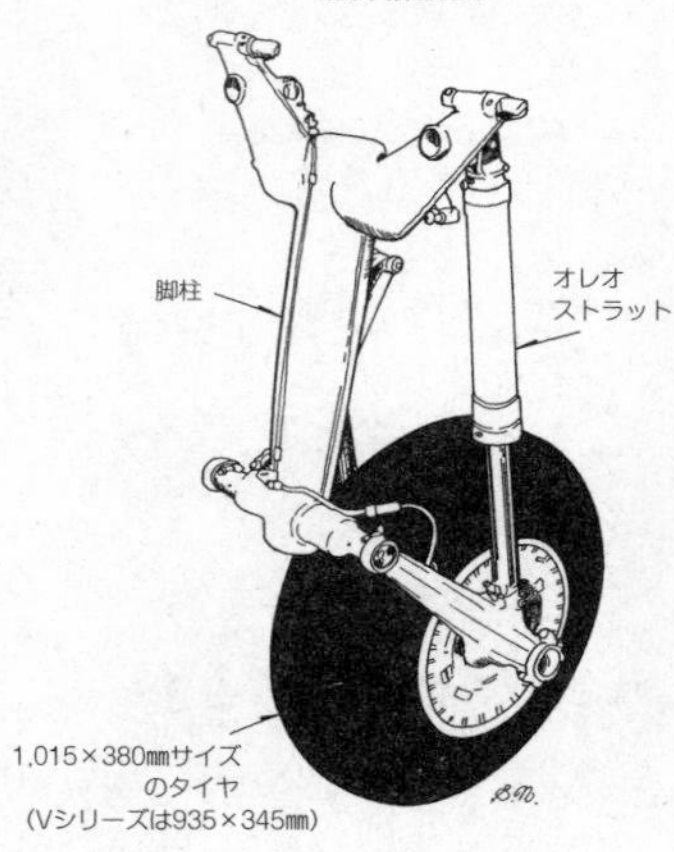

垂直尾翼部品構成図

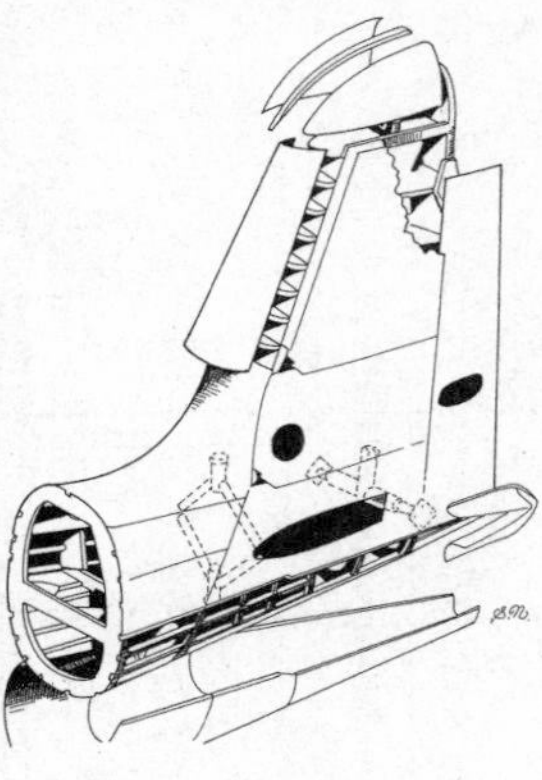

Ta154Cのエンジンナセル寸度図（寸法単位mm）
※エンジンはJumo213A、プロペラはVS111

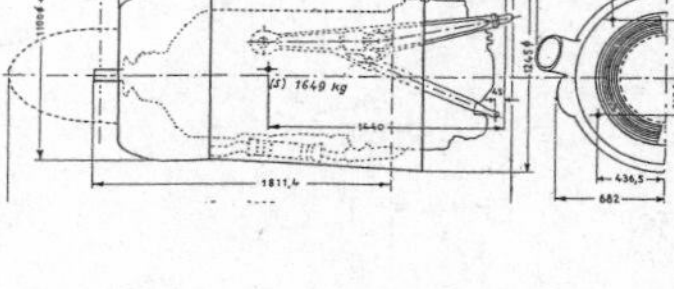

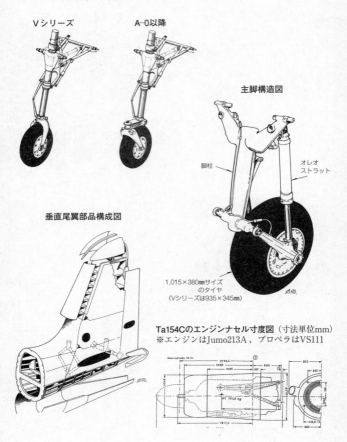

Ta154 射撃兵装まわり

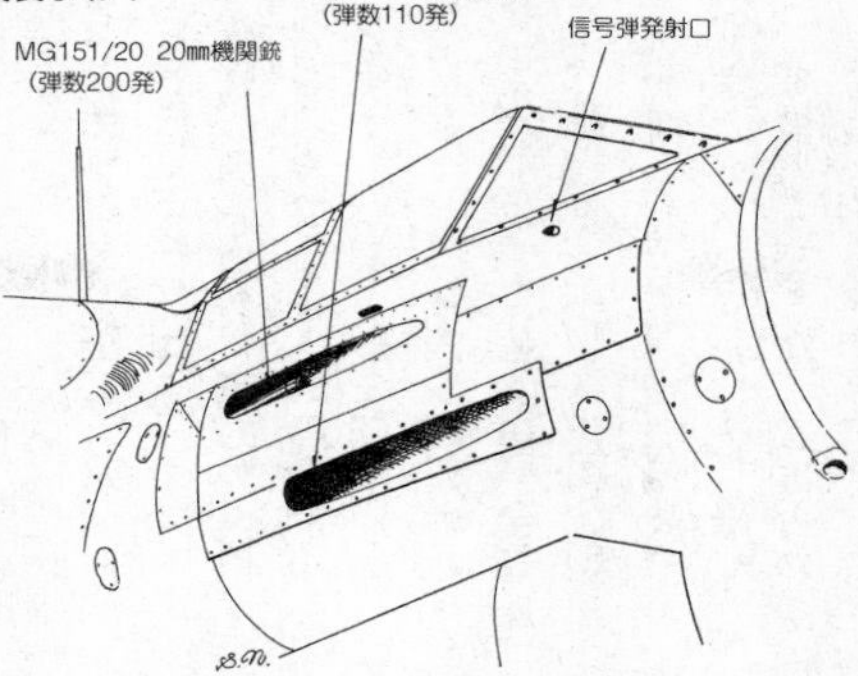

Ta154A射撃兵装バリエーション

“シュレーゲ・ムジーク”

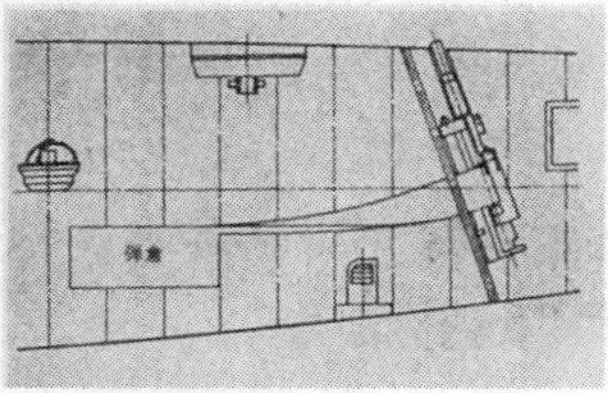

MK108×2（弾数各100 ～ 145発）

胴体

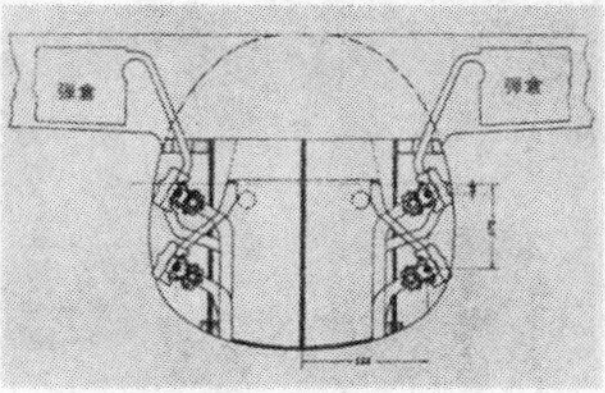

MG151/20×4（弾数各100発）

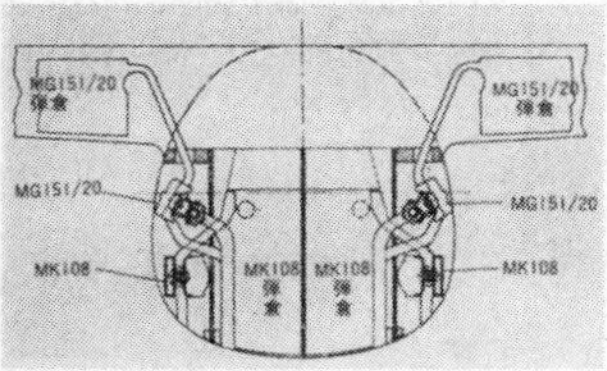

MG151/20×2（弾数各200発）
MK108×2（弾数各100 ～ 110発）

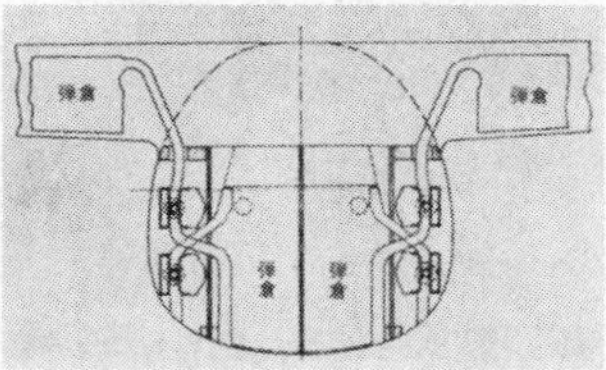

MK108×4（弾数各100 ～ 110発）

Ta254Bシリーズも製作されることになっていたが、実機は1機も完成しなかった。

●ユンカースJu88C／R／G (Junkers Ju88C/R/G)

夜戦隊創立当初、主力装備機と目されたBf110の数的不足を補うために、Do17／215とともに、爆撃機から転用されたJu88は、全幅20m、全長14m、総重量12～14トンの大型双発機で、いかに機動性をあまり必要としないとはいえ、夜戦としては大きすぎたことは否めない。

だが、1943年以降、夜戦用機上レーダーをはじめとする

▲損害も少なくなかったが、戦術的には効果の高かった、イギリス爆撃機に対する"遠距離夜間戦闘"任務を解かれ、一転して地中海/北アフリカ方面に移動した、I./NJG2所属のJu88C-4。1941年12月、シシリー島における撮影と思われ、全面黒一色塗装（キャノピー枠のみグレイ？）である。本機は、飛行隊司令官ハンス・フルショフ大尉乗機ともいわれる。

Ju88C-2

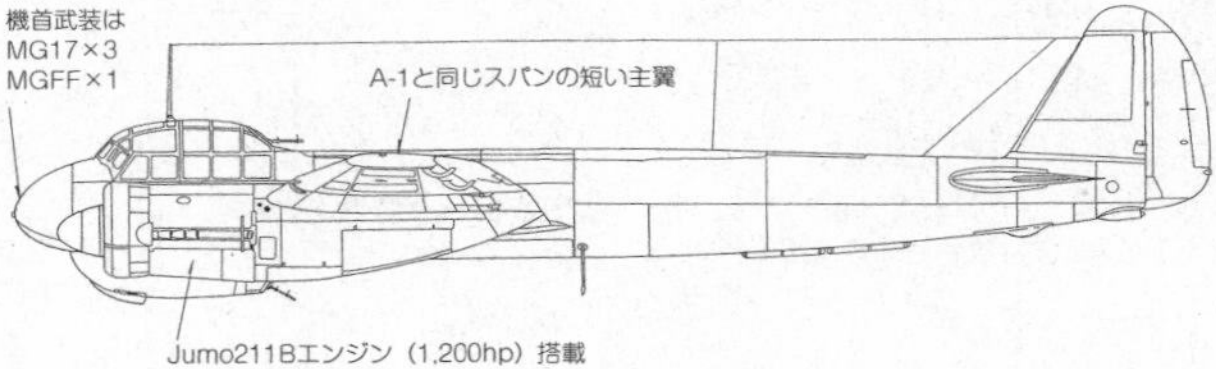

各種電子機器の追加と、それにともなう専任オペレーターの追加、武装の強化などが矢つぎ早に要求されると、小柄なBf110はスペース的に限界がきて、飛行性能もガタ落ちしてしまった。

その点、大型すぎると思われたJu88は、それらの追加要求を何なくクリアし、エンジンをパワーアップすることにより、速度性能面でもBf110を凌ぐようになって立場が逆転、1944年9月以降、Ju88G型は数の面でドイツ夜戦の主力の座についたのである。

爆撃航空団の駆逐中隊が使用したものもふくめ、Ju88戦闘機型の生産数は、1941年以降、各型合計3900機以上にも達し、これは、1941年以降のBf110の生産数約3300機をはるかに上まわり、前記事実を裏付けている。

Ju88戦闘機型の1番手はJu88Cシリーズで、すでに1940年はじめには爆撃機型のA−0、A−1、A−5をベースにしたC−0、C−1、C−2がKG30の駆逐中隊に配備されており、同中隊が同年7月1日付けでNJG1の第Ⅱ飛行隊にそっくり転入されて、夜戦隊最初のJu88装備飛行隊となった。

これら戦闘機型の射撃兵装取付要領は、Do17/215夜戦とまったく同じで、機首のガラス窓を金属製カバーで整形し、ここにMG17 3挺、MGFF 1挺を固定した。爆弾倉は後部のそれが残してあり、小型爆弾を懸吊できるようにしてあった。

しかし、この当時はJu88は新鋭爆撃機として需要が高く、戦闘機型Cシリーズの生産まで手が廻らないのが実情だった。

1940年中に生産された爆撃機型Aシリーズは計1816機、偵察型Dシリーズは330機、これに対し、C型はわずか62機にすぎなかった。

1941年に入っても状況は変わらず、C－2が1月～4月にかけて計66機つくられただけである。

8ヵ月のブランクを経て1942年1月には、C－2につづくJu88C－4が生産に入った（C－3はキャンセル）が、本型はエンジンをJumo211B、またはF（1400hp）に更新し、機首武装のうち、MGFFをMG151／20に換装（初期はMGFFのまま）、同下面ゴンドラ内部にMGFF 2挺を追加し、火力の強化を図っていた。一部は、キャノピー後部をA－4に順じたバルジ状に変更し、防御武装をMG81 7.92mm×2とした。

C－4と並行し、エンジンを空冷BMW801A（1560hp）に換装し、機首下面ゴンドラを廃し、胴体中央下面に〝Waffentropfen《ヴァッフェントロプフェン》〟（武装水滴）と呼ばれた、MG17 2挺を収めた兵装パックを設けたJu88C－5も生産されたが、C－4は100機以下、C－5はわずか10機しかつくられず、真の戦力とはならなかった。

Ju88戦闘機型として、戦力と呼べるほどの量が揃ったのは、つぎのJu88C－6になってからである。

C－6は、A－4をベースにしており、エンジンは液冷Jumo211J（1420hp）で、プロペラは木製のVS11を適用、ナセル下面にバルジが張り出したことが外観上の特徴だ。

武装は、機首にMG17　3挺、MG151／20　1挺、同下面ゴンドラにMGFF　2挺を標準とした。

夜戦仕様は、排気管に消焔カバーを追加し、FuG202、またはFuG220機上レーダーを搭載、一部は胴体内にMG151／20　1～2挺をシュレーゲ・ムジークとしてオプション装備した。C－6の生産は1942年はじめに開始され、途中からR、Gシリーズとも並行して1944年4月までつづけられた。

1942年前半期には、C－5のエンジンをBMW801D（1700hp）に換装したJu88C－7も極く少数つくられたが、本型はつぎのJu88Rシリーズの原型ともいえる機体だった。

メイン・バージョンにはならなかったが、液冷Jumo211系よりもパワーの大きい空冷BMW801系エンジンを搭載するC－7の飛行性能（その最大速度は、C－6より15km／hも速い570km／h）に注目した当局は、あらたに、BMW801系を搭載する夜戦専用型としてJu88Rシリーズを発注した。

1942年末から生産に入ったR－1は、BMW801A（1600hp）を搭載し、機体、武装関係はC－6に順じていた。レーダーはFuG202、もしくはFuG212のいずれかを装備する。

1943年5月9日夜、10.／NJG3に配属されたJu88R－1の1機、コード〝D5

Ju88C-2射撃兵装図　※実際は20mm機関銃はMGFFを装備

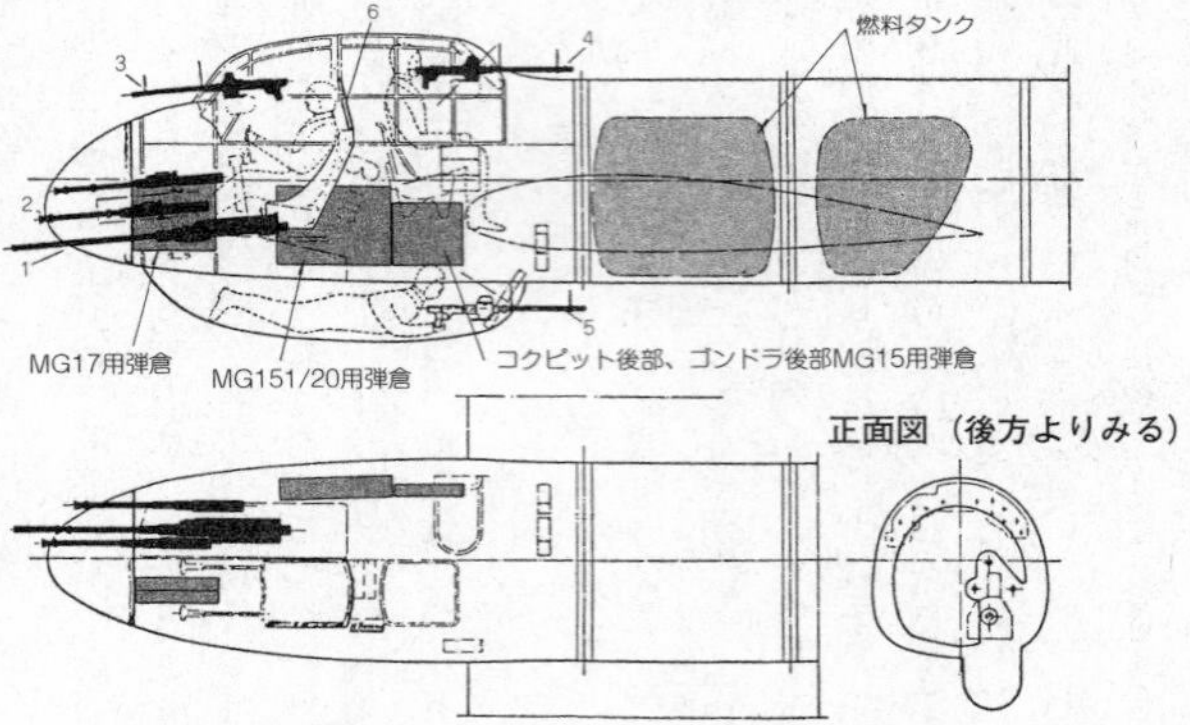

1．MG151/20×1（弾数350発）　2．MG17×3（弾数計800発）
3．MG15×1（弾数225発）　4．MG15×1（弾数675発）
5．MG15×1（弾数525発）　6．パイロット席防弾鋼板

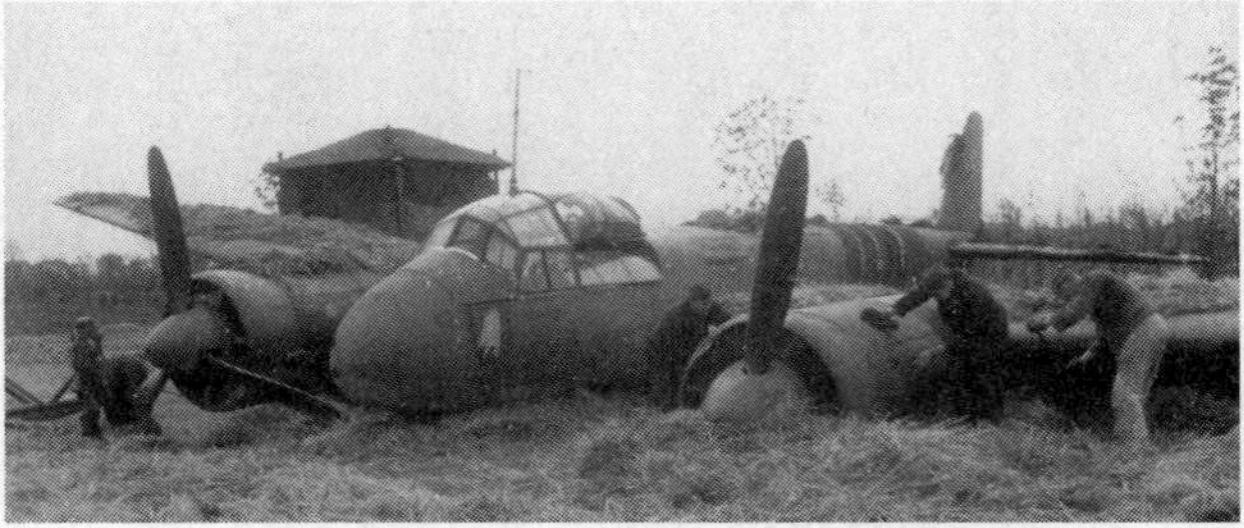

▲イギリス本土への“遠距離夜間戦闘”に出撃し、損傷しながらもオランダ沿岸部まで帰りつき、不時着した9./NJG2所属のJu88C-4、コード“R4+MT”。第9中隊を含めたIII./NJG2が編制されたのは1942年3月であり、すでに公式的には“遠距離夜間戦闘”は中止（1941年10月）された後だが、散発的には実施していたようだ。写真の機は上面を74/75カラーに塗り分け、機首にはNJG共通エンブレム“Englandblitz”を描いている。A-4と同じ、膨らみのある後部キャノピーを付けていることに注目。

Ju88C-4

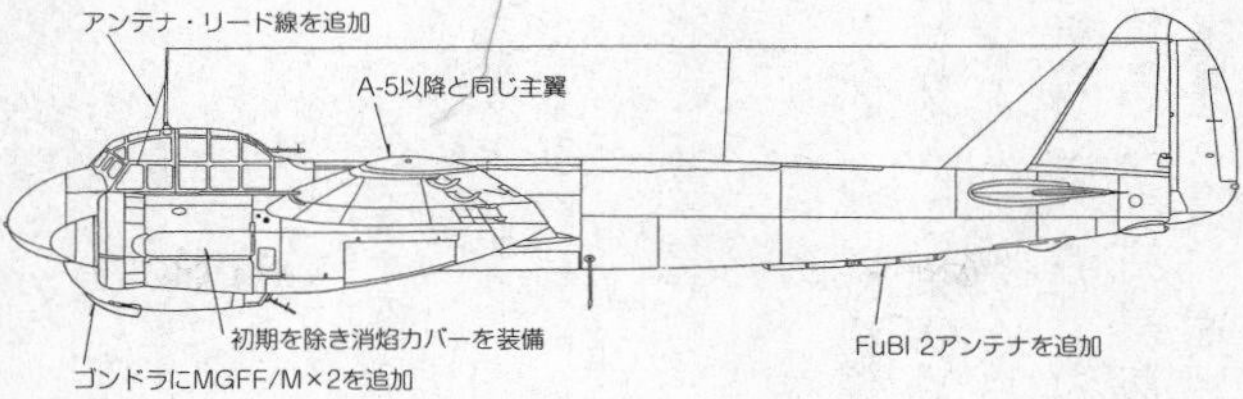

＋ＥＶ〃機が、方位を失ってイギリス本土のダイス基地に誤着陸、ＦｕＧ２０２をはじめドイツのレーダー技術が英軍に把握され、２ヵ月後に大々的な妨害作戦（ウインドウ）を採らせるきっかけをつくったことで、本型は別の意味で名をあげた。

Ｒ－１につづき、ＢＭＷ８０１Ｄ（１７００hp）を搭載するＲ－２が生産に入ったが、本型は機上レーダーをＦｕＧ２２０に更新していた。エンジン出力は向上したものの、重量増加と空気抵抗の大きいＦｕＧ２２０用アンテナのせいもあり、Ｒ－２の最大速度は、高度６０００ｍで５００km／ｈに落ちていたが、夜戦としての能力は確実に増していた。

Ｊｕ88Ｒ－１、Ｒ－２の生産はＣ－６と並行して１９４４年はじめごろまでつづけられたが、正確な数は不明、いずれにせよそれほど多くないことは確かである。

Ｊｕ88Ｒシリーズが、主戦力になるほど多く生産されなかったのは、本シリーズが不成功だったというわけではなく、機体をさらに空力的に改善し、武装、防弾装甲などを強化した、Ｊｕ88Ｇシリーズのほうに重点がおかれたからである。

Ｇシリーズの原型機となったＪｕ88Ｖ58は、Ｊｕ88Ｒ-２と同じく空冷ＢＭＷ８０１Ｄを搭載し、機首下面ゴンドラを廃止して、同内部右寄りにＭＧ１５１／20 ２挺、胴体下面の滑らかな張り出し部にＭＧ１５１／20 ４挺をパック装備した。

コクピット周囲の防弾装備もより強化されたが、最も大きく変化したのは尾翼で、水平、垂直尾翼ともにＪｕ１８８用の大型のものにそっくり交

Ju88C-6初期 上面図

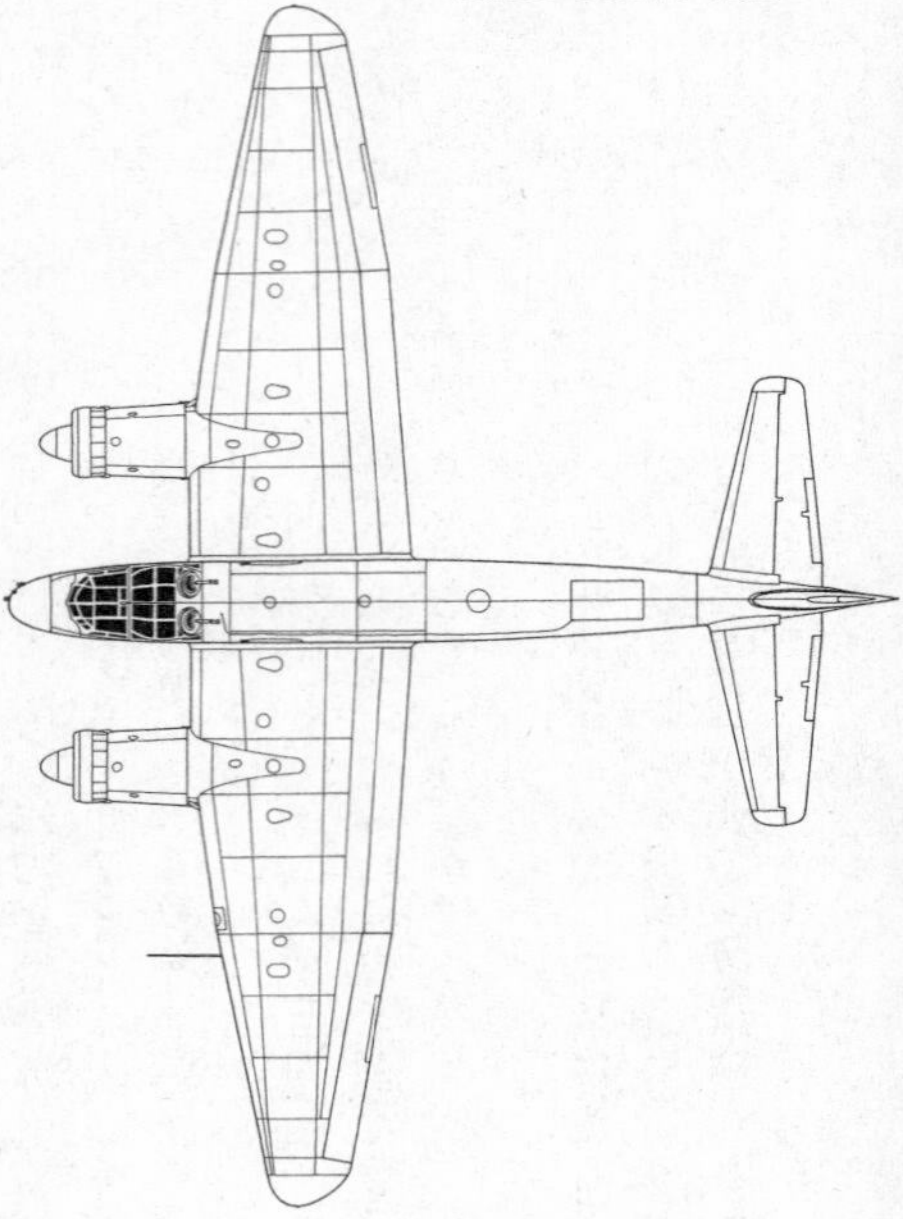

Ju88C-6初期 正面図

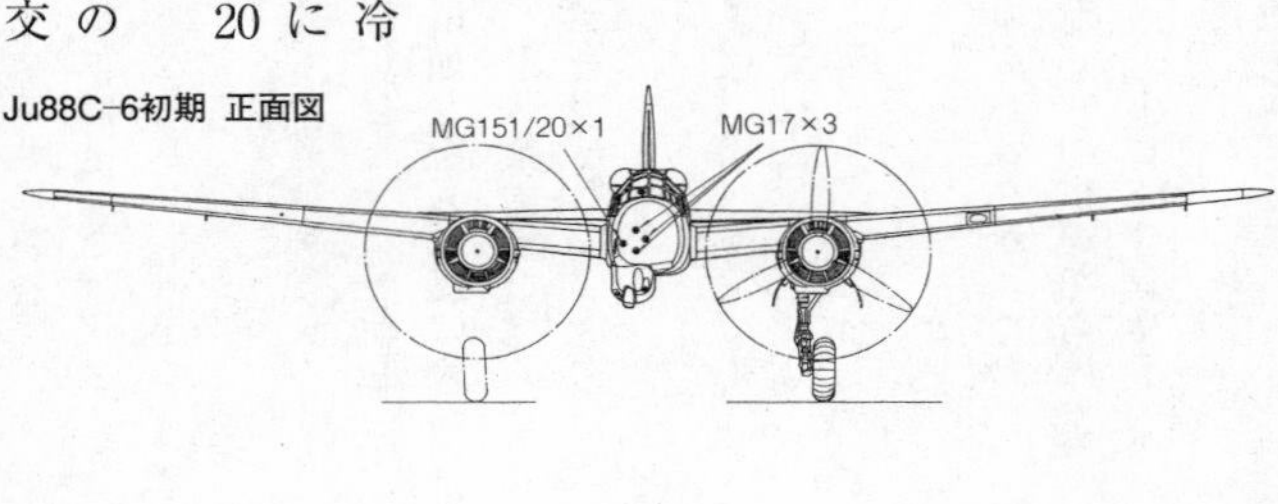

換されている。

機上レーダーは、暫定的にＦｕＧ２１２を搭載したが、生産型はＦｕＧ２２０に更新される予定だった。

無線機はＦｕＧ25、およびＦｕＧ16ＺＹに更新され、キャノピー上部に付いていたアンテナ支柱は、折りたたみ式になって同後方に移動

Ju88C-6初期 下面図

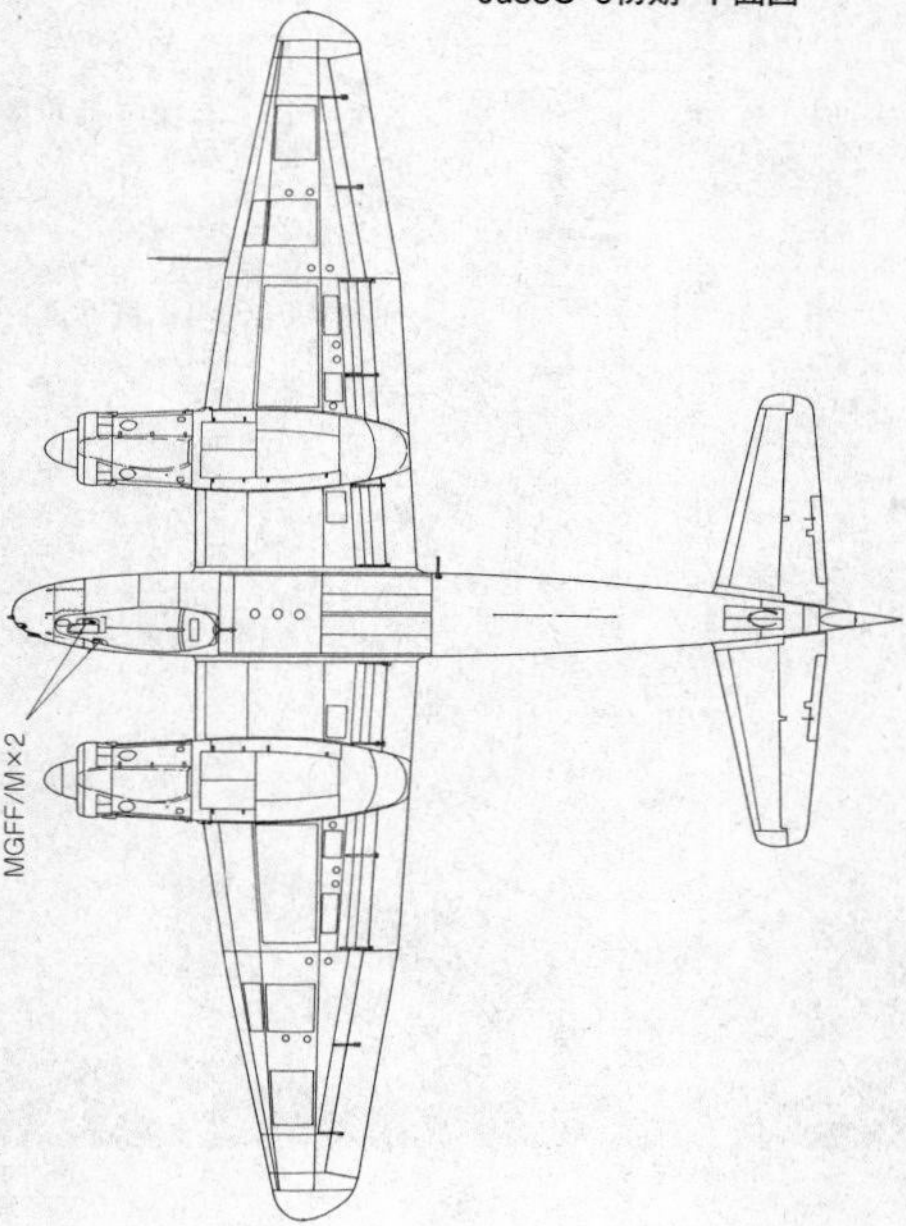

JιJu88C-6初期（機上レーダー未搭載）

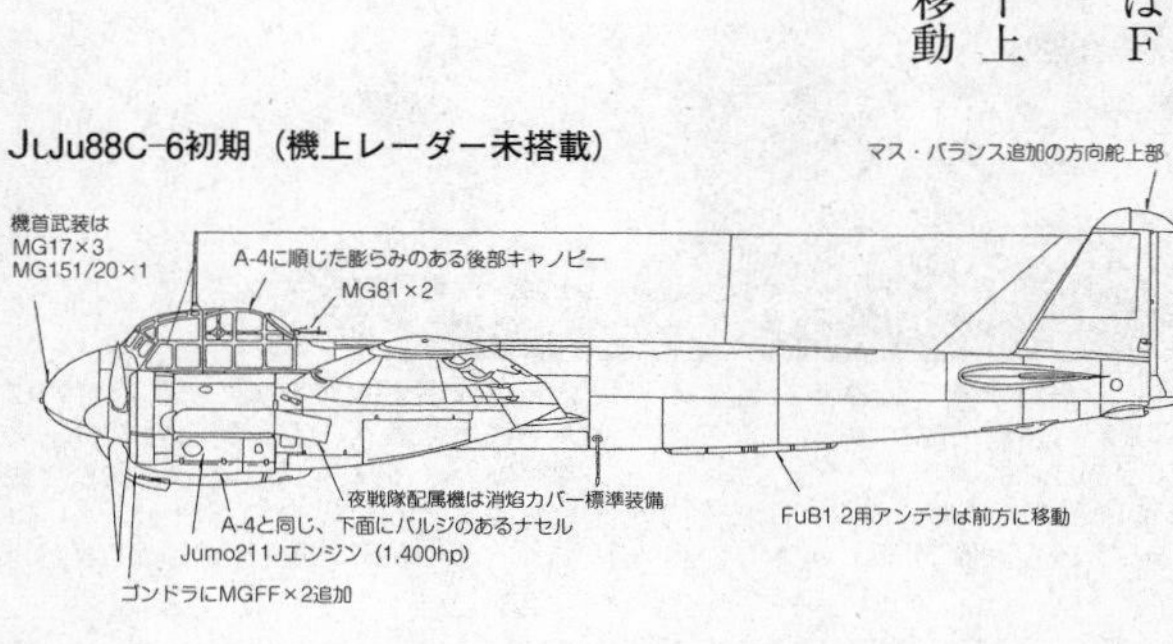

Ju88C-5の射撃兵装配置

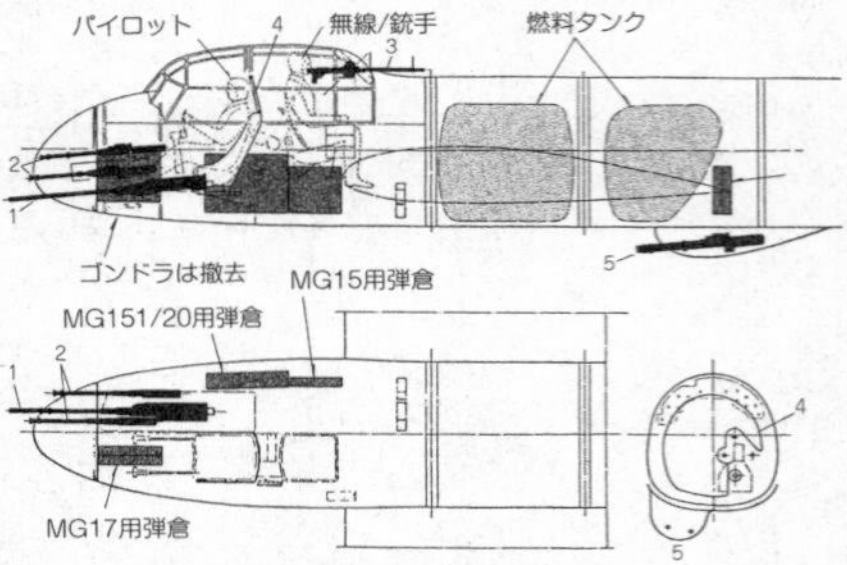

1．MG151/20×1（弾数350発）　2．MG17×3（弾数800発）
3．MG15×1（弾数975発）　4．防弾装甲板
5．"Waffentropfen" MG17×2（弾数1,000発）

▼薄暮の空を飛ぶ、夜戦部隊のJu88C-6。所属部隊は不詳だが、コードの後半2文字"CY"は第V飛行隊第14中隊を示しており、NJG2、NJG5、NJG6のいずれかである。機上レーダーは未搭載だが、左主翼下面にはFuG101電波高度計を装備している。全面76カラー1色のようにも見え、コード、国籍標識もグレイにトーン・ダウンし、尾翼のハーケンクロイツは塗り潰されている。スピナーは白地に黒線1本、ナセル上面にのみ施された白のマダラ・パターンが珍しい。

▲KG40の夜戦中隊で、電子機器類の実用テストに使われたJu88C-6。機首にはFuG202、右主翼前縁にはFuG227のアンテナを付けており、左主翼端近くの下面にはFuG101のアンテナも見えている。FuG227は、イギリス爆撃機が搭載した後方警戒レーダー"モニカ"の電波をキャッチして、その位置を知るパッシブ・レーダーだが、全部で250セットしか造られず、一部のJu88、Bf110、Do217Nが搭載しただけだった。

Ju88C-6後期（FuG202機上レーダーを搭載）

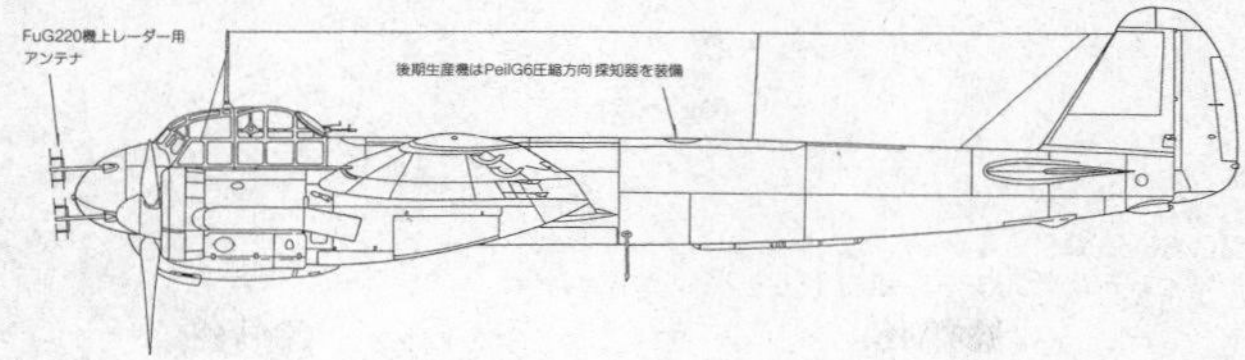

Ju88C-6（FuG220機上レーダー装備機）

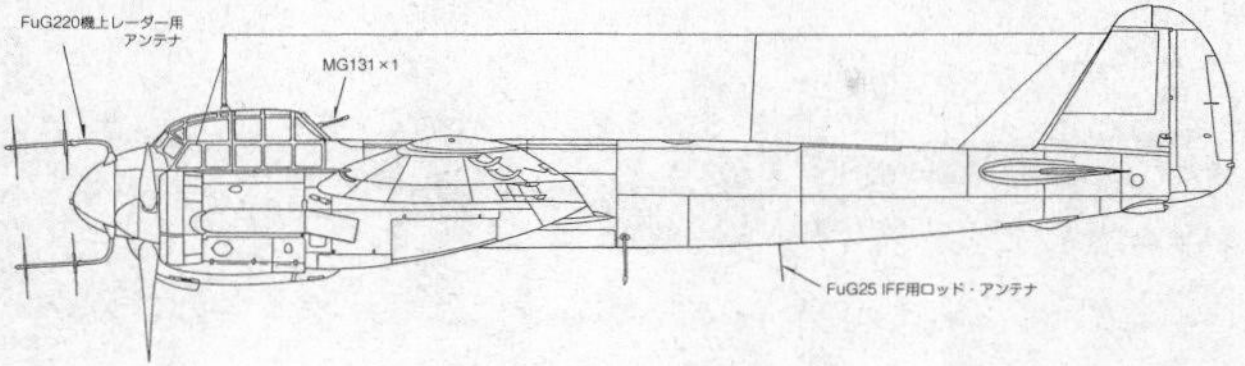

し、左主翼下面にＦｕＧ１０１電波高度計を標準装備するなど、電子機器関係の改善も目立つ。

Ｊｕ88Ｖ58は１９４３年６月に初飛行し、テストの結果、重量が増加したにもかかわらず、同じエンジンを搭載するＪｕ88Ｒ－２に比べ、最大速度は20㎞／ｈ向上して５２０㎞／ｈ出ることが確認された。機首下面ゴンドラを廃止し、大型尾翼に変更した空力面の改善が効いたことは明らかである。

Ｖ58のテスト結果が出る前に、その成功を確信していた当局は、本機に順じた生産型をＪｕ88Ｇ－１の名称で計７００機発注し、１９４３年末から生産ラインにのり、翌１９４４年１月には部隊配備が始まった。

Ｇ－１の登場により、Ｂｆ１１０Ｇ－４との性能差は、運動性を別にすればほとんど無くなり、電子機器類の収容能力、武装などではＪｕ88が明らかに優位に立ち、夜戦隊の主力の座を

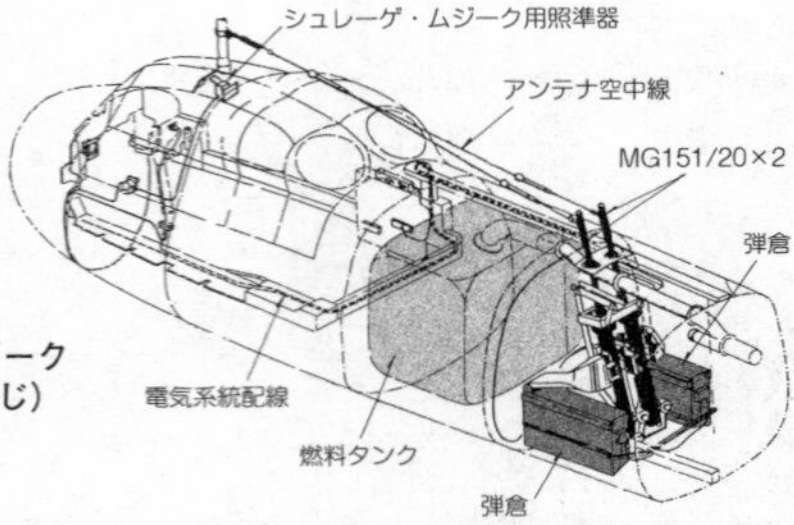

Ju88C/Rのシュレーゲ・ムジークのシステム（Ju88Gもほぼ同じ）

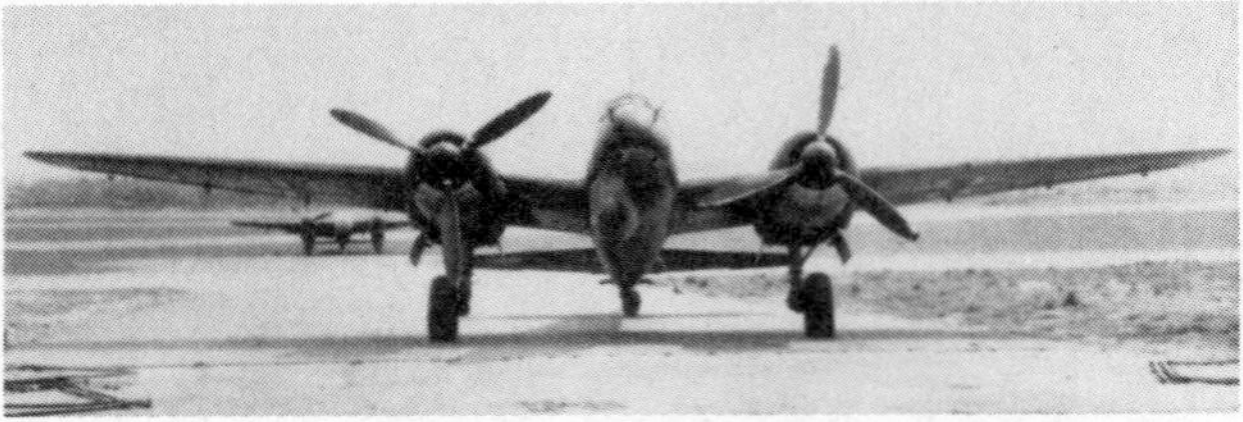

▲1943年５月９日、ノルウェーのジェビク基地からイギリス本土に侵入（偵察任務？）し、スピットファイア３機に迎撃され、投降して午後４時にダイス基地に着陸し、接収された10./NJG3所属のJu88R-1、W.Nr360043、コード“D5＋EV”。本機はFuG202機上レーダーを搭載しており、その内容を知ったイギリス空軍は、そのジャミングに大いなる自信をもった。なお、本機はJu88夜戦唯一の現存機として、現在もヘンドンの空軍博物館に展示中。

占めるのは時間の問題となった。

なお、生産型Ｊｕ88Ｇ－１では、機上レーダーはＦｕＧ２２０を標準とし、一部の機はＦｕＧ２２７をオプション搭載した。

一部の機を除いて機首内部のＭＧ１５１／20は撤去されたが、これは夜間に発射焔が強烈すぎて、パイロットの目を眩惑するためであった。

そのかわりに、乗員室後方の胴体内には、ＭＧ１５１／20１～２挺のシュレーゲ・ムジーク（斜銃）を装備し、必殺武器とした。

Ｊｕ88Ｃ－６までが搭載した液冷のＪｕｍｏ２１１系エンジンは、空冷ＢＭＷ８０１系に比べてパワーが低かったが、発展型のＪｕｍ

Ju88R−1

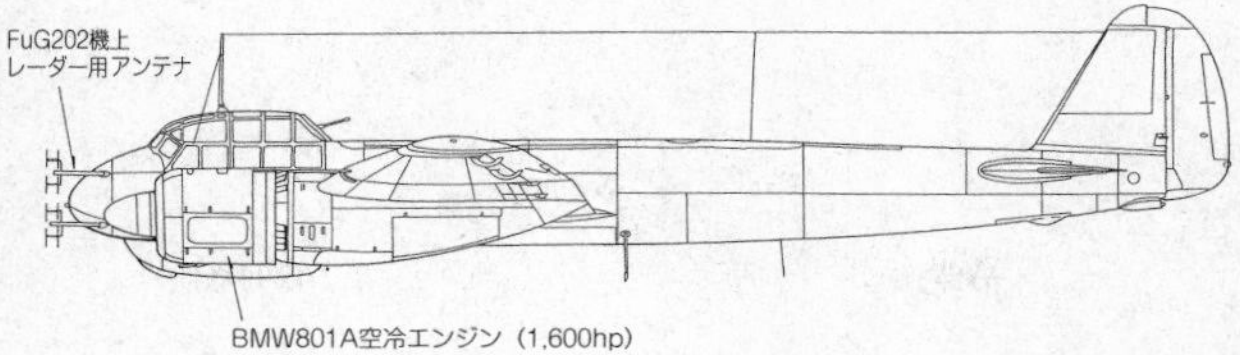

Ju88R−2

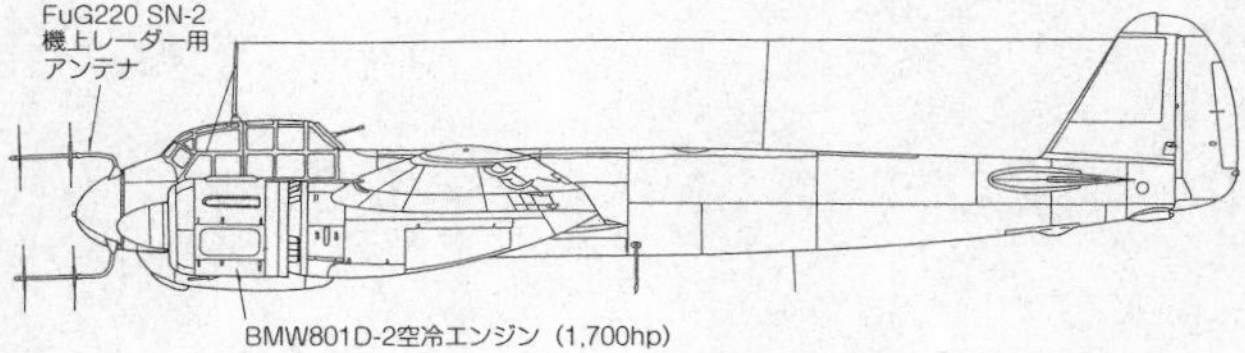

Ju88R、Gが搭載したBMW801系空冷星型複列14気筒エンジン
（1,600〜1,700hp）

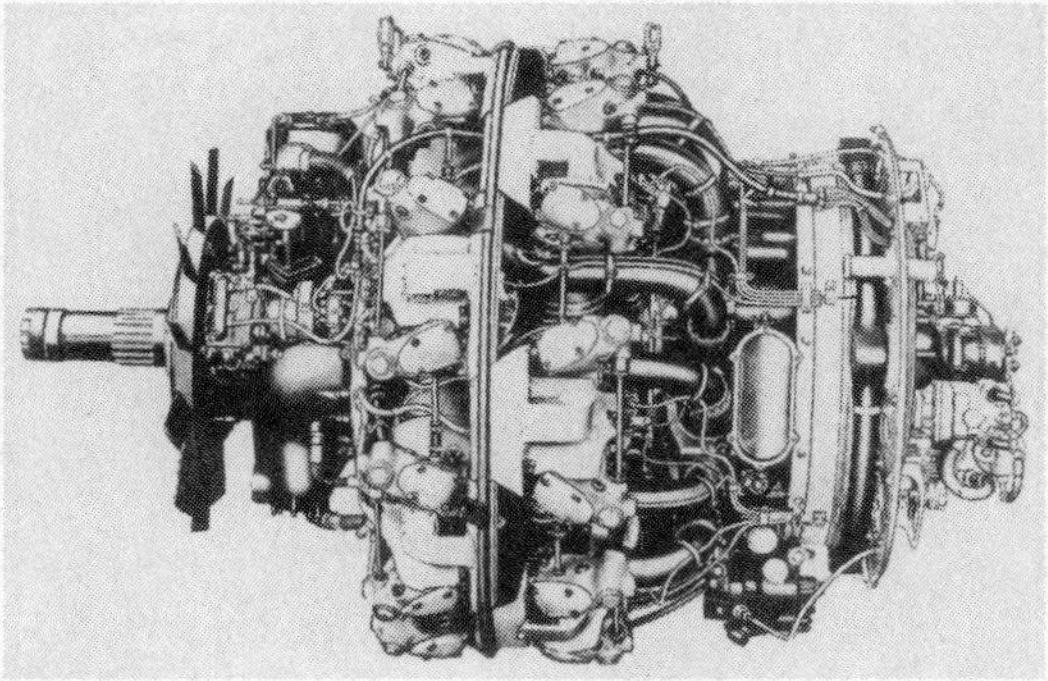

Ju88G-6 上面図

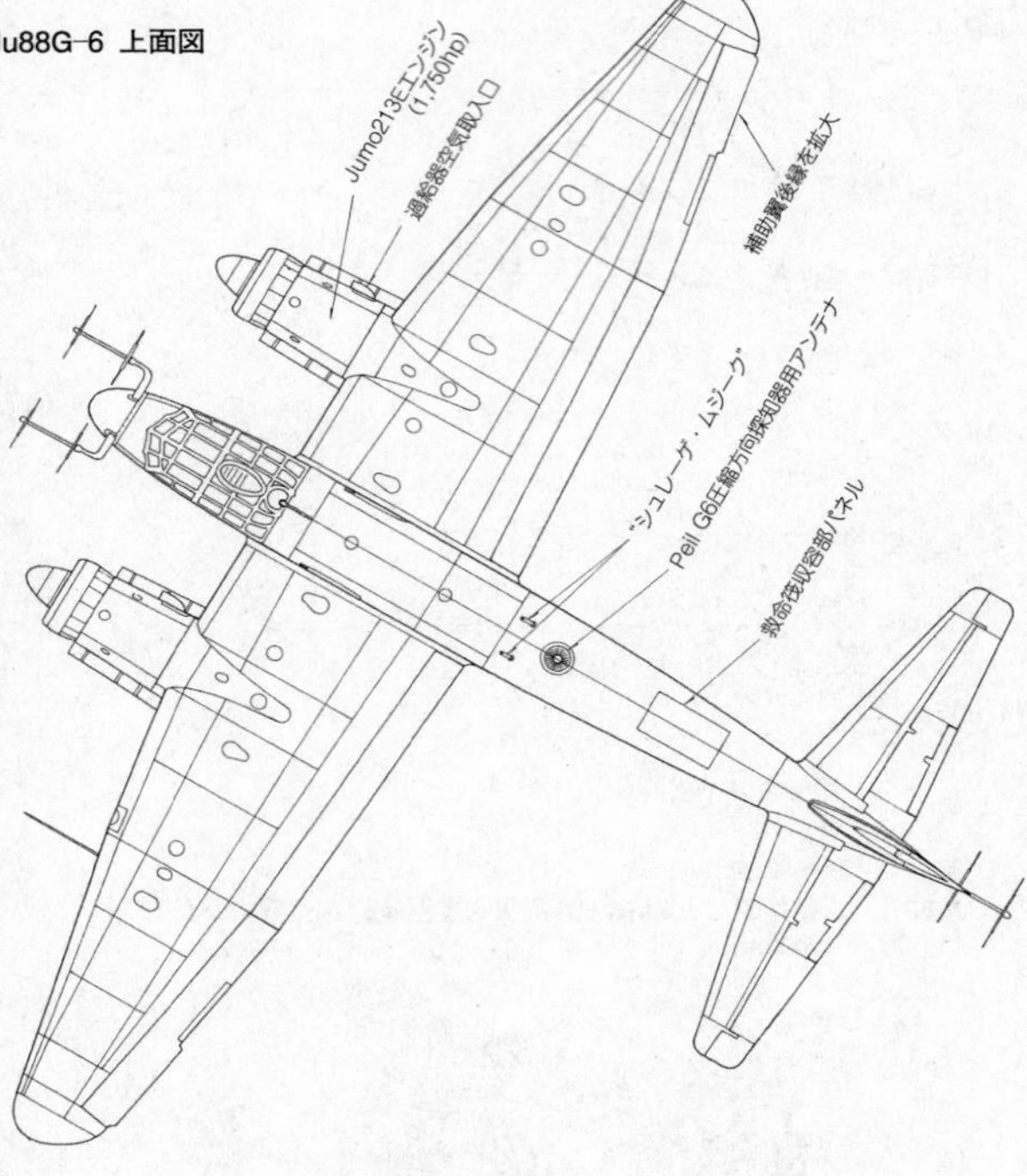
Jumo213Eエンジン
(1,750hp)
過給器空気取入口
補助翼後縁を拡大
シュレーゲ・ムジーク
Peil G6圧縮方向探知器用アンテナ
救命筏収容部パネル

Ju88G-6 下面図

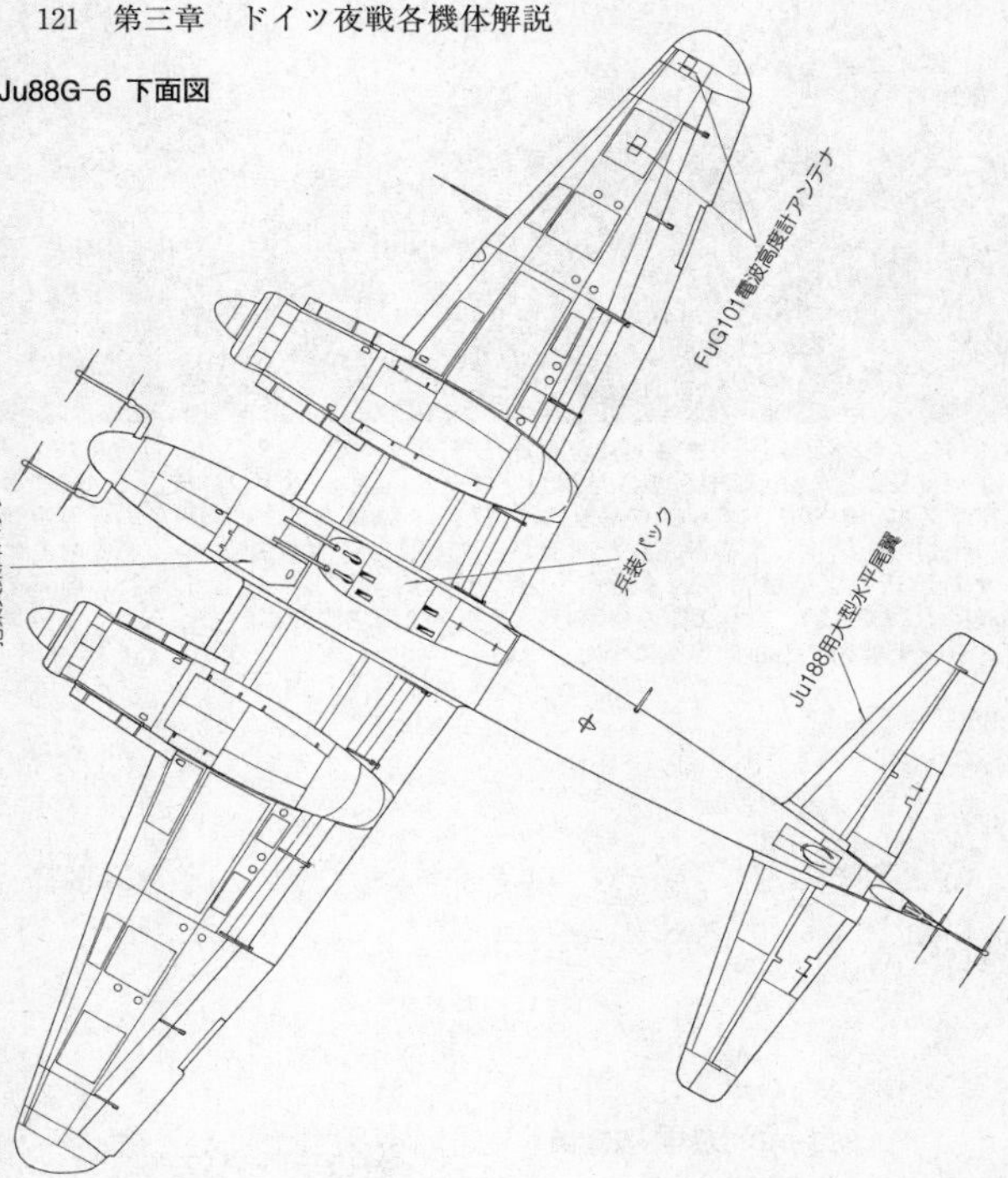

Ju88G-6 正面図

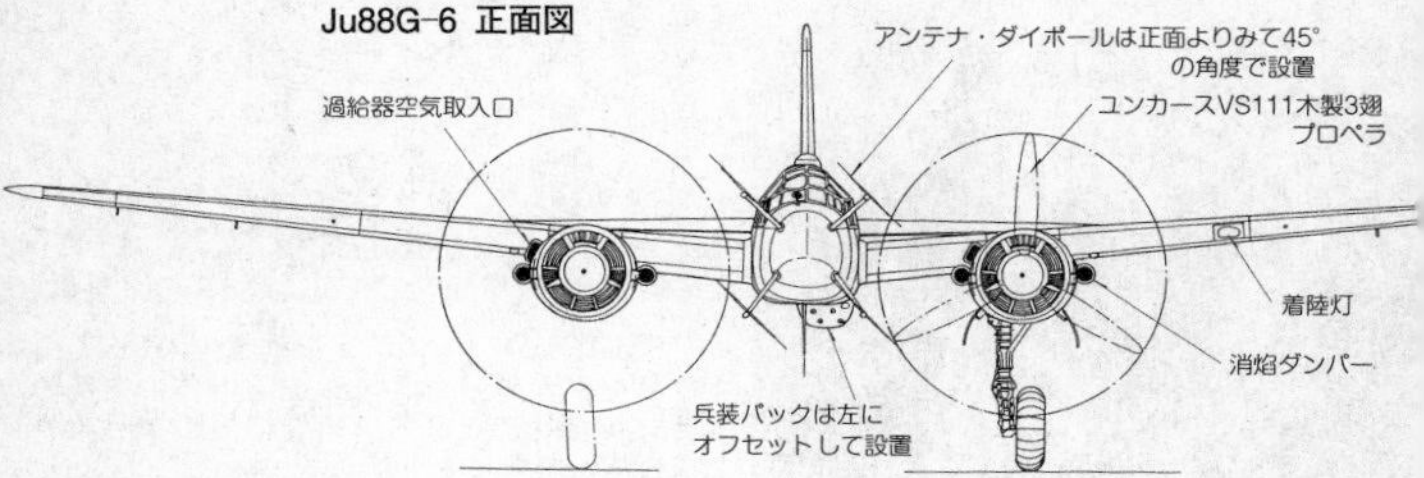

▲1944年７月13日未明、北海上空の哨戒任務についていた7./NJG2のハンス・メックル伍長操縦のJu88G-1、W.Nr12233、コード“4R＋UR”は、航法ミスによりイギリス本土のウッドブリッジ基地に誤着陸し、無傷のまま捕獲された。写真はその後旬日を経ずして撮影された同機で、FuG220、FuG227両レーダーをはじめとする最新の電子機器が、またもそっくり敵の手に渡ってしまった。前年のJu88R-1につづく、この２件の椿事は、ドイツ夜戦隊に間接的ながら、かなりのダメージを与えたことは想像にかたくない。

Ju88G-1

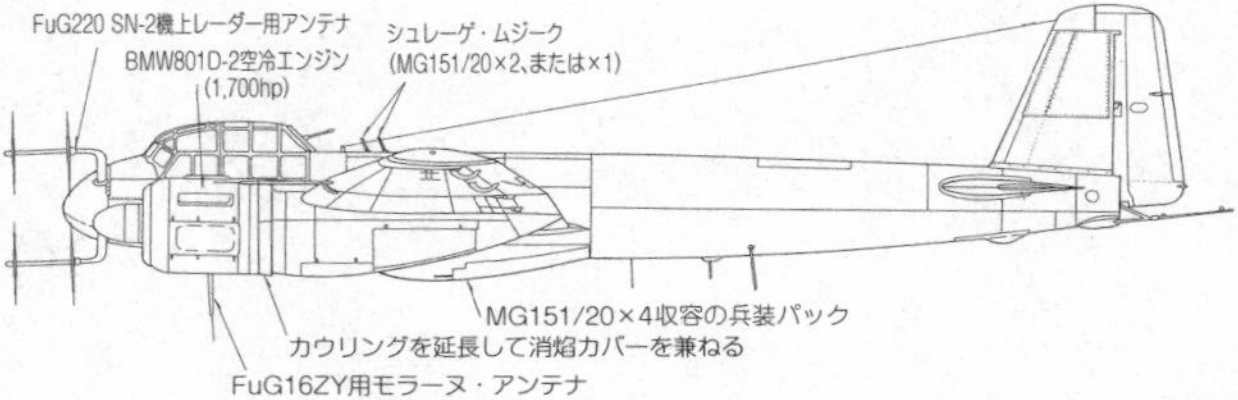

Ju88G-1の射撃兵装配置図

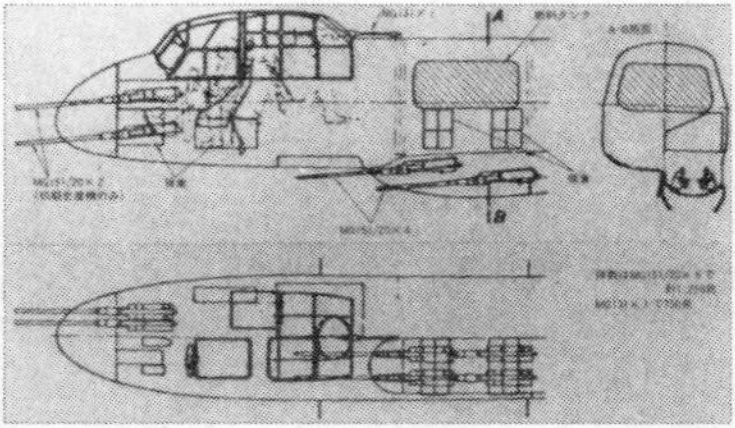

◀右BMW801D-2エンジンを整備中のJu88G-1。カウリングが外され、エンジン本体中央部のディテールが見てとれる。白地に黒のスパイラルを描き込んだスピナーがユニーク。

▲Ju88G-1につづき、1944年６月から生産に入ったＧシリーズの主力量産型Ju88G-6。写真の機は、ユンカース社にて実用テスト中のものと思われ、消焔ダンパーは取り外している。G-6のFuG220機上レーダーは、写真のようにダイポールが正面からみて45度傾斜したアングルに取り付けてある、SN-2dと称した最終タイプである。

Ju88G-6

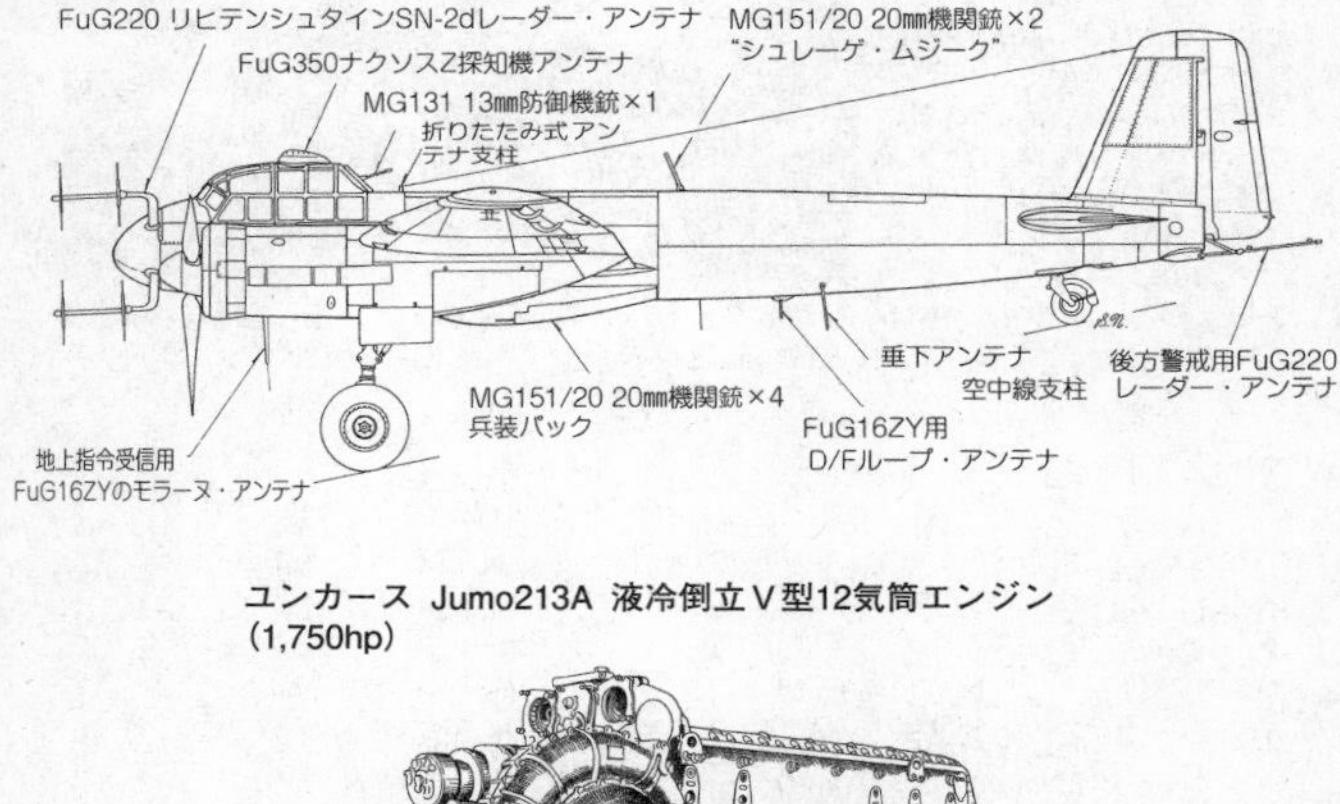

ユンカース Jumo213A 液冷倒立Ｖ型12気筒エンジン（1,750hp）

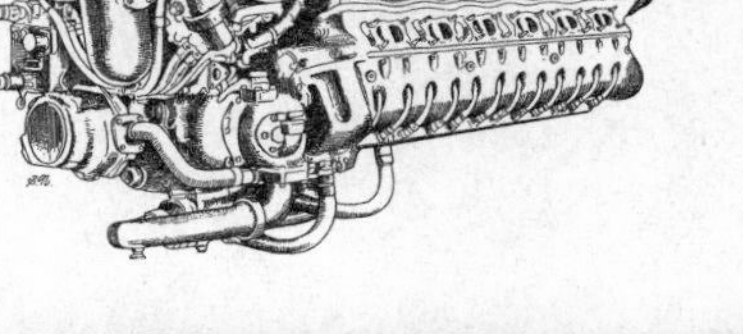

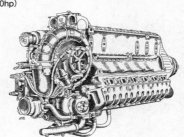

◀ドイツ敗戦直前の1945年５月３日、アイルランドのゴーマンスタウン基地に飛来し、投降した元I./NJG3所属Ju88G–6、W.Nr621642、コード“D5＋GH”の機首クローズ・アップ。本機は、キャノピー上部にFuG350ナクソスＺの受信器を付けている。FuG220SN–2dアンテナ、ナセル、プロペラ（VS111）、消焔ダンパーなどのディテールがよくわかる。下方アンテナ・ダイポールの下半分、およびFuG16ZY用のモラーヌ・アンテナが白/赤に塗り分けてあるのは、うっかりミスによる破損防止策で、Bf110、He219などにも見られる。

▶機首のFuG220 SN–2dレーダー用アンテナを１本支柱の“Morgenstern”（モルゲンシュテルン――明星の意）タイプに更新した、Stab II./NJG5のJu88G–6、コード“C9＋AC”。主翼の陰で一部しか見えないが、コードの前方には昼間戦闘機隊に順じた、二重クサビの飛行隊司令官記号を記入しており、本機がハンス・ライックハルト少佐（1944年５月３日～1945年３月６日まで在任、撃墜数30機のエースだったが、1945年３月６日に戦死）の乗機であることを示している。

ｏ２１３系（１７５０hp）が実用化されると、その差は逆転した。

当局は、さっそくＪｕ88Ｇ－１につづいて、Ｊｕｍｏ２１３Ａエンジンを搭載する夜戦型をＪｕ88Ｇ－６として量産するようにユンカース社に命じた。

Ｊｕｍｏ２１３Ａは、本体がＪｕｍｏ２１１系より少し大きいものの、ナセルの形状はＪｕ88Ｃ－６とほとんど同じままでよく、前面のラジエーターのアレンジ、右側の過給器空気取入口を変更し、筒状の消焔ダンパーを追加、プロペラはより幅広いＶＳ１１１を適用する程度の改修で済んだから、設計作業は

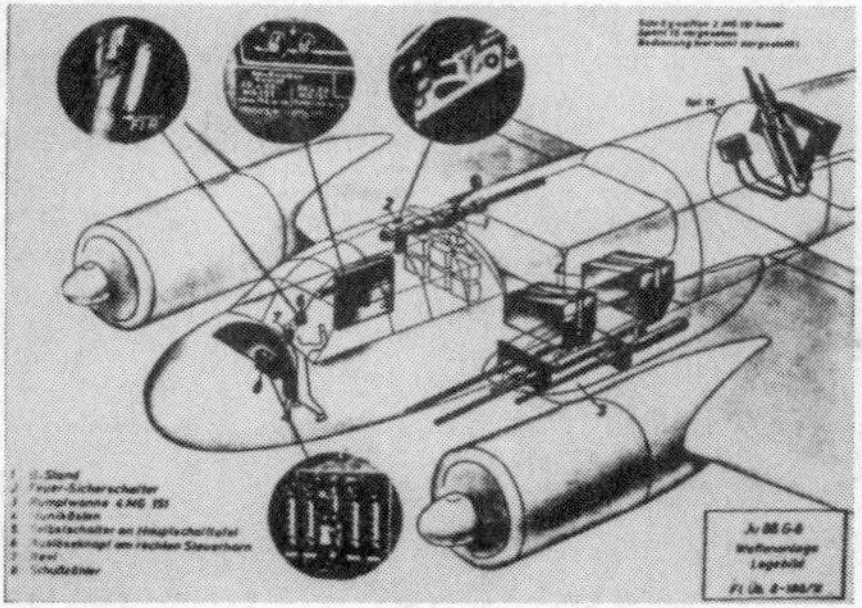

◀ユンカース社作図による、Ju88G-6の射撃兵装配置図。胴体下面の兵装パックに装備したMG151/20×4、胴体後部内に装備したMG151/20×2のシュレーゲ・ムジーク、キャノピー後部の防御機銃MG131×1と、それぞれの弾倉位置がよくわかる。

Ju88G-6 レーダーのバリエーション

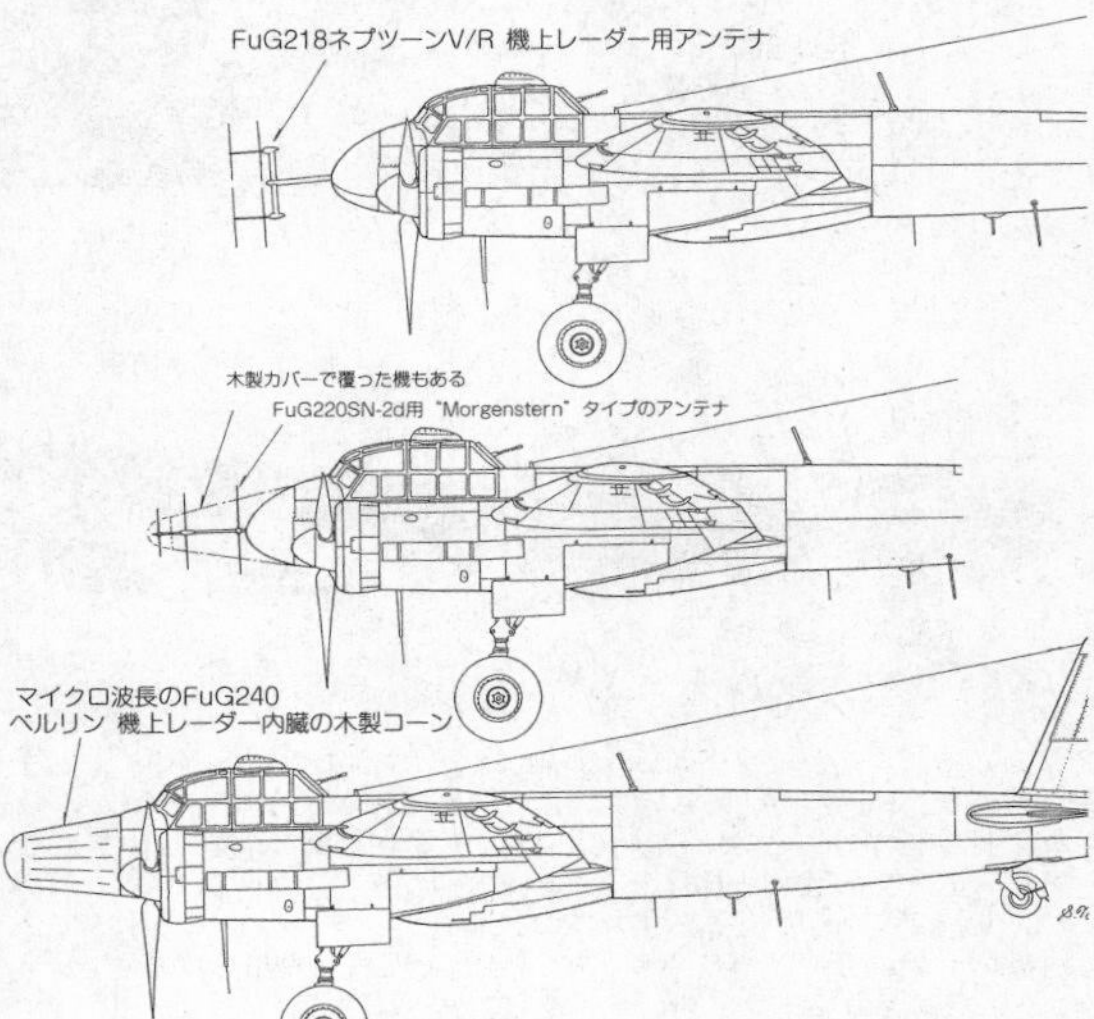

◀機首の"Morgenstern"タイプのアンテナに、木製カバーを追加して、空気抵抗の減少を図った、元Stab./NJG4のJu88G-6、W.Nr622311、コード"3C+DA"。夜戦の最終迷彩である、グリーン系カラーによる濃密な蛇行パターンに注目。木製カバーは黒？に塗られてあったらしいが剥離がいちじるしい。なお、カバーの先端は透明ガラスになっている。

▶ドイツ敗戦前日の1945年5月7日、ソ連軍への降伏を恐れ、チェコスロバキアから南部ドイツのアウグスブルク飛行場に飛来し、米軍に投降した元I./NJG100のJu88G-6、コード"W7+IH"。機首のアンテナからもわかるように、本機はFuG218ネプツーンV/R機上レーダーを搭載しており、やはり、最終期のグリーン系迷彩を施している。

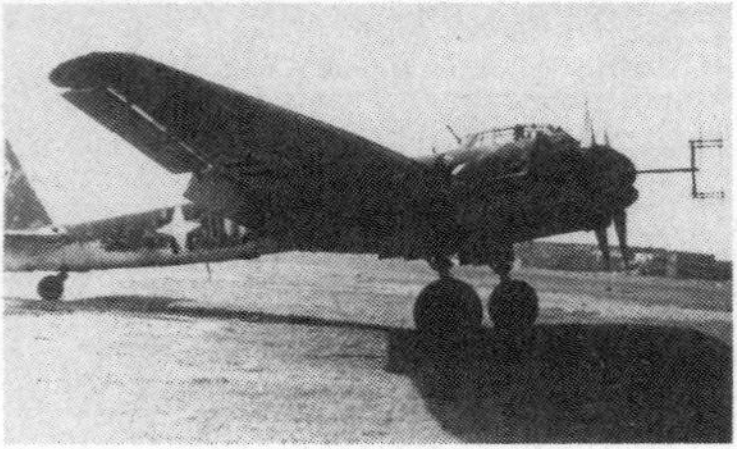

▲敗戦までにわずか25セットしか完成せず、そのうちの10セットだけがJu88G-6に搭載された、FuG240ベルリンは、ドイツ夜戦隊が長らく待ち望んだ最初のマイクロ波長レーダーだった。しかし、その実用化はあまりにも遅すぎた。写真は、同レーダーを搭載した10機のうちの1機、元5./NJG4所属のW.Nr622838、コード"3C+MN"で、戦後イギリスにおけるスナップ。機首に従来までのものものしいアンテナはなく、パラボラ・アンテナを内蔵した滑らかなカバー（木製）で覆われ、洗練されたスタイル。

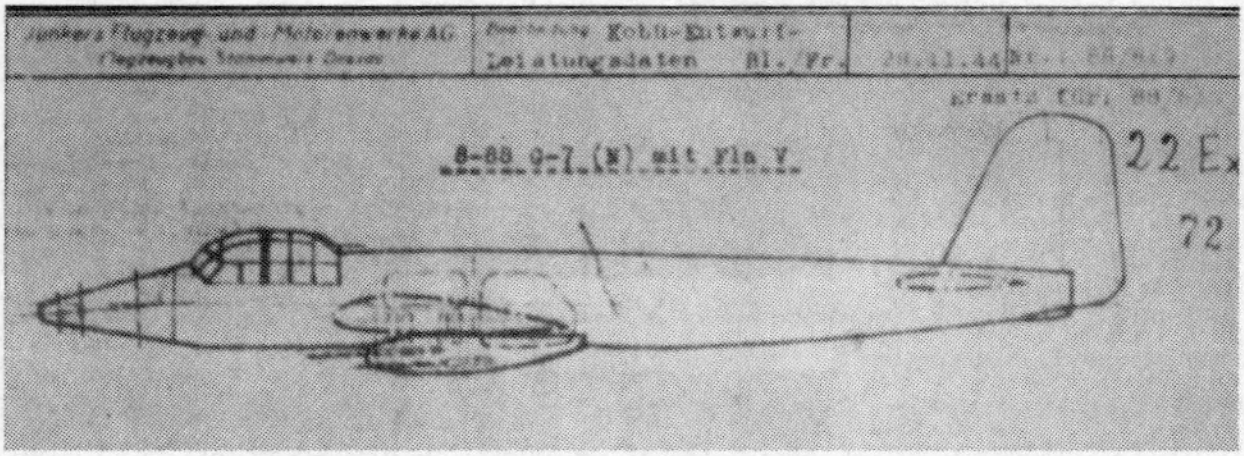

▲ユンカース社が1944年11月28日付けで作図したJu88G-7の概略図。FuG220 SN-2d用“Morgenstern”タイプのアンテナ付きで描かれている。

スピーディに進み、１９４４年６月には早くも量産に入った。

G－6は、エンジンのパワーアップが効いて、最大速度は高度６０００ｍにて５４０㎞／ｈに向上し、Ｂｆ１１０Ｇ－４の５２５㎞／ｈをも凌いだ。期待されたＨｅ２１９が、いっこうに生産ペースが上がらない現状では、ドイツ夜戦隊はＪｕ88Ｇ－６に頼るしかなかった。

Ｇ－６は、機上レーダーの新型を優先的に供給され、ＦｕＧ２２０のアンテナを〝Morgenstern〟《モルゲンシュテルン》（明星）タイプに換装し、機首コーン内に収めた機、ＦｕＧ２１８ネプツーンを搭載した機もあり、最後の10機は待望のマイクロ波長レーダーＦｕＧ２４０〝Berlin〟《ベルリン》を搭載し、はじめて機外アンテナが姿を消して機首は滑らかになったが、時すでに遅かった。

Ｇ－６の生産開始とほぼ同時に、ユンカース社の量産ペースは急速にアップし、それまで１００機を超えることのなかった月産数は、一気に２８０機～３００機台になった。

Ｇ－６以降の生産型はＧ－７、Ｇ－10しかなく、両型はいずれも極く小数しかつくられなかったから、１９４４年６月以降、敗戦までの月産数を合計すると、Ｊｕ88Ｇ－６は間違

Ju88の機上レーダー

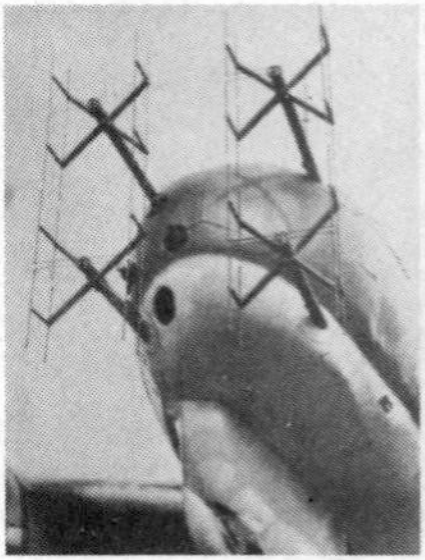

▶Ju88C-6、R-1が搭載したFuG202リヒテンシュタインBC機上レーダーのアンテナ。

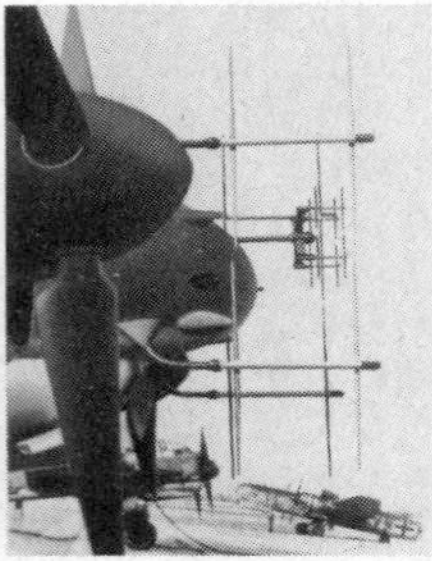

[右] Ju88C-6で試験的に試みられた、FuG212リヒテンシュタインC-1とFuG220リヒテンシュタインSN-2bレーダーの併用。この組み合わせはJu88では実際に使われなかった。

▲Ju88G-6の乗員室後部に備え付けられた各種無線機の操作ボックス（正面左の4個)、およびFuG220 SN-2レーダー用スコープ（白っぽい丸穴2つのある箱)。その向こう側のスコープ1つが付くボックスはFuG350ナクソスZ用。

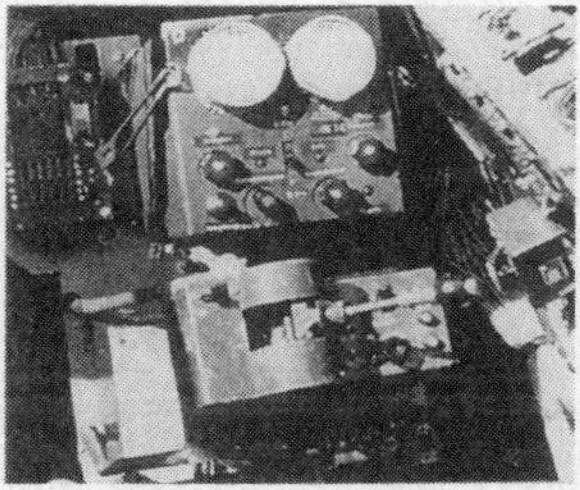

◀▲イギリスに３年も遅れ、敗戦目前になってようやく量産品が出始めた、ドイツ最初の機上用マイクロ波長レーダーFuG240ベルリン。左はJu88G−6の機首内部にセットされた状態で、従来の大袈裟な機外アンテナにかわる皿型パラボラ・アンテナがよくわかる。右は乗員室後部左隅に備えられたスコープ。

いなく２０００機以上はつくられたことになり、これはＪｕ88戦闘機型全部を合計した数の半分以上を占める。

連合軍の激しい空襲による軍需産業の打撃を考えれば、これは驚異的な数字だ。

しかし、皮肉なことにＪｕ88Ｇ－６が、夜戦部隊に溢れるほどの勢いで充足していくのと対照的に、ドイツの航空機用燃料の生産は低下する一方となり、１９４４年秋には乏しいストックは昼間戦闘機隊に優先してまわされ、夜戦隊の分はカットされた。

その結果、Ｊｕ88Ｇ－６の多くがむなしく地上に止め置かれたまま、なす術なく空襲で破壊されるのを待つだけだった。

ユンカース社技術陣は、Ｇ－６につづき、エンジンをＪｕｍｏ２１３Ｅ（１７５０hp）に換装し、主翼端をＪｕ１８８、３８８と同じように延長して高々度性能を向上（高度９０００ｍにて最大速度５８４㎞／ｈ）させたＪｕ88Ｇ－７を開発した。

Ju88G-6 FuG220 SN-2d アンテナの特殊装備例 (NJG5航空団司令官ルドルフ・シェーネルト少佐乗機——対モスキート夜戦用)

FuG220 SN-2後方警戒用アンテナ

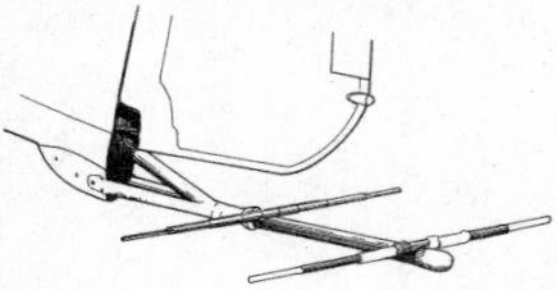

FuG218ネプツーンV/R用機首アンテナ

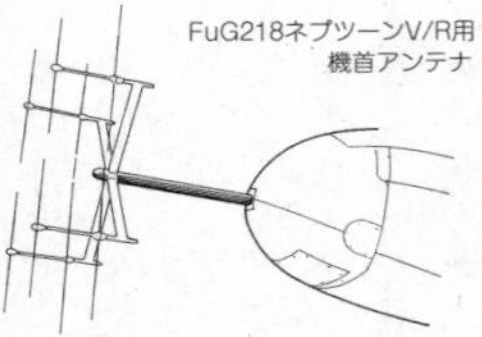

FuG218ネプツーンV/R用後方警戒アンテナ

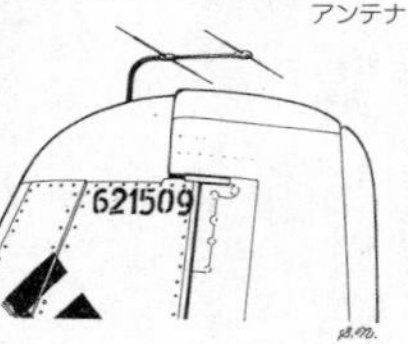

Ju88G-6 FuG220 SN2d機上レーダー用 "Morgenstern" タイプのアンテナ装備機

"Morgenstern" アンテナ

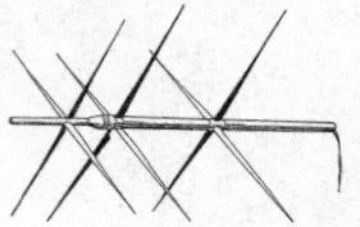

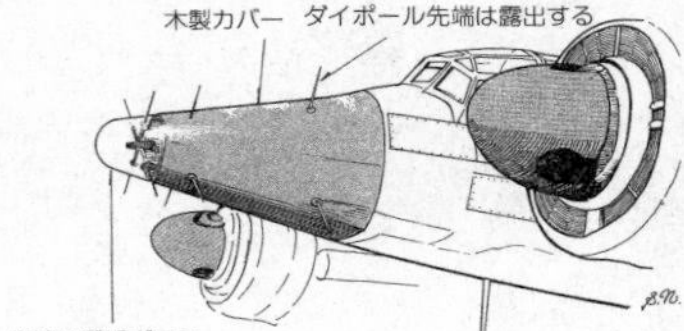

Ju88G-6 FuG240ベルリンN-1a 機上レーダー搭載機

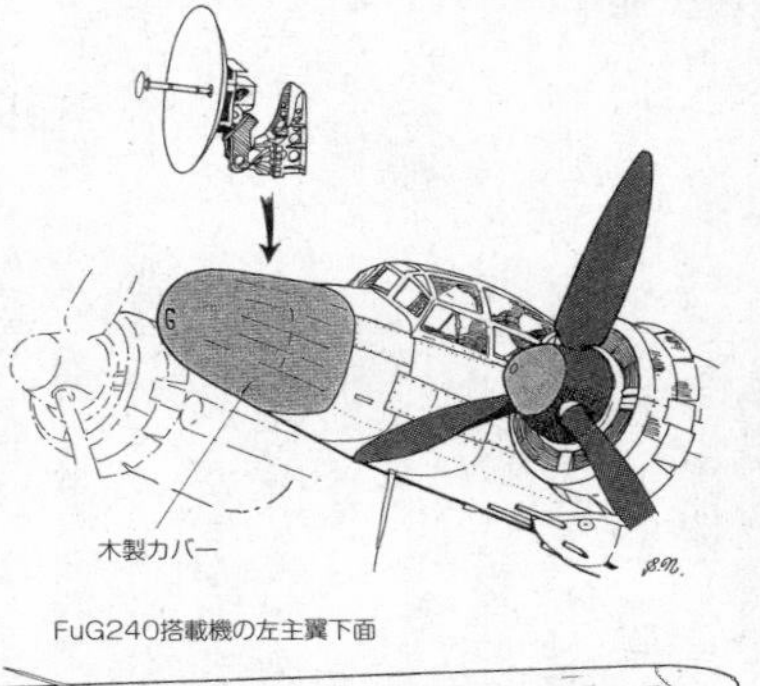

FuG240搭載機の左主翼下面

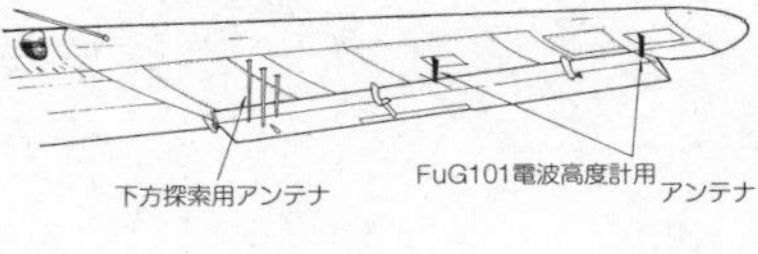

G-7はJumo213E-1にVS19 4翅プロペラを組み合わせ、〝Morgenstern〟タイプのFuG220機上レーダー用アンテナを付ける（将来はFuG240に更新予定）ことにしていた。

1944年11月に2機の原型機Ju88V112、V113が発注されたが、完成直前の1945年3月に連合軍機の空襲で破壊された。さらに2機の原型機Ju88V114、V115がデッサウ工場で組み立てられたものの、Jumo213Eエンジンが届かなかったために、未完成で終わってしまった。

Gシリーズ最後のバージョンはJu88G-10で、本型は長距離夜戦として計画され、燃料タンクを増設するために、G-6の胴体を2・7m延長したことが主な特徴。

G-10は、1945年に入って生産が始まったが、敗戦直前の混乱によって極くわずかしかつくられず、このころには事実上、レシプロ夜戦は燃料枯渇により活動が不可能になっていたこともあって、完成した機は全て特殊攻撃機〝Mistel《ミステル》 3〟の子機に転用され、それも実戦に使われないまま終わった。

なお、このMistel計画にはG-10のほかG-1、G-6もかなりの数が転用されている。

●ユンカースJu188R／Ju388J（Junkers Ju188R／Ju388J）

Ju88の夜戦型が成功したことからして、本機の発展型であるJu188爆撃機の夜戦型が開発されたのも、当然の成りゆきだった。

当局からユンカース社にその開発要求が出されたのは意外に早く、爆撃機型の1番手Ju188Eシリーズの先行生産型の組み立てが始まった1942年末～1943年はじめころと思われる。

Ju188Rと命名された夜戦型は、原型機をつくらずに、先行生産型R－0が3機発注され、これらを使ってテストを行ない、結果がよければただちに生産に入る予定だった。空軍監察総監ミルヒ上級大将の肩入れがあるだけに、手際のよい計画である。

▶Ju188R-0の機首モックアップ。特徴ある卵型のガラス窓を通し、FuG202レーダー・アンテナと、MG151/20 5挺（上方に2挺、下方に3挺）を取り付けている。

▼空軍監察総監エアハルト・ミルヒ上級大将の個人的な肩入れで開発された、Ju188R夜戦のベースになった、空冷BMW801Gエンジン搭載のJu188E。大きな卵型の機首と、延長された主翼端が外形上の特徴。写真の機は先行生産型E-0の1機で、そのミルヒの個人専用機として使われたもの。

Ｊｕ１８８Ｒは、爆撃機型Ｊｕ１８８Ｅをベースにしており、機首の特徴ある卵型のガラス窓はそのままにし、爆撃照準器などを撤去したスペースに、ＭＧ１５１／20 4挺、またはＭＫ１０８ ２門を固定装備し、先端にＦｕＧ２０２機上レーダーのアンテナを取り付けた。

手間のかからない改造だけに、Ｒ－０の製作はスピーディに進み、１９４３年３月までに３機すべてが完成した。データが残っていないので正確にはわからないが、Ｊｕ１８８Ｒ－０は、当時生産が行なわれていたＪｕ88Ｒ－２と同じＢＭＷ８０１Ｄ－２エンジン（１７００hp）を搭載

▼Ju388V2の機首クローズ・アップ。FuG220 SN-2レーダー・アンテナがよくわかる。Ju388Jは、射撃照準のためキャノピー正面を平面ガラスに改める必要があったが、与圧キャビンのため、その設計変更も簡単ではなかった。

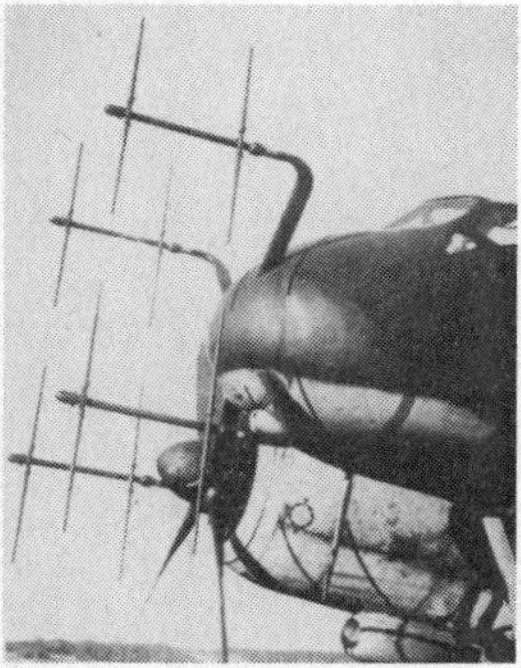

▲“Stërtebeker” のコード名で呼ばれた、Ju388J夜戦の原型１号機Ju388V2、コード“PE＋IB”。排気タービン過給器併用のBMW801TJエンジンを包むナセルと、４翅プロペラ、爆撃機型と大きく異なる機首部が特徴。機上レーダーはFuG220を搭載しているが、生産機では当然ながらFuG218、もしくはFuG240に更新する予定だったろう。尾部には遠隔操作のFA15旋回銃塔を付けている。

Ju388J-1 三面図

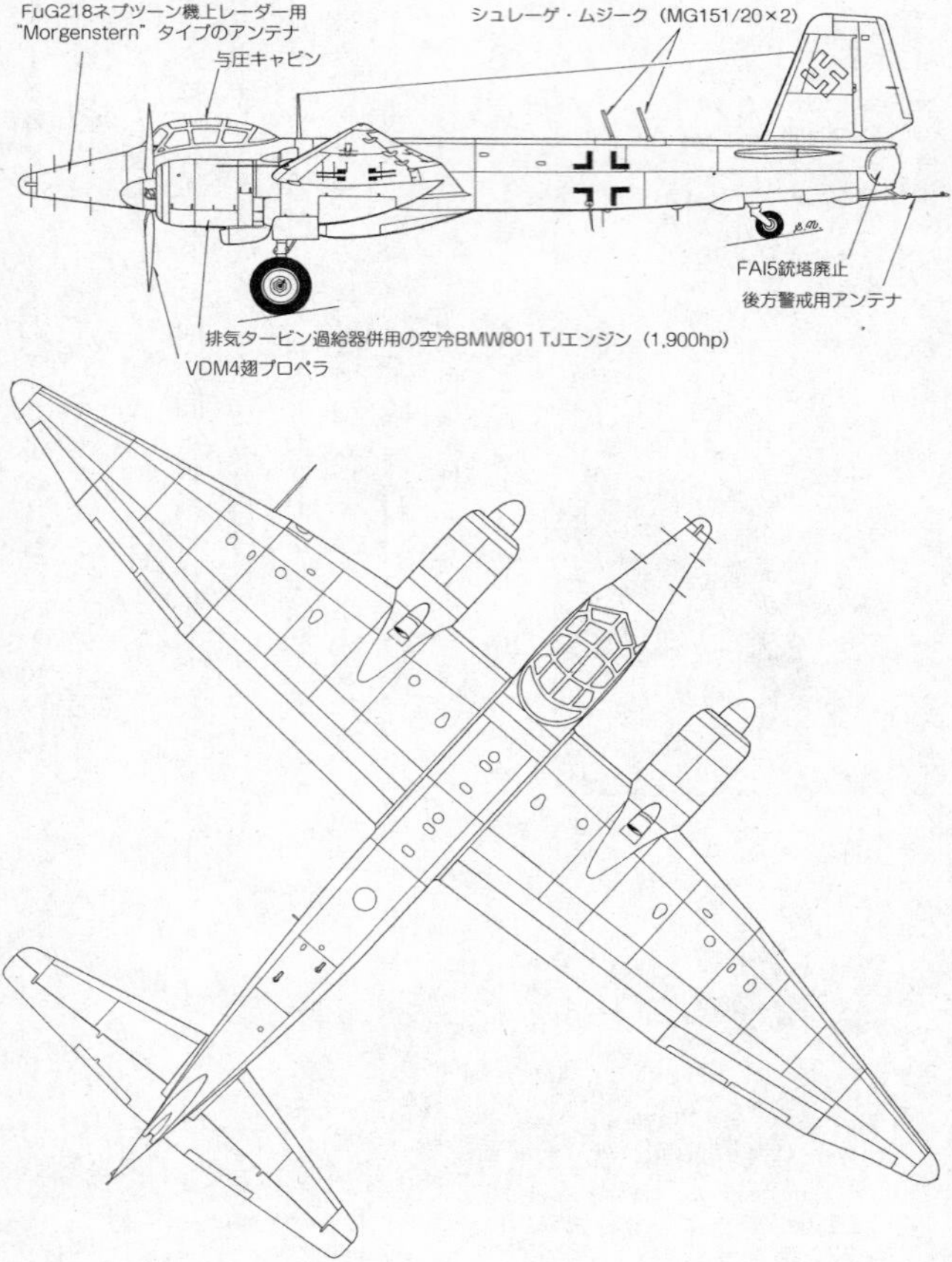
FuG218ネプツーン機上レーダー用
"Morgenstern" タイプのアンテナ
与圧キャビン
シュレーゲ・ムジーク（MG151/20×2）
FAI5銃塔廃止
後方警戒用アンテナ
排気タービン過給器併用の空冷BMW801 TJエンジン（1,900hp）
VDM4翅プロペラ

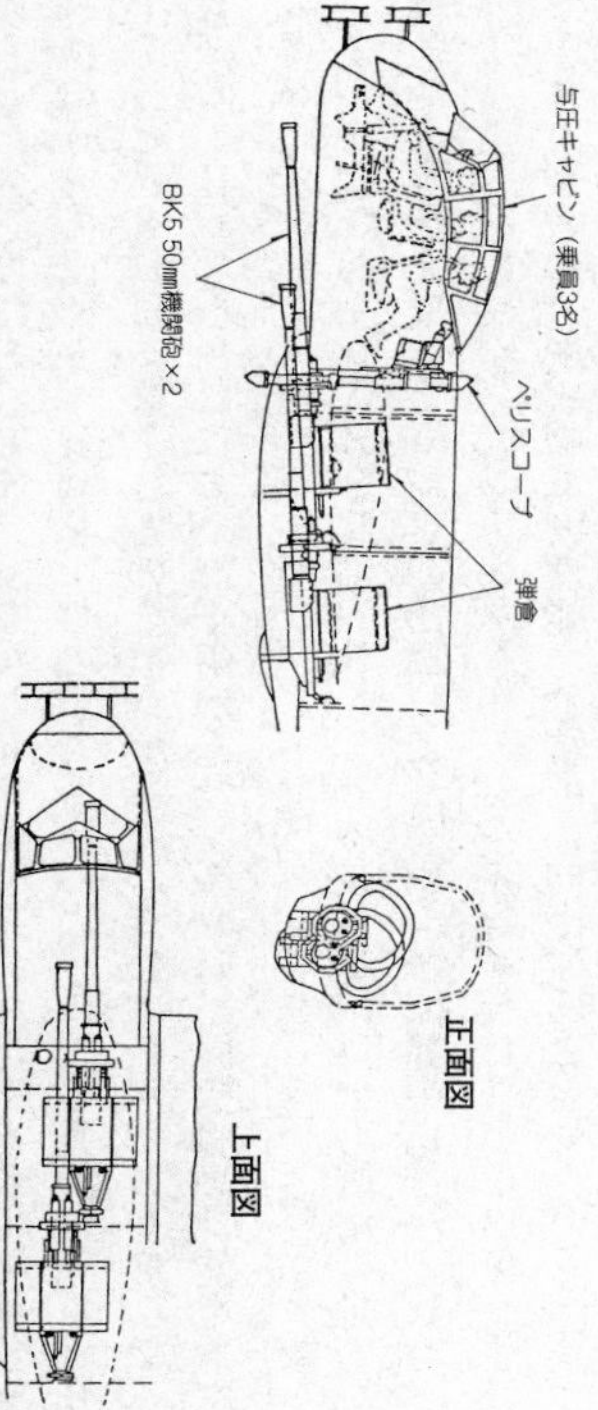

Ju388J-4の射撃兵装予定図
〔機上レーダーはFuG202で作図されているが、実際にはFuG218、またはFuG240を装備したはず〕

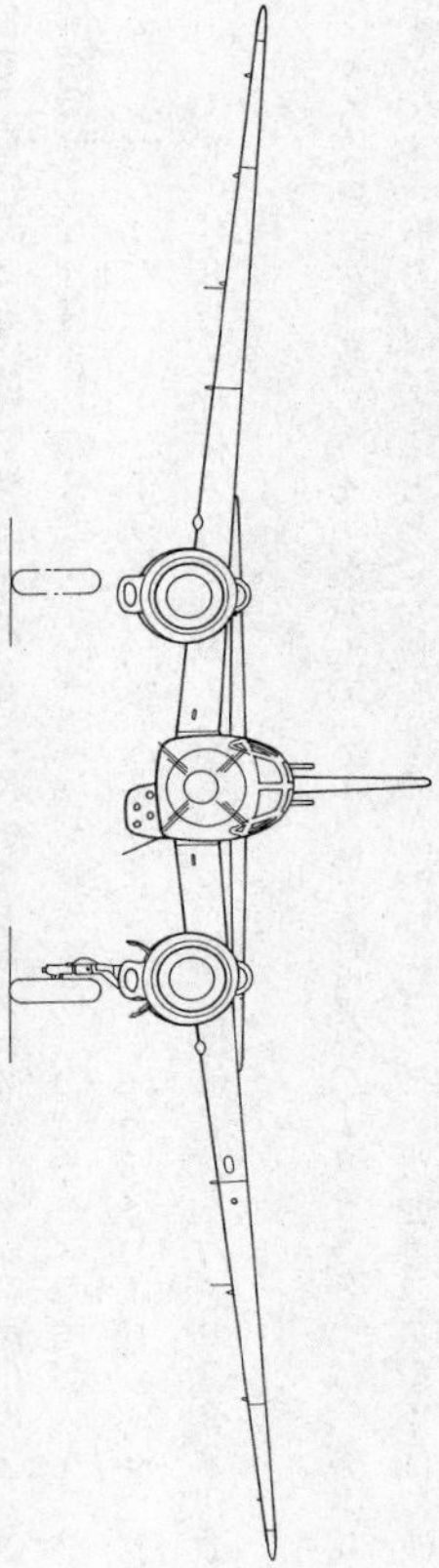

していたから、最大速度は500㎞／hを少し超えるくらいは出ただろうと推定される。

これら3機のうちの1機が、He219の項で述べるように、3月25日、レヒリンにおいてDo217NとともにHe219との模擬空戦に臨んだわけだが、Do217Nに対しては勝ったものの、He219にはまったく歯が立たず惨敗し、同機の高性能をあらためて知らしめる役を演じただけだった。

しかし、ミルヒはなおJu188Rに固執し、その後、半年以上も採用の是否を検討していたが、性能的に本機を凌ぐJu88Gの出現により、やっと開発中止を決定した。

Ju88、Ju188につづくユンカース社の〝88〟系爆撃機はJu388である。本機の開発意図はJu188の速度、高々度性能を飛躍的に向上することにあり、エンジンを排気タービン過給器併用の空冷BMW801TJ（1900hp）とし、機首を全面的に再設計して与圧キャビン化するのが改修ポイントだった。

そして、当然のように爆撃機型Ju388Kとともに、夜間／悪天候戦闘機型Ju388J、偵察機型Ju388Lの3型式が同時進行で開発されたのである。型式が〝A〟から始まっていないのは、1943年9月の開発スタート当時、それぞれがJu188K、Ju188J、Ju188Lと呼称されていたためで、その後、機体名称だけJu388に改めたからである。

〝Stërtebeker《シュテールテベーカー》〟（伝説上のドイツ海賊）のコード名で呼ばれたJu388Jは、機上レーダーのアンテナを取り付けることと、射撃照準のためにキャノピー正面ガラスを平面に改める必要もあって、３型式の中では原型機の製作がもっとも遅れ、発注された３機（Ｊｕ３８８Ｖ２、Ｖ４、Ｖ５）のうち、Ｖ２は１９４４年1月に完成したものの、Ｖ４、Ｖ５は同年末～45年はじめにずれ込んだ。

Ｖ２は、機上レーダーはＦｕＧ２２０を装備し、Ｊｕ３８８Ｋ、Ｌと同様、胴体尾部に遠隔操作式ＦＡ15旋回銃塔を付けていたが、Ｖ４、Ｖ５では機上レーダーがＦｕＧ２１８に変更され、〝Morgenstern〟タイプのアンテナを、木製カバーで覆い、空気抵抗を減少させていたほか、ＦＡ15尾部銃塔は撤去し、かわりにＭＧ１５１／20 ２挺のシュレーゲ・ムジークを胴体後部内に装備していた。主武装はＪｕ88Ｇと同様な胴体下面の張り出し部に、ＭＧ１５１／20 ２挺、ＭＫ１０８ ２門をパック装備した。

ＦｕＧ２１８以外の電子機器は、Ｊｕ88Ｇ－６に準じているが、ＦｕＧ１２０〝Bernhardine《ベルナディネ》〟ビーコン・レコーダーを新たに追加している。

Ｊｕ３８８Ｊの最大速度は、高度１６０００ｍにて５８９㎞／ｈと計算され、当局はＭｅ２６２、Ａｒ２３４両ジェット夜戦充足までのつなぎ役として、本機に期待し、１９４５年１月にＶ４、Ｖ５を原型とするＪｕ３８８Ｊ－１、ＦＡ15尾部銃塔を復活させたＪｕ３８８Ｊ－２、エンジンを液冷Ｊｕｍｏ２１３Ｅ－１に換装したＪｕ３８８Ｊ－３、胴体下面兵装をＢＫ５ 50㎜機関砲×２としたＪｕ３８８Ｊ－４の生産計画を立てたが、敗戦までにＪ－１が３機完成しただけで、実戦に使われることなく終わった。

Ｊｕ３８８Ｊは、たしかにＪｕ88Ｇ－６よりも飛行性能が格段に優れた有能なレシプロ夜戦ではあったが、He219にとって替わるほどのものではなく、1944年末～1945年はじめころの状況を考えれば、あえて新規に生産する意義はなかった。Ju188Rもそうだが、本機もミルヒの個人的欲望を満たすだけの存在だったと言えなくもない。

●ハインケルHe219〝ウーフー〟(Heinkel He219〝Uhu〟)

He219の〝ドイツ空軍が大戦中に保有し得た最高性能のレシプロ夜戦〟という評価に対し、今日異論を唱える者はいない。それほどに高い評価を得ながらも、本機は最後まで空軍からそれに相応しい扱いをうけることなく終わった。

なぜか？　理由は簡単だ。ハインケル社長エルンスト・ハインケル博士がナチスに心服しなかったからである。はたからみるとじつに馬鹿げた話だが、ナチス・ドイツでは、こうした不条理は日常茶飯事のことで、ことさら驚くには値しない。

カムフーバー中将以下、ドイツ夜戦隊の現場の人たちは、こぞってHe219を支持し、その急速配備を心待ちにしていたが、ミルヒ以下の上層部の政治的な妨害工作により、量産は遅々として進まず、1943年6月にすでに先行生産機が実戦テストに使われていたにもかかわらず、敗戦までにつくられたHe219はたったの268機にすぎなかった。

いずれにせよ、たとえHe219が主戦力になったところで、ドイツの敗北は変わらないが、少なくとも1944年春以降、イギリス空軍モスキート夜戦の横行を食い止めることは可能だったし、Me262、Ar234両ジェット夜戦が本格配備になるまでの〝つなぎ役〟は充分こなし得たことは間違いない。それほど有能な機体を、ドイツ空軍は自ら見捨ててしまったのである。なお、非公式名称の「ウーフー」とは鷲ミミズクの意。

Ｈｅ２１９開発の端緒は、ハインケル社が１９４０年に自主開発した、プロイェクト１０５５、１０５６両多用途戦闘機を、夜戦型の元締めカムフーバー大佐（当時）が注目し、Ｈｅ２１９の名称で夜戦として開発するよう航空省技術局に働きかけ、１９４１年10月に試作発注したことに始まる。

エンジンは液冷ＤＢ６０３（１７５０hp）の双発で、機体は空力洗練を徹底した細い胴体に肩翼配置の主翼、双垂直尾翼を組み合わせ、コクピットを胴体先端に配して視界を確保、前脚式降着装置、射撃兵装の胴体下面集中配置、射出座席など、斬新な設計をふんだんに盛り込んだ意欲作だった。

▲1942年11月15日に初飛行した原型１号機He219V1。遠隔操作銃塔を予定した胴体は後部で段差がついており、垂直尾翼は面積が小さく、角張っているなど、後の生産型とはだいぶ異なったスタイルだ。

He219V1

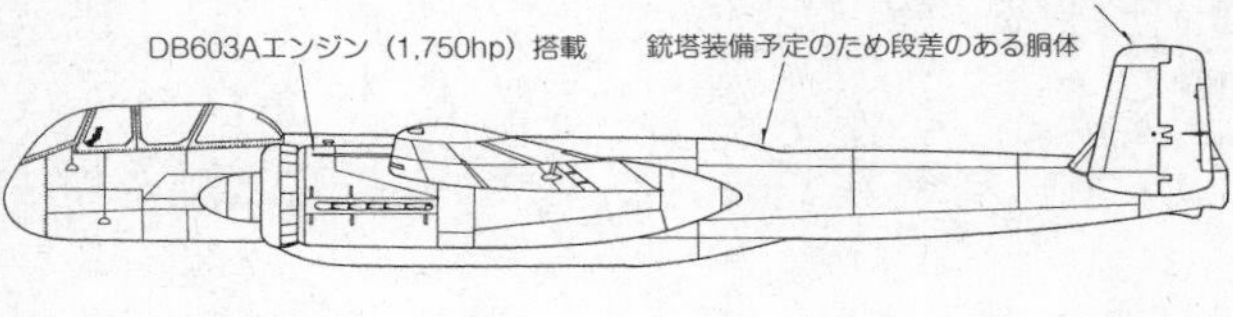

▶1943年３月に完成し、タルネヴィッツの空軍兵器テストセンターにて、射撃兵装テストに使われた原型５号機He219V5、コード"VG+LY"。エンジンは同じDB603Aだが、他の試作機と異なり４翅プロペラを付けていることに注目。機首のFuG202レーダー用アンテナは取り外している。全面黒色塗装。

He219A-0

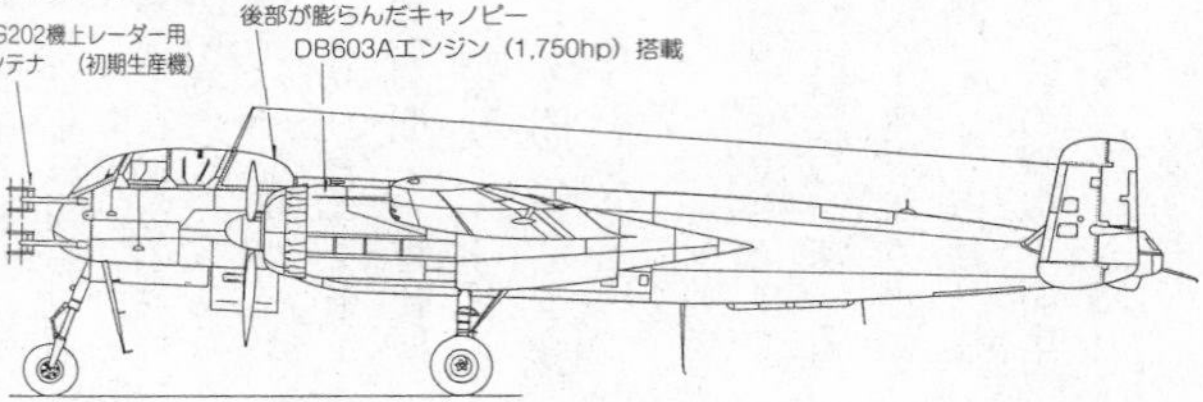

原型１号機Ｈｅ２１９Ｖ１は１９４２年11月15日に初飛行し、ただちに性能テストに入った。

全幅18ｍ、全長15ｍ、総重量12トンという、双発機としてかなりの大型機だったが、最大速度は６１５㎞／ｈと、現用のＢｆ１１０Ｅより70㎞／ｈ、Ｊｕ88Ｃ－６より１２０㎞／ｈも速く、新型専用夜戦の面目躍如たるものがあった。

１９４３年3月25日、当局はレヒリンの実験センターにおいてＨｅ２１９（原型２号機が使われた）の性能を確かめるために、Ｄｏ２１７Ｎとミルヒが個人的に強く推奨するＪｕ１８８Ｒ（Ｐ．１３１～１３６参照）を相手に模擬空戦を行なわせた。

当然のことだが、結果はＨｅ２１９の圧勝に終わり、ミルヒ以下の上層部はしぶしぶながら、３００機の量産発注に同意した。

▲1943年６月11日～12日にかけての夜、いちどに５機のランカスターを撃墜し、He219の華々しい実戦デビューを飾った、I./NJG1飛行隊司令官ヴェルナー・シュトライプ少佐乗機A-0、コード“G9＋FB”は、オランダのフェンロー基地に着陸する際、フラップが損傷していて効かず、石のように落下して大破、コクピットは50mもちぎれ飛んだが、シュトライプと同乗者のフィッシャー伍長は奇跡的にかすり傷程度で無事だった。写真は、夜明け後に撮られた現場の様子で、損傷の凄さがわかる。機体は、この時期の夜戦としては珍しく、全面76カラーの１色のみで、75カラーのスポットはなく、国籍標識も黒のフチどりのみ。FuG202レーダー用アンテナが確認できる。

◀1944年４月18日、無線機調整テストのため、オランダのフェンロー基地上空を飛行する、2./NJG1所属のHe219A-0、コード“G9＋FK”。真下に近い位置から撮影しており、本機の平面形がよくわかる。機上レーダーはFuG212C-1とFuG220の併用。右主翼下面を黒く塗っているのは、味方対空砲の誤射を防ぐための味方識別標識で、1943年末頃から導入された。胴体下面のトレーには、MG151/20、MK108いずれか２挺/門を装備しているようだ。本機のパイロットは、エルンスト・ヴィルヘルム・モトロウ中尉で、最終的に33機撃墜を記録して騎士鉄十字章を受賞するエースである。

▼先行生産型A-0の１機として完成し、レーダーのテスト機ともなったHe219A-0/V16、W.Nr190016、コード“RL＋AB”。機首のアンテナからもわかるように、機上レーダーはFuG212C-1とFuG220。A-0は100機以上もつくられたが、その多くが改修によりA-2に転身している。A-0とA-2の外形上の識別点は、キャノピー後部が短いのがA-0で、A-2は滑らかに胴体上面に溶け込むようになった。

He219A-2/R2

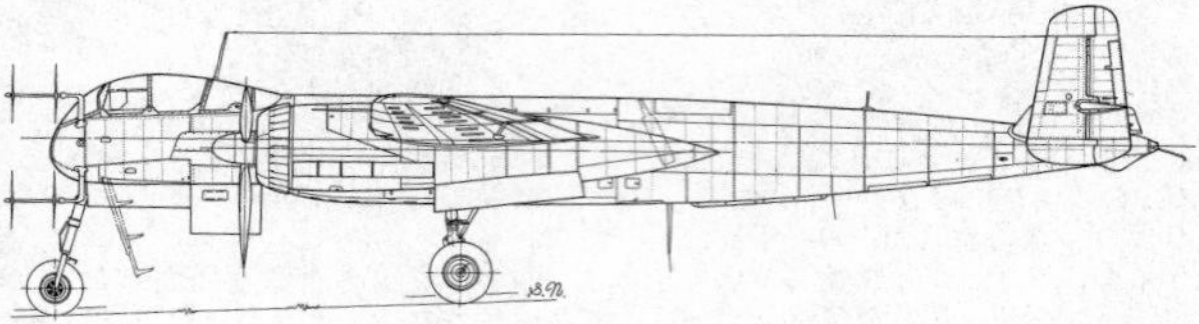

He219A-2/R2 上面図

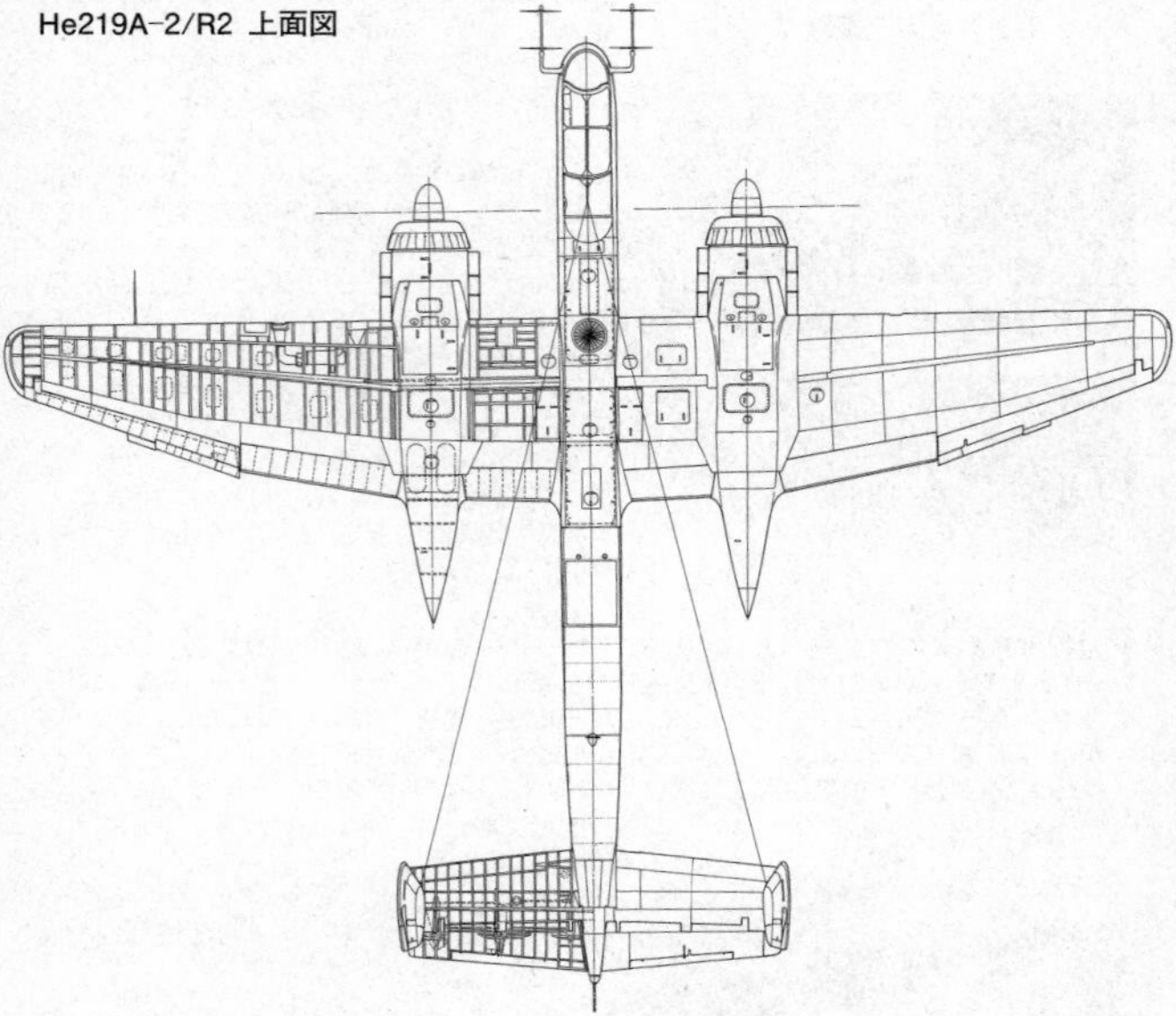

He219A-2/R2 正面図

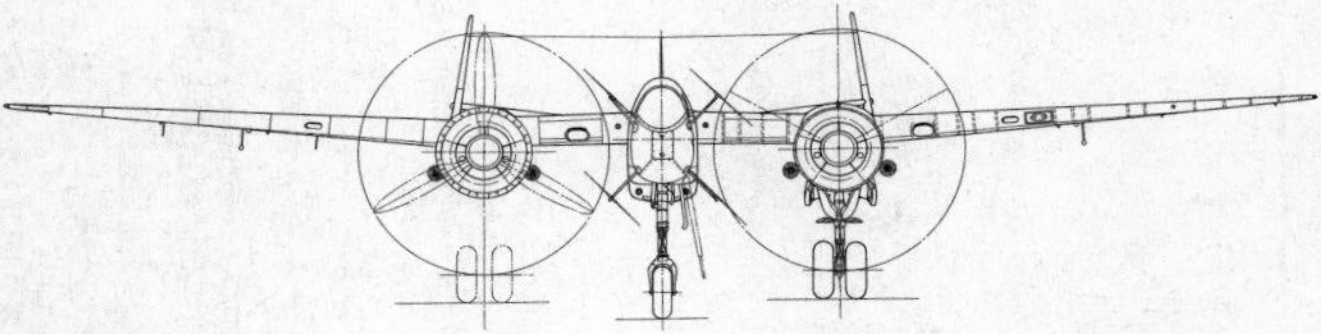

He219A-2/R2 下面図

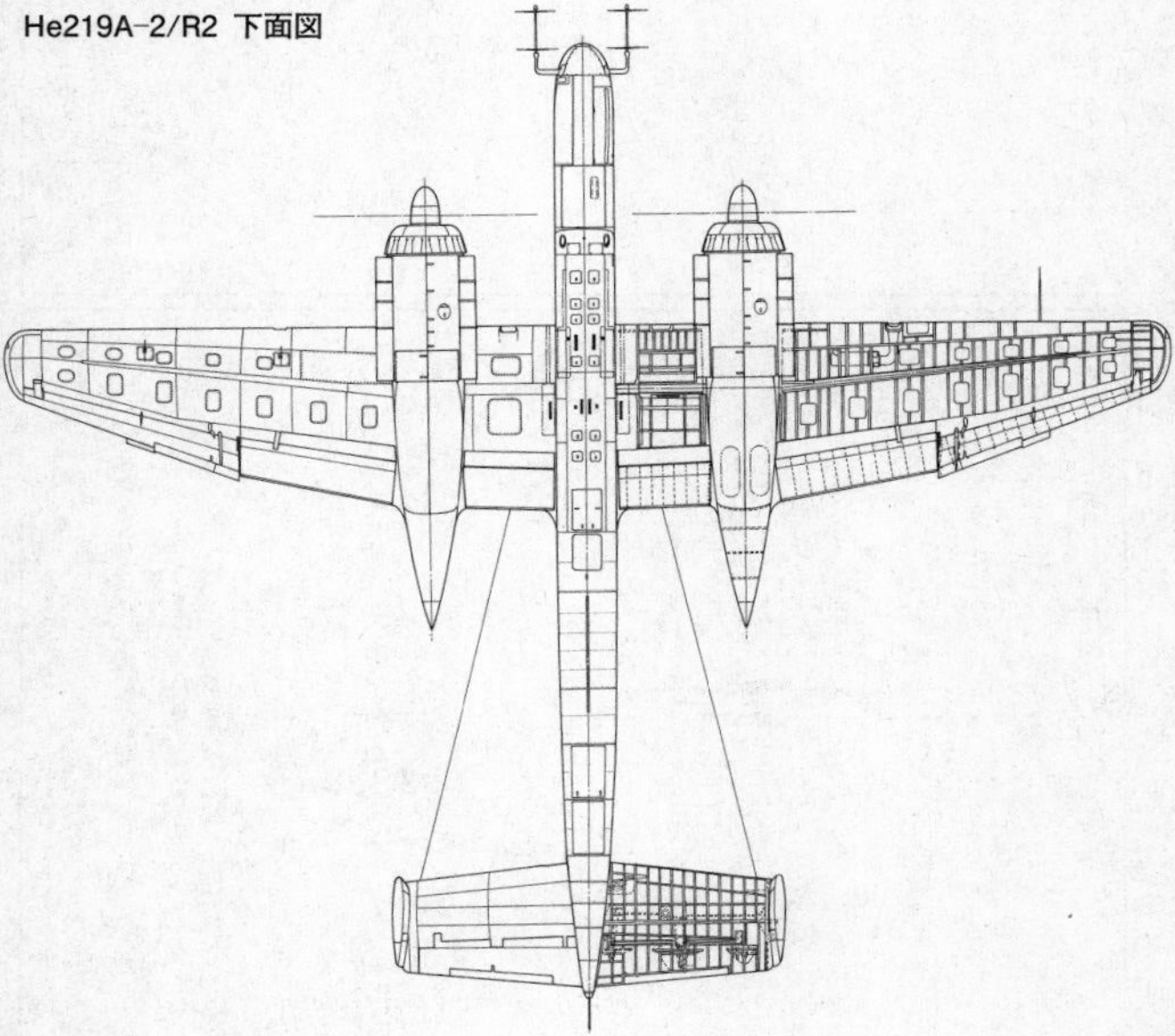

ハインケル社の公式三面図でみる各型装備/武装配置（寸法単位mm）

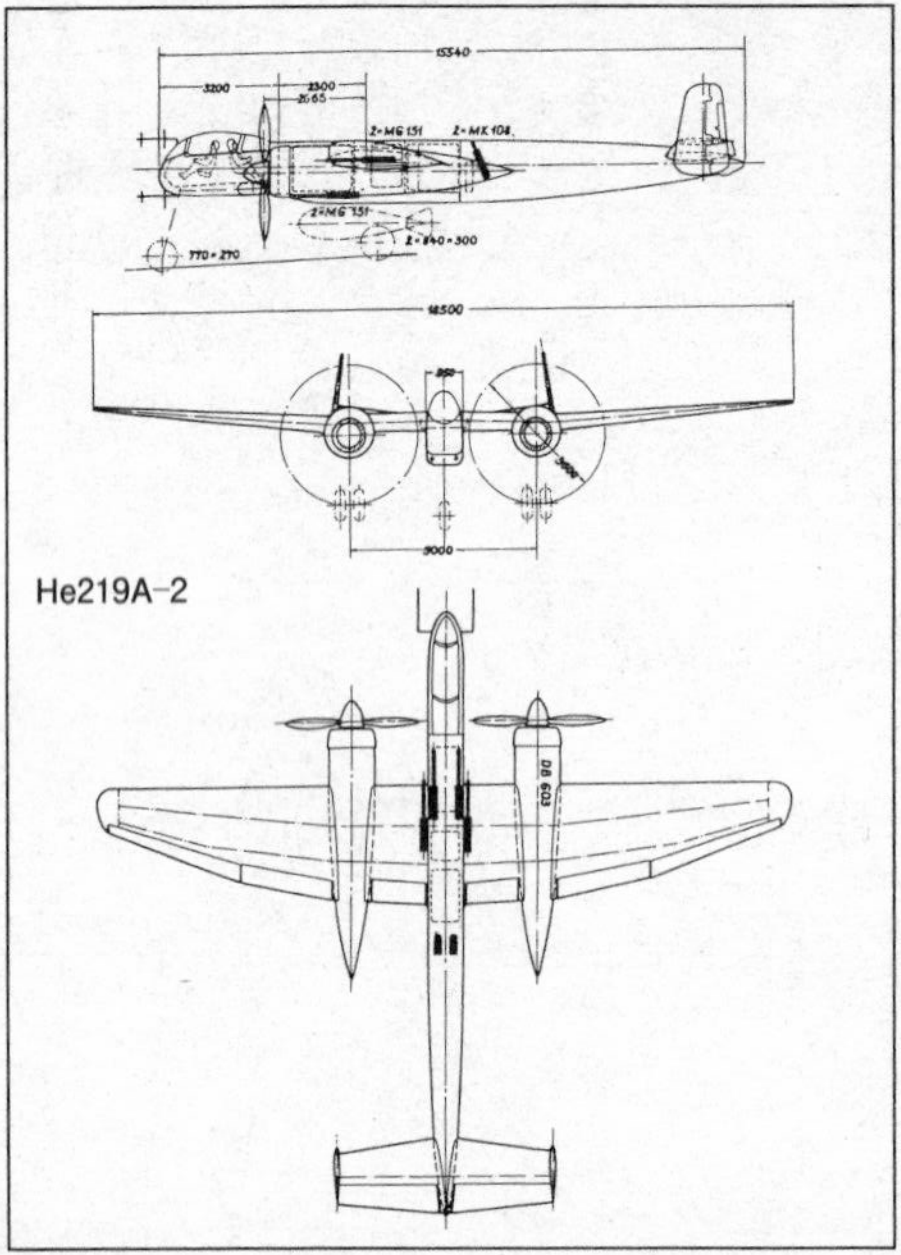

He219A-2

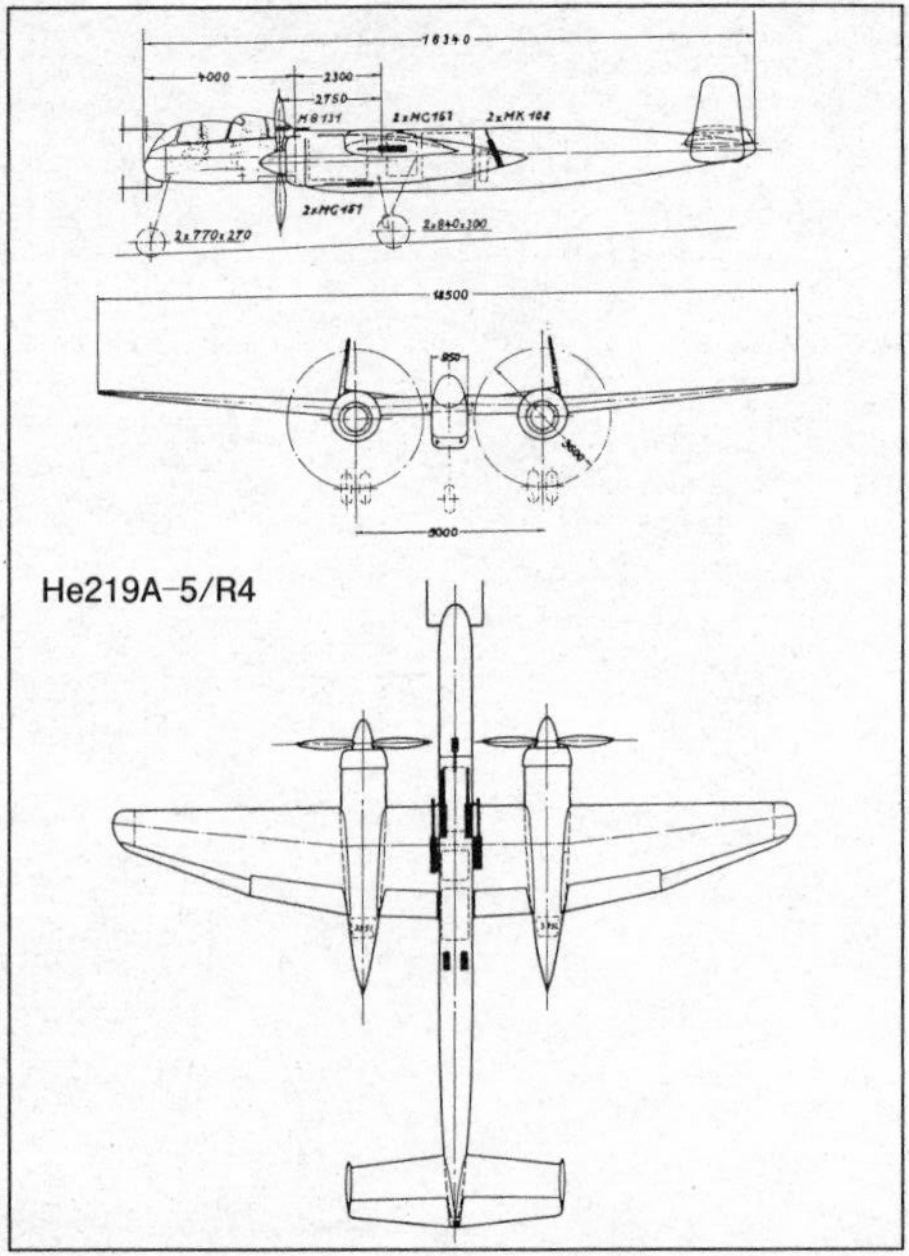

He219A-5/R4

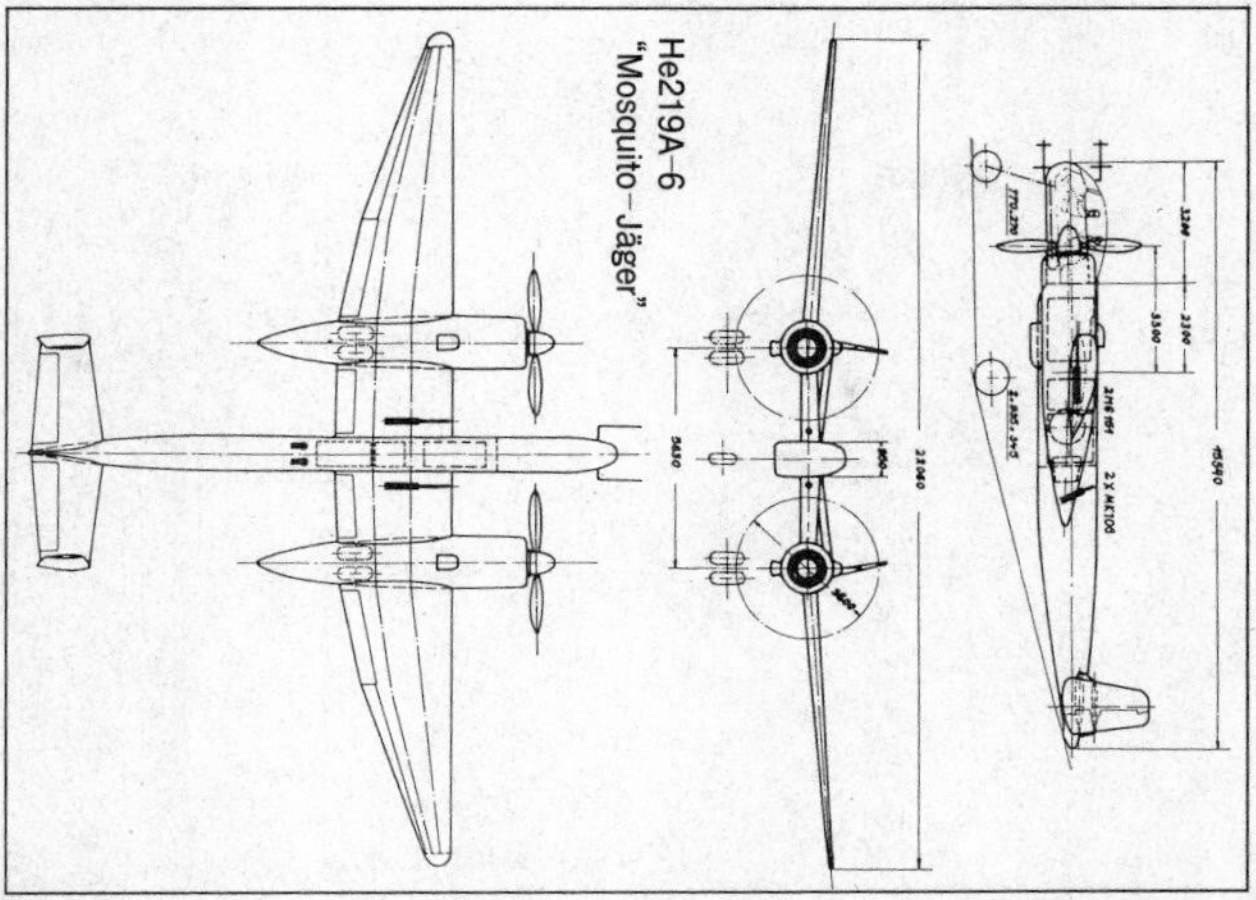

He219A-6 "Mosquito-Jäger"

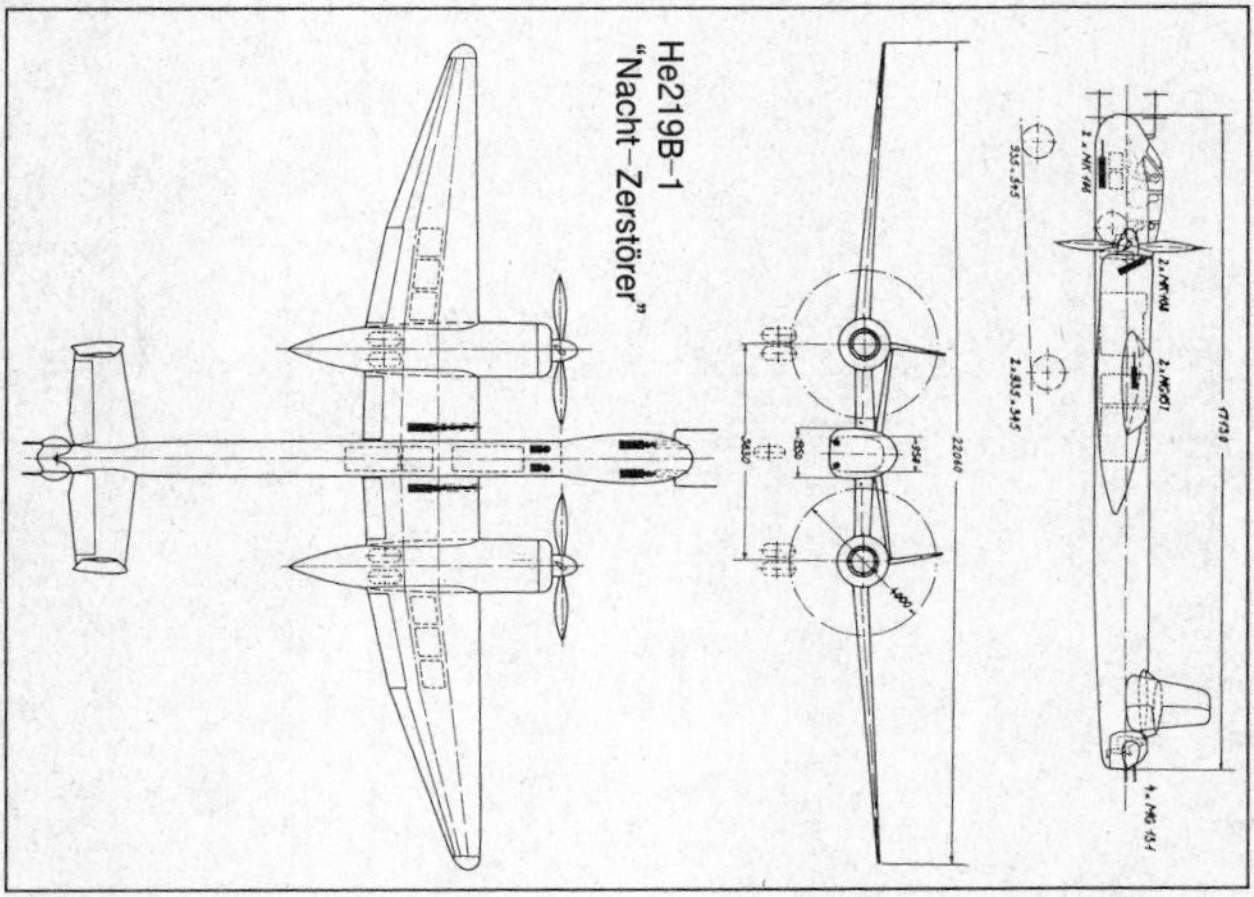

He219B-1 "Nacht-Zerstörer"

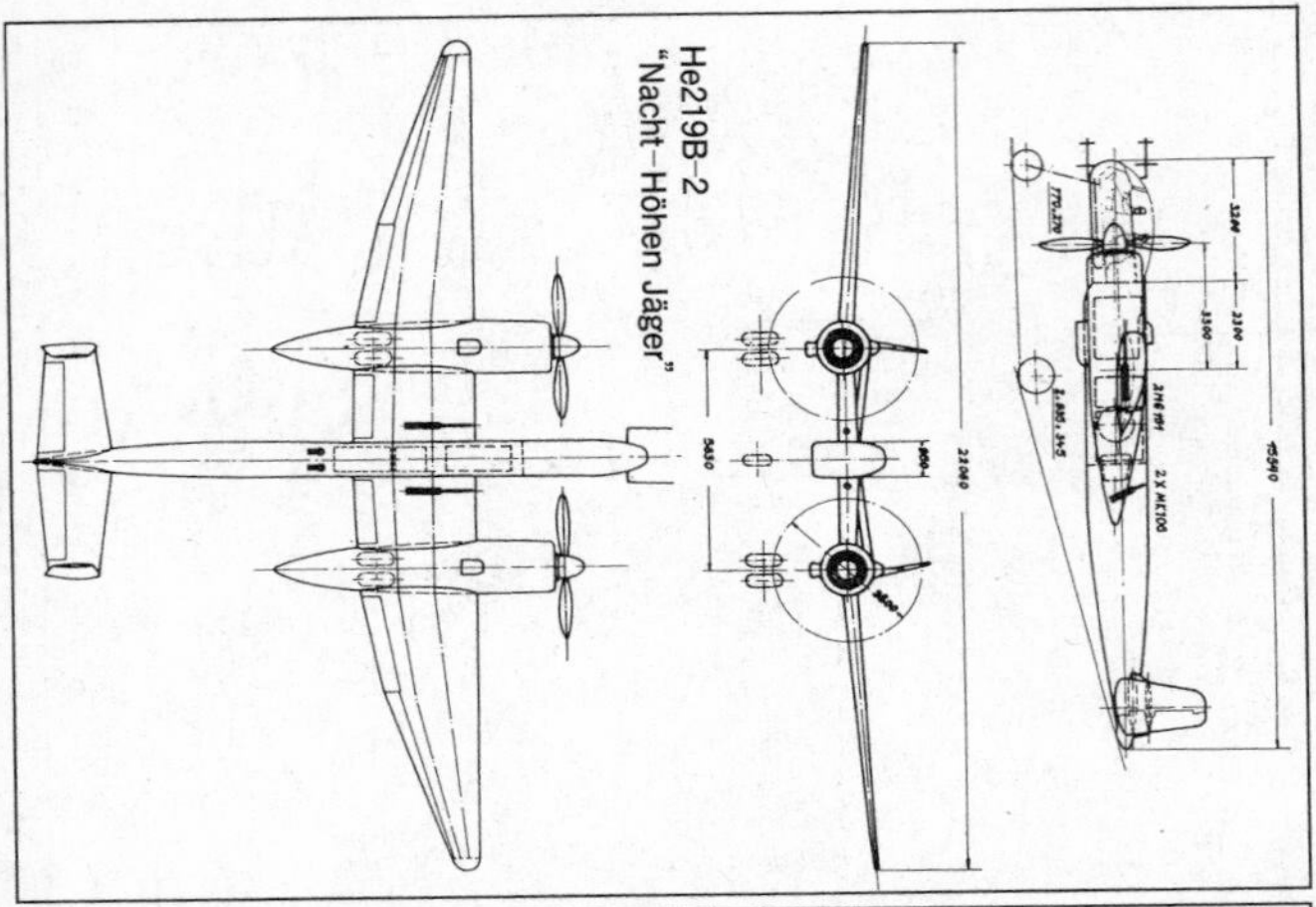
He219B-2
“Nacht-Höhen Jäger”

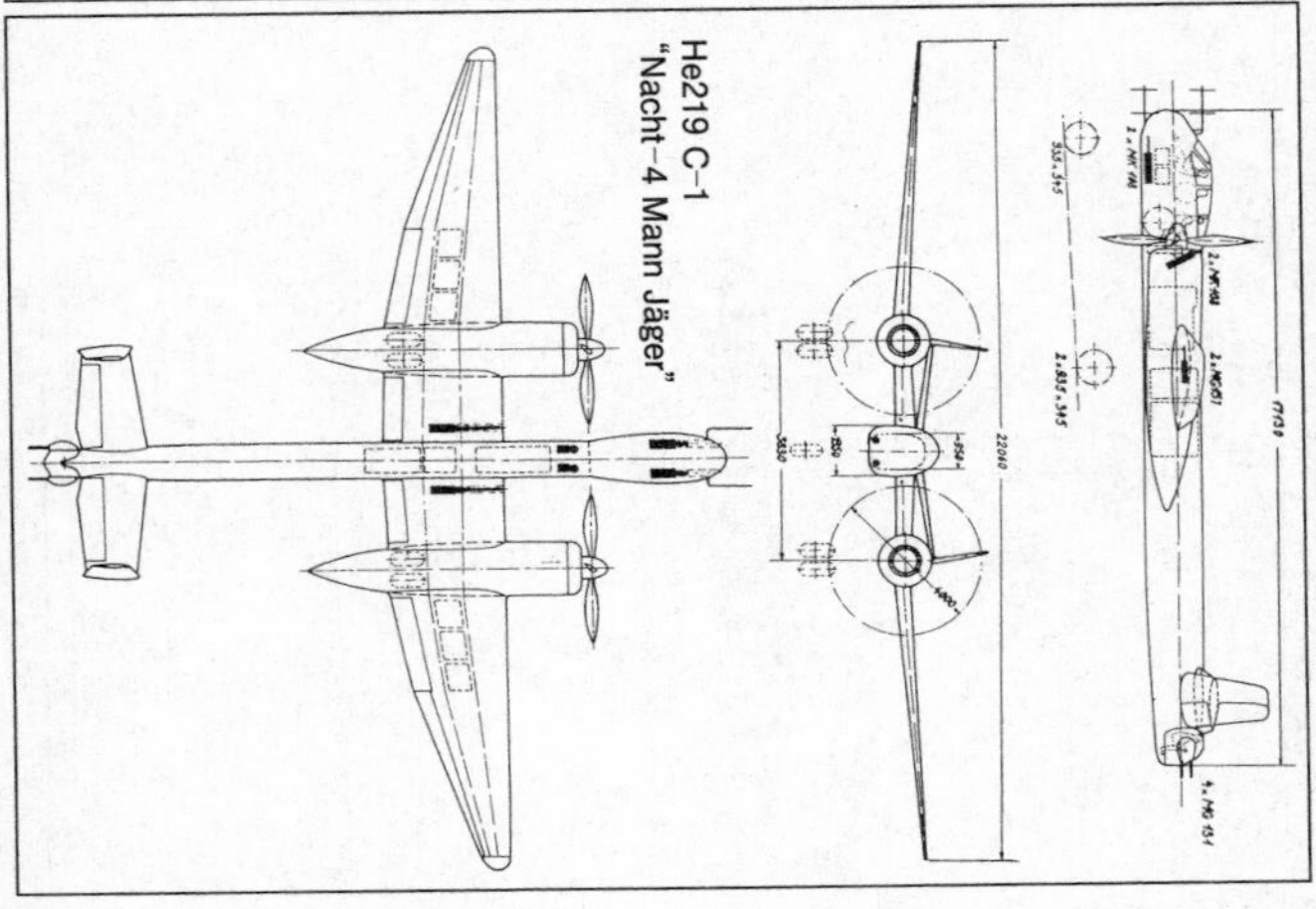
He219 C-1
“Nacht-4 Mann Jäger”

He219 生産実績（原型機除く）

	1月	2月	3月	4月	5月	6月	7月	8月	9月	10月	11月	12月
1943年	–	–	–	–	4	–	–	–	7	–	–	–
1944年	11	5	11	25	14	16	18	5	27	19	19	25
1945年	36	9	17	–	–							
												合 計 268機

He219 Werk Nummer blöcken（製造番号ブロック）

190000	原型機およびA-0
191000	〃
190200	〃
290000	A-2
290100	A-2
290200	A-2
310300	A-2
310000	A-5
310100	A-5、A-7？

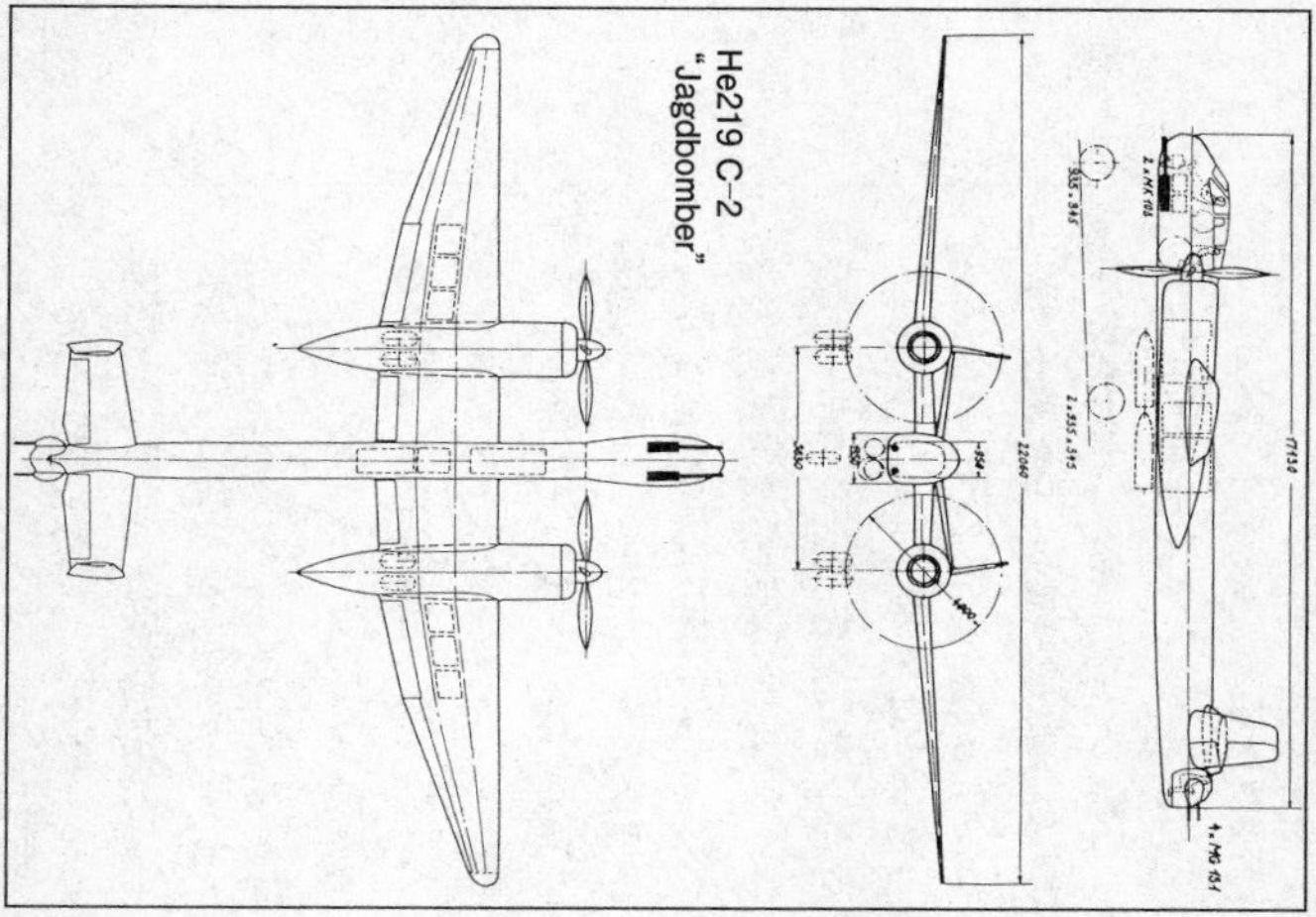

He219A-2

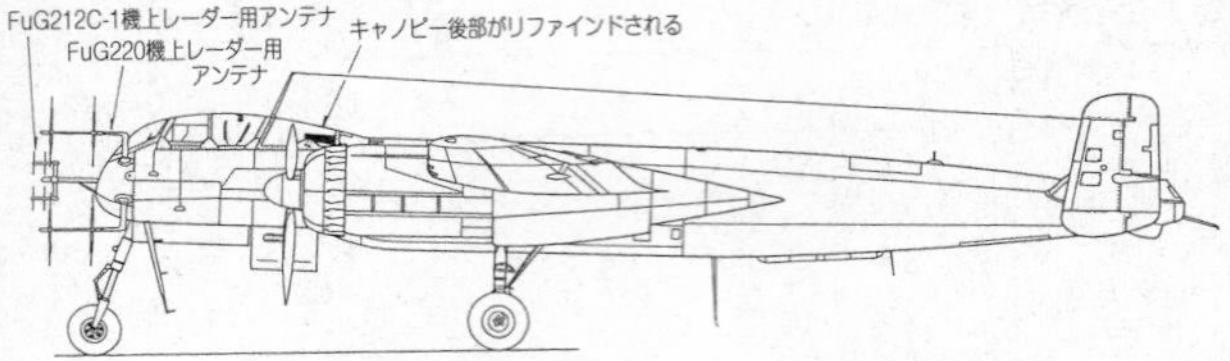

He219Aシリーズ各型一覧

型式	エンジン	武装 (胴・下)	武装 (主翼)	武装 (胴・後)	機上レーダー
A-0/R1	DB603A	MK108×2	MG151/20×2		FuG212C1
A-0/R2	〃	MK108×4			〃
A-0/R3	〃	MK108×4	MG151/20×2		FuG212C2
A-0/R6	〃	MK108×4	MG151/20×2	MK108×2	FuG212 またはFuG220
A-1(計画のみ)	DB603A/B	Rüstsäze	M1-M3		―
A-2/R1	DB603A/B	MK103×2	MG151/20×2	MK108×2	FuG220
A-2/R2	DB603A/B	MK103×2	MG151/20×2	MK108×2	〃
A-4(計画のみ)	DB603A/Bまたは Jumo222	MK103×2	MK108×4		―
A-5/R1	DB603A	MK108×2	MG151/20×2	MK108×2	FuG212または FuG220
A-5/R2	〃	MG151/20×2	MG151/20×2	MK108×2	FuG220
A-5/R3	DB603E	MK103×2	MG151/20×2	MK108×2	〃
A-5/R4	〃	MG151/20×2	MG151/20×2	MK108×2	〃
A-6	〃	MG151/20×2	MG151/20×2		〃
A-7/R1	DB603G	MK103×2＋MG151/20×2		MK108×2	〃
A-7/R2	〃	〃	〃 〃	MK108×2	〃
A-7/R3	〃	MG151/20×2	MG151/20×2	MK108×2	〃
A-7/R4	〃	MG151/20	MG151/20		〃
A-7/R5	Jumo213E	〃			?
A-7/R6	Jumo222A	MK108×4	MG151/20×2		?

この模擬空戦で、He219を操縦したのが、夜戦隊屈指のエースであり英雄でもあった、I./NJG1飛行隊司令官ヴェルナー・シュトライプ少佐で、彼は本機の熱烈な支持者だった。

シュトライプ少佐はようやく完成した先行生産型A-0 4機を受領すると、率先して実戦評価を行ない、6月11日夜にはデュッセルドルフ爆撃に飛来した計783機のイギリス空軍爆撃機群を迎撃するため、オランダのフェンロー基地を離陸。一夜に5機のランカスターを撃墜する快挙を成し遂げ、He219の夜戦としての能力を強烈にアピールした。

3日後、航空省内で開かれた会

▲上２枚とも1945年４月末、デンマークに近いシュレスヴィヒ地区で英軍に接収され、調査のため英本土に空輸された、もと3./NJG3所属のHe219A-5/R2、W.Nr310189、コード“D5+CL”。この型式は、接収した英軍の記録に基づくが、プロペラ位置が85mm前進し、FuG220レーダーのアンテナが45°傾斜したSN-2dタイプであること、W.NrからしてA-7の可能性もある。上方アンテナ支柱基部に記入された“VI”は、SN-2dの使用周波数を示すコード。

He219A-5/R4

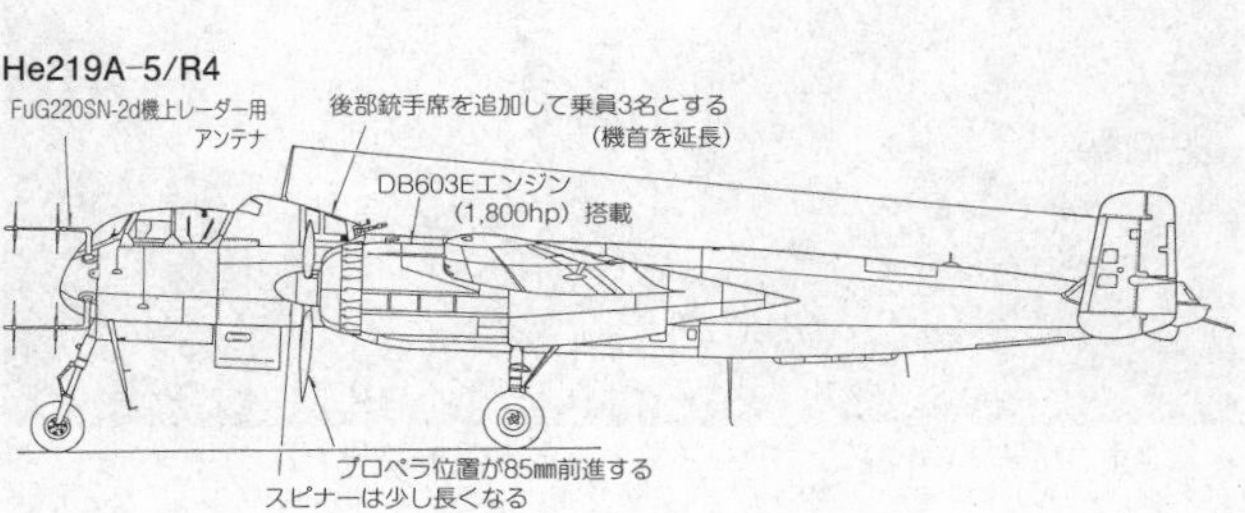

He219の構造と細部

He219A-0 機体部品構成図

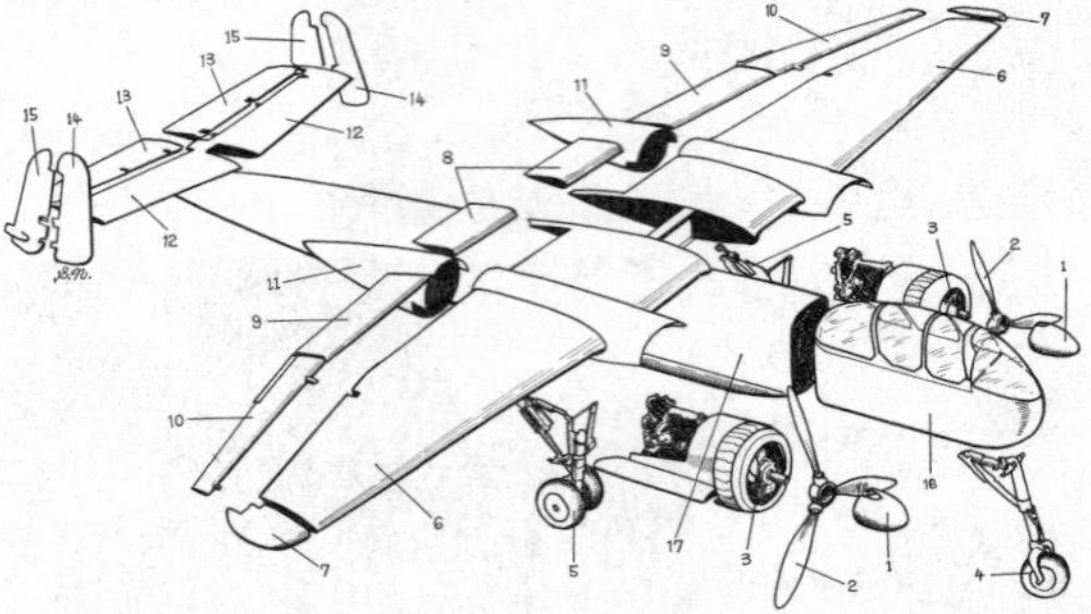

1．スピナー　2．VDMプロペラ　3．DB603Aエンジン　4．前脚　5．主脚　6．主翼本体　7．翼端部　8．内側フラップ　9．外側フラップ　10．補助翼　11．ナセル後部　12．水平安定板　13．昇降舵　14．垂直安定板　15．方向舵　16．機首部　17．中央胴体

▲組立中のHe219A-0を前上方よりみる。ナセルより細い胴体、キャノピー、各パネル、胴体上面のPeil G6圧縮方向探知器用アンテナ（放射状のもの）などがよくわかる。

胴体

胴体骨組み

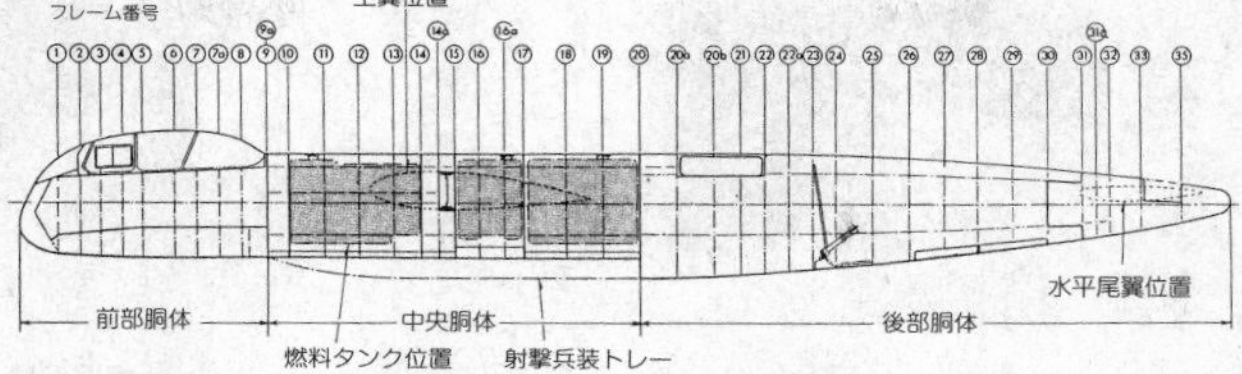

中央胴体外鈑構成

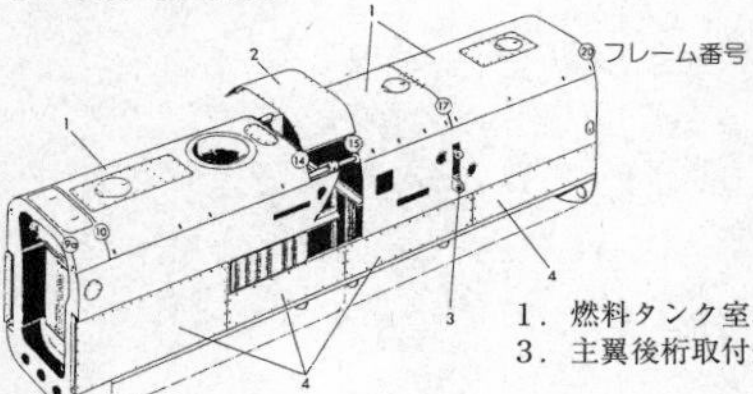

1．燃料タンク室パネル　2．主翼主桁貫通部覆
3．主翼後桁取付金具　4．各種配線配管点検パネル

機首部

1．機首外鈑
2．着脱鈑
3．表装鈑
4．FuG212C-1 レーダー用アンテナ取付部
5．外鈑連結部
6．冷気取入口

機首覆内部

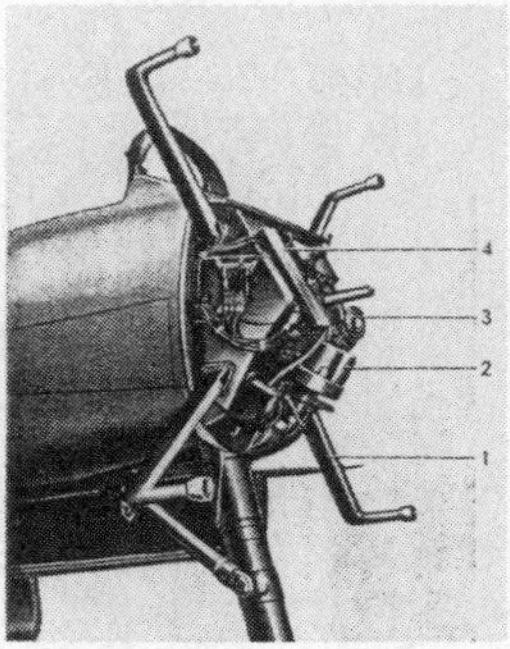

1．FuG220用アンテナ支柱
2．配電器
3．冷気取入筒
4．ケーブル集束覆

機首左側乗降ステップ付近

1．乗降ステップ収納状態
2．乗降ステップ引出しボタン

乗降ステップ引出し状態

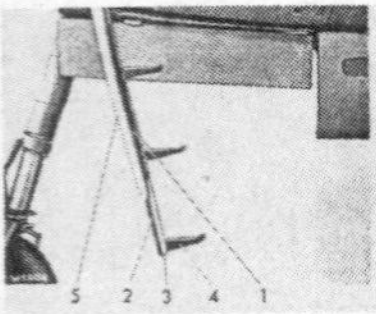

機体外鈑の手掛、足掛

1．乗降ステップ上部　2．スライド式下部ステップ　3．ステップ下端　4．足掛　5．上部ステップ・カバー　6．手掛　7．足掛

コクピット前方防弾装甲板

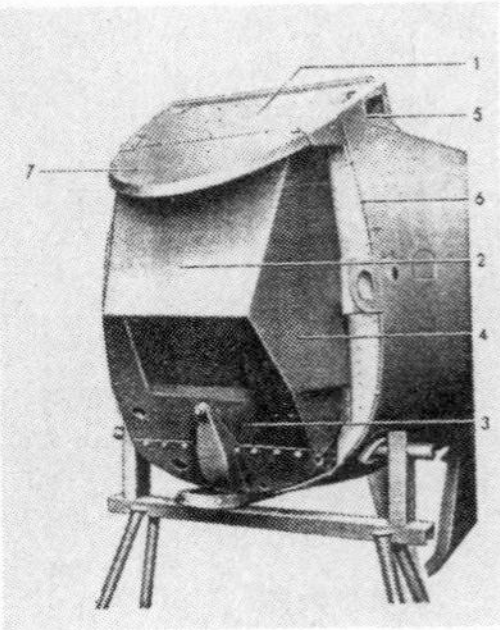

1．上部覆板　2．正面上方装甲板
3．正面下方装甲板　4．側方装甲板
5．接合覆　6．コクピット前端部壁
7．上部先端覆板

装甲板俯瞰図

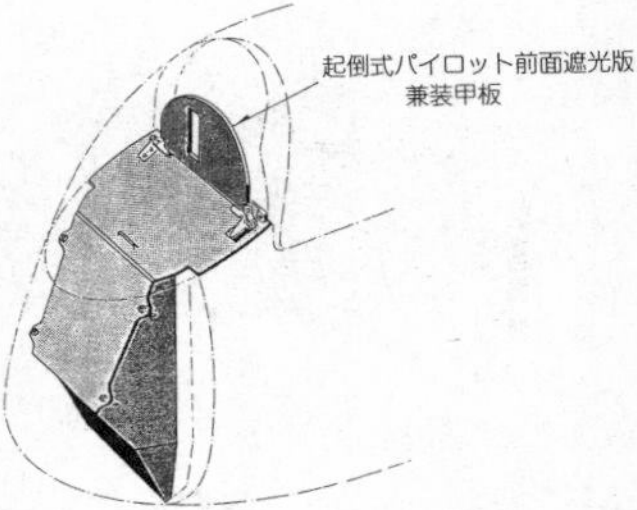

後部胴体内部出入扉（下面）

1．ステップ　2．扉取付ボルト
3．錠　4．扉　5．支持アーム
6．ボルト

胴体下面兵装トレー（後方より前方に向けてみる）

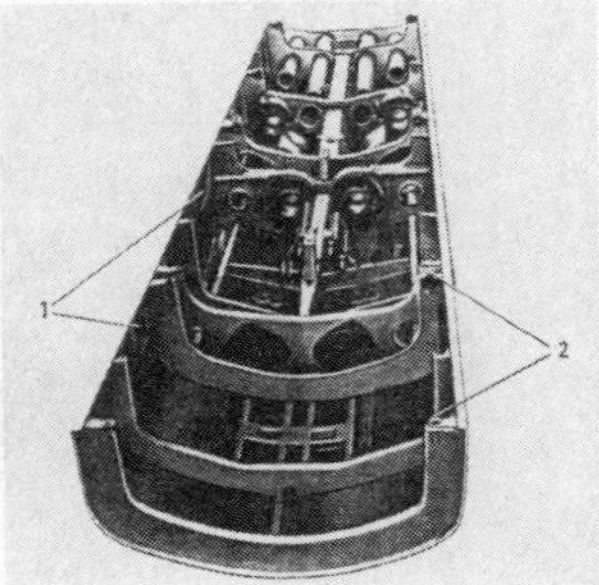

1．蓋　2．トレー固定部

主翼主桁貫通部の胴体上部

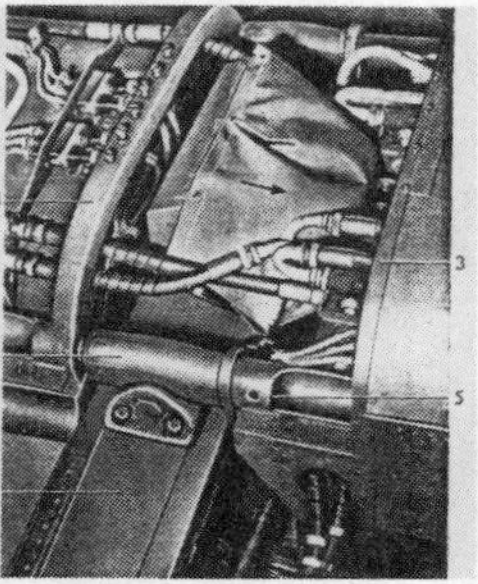

〔写真左〕
1．主翼主桁
2．シャックル
3．胴体フレームNo.14a
4．胴体フレームNo.15
5．主桁、胴体結合ボルト

非常用座席（後部胴体内部）

1．非常用座席下部取付架
2．座席ベルト取付板
3．腹ベルト
4．座席板
5．背ベルト

酸素ボンベ搭載要領
（後部胴体内）

1．マスター・コンパス

胴体後端部

1．水平安定板取付金具

主翼、ナセル骨組図

1．主桁　2．後桁　3．前桁　4．前縁リブ　5．翼端リブ　6．エンジンナセル　7．ナセル後部覆　8．翼端部　9．翼下面点検ハッチ　10．主脚収納扉　11．左右主桁結合部　12．動翼取付金具　13．補助翼　14．内側フラップ　15．外側フラップ　16．防氷用ヒーター

主翼

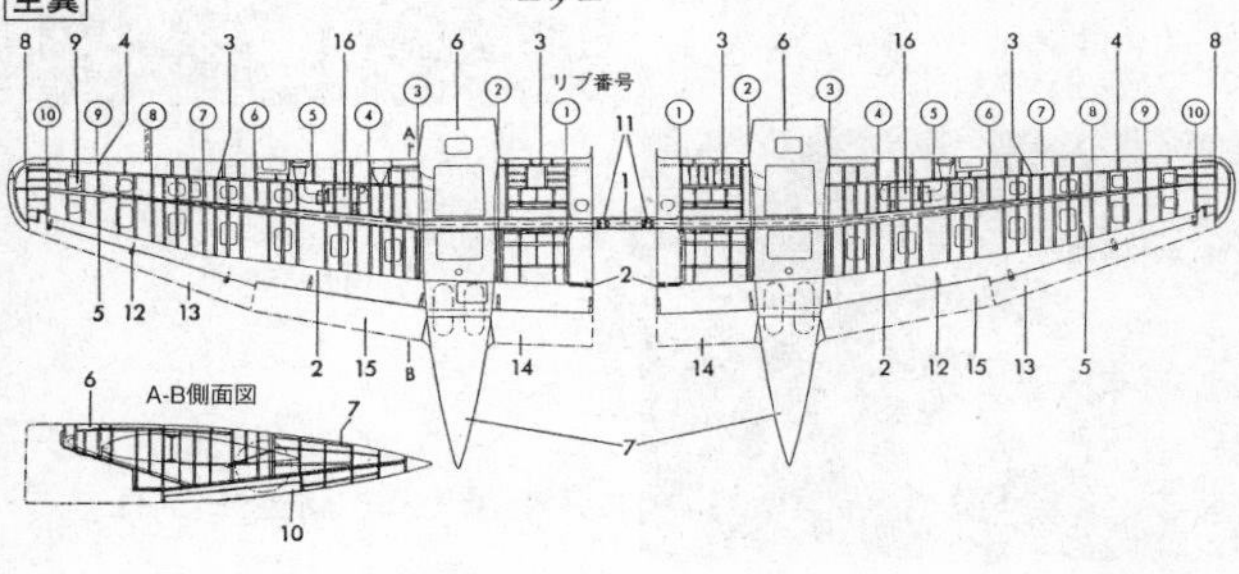

主翼桁

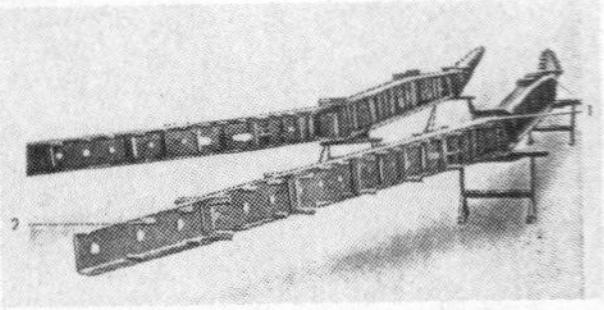

1．左右主桁連結部　2．リブ結合金具
3．後桁

内側フラップ内縁部

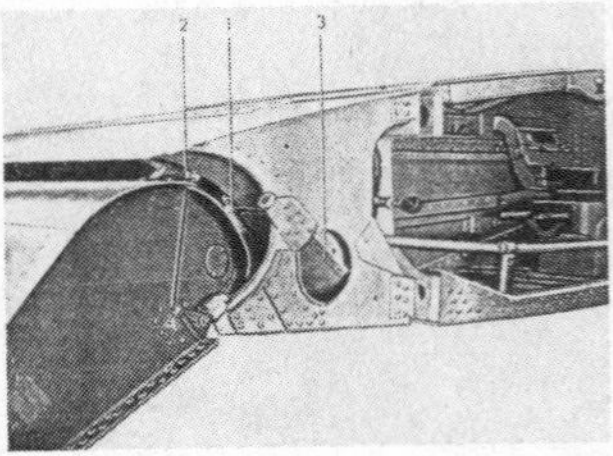

1．フラップ固定具　2．締めつけ板
3．隙間あて板

外翼下面（左主翼）

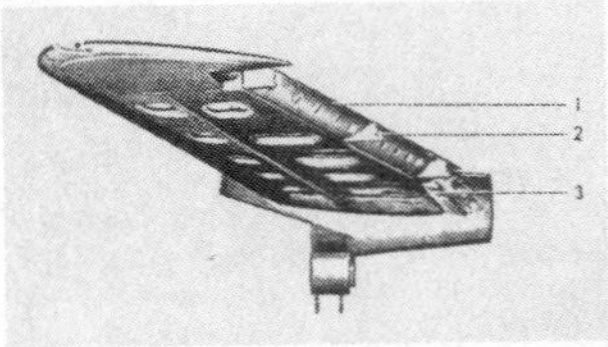

1．主翼本体後縁　2．補助覆取付架
3．フラップ隙間覆蓋

各動翼

1．補助翼　2．外側フラップ
3．内側フラップ

外側フラップ部の主翼本体後縁

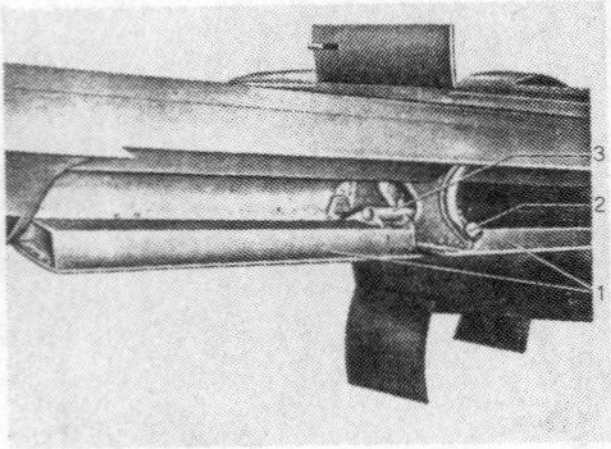

1．隙間覆蓋　2．フラップ固定具
3．隙間覆蓋連結架

補助翼下面詳細（左主翼）

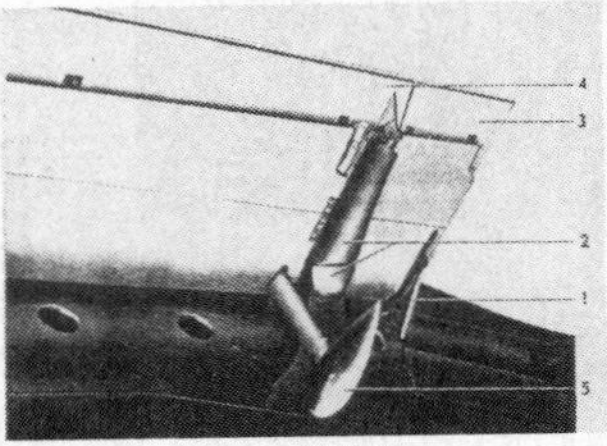

1．内側トリム・タブ操作桿
2．外側トリム・タブ操作桿覆
3．内側トリム・タブ
4．外側トリム・タブ
5．マス・バランス

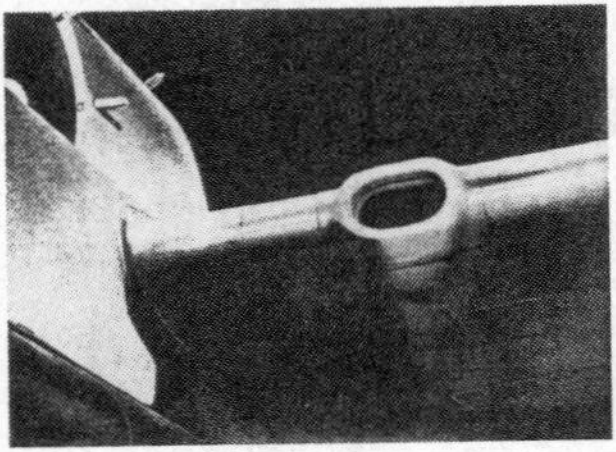

左外翼前縁の過給器用空気取入口
(A–0)

エンジンナセル内部構造（前方）

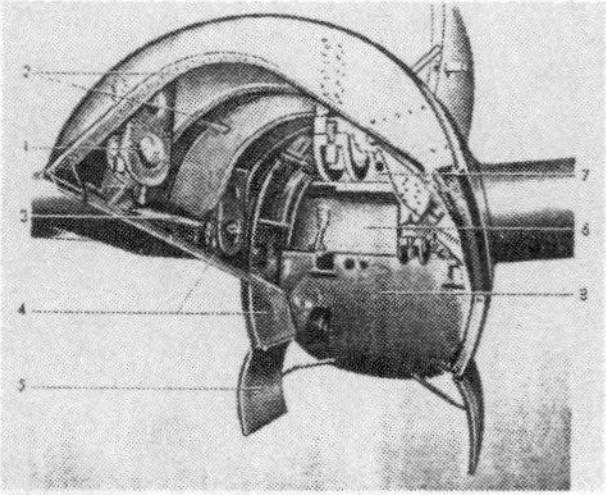

1．エンジン取付架　2．フレーム
3．支柱　4．縦通材　5．主脚収納扉
6．エンジン取付壁　7．防弾板
8．防火壁

エンジンナセル内部構造（後方）

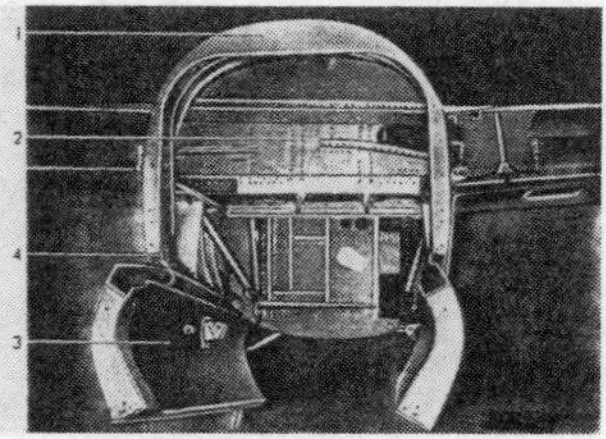

1．ナセル後端分割部
2．主翼後桁
3．主脚収納扉
4．下部縦通材

内側フラップ骨組図

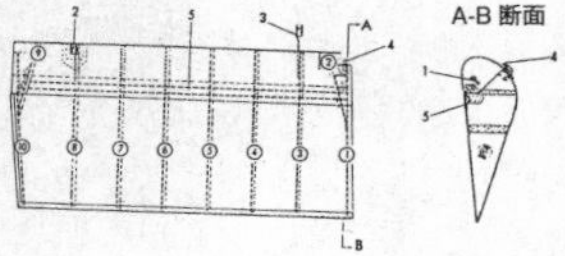

1．フラップ取付金具
2．作動槓桿連結部
3．連結部蓋
4．作動版
5．側縁

外側フラップ骨組図

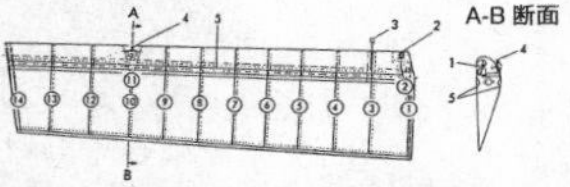

1．フラップ取付金具　2．作動槓桿連結部
3．連結部蓋　4．作動板　5．側縁

フラップの作動状態

1．スロッテッド・フラップ
2．隙間覆蓋

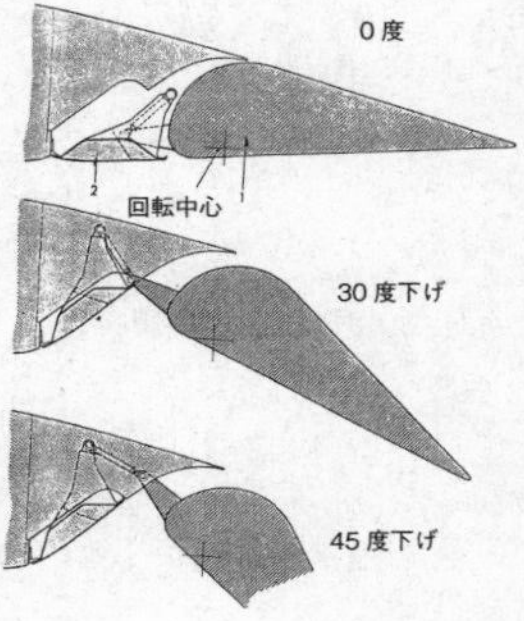

補助翼骨組図

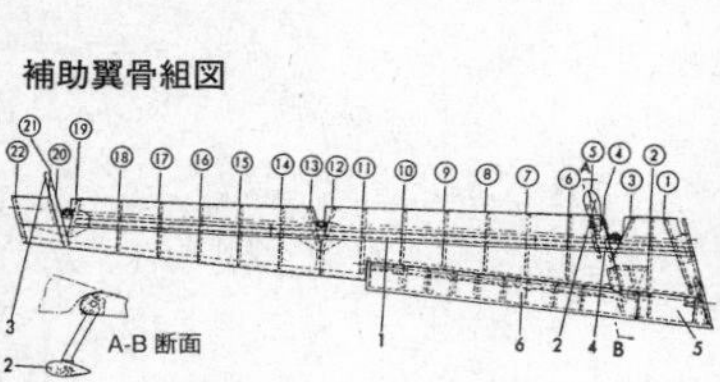

1．桁　2．突出型マス・バランス　3．マス・バランス　4．作動レバー　5．トリム・タブ（左側のみ）　6．外側トリム・タブ

尾翼

垂直尾翼構成

1. 垂直安定板
2. 方向舵
3. 方向舵トリム・タブ
4. 水平尾翼端覆

胴体尾部上面

1. 胴体、水平安定板結合部整形カバー
2. 胴体尾端覆

垂直安定板中央部詳細

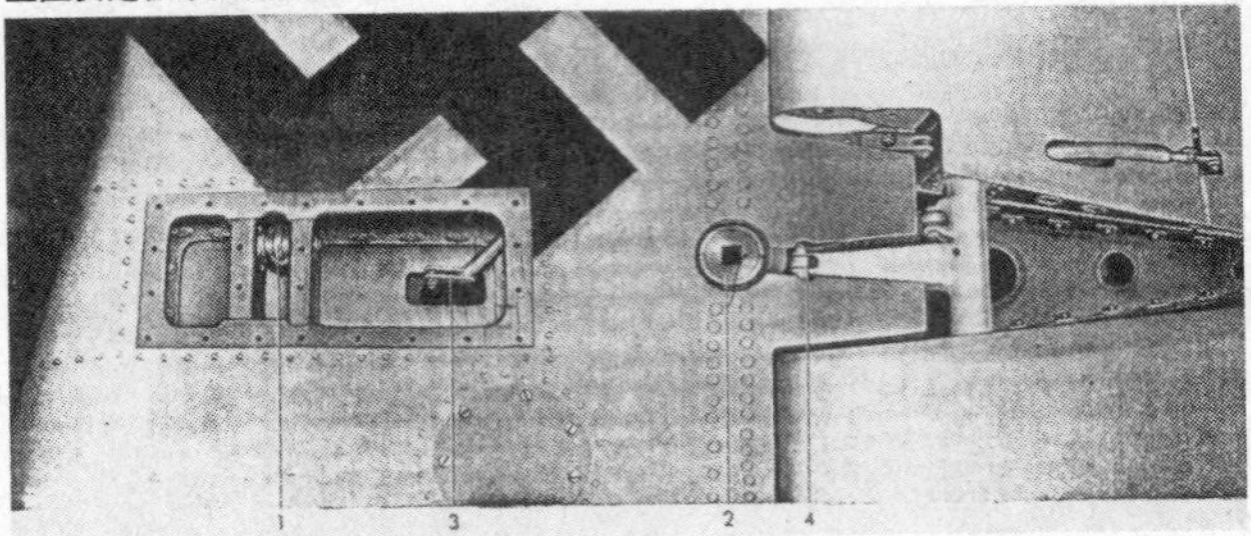

1. 垂直安定板前方取付部
2. 垂直安定板後方取付部
3. 方向舵トリム・タブ操作桿
4. 方向舵取付金具

He219垂直尾翼の変遷

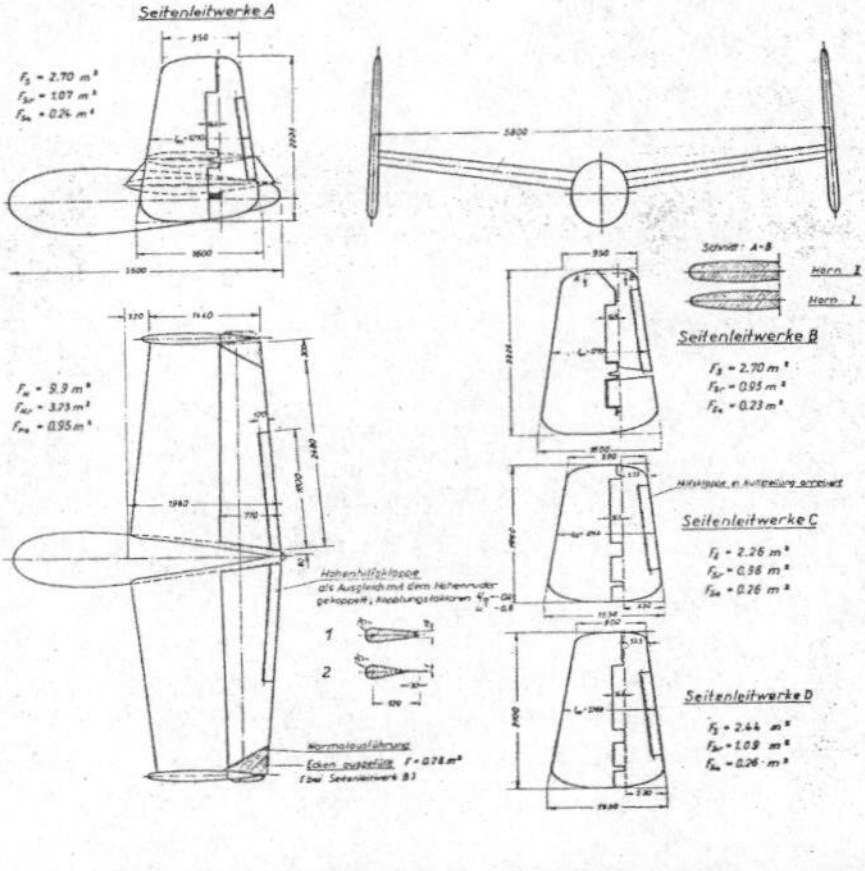

垂直尾翼骨組図

安定版　方向舵

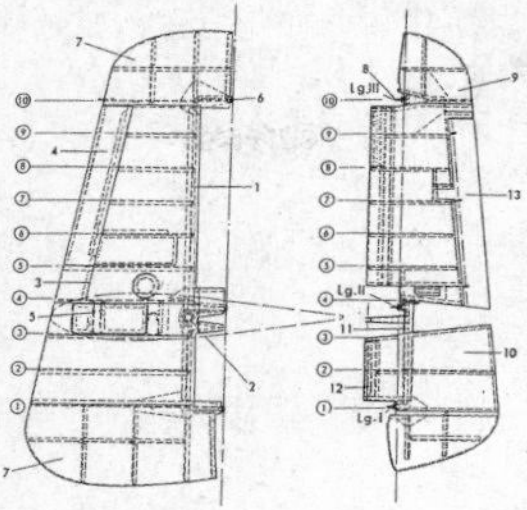

1．主桁
2．後方取付部
3．前桁
4．前縁筒部
5．前方取付部
6．方向舵上方取付部
7．翼端部
8．方向舵上方取付金具
9．方向舵上部
10. 方向舵下部
11. 鋼製筒桁
12. マス・バランス
13. トリム・タブ

水平安定板骨組図

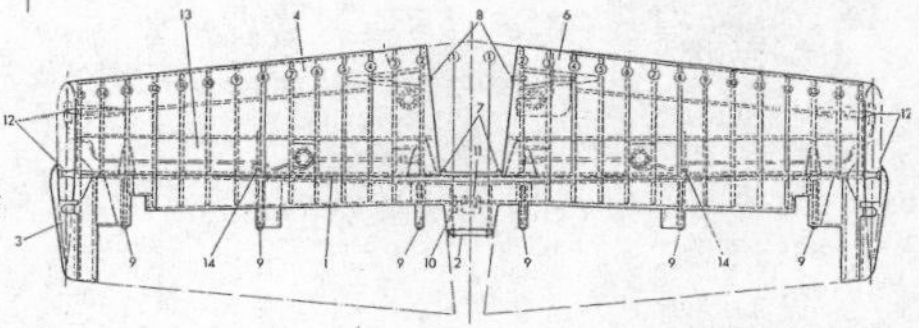

1．主桁
2．左右昇降舵連結部
3．翼端部
4．防氷筒
6．防氷装置用空気取入筒
7．後部取付部
8．前部取付部
9．昇降舵取付金具
10. 左右昇降舵連結部固定具
11.　　〃
12. 垂直安定板固定具
13. 下面取り外し外板
14. 暖気出口

昇降舵骨組図

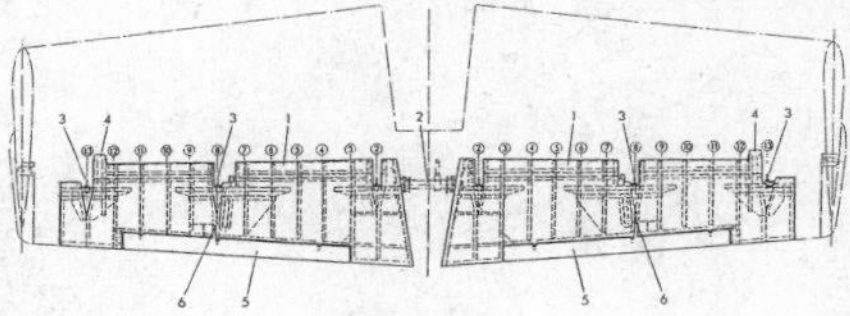

1．昇降舵
2．左右昇降舵連結部
3．昇降舵取付部
4．昇降舵マス・バランス
5．昇降舵トリム・タブ
6．トリム・タブ用マス・バランス

動力・燃料関係

ダイムラーベンツDB603Aエンジン
（液冷倒立Ｖ型12気筒1,750hp）

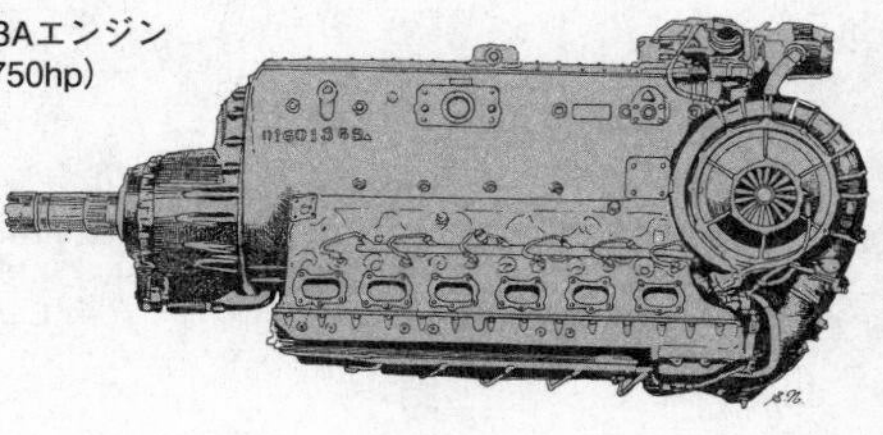

排気管消焔ダンパー

各タンク配置

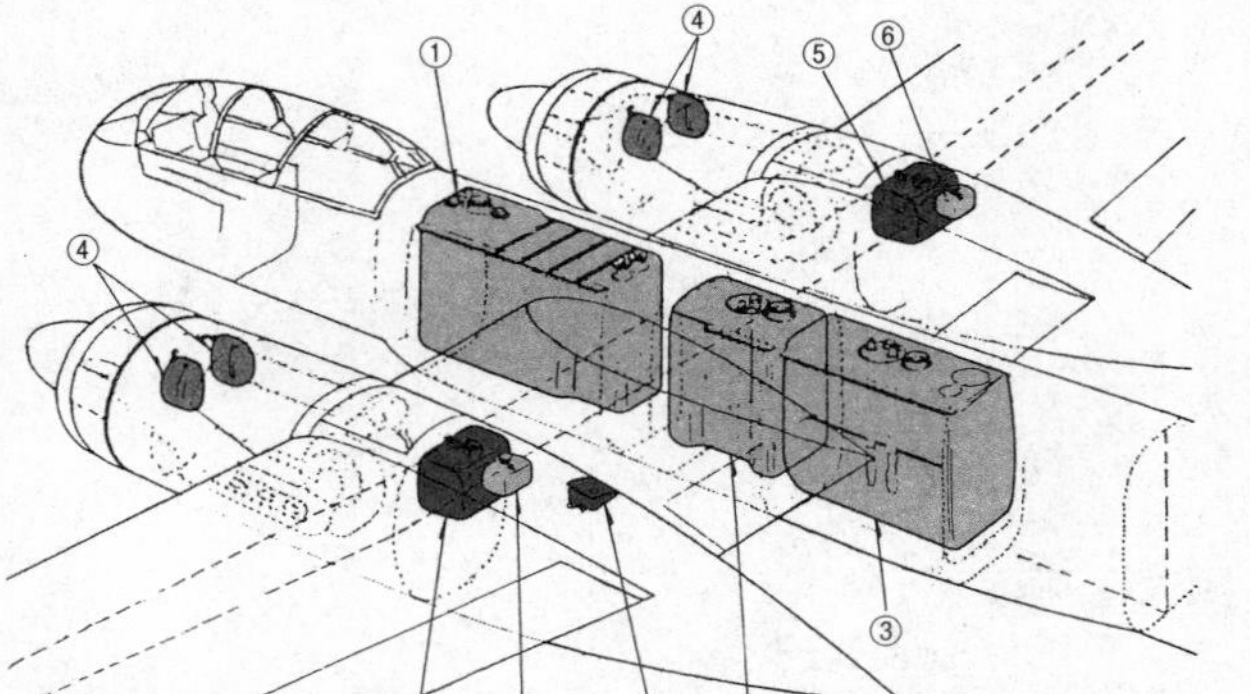

①胴体前方燃料タンク（1,100 ℓ）
②胴体中央燃料タンク（500 ℓ）
③胴体後方燃料タンク（1,000 ℓ）
④エンジン冷却液タンク（20 ℓ）
⑤潤滑油タンク（69 ℓ）
⑥プロペラ防氷液タンク（20 ℓ）
⑦高圧油タンク（17 ℓ）

コクピット

機首部構成

1．コクピット左側面壁
2．コクピット右側面壁
3．床板
4．機首先端覆
5．彎曲外鈑前部
6．彎曲外鈑後部
7．前部キャノピー
8．中央可動キャノピー
9．後部キャノピー
10．装甲板
11．先端外鈑止め具
12．防弾ガラス
13．起倒式装甲板
14．手掛
15．操舵系統覆板
16．キャノピー投棄バネ

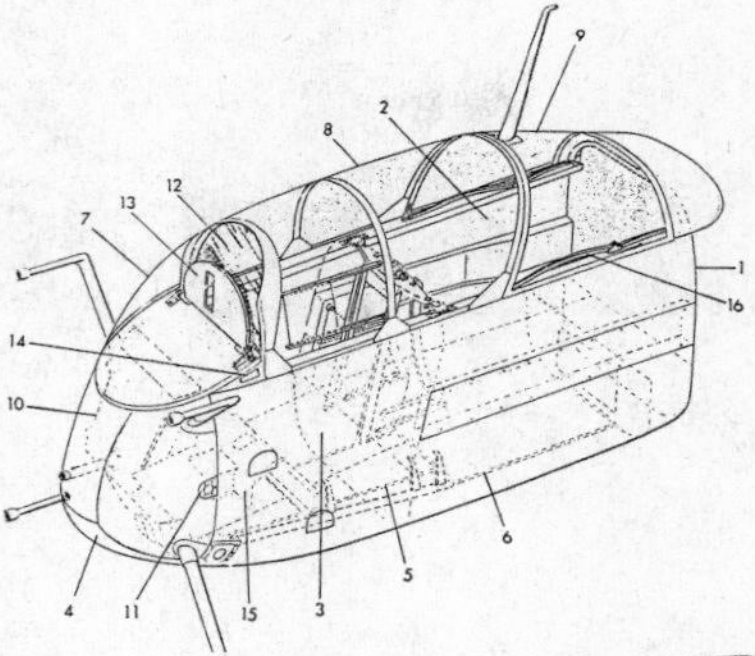

乗員安全、救命装置概要

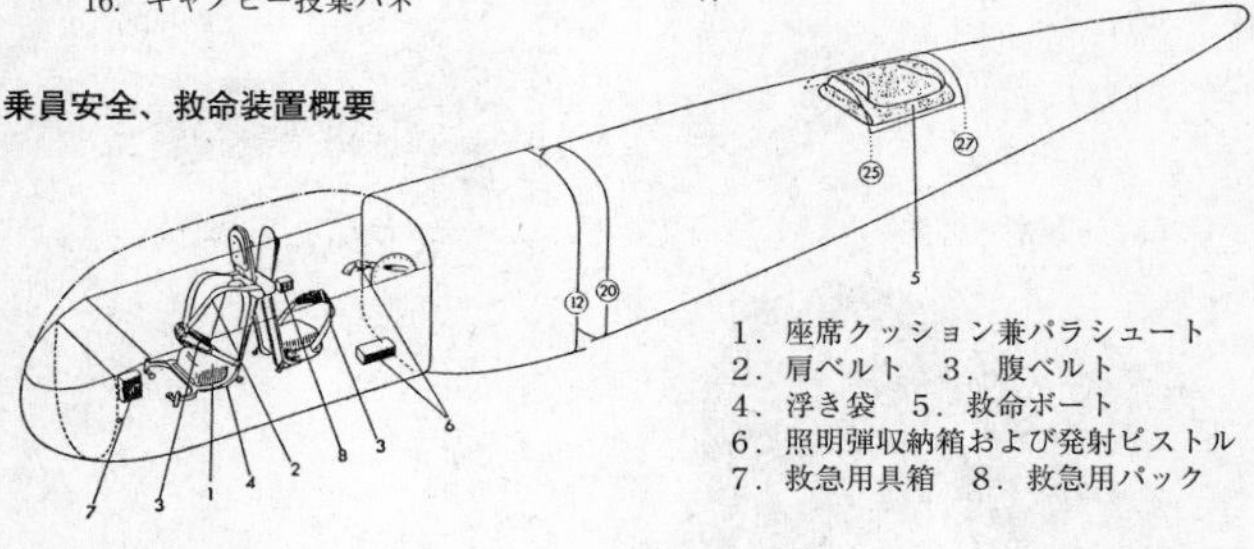

1．座席クッション兼パラシュート
2．肩ベルト　3．腹ベルト
4．浮き袋　5．救命ボート
6．照明弾収納箱および発射ピストル
7．救急用具箱　8．救急用パック

前部キャノピー詳細

1．ガラス窓
2．側面縁
3．側面桟おさえゴム
4．キャノピー支持架
5．前方接合部
6．後方接合部
7．締めつけボルト

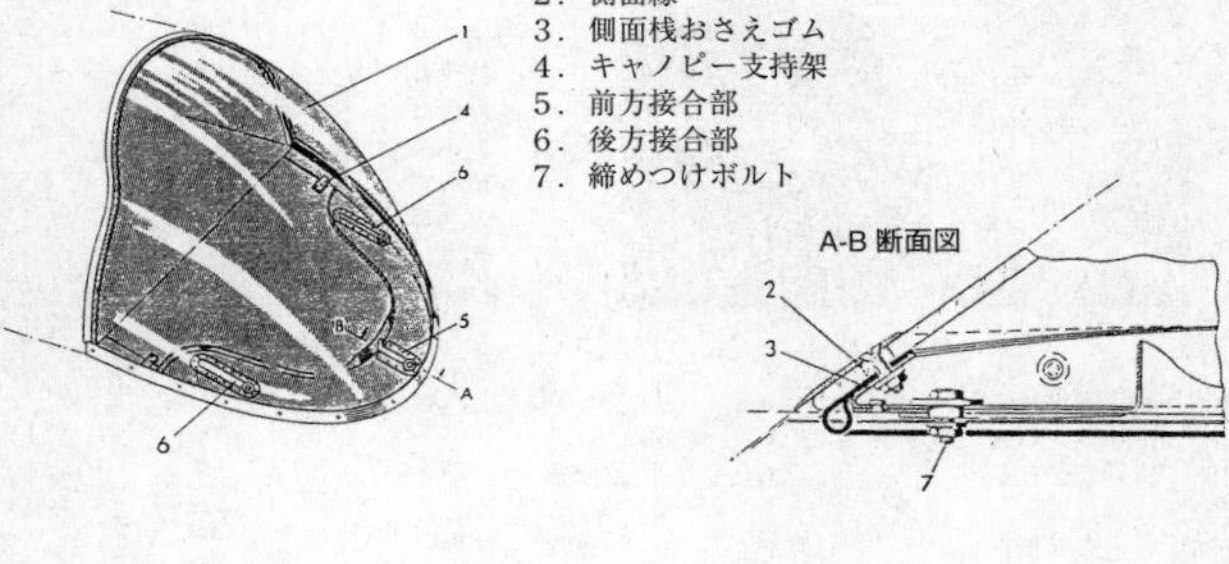

中央可動キャノピー左側換気窓

1．滑動レール　2．プレキシガラス固定部　3．板バネ　4．当て板　5．ノブ　6．ボルト

中央可動キャノピー開状態

1．開時支持ロープ
2．リード・パイプ
3．開時支持棒

後部キャノピー

1．金属フレーム
2．固定ボルト
3．案内尖軸
4．アンテナ・マスト

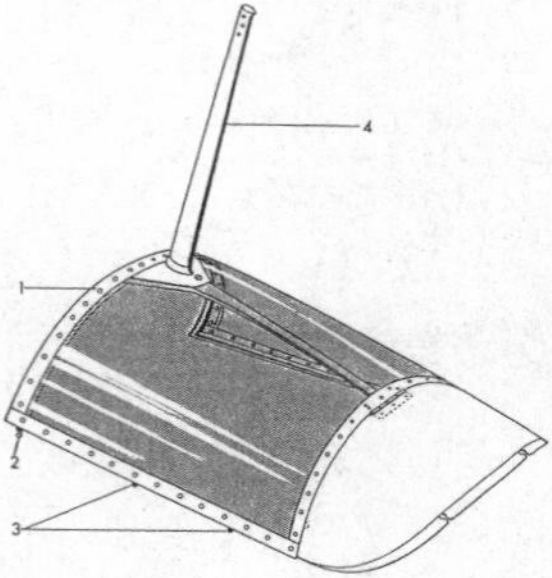

パイロット席前方詳細

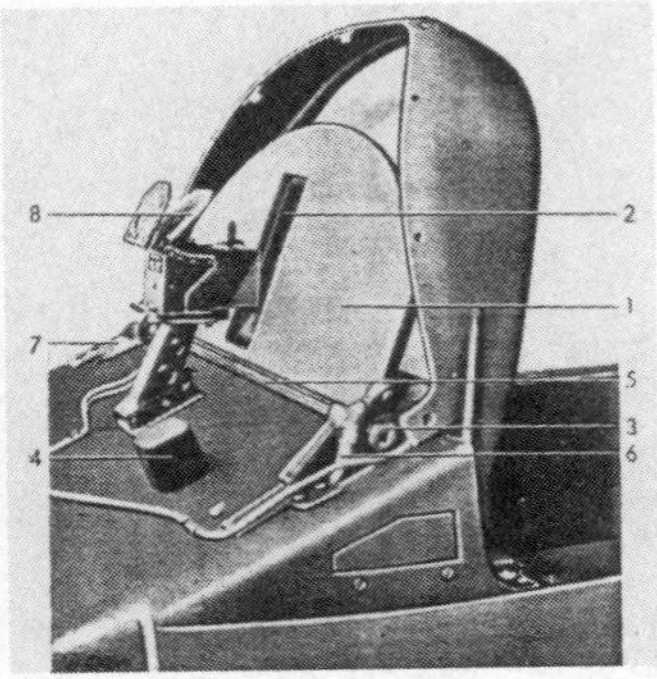

1．遮光板兼防弾板（起倒式）
2．照準用切り欠き部
3．回転軸
4．ゴム受け
5．回転棒
6．バネ腕木
7．台架
8．Revil 16B 光像照準器

102. 偏流測定目盛
103. 補助コンパス
104. 紫外線灯
105. 計器灯
106. 射出座席操作器
107. 紫外線灯操作スイッチ
108. パイロット用酸素マスク接続部
109. 配電器
110. 救急用具箱
111. 非常食入れ
112. 無線機用配電器室

He219A-0 コクピット配置
(パイロット席)

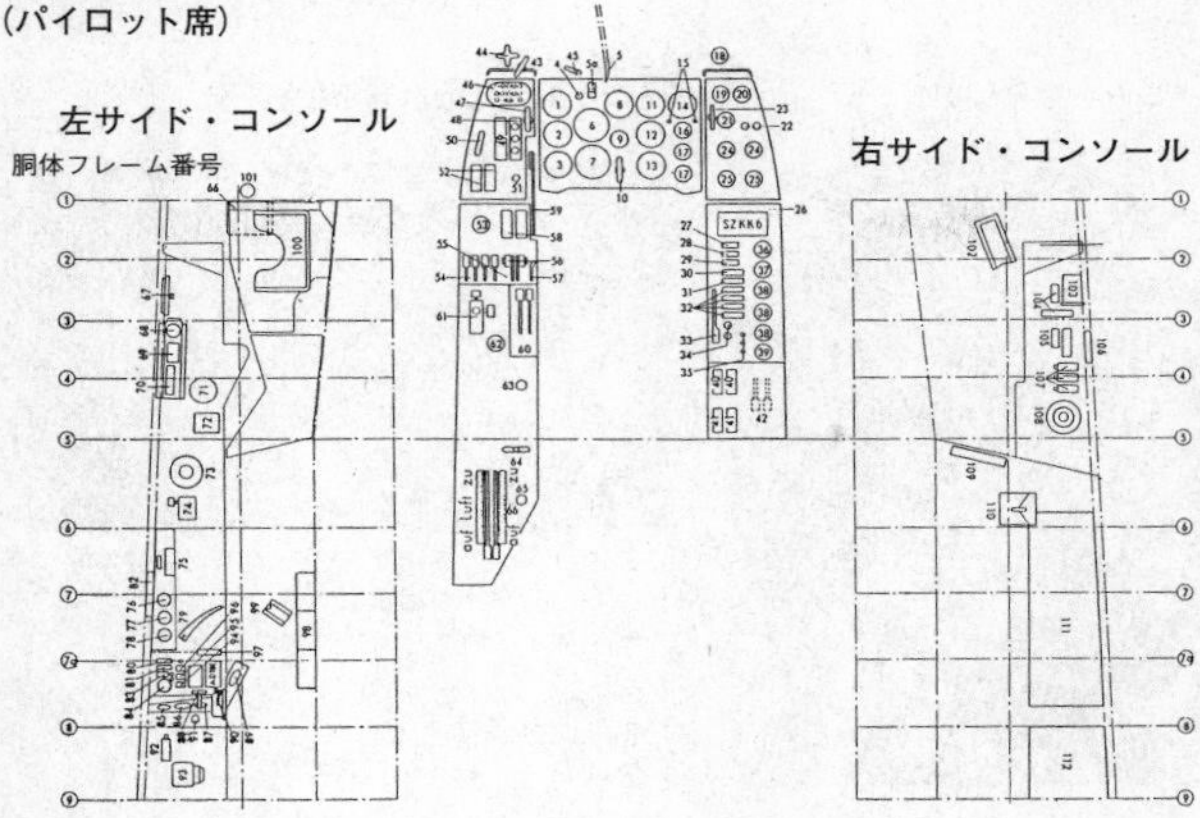

1. 速度計　2. 高度計
3. 非常旋回指示計
4. 暖房確認灯　5. ワイパー
5a. 非常操舵用開閉器
6. 人工水平儀　7. コンパス
8. 昇降計　9. F307計
10. 非常キャノピー浄化レバー
11. エンジン回転計（左）
12. マニホールド圧力計
13. FuG101電波高度計
14. エンジン回転計（右）
15. プロペラ調速器検査灯
16. 左右プロペラ・ピッチ計
17. 燃料圧力計　18. 計器板縁
19. 酸素流量計
20. 酸素圧力計
21. 回転計開閉器
22. エンジン冷却液切れ警告灯
23. キャノピー非常投棄レバー
24. エンジン冷却温度計
25. 潤滑油温度計
26. 残弾表示計
27. 着陸灯スイッチ
28. 標識灯スイッチ
29. 紫外線灯スイッチ
30. コクピット暖房スイッチ
31. 操舵主スイッチ
32. 燃料ポンプ・スイッチ
33. キャノピー投棄レバー
34. 蓄電池スイッチ
35. 燃料切れ警告灯
36. 過給器スイッチ
37. 照明灯光量調整ダイヤル
38. 燃料計
39. 圧搾空気圧力計
40. 起動スイッチ
41. 補助スイッチ
42. 燃料放出レバー
43. 主脚非常下げレバー
44. 前脚非常下げレバー
45. 換気窓開閉レバー
46. 主計器板灯（12個）
47. 正面装甲バイザー起倒レバー
48. フラップ・スイッチ
49. 降着装置スイッチ
50. フラップ非常通気弁
51. 非常受信像スイッチ
52. プロペラ自動操作スイッチ
53. フラップ角度表示計
54. 燃料タンク切換レバー
55. 回転数矯正レバー
56. スロットル・レバー
57. レバー固定具
58. 点火スイッチ
59. 方向舵固定レバー
60. カウルフラップ非常操作レバー
61. トリム操作ノブ
62. 高圧油圧力計
63. 空気圧力充填ゲージ
64. 救命ボート引き出しレバー
65. 乗降ステップ出入れ確認灯
66. 暖房調整装置
67. 換気スイッチ
68. 照明灯調整器
69. 前後席通話器接続部
70. FuG17操作器
71. 弾丸装填器
72. 電熱飛行服接続部
73. 無線士用酸素マスク接続部
74. 電熱飛行服接続部
75. 無線機爆破装置
76. 大気温度計　77. 酸素圧力計
78. 酸素流量計
79. 後部キャノピー投棄レバー
80. FuG10、FuG16無線機選択スイッチ
81. 距離測定スイッチ
82. 操作器覆
83. 紫外線灯スイッチ
84. 圧搾空気圧力計
85. 電圧計　86. 高度計
87. 光量調整ダイヤル
88. キャノピー投棄スイッチ
89. 速度計　90. FuG10用電鍵
91. 垂下空中線展張スイッチ
92. 前方操作装置　93. 抵抗器
94. プロペラ防氷装置スイッチ
95. 主翼前縁防氷スイッチ
96. 水平尾翼前縁防氷スイッチ
97. 手持ちライト
98. 照明灯保護箱
99. 照明弾ピストル支持架
100. 航空地図入れ
101. 機外連絡孔

パイロット席周囲アレンジ

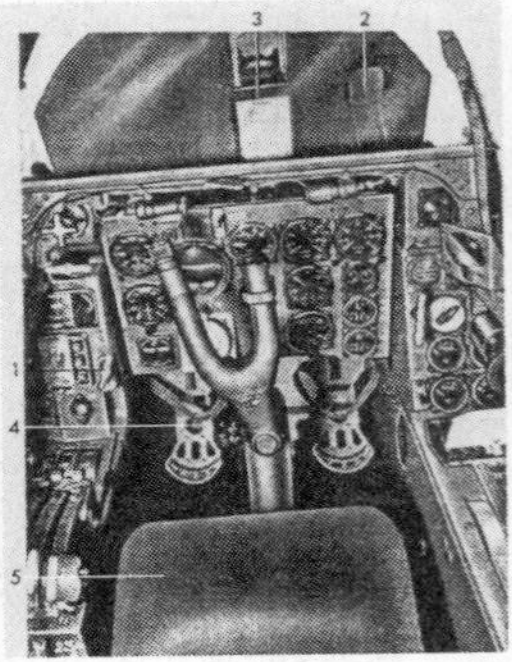

パイロット席正面計器板配置

1．速度計　2．高度計　3．人工水平儀　4．昇降計　5．非常旋回指示計　6．暖房確認灯　7．コンパス　8．補助コンパス　9．時計

1．操縦桿　2．ゴム受け
3．Revil 16B光像照準器
4．方向舵ペダル　5．座席

射出座席（パイロット席）

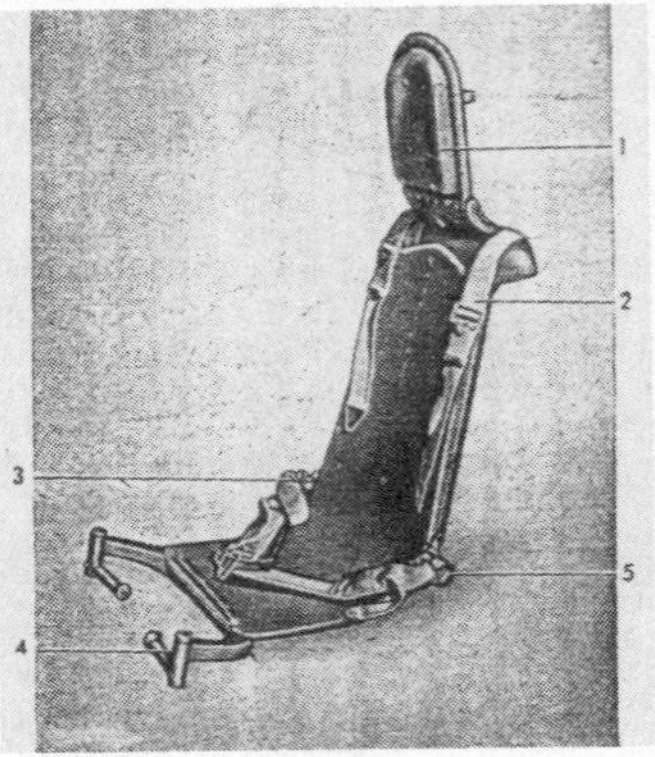

1．ヘッドレスト　2．肩ベルト
3．腹ベルト　4．射出時の足掛
5．案内ローラー

射出座席（無線/レーダー手席）

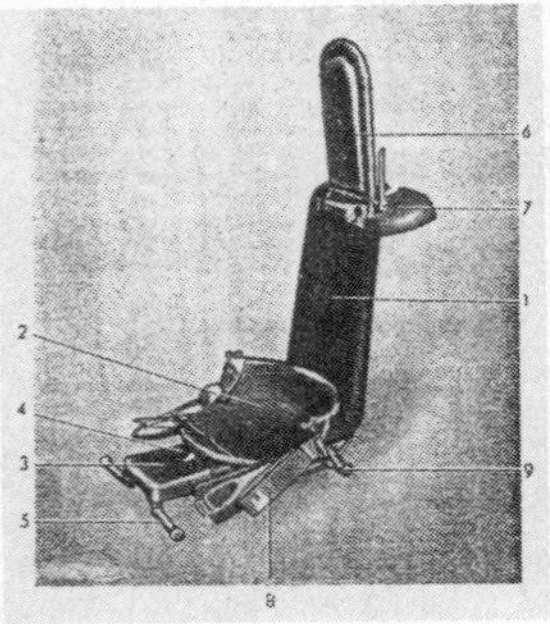

1．背当て　2．回転式座席
3．座席支持架　4．座席固定部
5．射出時の足掛
6．ヘッドレスト
7．整形覆　8．腹ベルト
9．案内ローラー

座席取付部

1．パイロット席射出軌条
2．無線/レーダー手席射出軌条
3．前後席取付架

射出座席操作レバー作動要領

1．射出レバー
2．電気スイッチ
3．レバー端
4．レバー収容カプセル

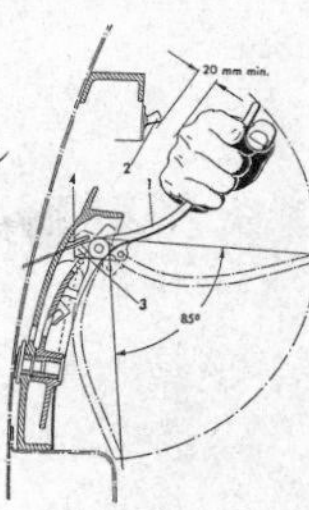

射出座席装備要領

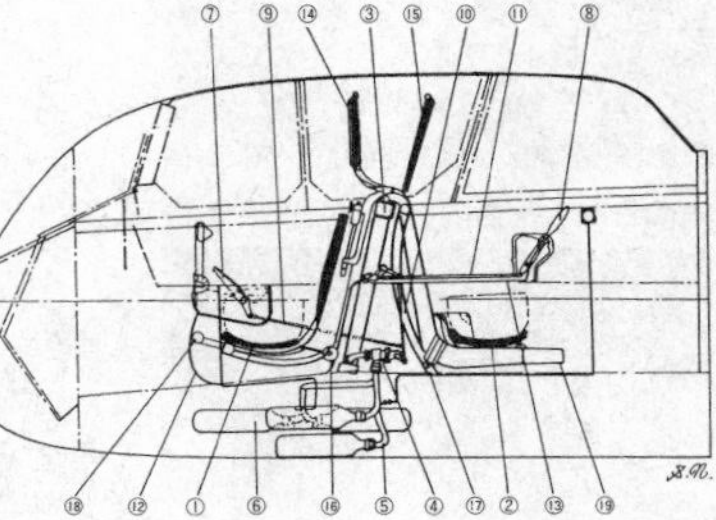

①パイロット射出座席
②無線/レーダー手射出座席
③圧搾空気シリンダー
④緊急放気バルブ
⑤圧搾空気パイプ
⑥圧搾空気ボンベ
⑦パイロット射出レバー
⑧無線/レーダー手射出レバー
⑨パイロット緊急放気バルブ操作リンケージ
⑩⑪無線/レーダー手緊急放気バルブ操作リンケージ
⑫停止ボルト用ケーブル（パイロット）
⑬停止ボルト用ケーブル（無線/レーダー手）
⑭パイロット席ヘッドレスト
⑮無線/レーダー手席ヘッドレスト
⑯滑車
⑰滑車ブラケット
⑱フットレスト
⑲フットベルト

無線/レーダー手席左サイド・コンソール

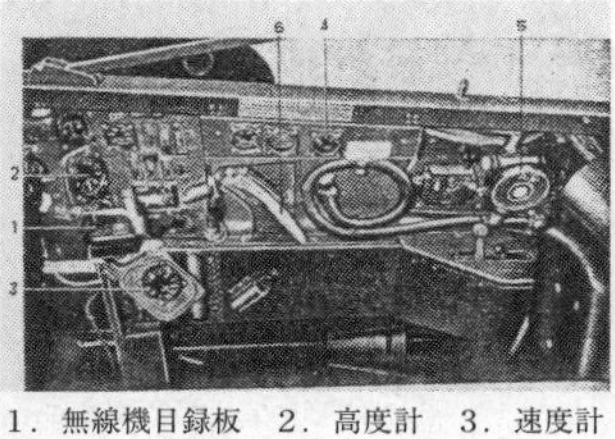

1．無線機目録板　2．高度計　3．速度計
4．大気温度計　5．酸素レギュレーター
6．座席射出レバー

無線/レーダー手席後方

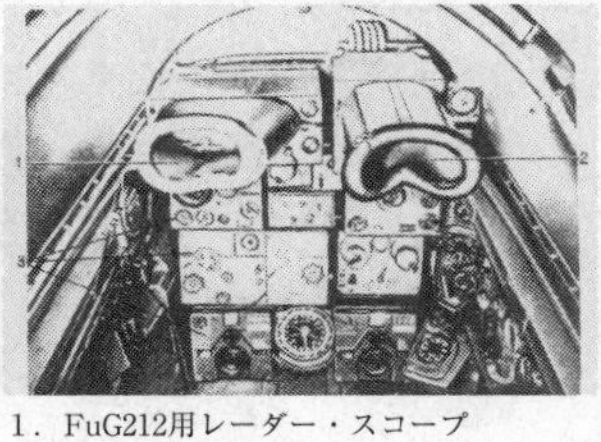

1．FuG212用レーダー・スコープ
2．FuG220用レーダー・スコープ
3．各種無線機操作ボックス

降着装置

前脚

前脚車輪収納扉内側

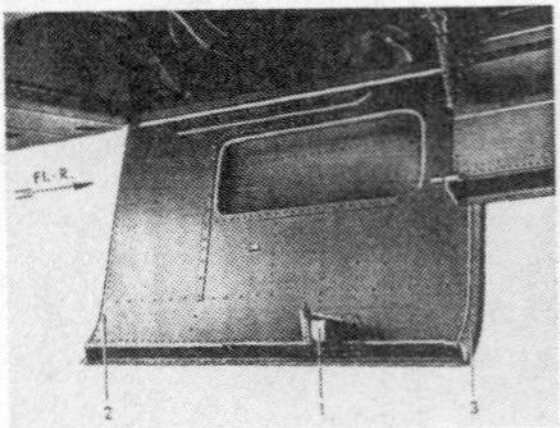

1．固定金具　2．扉後縁
3．扉前縁

前脚柱収納扉内側

1．案内台架　2．前方ヒンジ
3．後方ヒンジ　4．操作ケーブル

前脚車輪収納扉操作系統

1．斜支柱　2．操作ケーブル　3．ケーブル緊張具　4．斜支柱固定部

後方からみた左主脚

▲He219の降着装置は、当時としてはまだ目新しかった前脚式で、その出し入れは油圧によった。夜間における荒っぽい着陸に耐えられるよう、前脚、主脚ともにとくに頑丈に設計されており、主車輪がダブルというのもそのためだが、当時の双発機としてはあまり例がない。主車輪のタイヤ・サイズは840×300mm。

前脚の収納手順

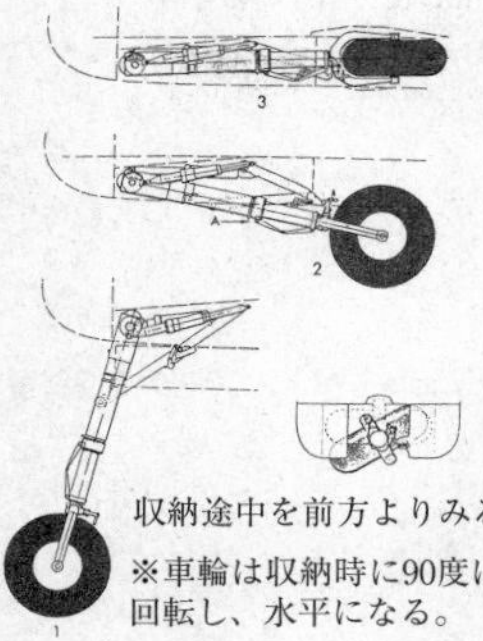

収納途中を前方よりみる
※車輪は収納時に90度に回転し、水平になる。

主脚 二面図

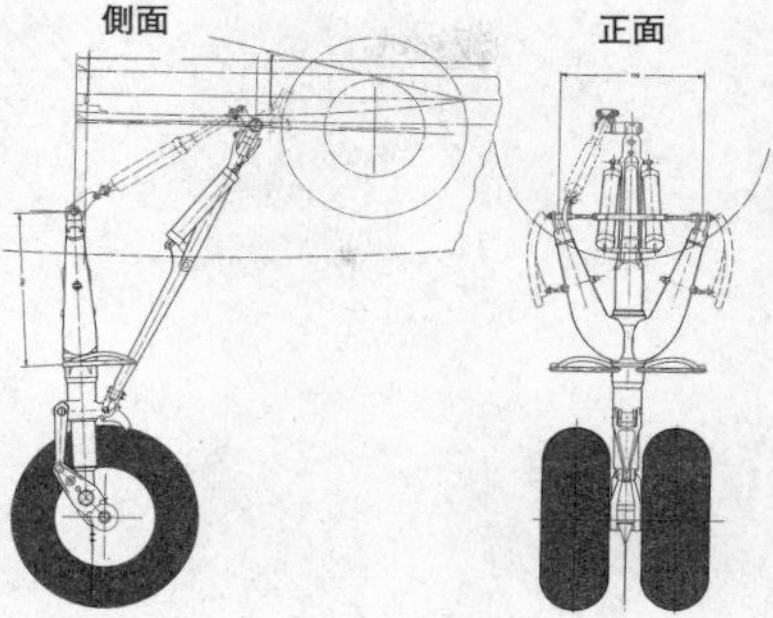

主脚の収納手順

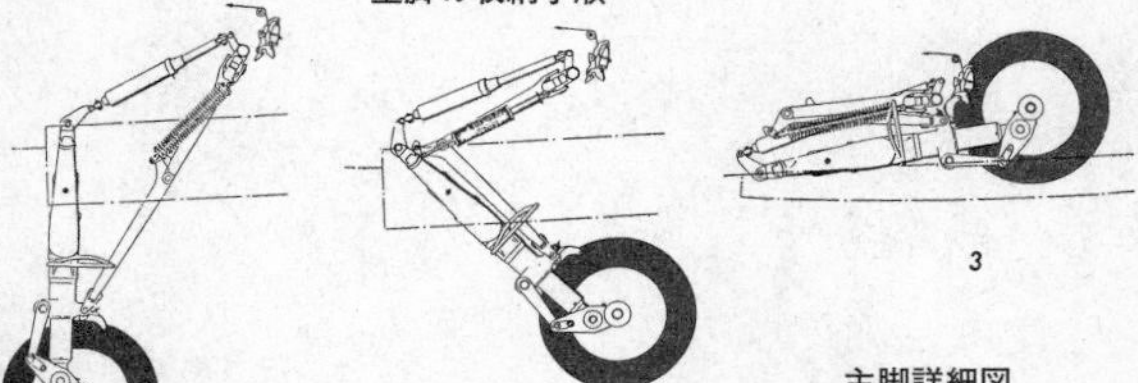

主脚詳細図

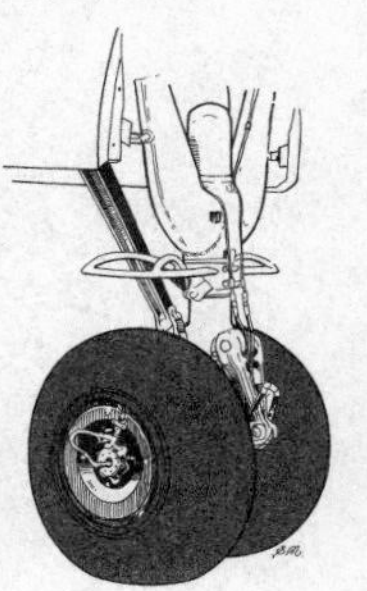

オレオ部

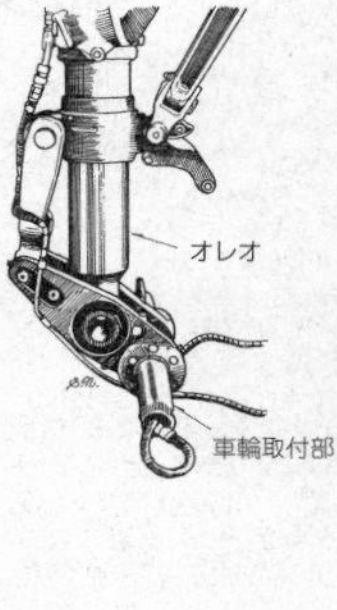

兵装、無線機

射撃兵装配置
(MG151/20×6の場合)

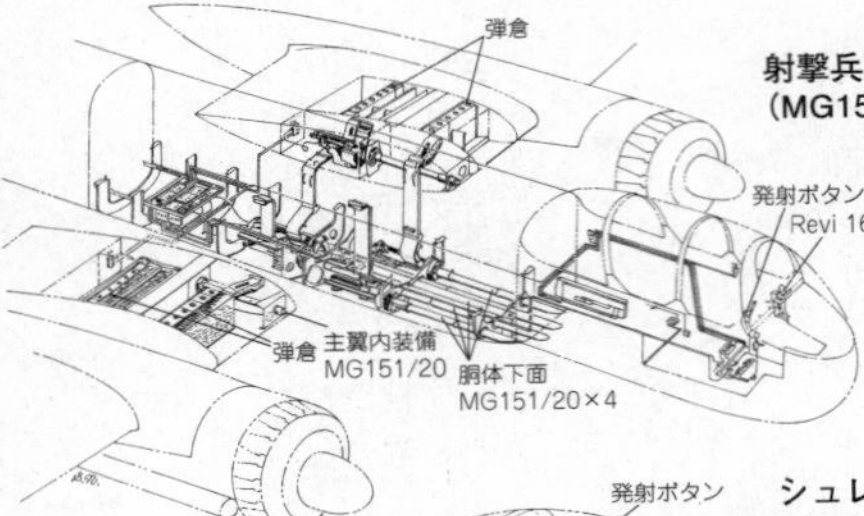

シュレーゲ・ムジーク装備要領

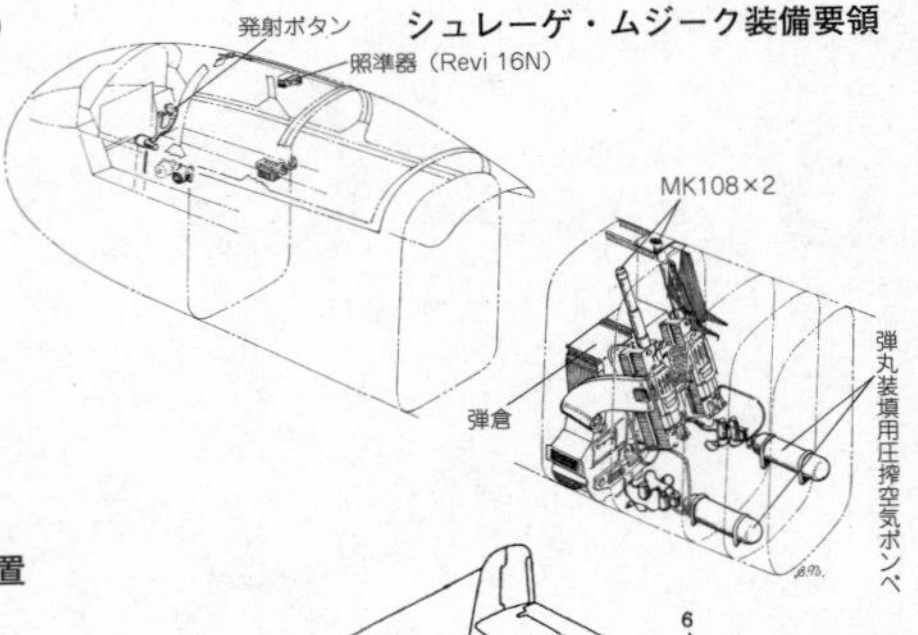

各レーダー、無線機配置

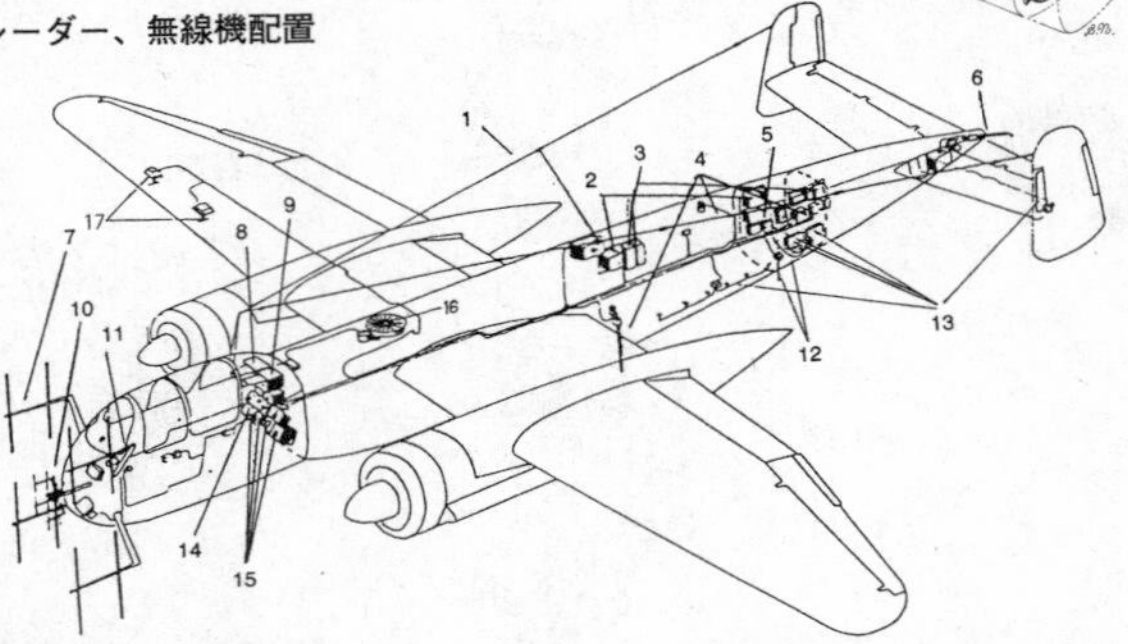

1．FuG10P無線電話機用アンテナ　2．FuG212C-1レーダー・ユニット　3．FuG220 SN-2レーダー・ユニット　4．FuG16ZY無線機ユニット　5．FuG10P R/Tユニット　6．FuG10P用補助垂下アンテナ　7．FuG220 SN-2レーダー用アンテナ　8．FuG212C-1レーダー用スコープ　9．FuG220 SN-2レーダー用スコープ　10．FuG212C-1レーダー用アンテナ　11．航法用計器　12．FuG25a味方識別装置　13．FuBL2計器着陸装置　14．FuG16ZY無線機IFFディスプレー　15．FuG10P用計器　16．Peil G6圧縮方向アンテナ　17．FuG101電波高度計アンテナ

He219 レーダー・アンテナの相違

FuG202 リヒテンシュタインBC

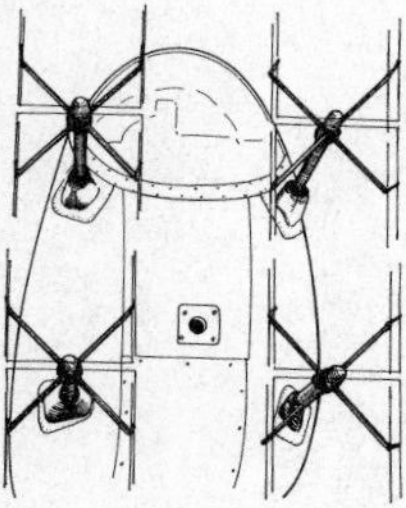

FuG212 リヒテンシュタインC-1（中央）
& FuG220 リヒテンシュタインSN-2b

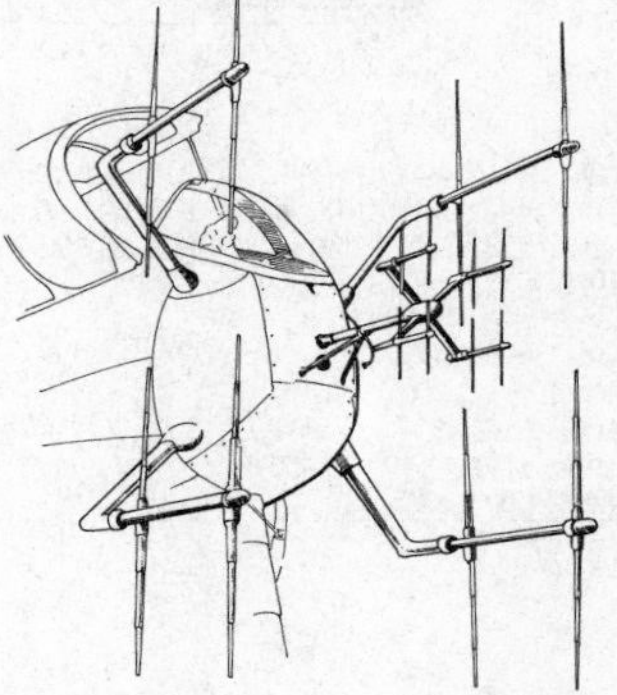

FuG220 リヒテンシュタインSN-2c

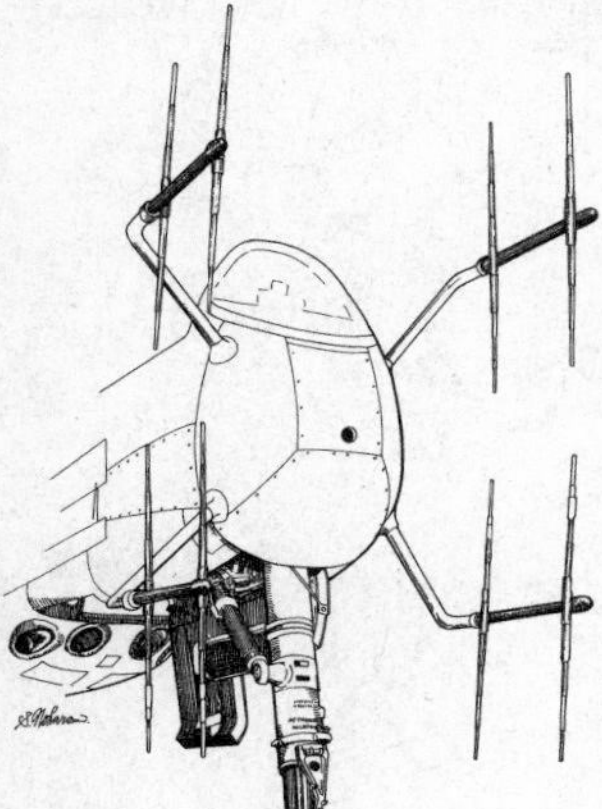

FuG220 リヒテンシュタインSN-2d

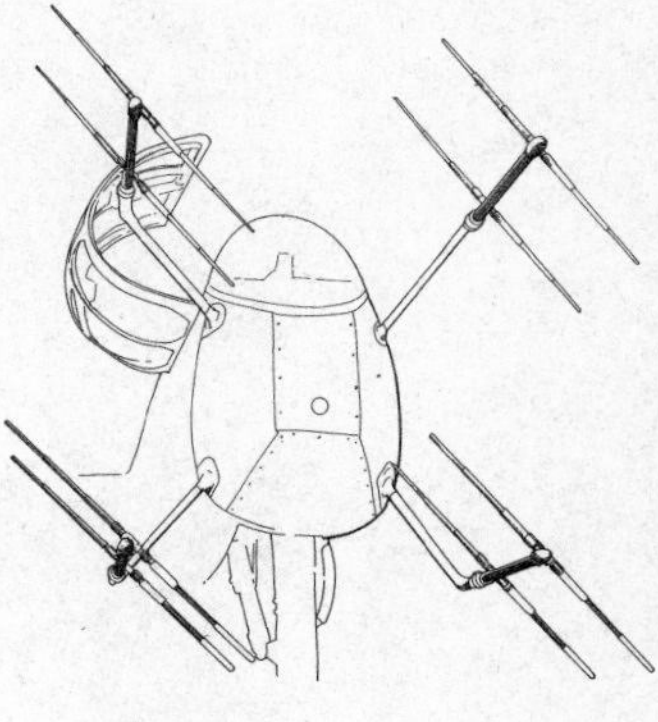

諸装置主要搭載品重量

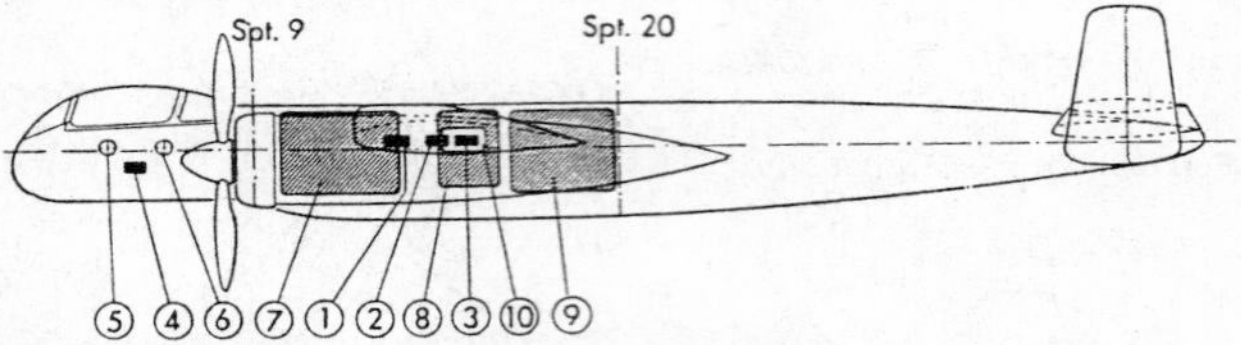

①胴体下面射撃兵装用前部弾倉（MG151/20 20mm弾600発）	134kg
②胴体下面射撃兵装用中央弾倉（MG151/20 20mm弾600発）	134kg
③主翼内射撃兵装用後部弾倉（MG151/20 20mm弾600発）	134kg
④照明弾	2kg
⑤パイロット（装備含む）	100kg
⑥無線/レーダー手	100kg
⑦胴体前方燃料タンク（1,100 ℓ）	820kg
⑧胴体中央燃料タンク（500 ℓ）	370kg
⑨胴体後方燃料タンク（1,000 ℓ）	735kg
⑩潤滑油（90 ℓ ×2）	160kg
	計2,690kg

防氷装置（アミ部が防氷区画）

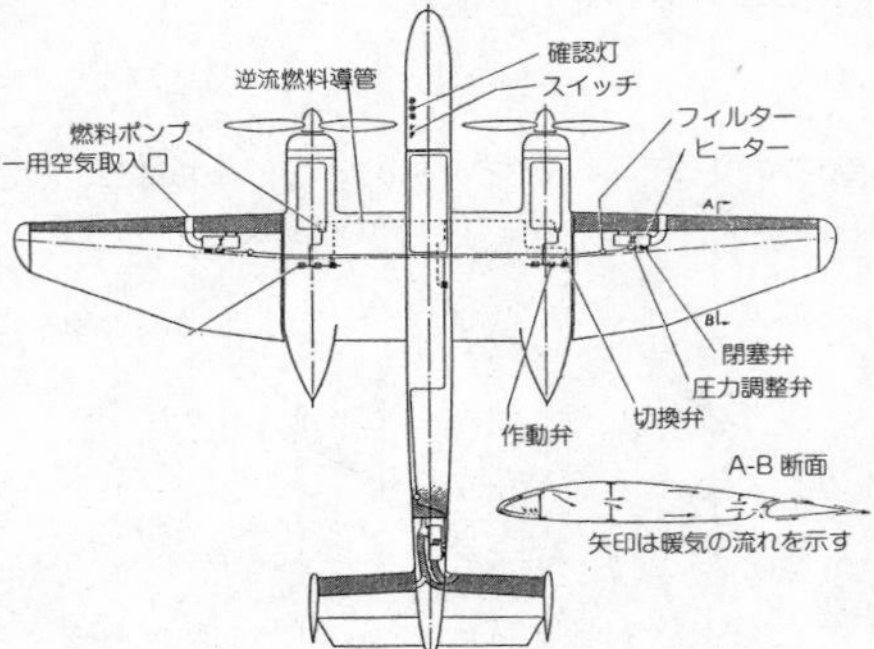

1. レギュレーター
2. ホース
3. 酸素圧力計
4. 流量計
5. 活栓
6. パイプ接続部
7. 作動弁
8. 酸素ボンベ
9. 酸素注入口接続部

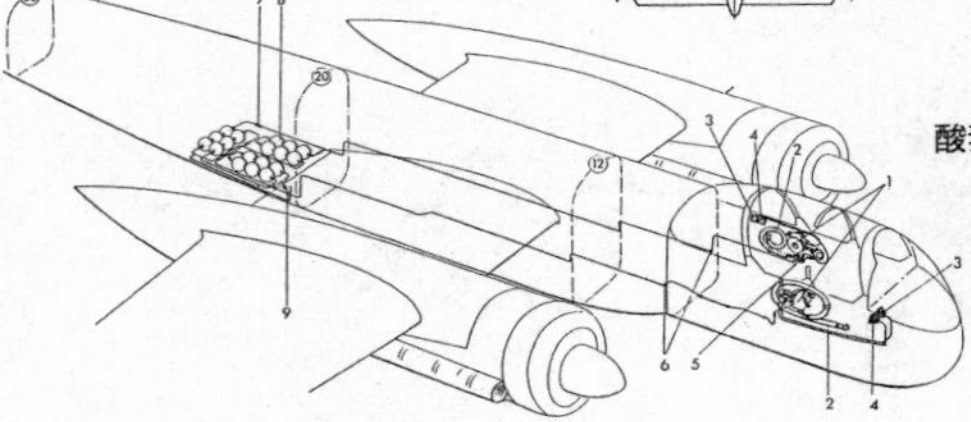

酸素供給装置

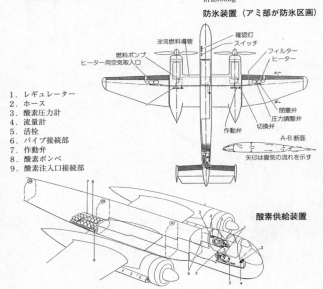

議でこのHe219の戦果が話題となり、ハインケル社に対し、月産24機のレベルに引き上げるよう通達が出された。

しかし、裏ではハインケル社へのアルミ合金をはじめとする原材料の配分を減らすなどの巧妙な政治的妨害工作が行なわれており、同社自体の量産工場の準備不足なども重なり、ペースはいっこうに上がらなかった。

結局、1943年中に完成したのはたったの11機で、ハインケル社の必死の努力にもかかわらず、1944年に入っても月産10～20機の範囲内にとどまった。

1944年5月、ミルヒは生産ペースが上がらないことを理由に、ハインケル社に対しHe219の開発中止を宣告したが、現地部隊からの強い要求と、技術局内の〝良心的〟スタッフのとり計らいもあり、この通達はうやむやにされ、正式な調達手続きを経ずに、生産機が部隊配属されるという異常な事態になった。

とはいうものの、He219の生産ペースは依然として低く、米、英爆撃機の空襲がさらに激しさを増したことも重なり、月産数は微々たる数だった。

A-0につづく生産型として、A-2、A-5、A-6、A-7が予定されたが、新型エンジンの実用化が予定どおり進まず、実際には先行生産型にすぎないA-0が、各種装備テスト用を含めて少なくとも100機以上も造られるという変則状態で、それらの多くが装備変更、改修によりA-2に〝変身〟していることもあって、実態を把握するのはきわめて難しい。

A－5は途中からエンジンをDB603E（1800hp）に更新し、乗員3名とした型、A－6はエンジンをDB603L（1750hp）に更新し、高々度性能向上を図った、〝アンチ・モスキート〟型、A－7はエンジンをDB603G（1900hp）に更新し全般性能を向上させた高々度夜戦ともいうべき型であったが、W・Nr（製造番号）から判断してA－5は少数、A－6は原型機がつくられたのみと思われ、A－7も、極く少数が完成（一説にはたった1機のみが部隊配属されたといわれる）しただけである。

各型それぞれが、主に武装の相違により、ドイツ機の常として頭痛をおこしそうなややこしいサブ・タイプ名をもっていたが、前記したような現状では、必ずしもそれら全部が適用されたとは思えず、現に、MK103 30mm砲は試作の域を出ていないから、組み合わせはMG151／20とMK108の2種に限られた。

この2種のいずれかを両主翼付根内部に2挺／門、胴体下面トレーに2挺／門、または4挺／門備え、オプションとしての胴体後部内のMK108 2門（斜銃）の有無により、それぞれのサブ・タイプ名称を区別したわけである。

なお、当初の規定では、兵装仕様区別にM1、M2、M3という呼称を使っていたが、後に一般的なR1～R6に変更された。

実際には生産されなかった型式も含めて、それらのサブ・タイプをまとめたのがP．148に示した表組みである。

He219は、たしかにドイツ・レシプロ夜戦としては最も高性能を誇ったが、フル装備を施したA－0、A－2の最大速度は、高度5700mにて560km／hにとどまり、ライバルのイギリス空軍モスキートNF・MK13、17などに比べると、かなり低速だった。

それでも、唯一本機を組織的に運用したI．／NJG1の熟練パイロットを中心に、敗戦までに少なくとも11機のモスキート（爆撃機型含む）を仕留め、アンチ・モスキート夜戦としての面目はほどこしている。

当局から見離されたにもかかわらず、ハインケル社は、Aシリーズにつづき、いくつかのHe219発展型を計画した。

He219Bシリーズには、エンジンをJumo222（2500hp）に更新し、主翼スパンを22・06mに延長した3座のB－1と、DB603に排気タービン（TK13）を組み合わせた高々度夜戦型B－2の2型式があり、Jumo222を搭載し、胴体を延長して尾部に銃座を設け、乗員を4名に増やしたHe219Cシリーズには、夜戦型のC－1と戦闘爆撃機型のC－2があった。

さらに、Bシリーズの胴体、主翼を延長した発展型He419も計画されたが、これらはいずれも実機の完成に至らず、図面段階で終わった。

●メッサーシュミットBf110（Messerschmitt Bf110）

単発戦闘機に倍するパワーと強力な兵装、高速、長距離性能をタテに、爆撃機に随伴して敵地深く侵攻、迎撃してくる敵単発戦を蹴散らして悠々と任務を全うする。

こんな、戦闘機の理想像を具現する機体として、1930年代に列強各国空軍が競って開発したのが双発多座万能戦闘機である。

もっとも、この〝万能戦闘機〟思考そのものが、〝物理の法則〟を無視した用兵者の夢想ともいえるものだったから、第二次大戦が始まると、たちまち音を立てて崩れ去ってしまった。

すなわち、いかに速度、火力、航続性能などで単発戦を凌ごうとも、空中戦に入れば、単発戦より重くて、大きい双発戦は機動力に劣り、勝ち目がないという単純な原理を思い知らされただけだった。

ドイツ空軍の〝双発万能戦闘機〟はメッサーシュミットBf110である。〝Zerstörer〟（駆逐機）という特殊な呼称を授けられ、空軍司令官ゲーリングみずからがとくに熱心な〝信者〟だったこともあり、1940年夏のバトル・オブ・ブリテンにおけるイギリス空軍のスピットファイア、ハリケーンを相手にしての惨敗は、ことさらショックが大きかった。

▲薄暮の基地から離陸しようとする、NJG1のBf110C、またはD。胴体尾端に救命筏を追加している。1941年春ごろの撮影で、全面黒の初期標準塗装。

だが、これでBf110の命脈が尽きてしまったわけではない。拡大の一途を辿った戦争は、どんな機種にもそれなりの活躍の場を与える。

まがりなりにも戦闘機として設計されたBf110は、双発機としては高速だし、運動性も爆撃機相手の空戦なら申し分ないものだった。さらに、単発戦には望めない重武装、爆弾懸吊能力、長距離性能は、戦闘爆撃機、対地攻撃機、偵察機、哨戒機にはおあつらえ向きである。

こうした、他任務への転用で活路を見い出したBf110の、その転身のスタートが夜間戦闘機だった。

第二章で述べたようにBf110の夜戦への登用は、じつはバトル・オブ・ブリテンの前、1940年6月の夜戦航空団発足と同時に決定していたのだ。

専任の航法士がいなければ、夜間飛行がままならなかった当時、単座機では夜戦として使えない。といっても他に専用の複座夜戦などあろうはずがなく、ドイツ空軍は否応なくBf110を、主力機として転用するしか選択の余地がなかった。

1940年6月当時、Bf110の生産ラインを流れていたのはBf110CとBf110Dだった。C型は、事実上、最初の本格的量産型といってよく、1939年2月から部隊就役が始まっていた。DB601Aエンジン（1100hp）を搭載し、高度6890mで540km／hの最大速度を出し、ノーマル状態で約1000kmの航続性能を有した。

C型にはC－1～C－7までのサブ・タイプがあったが、胴体下面にETC500／Ⅸ爆

Bf110C 四面図

正面図

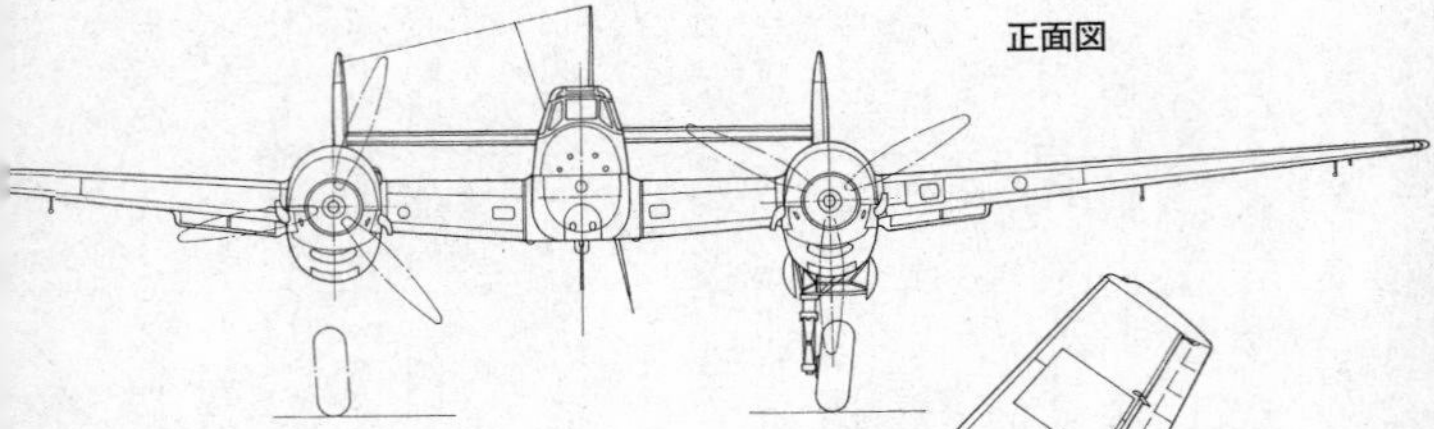

下面図

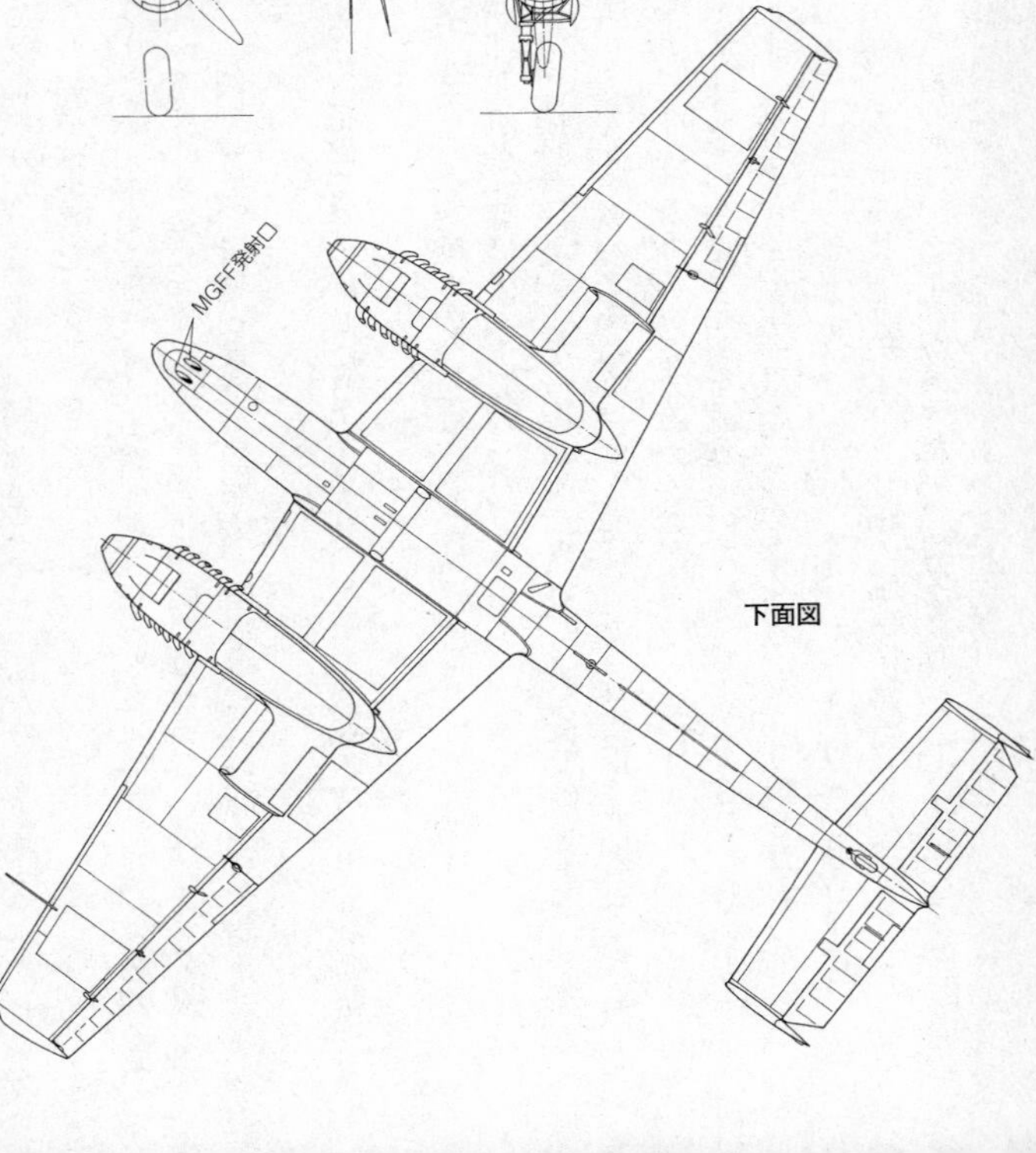

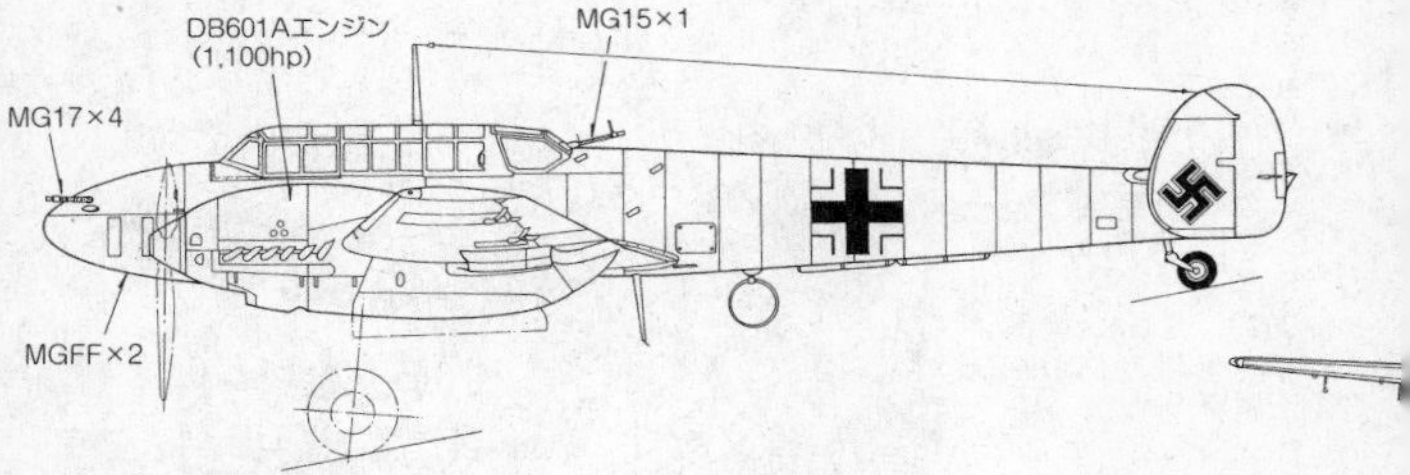
DB601Aエンジン
(1,100hp)
MG15×1
MG17×4
MGFF×2

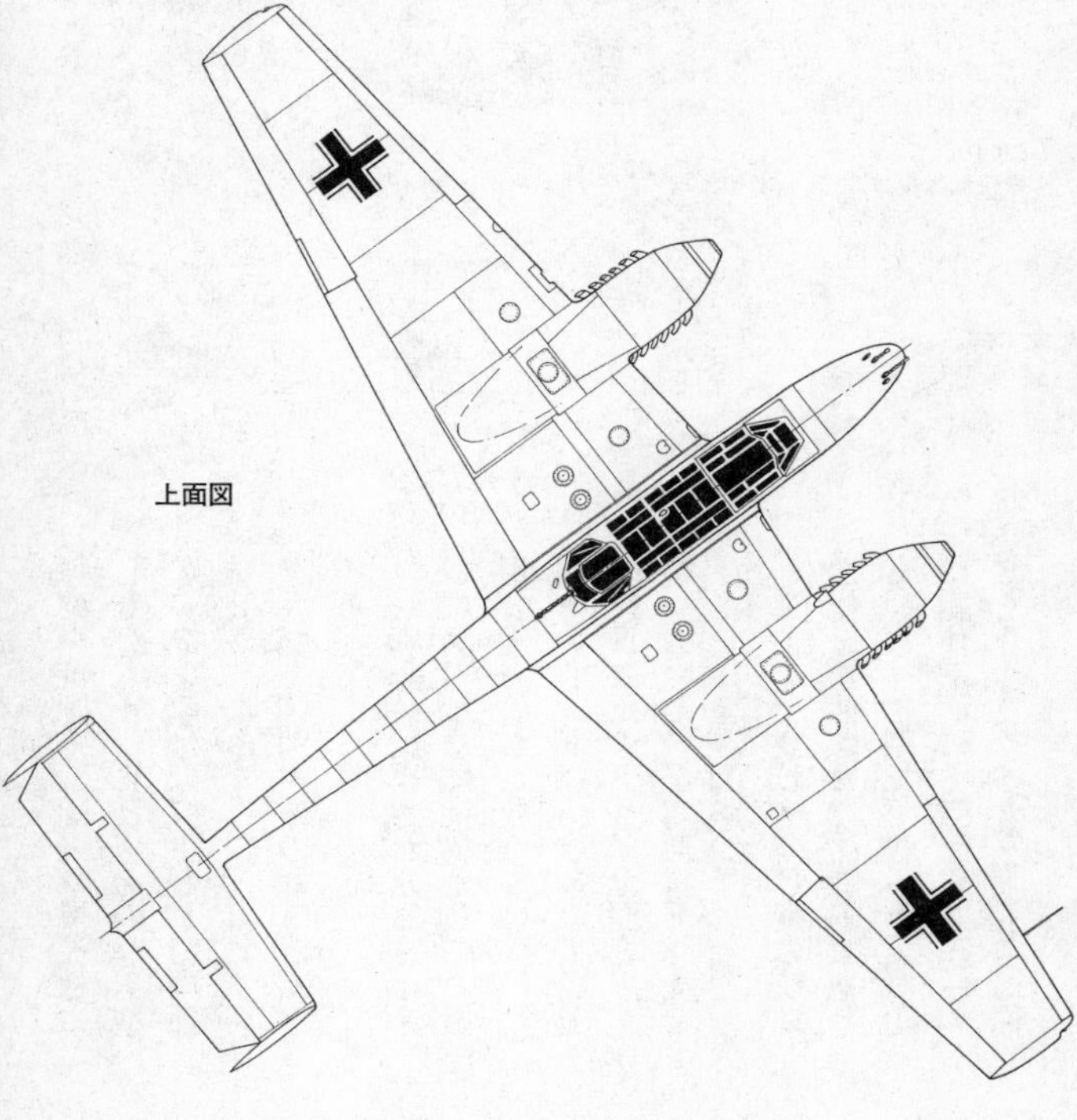
上面図

▶1941年夏、地中海のシシリー島、もしくは北アフリカにおけるI./NJG3のBf110C、またはD。エンジン整備のため、野戦用クレーンを使い取り出し中。胴体コードは“L1+DH”。全面黒塗装だが、本機は他のZG26所属機の水平、垂直安定板に交換したため、その部分だけ塗装が異なっている。機首側面に描かれたエンブレムは、I./NJG3の中隊章。

Bf110D-3

※夜戦隊では900ℓ入増槽、増設潤滑油タンクは使用せず

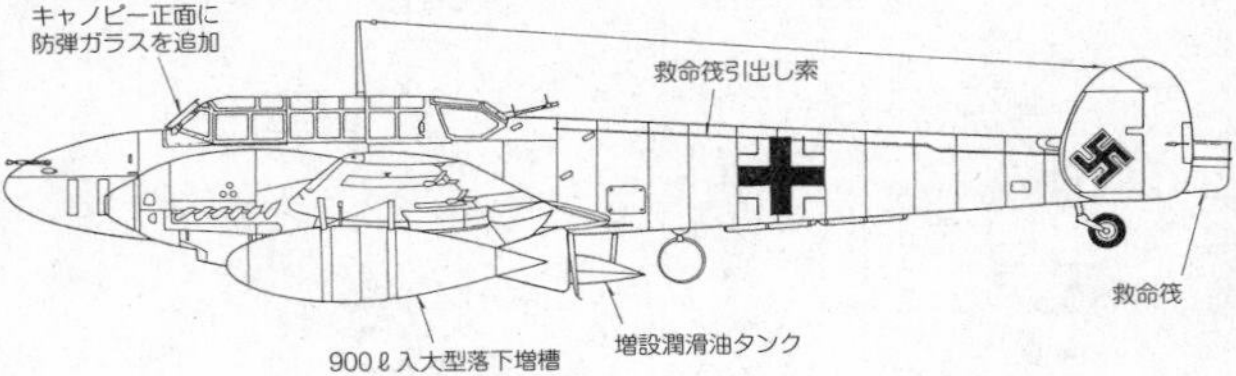

弾架を付けて戦闘爆撃機仕様にしたC－4／Bと、その専用型C－7を除けば、主として内部艤装が異なるだけで、外観上各タイプを区別するのはほとんど不可能である。

夜戦隊に配属されたBf110Cは、とくに夜戦としての専用装備を施したわけではなく、以下のD、E型も含め夜間行動時に目立たぬよう、全面を黒く塗っていたのが、通常部隊機との唯一の違いだった。

Bf110Dは、C型の航続性能を延伸させた洋上哨戒型ともいうべき型で、D－1／R1は胴体下面に“Dackelbauch”（ダックスフントの腹）と通称

された容量1200ℓの特設燃料タンクを追加していた。

D－1／R2は、このDackelbauchの代わりに900ℓ入り落下増槽1個を胴体下面に懸吊できるようにしたサブ・タイプだが、両型とも夜戦には使えなかった。

Dシリーズ中、夜戦隊に配属されたのはD－2とD－3である。D－2は、左右主翼下面に300ℓ入増槽を懸吊可能にした戦闘爆撃機型で、D－3は、外翼下面の増槽を900ℓ入まで可能にしたタイプである。両型は、爆弾架を取り付けなければ、そのまま夜戦として使えた。

▲モザイク模様が美しい、北部フランスの田園地帯上空を昼間パトロールする、7./NJG4所属のBf110E−1、コード“3C＋AR”。E型の特徴である。機首上部MG17機銃の内側2挺の間に追加された、冷却空気取入口が確認できる。本機は両主翼下面のETC50小型爆弾架は付けたままで、300ℓ入増槽を懸吊している。1942年春の撮影。

Bf110E−1

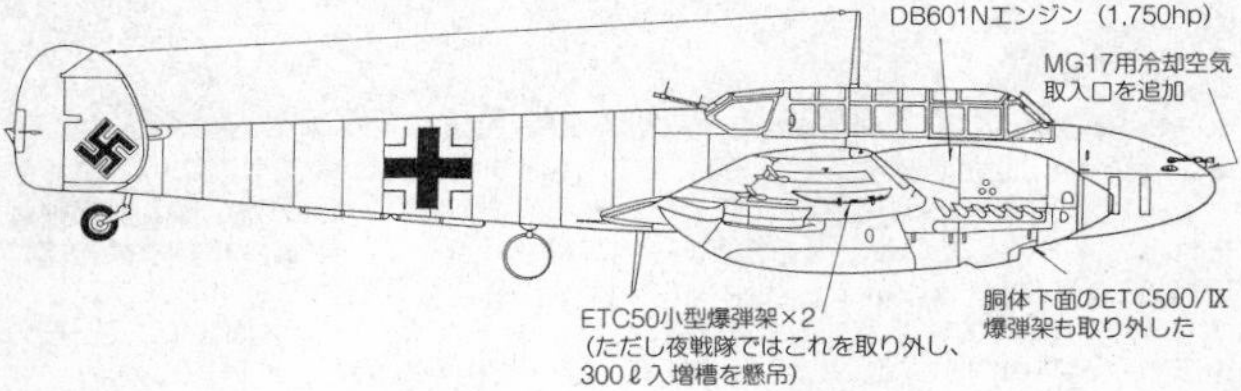

Dシリーズにつづき、1941年春から生産に入ったBf110Eシリーズは、エンジンをDB601N（1175hp）に更新し、胴体下面のETC500／Ⅸに加え、両外翼下面にもETC50小型爆弾架各2個を取り付け可能にし、重量増加に対処し主脚を強化した本格的な戦闘爆撃機型である。

夜戦隊に配属されたE各型は、もちろん爆弾架を付けず、両外翼下面にはETC50のかわりに300ℓ入増槽各1個を懸吊するのが一般的だった。

サブ・タイプには、ノーマル仕様のE-1、胴体尾端に救命筏を付けたE-2、機首下面のMGFFを撤去し、かわりにカメラを搭載した偵察機型のE-3があるが、夜戦隊に配属されたのはE-1とE-2である。

Eシリーズのつぎは、エンジンをDB6

▲全面黒の初期塗装から、グレイ系74/75/76カラー迷彩に移行する際の、過渡的パターンを施したII./NJG2所属のBf110E-1。本機も主翼下面のETC50小型爆弾架を付けたままにしている。機首上部のMG17機銃銃身が、通常より長いのは先端に消焔器を付けているためで、夜戦ならではの装備。機首側面の“エングラント・ブリッツ”エンブレムの後方に描かれたテントウムシのマークは、旧2./ZG76の中隊章で、同中隊が夜戦隊にそっくり転入された後も継承されているもの。

◀機首上部MG17機銃を点検するため、カバーを外すBf110F-4。全面黒の初期塗装を施したF-4は数少なく、本機は右ナセルの排気管消焰カバー（のちの筒状ダンパーではない）からもわかるように、極く初期の生産機である。FuG202レーダーは未搭載。一見してE型までと見間違いそうだが、Me210のそれを流用した丸型の大きなスピナー、左スピナーの陰に一部だけ見える防弾ガラス（G型より薄い）から、F型と識別できる。

Bf110F-4

※機首上部のMG17×4は、MK108×2にも換装可能。胴体下面武装をMG151/20に変更した機もある。

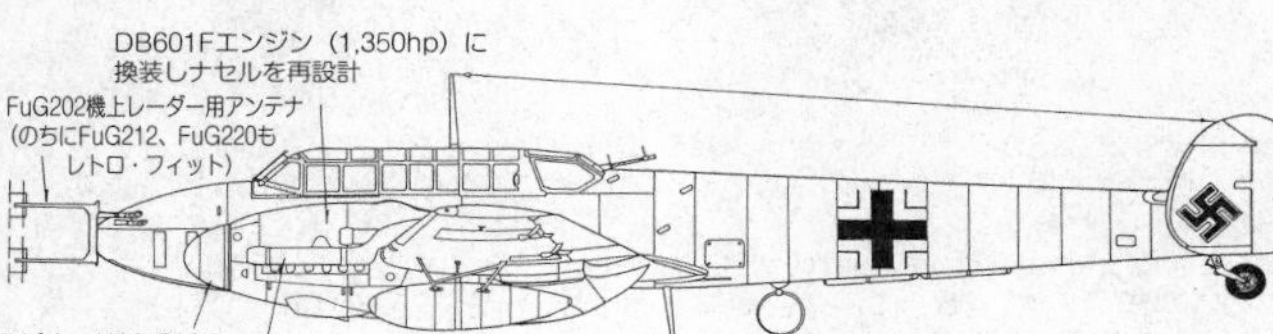

▲雲海上を昼間パトロールする、9./NJG3所属のBf110G-4/R3/M3初期生産機、コード“D5＋LT”。FuG202機上レーダーを搭載しているが、昼間出動なので不要なのか、コクピット内にはパイロットと後部無線/銃手の2名しか搭乗していないようだ。G-4には珍しく、主翼下面にETC50小型爆弾架を付けている（このオプション仕様はM3と称した）。機首上部兵装はMK108×2（R3仕様）。

▲1944年3月15日深夜、ミュンヘン爆撃に来襲したイギリス空軍爆撃機群を迎撃するため、エヒターディンゲン基地から出動したものの、無線機の故障により方位を失い、燃料切れによってスイスのデューベンドルフ飛行場に不時着し、同空軍に接収された。6./NJG6所属のBf110G-4/B2初期生産機、W.Nr5547、コード“2Z＋OP”。FuG202機上レーダーを搭載しているが、搭乗員はパイロットのトライノッガ曹長とレーダー/無線/銃手兼任のシュヴァルツ伍長の2名だった。右主翼下面を黒に塗っている（増槽含む）。

▲1ヵ月半前の“2Z＋OP”機と同様、1944年4月28日深夜、イギリス爆撃機群との迎撃戦で左エンジンに被弾し、スイスのデューベンドルフ飛行場に不時着し、同空軍に接収された5./NJG5所属のBf110G-4、コード“C9＋EN”。本機のパイロットは、夜戦エースとしては中堅どころといえるヴィルヘルム・ヨーネン中尉で、この夜もランカスター1機を仕留め、通算18機撃墜（全て夜間）に達していた。FuG212C-1とFuG220 SN-2bレーダーを搭載しており、機首上部兵装は撤去し、かわりにコクピット内後方にMGFF/M×2のシュレーゲ・ムジークを装備していた。

▲ドイツ敗戦時、デンマークのグローブ基地にてイギリス軍に接収され、戦後同国に空輸された、もと2./NJG3所属Bf110G-4/R3/B2/M2、W.Nr730037、コード“D5＋DK”。1945年春の時点では、すでに効力を失っていたFuG212C-1とFuG220SN-2bレーダーを搭載している。胴体下面のETC500/IXb大型爆弾架が夜戦には不似合いだが、1944年末以降、可動できた夜戦の多くが迫り来る連合軍、ソ連軍地上部隊の攻撃に駆り出されたことを示す名残り。

01F（1350hp）に換装し、低下傾向にあった全般性能の向上を図ったBf110Fシリーズが、1942年に入り就役をはじめた。

F型はエンジンの換装にともない、ナセル全体が再設計され、スピナーをMe210から流用した丸っこい大きなものに変更したため、E型までとの識別は容易。

F型のサブ・タイプは、E－1に順じた戦闘爆撃機型のF－1、駆逐機型のF－2、偵察機型F－3があったが、これらは夜戦隊に配属されることはなかった。なぜなら、FuG202機上レーダーの実用化にともない、それを搭載した初めての夜戦専用型のF－4が、1942年夏から生産に入ったからである。これは、Bf110開発の重点が夜戦に移りつつあることを示していた。F－4は、1943年はじめにはG－4にとってかわられたため、生産数は多くない。

本来ならば、Bf110の開発はこのF－4をもって終了することになっており、そのあとは後継機Me210がとって代わり、その夜戦型も開発される予定となっていた。

しかし、Me210は設計上の欠陥により、Bf110の後継機にはなり得ないことが明らかになったため、急拠Bf110Gシリーズが開発されることになった。

Gシリーズは、エンジンをさらに強力なDB605B－1（1475hp）に更新したが、ナセルはF型とほとんど変わらなかった。

武装、防弾装甲が強化されたことも目立ち、機首下面の20㎜機銃は、MGFFからMG151／20に換装、オプション装備により、機首上面のMG17×4をMK108×2に変更す

▲1944年夏、日施哨戒任務のためか昼間出動するBf110G-4/B2。FuG212C-1との併用をなくしたFuG220 SN-2cレーダーを搭載しているが、注目すべき点は機首上部兵装を、オプション・キットには含まれていないMG151/20×2としている点。銃身先端に消焔器を付けているため非常に長く突出している。現地部隊における改修例だが、写真の機以外にも何機かみられる。

▲夕暮れの基地から出動する、Stab I./NJG4のBf110G-4/R3/B2、コード“3C＋LB”。右主翼端のアンテナからもわかるように、FuG227“フレンズブルク”パッシブ・レーダーを搭載している。FuG227は、全部で250台しか造られず、Ju88Gはともかく、Bf110G-4でこれを搭載した機はごく一部である。機首のシャーク・マウス（鮫口）、胴体後部と垂直尾翼（画面外だが）を、74、75カラーで折線状に塗り分けた迷彩がユニーク。

▲ドイツ夜戦隊に陰りが見え出した1944年夏、ドイツ北西部のシュターデ基地に待機する、7./NJG4所属のBf110G-4/R3/B2。左手前機のコードは“3C+BR”、右奥は、“3C+DR”で、前者は右主翼下面を味方機識別用の黒に塗っている。両機とも、搭載レーダーはFuG220 SN-2c。

Bf110G-4 初期生産機

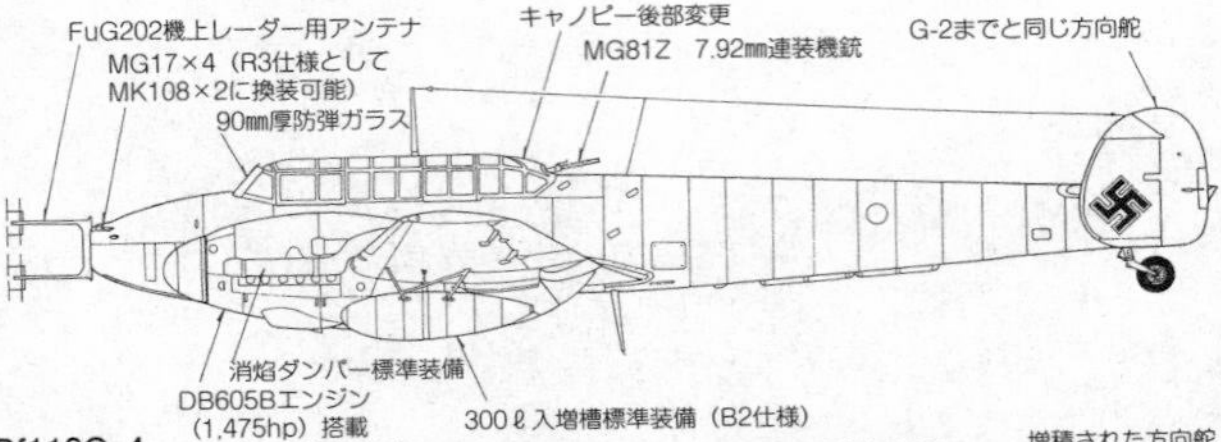

Bf110G-4

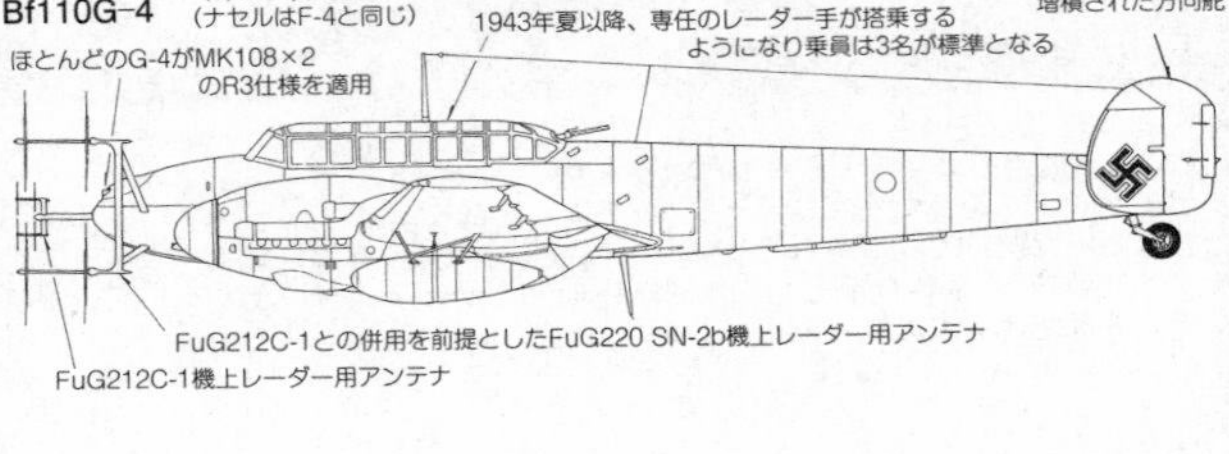

▲ドイツ敗戦後、南部のオーストリア国境に近いバート・アイブリング基地に集められ、焼却/スクラップ処分を待つ各機種。手前は、もと10./NJG6所属のBf110G-4最後期生産機、コード"2Z+NU"。消焰ダンパーは単純な直線１本筒となって、すべて主翼下面に導かれている。アンテナ・ダイポールが45度傾斜したFuG220 SN-2d機上レーダー、キャノピー上部に移動したFuG16ZY用D/Fループ・アンテナ、コクピット後部のMG81Z機銃の両側に装備されたMGFF/M 2挺のシュレーゲ・ムジークなどが確認できる。機体上面を75カラーのベタ塗りとする、最終期の夜戦塗装に注目。

Bf110G-4

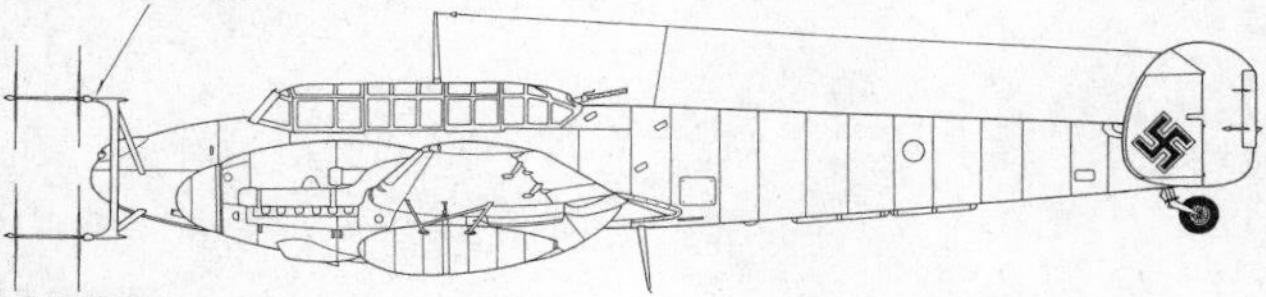
FuG212C-1との併用を必要としなくなった
FuG220 SN-2cの機上レーダー用アンテナ

Bf110G-4

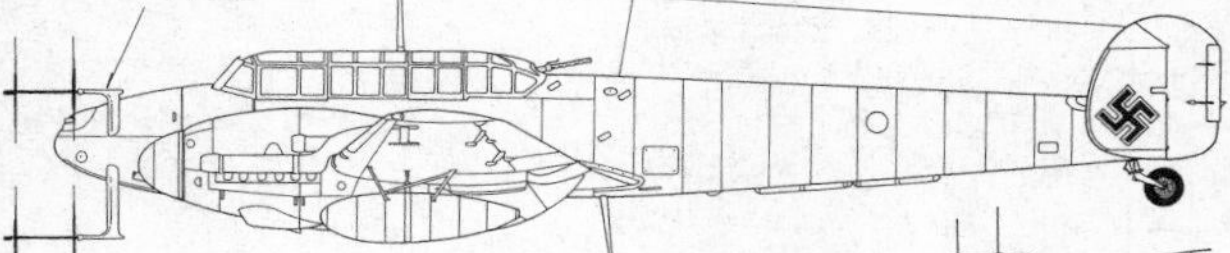
空力的に改善したFuG220 SN-2c機上レーダー用
アンテナ支柱

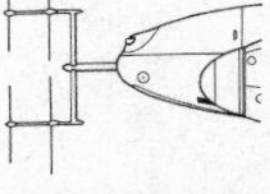

Bf110G-4最後期生産機
FuG218ネプツーンV/R搭載機のアンテナ

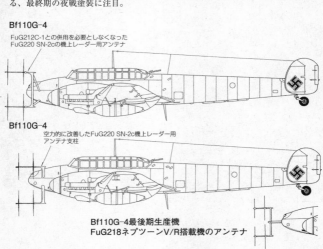

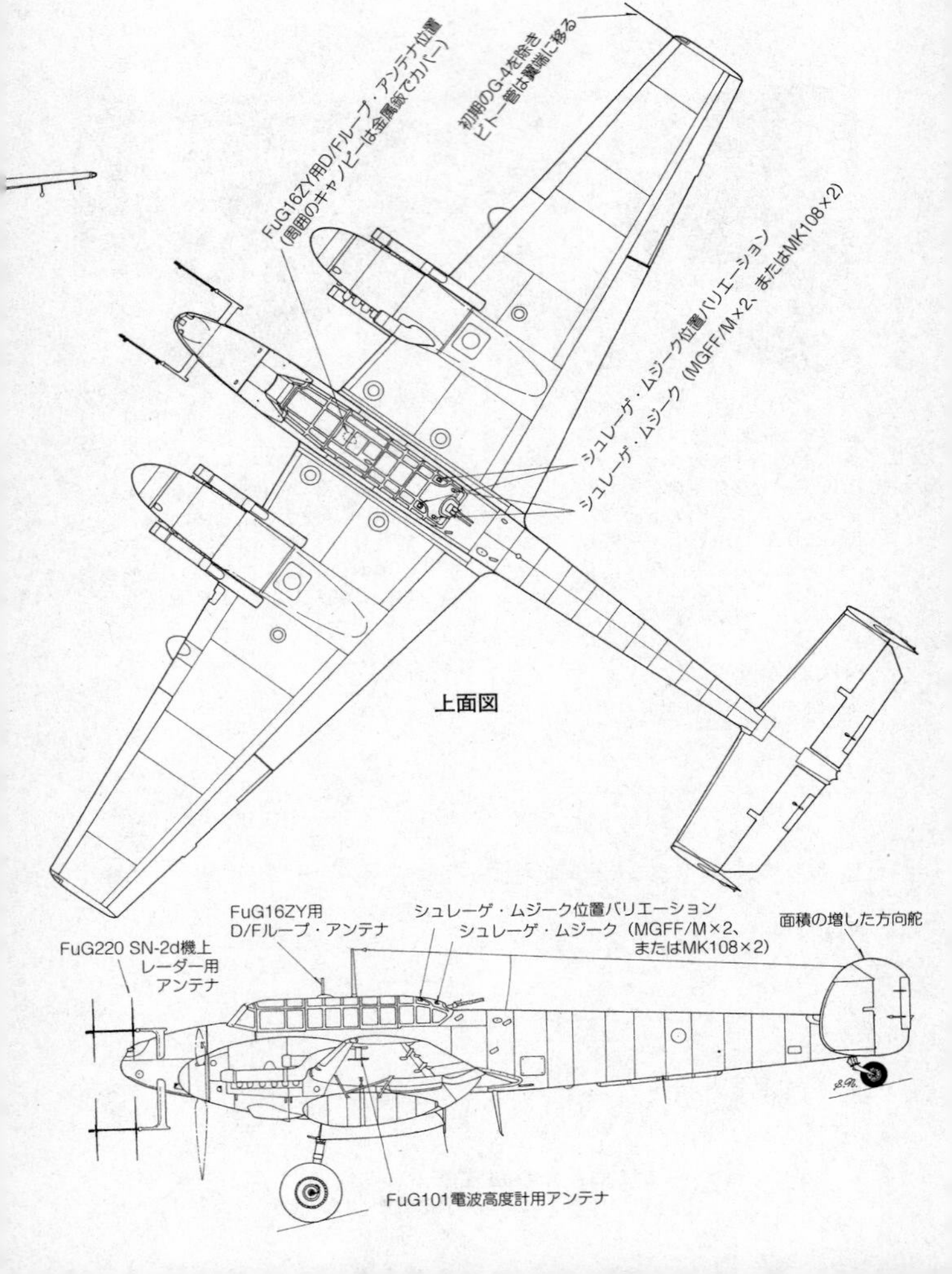

FuG16ZY用D/Fループ・アンテナ位置
（周囲のキャノピーは金属板でカバー）
初期のG-4を除き
ピトー管は翼端に移る
シュレーゲ・ムジーク位置バリエーション
シュレーゲ・ムジーク（MGFF/M×2、またはMK108×2）
上面図
FuG16ZY用
D/Fループ・アンテナ
シュレーゲ・ムジーク位置バリエーション
シュレーゲ・ムジーク（MGFF/M×2、
またはMK108×2）
面積の増した方向舵
FuG220 SN-2d機上
レーダー用
アンテナ
FuG101電波高度計用アンテナ

Bf110G-4後期生産機 四面図
※図の状態は、厳密に記すとBf110G-4/R3/R7/R8となる

正面図

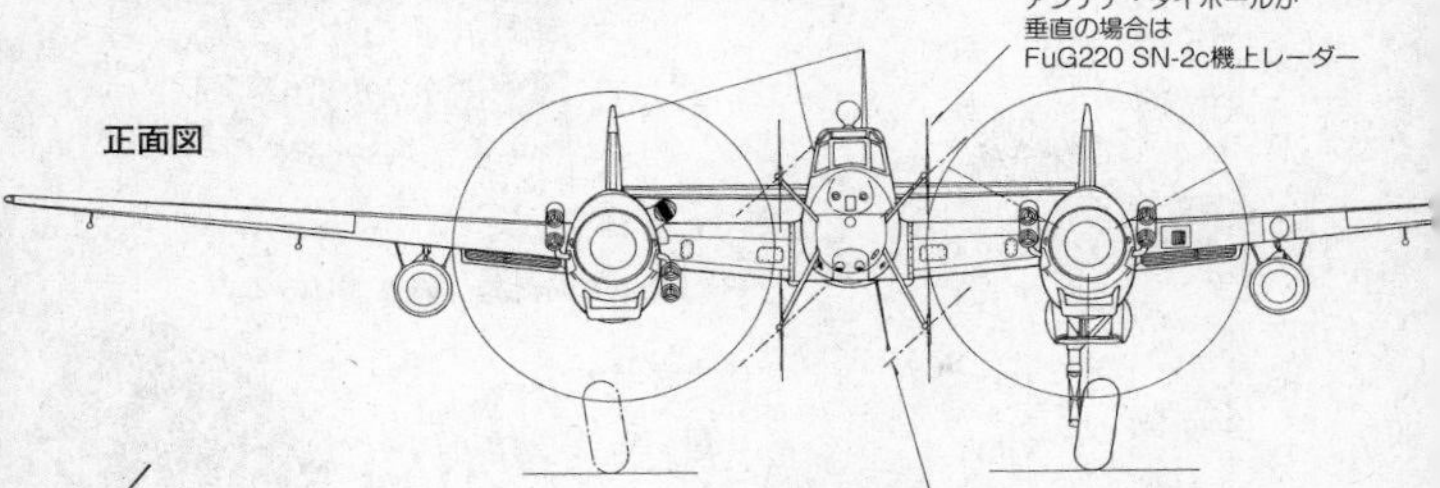
アンテナ・ダイポールが

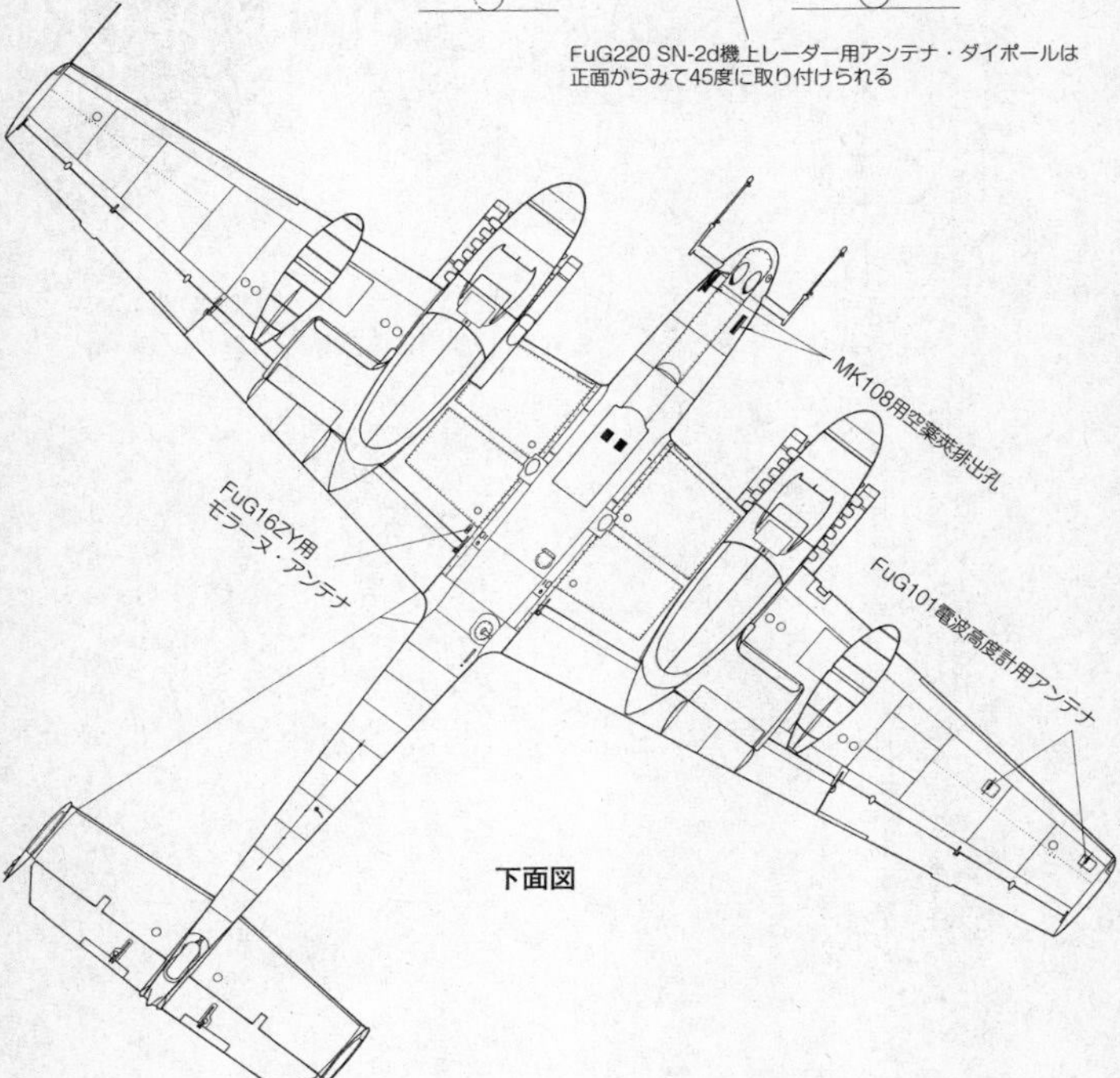

下面図

Bf110C～Gの構造と細部

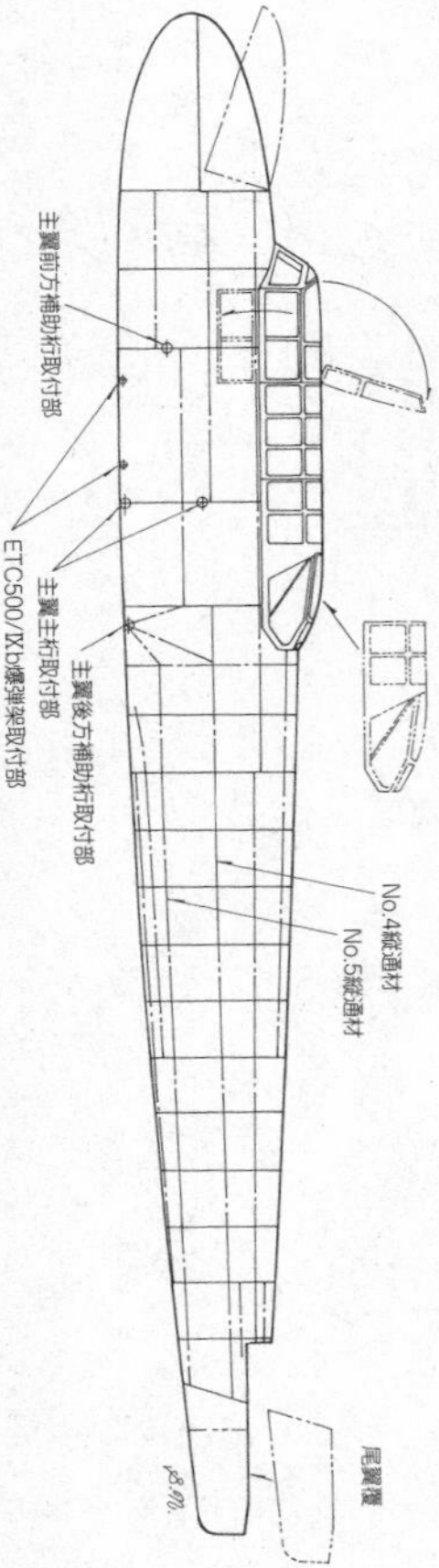

Bf110C～F 胴体骨組図 ※キャノピーを除けばG型も基本的に同じ

後部胴体内部構造（前方よりみる）

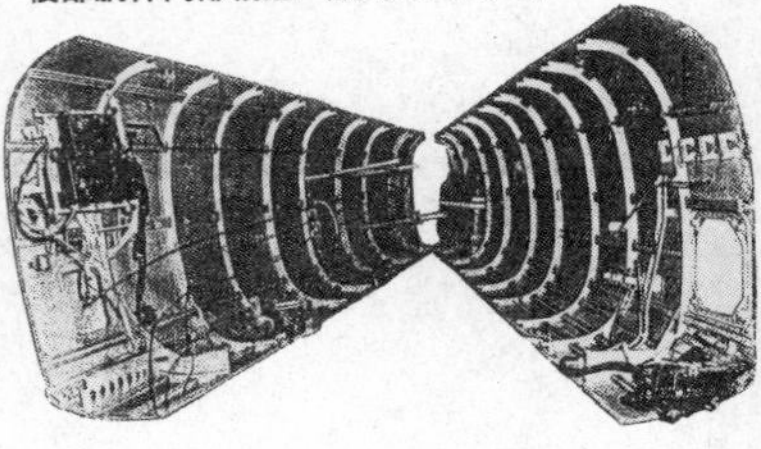

Bf110C後部胴体内部骨格

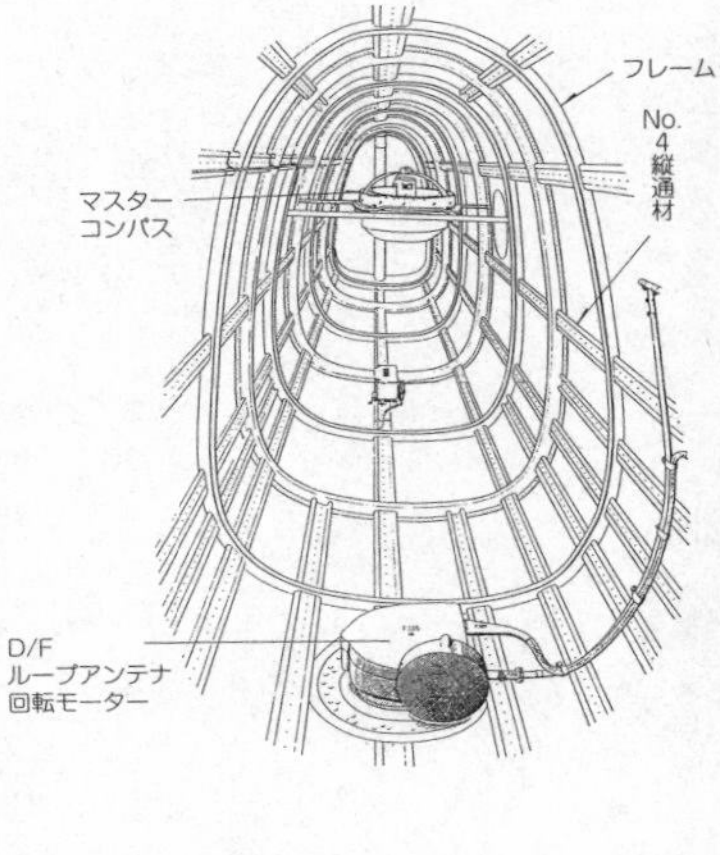

主翼骨組図（各型ほぼ同じ）寸法単位mm

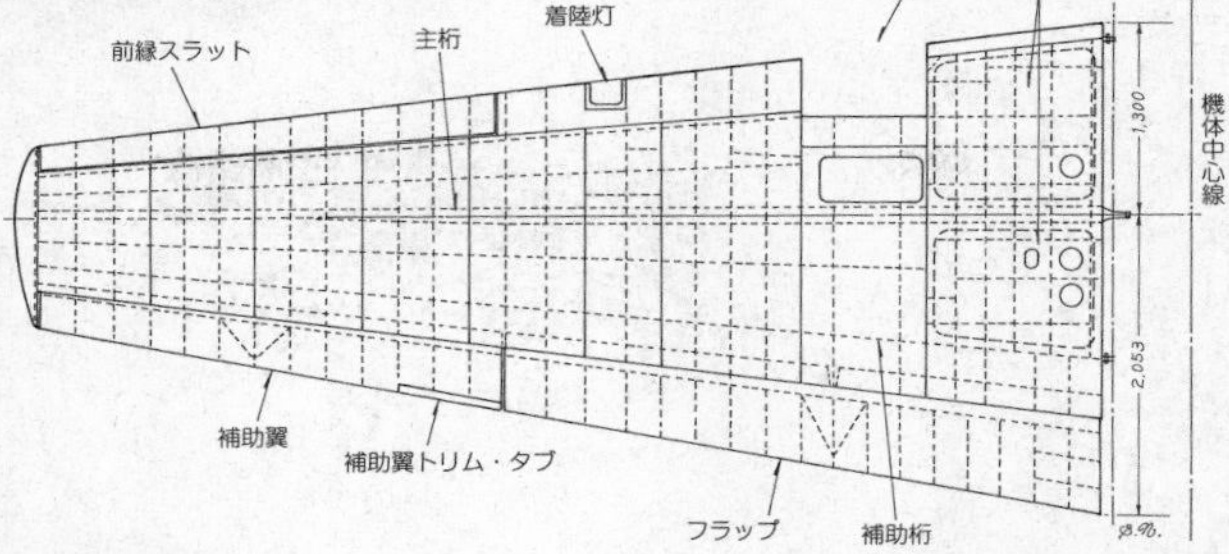

主翼断面図

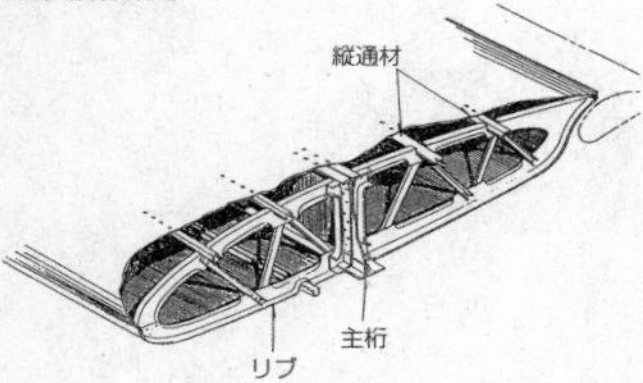

ラジエーターまわり（左側）

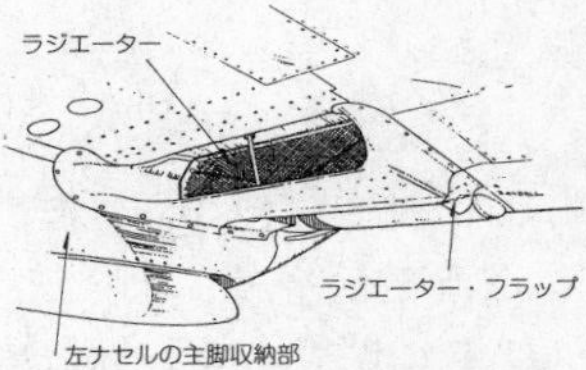

Bf110C ～ G-4 初期までの垂直尾翼
寸法単位mm

Bf110C ～ G 水平尾翼　寸法単位mm

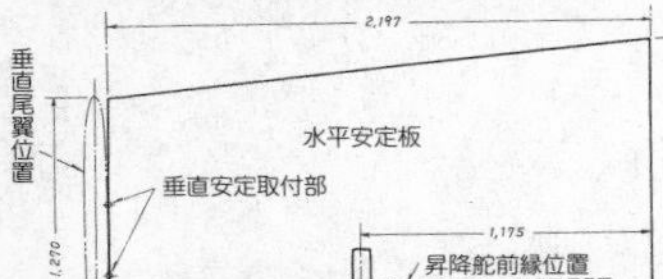

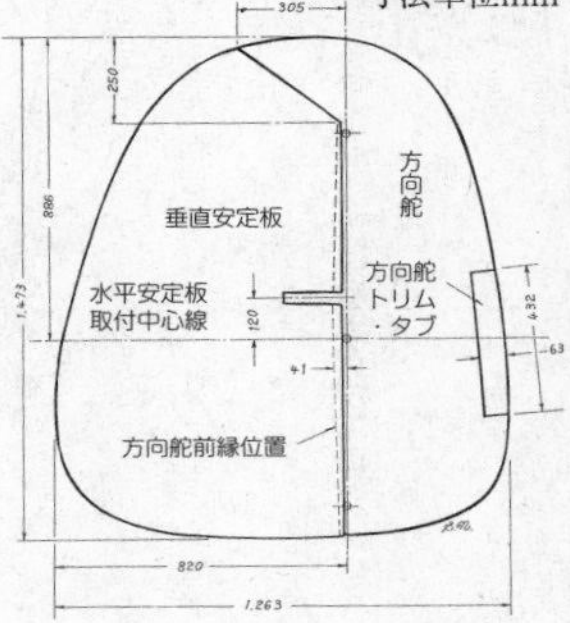

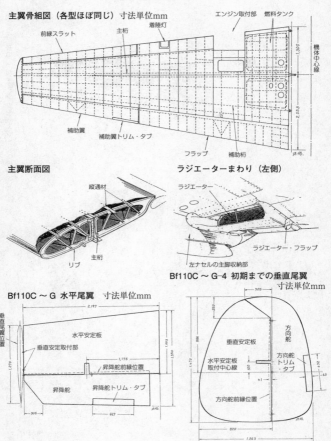

胴体内部MGFF 20mm機銃装備要領（上面よりみる）

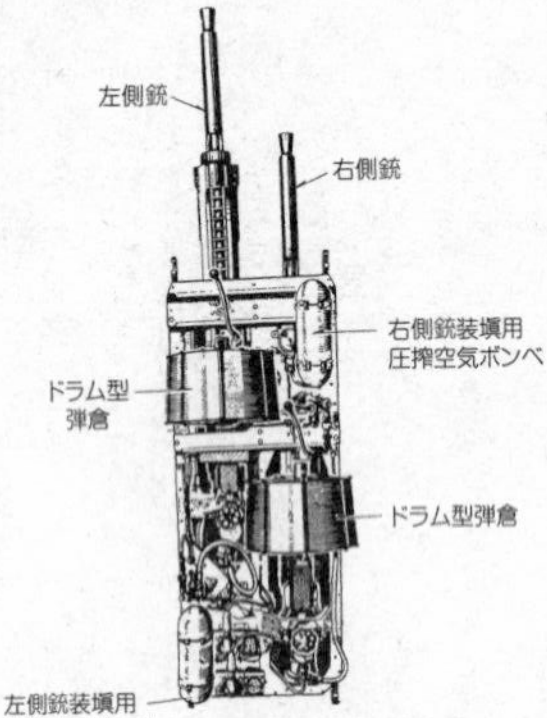

機首上部MG17 7.92mm機銃装備要領

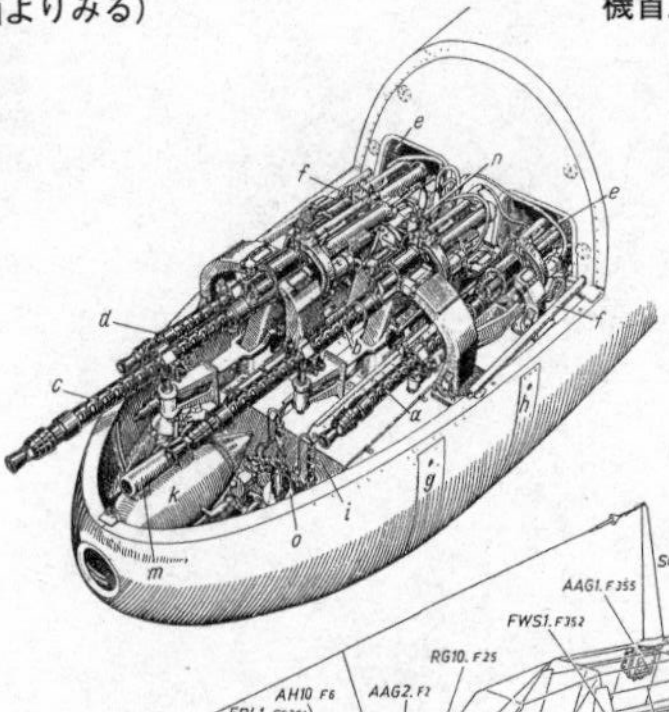

a．1番機銃　b．2番機銃
c．3番機銃　d．4番機銃
e．機銃装備用切り欠き
f．側方支持架
g．3番機銃用弾倉
h．4番機銃用弾倉
i．胴体前部仕切り壁
k．ESK2000bガン・カメラ
m．ガン・カメラ・ファインダー
n．配電器
o．装填用圧搾空気ボンベ

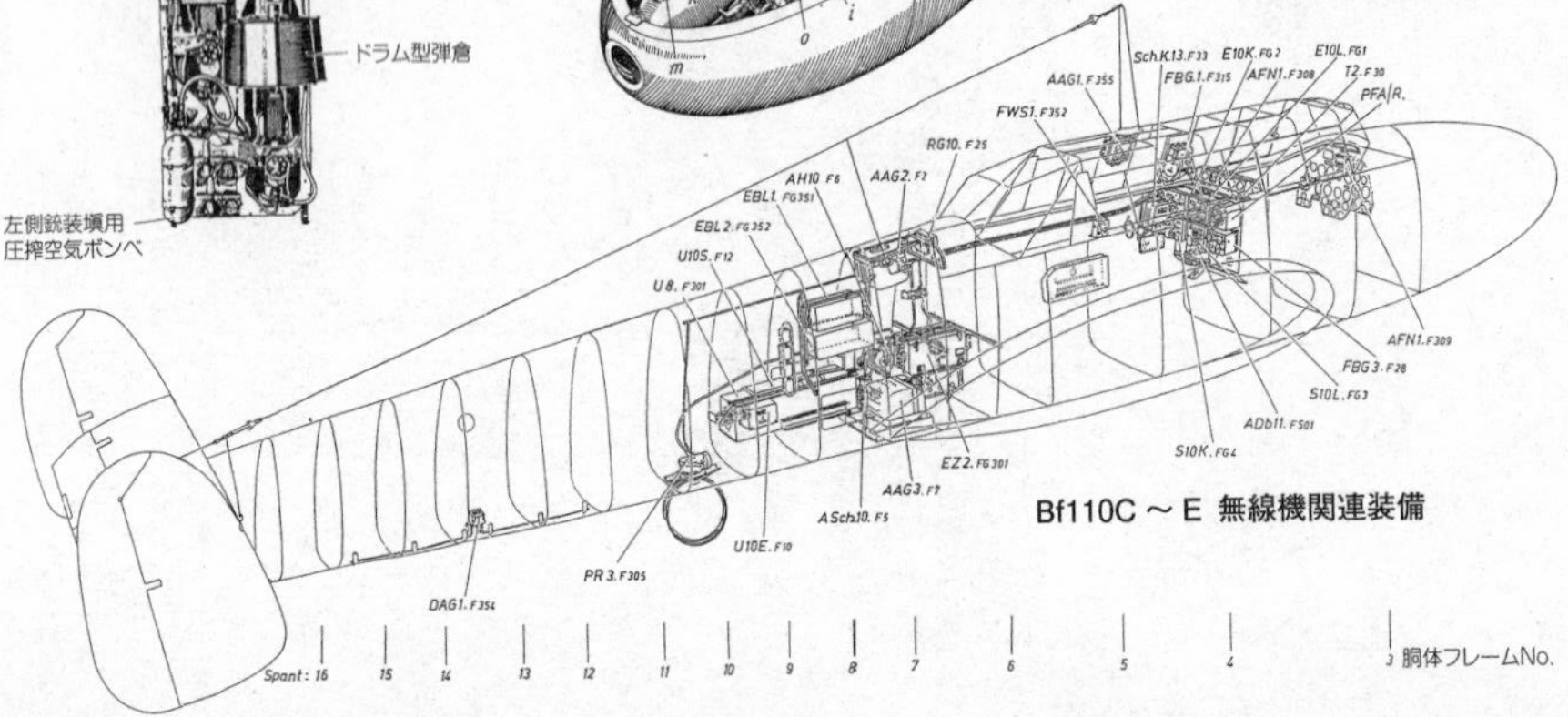

Bf110C～E 無線機関連装備

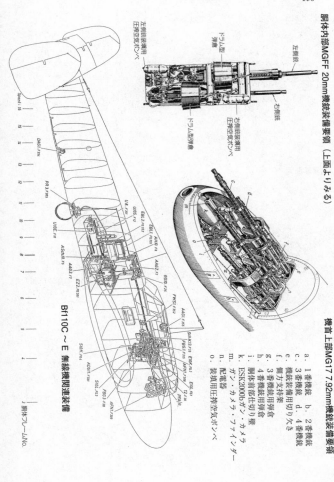

▲Bf110Cのコクピット内部を、無線/銃手席あたりから前方に向けて見る。当初は、このようにパイロット席とを仕切るものは何もなかった。手前の横一列に並んだ計器は、無線/銃手用の飛行関係計器で、後にF/G型が機上レーダーを搭載するようになってからは、この位置に操作ボックスとスコープが取り付けられた。

パイロット席まわり

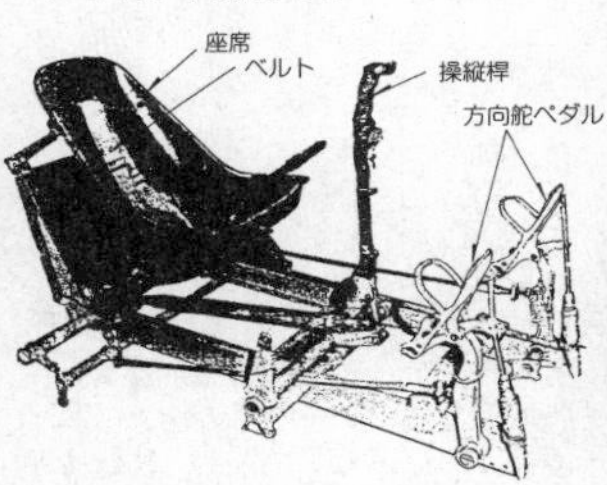

▶上の写真の無線/銃手席から下方にカメラを向けて撮ったスナップ。正面には各無線機関係の操作ボックスが5個備えられ、右上の飛行機のシルエットが描かれた丸いものはコンパス。手前に見える黒っぽい円筒は、胴体下面に装備したMGFF 20mm機銃2挺の、予備ドラム型弾倉。

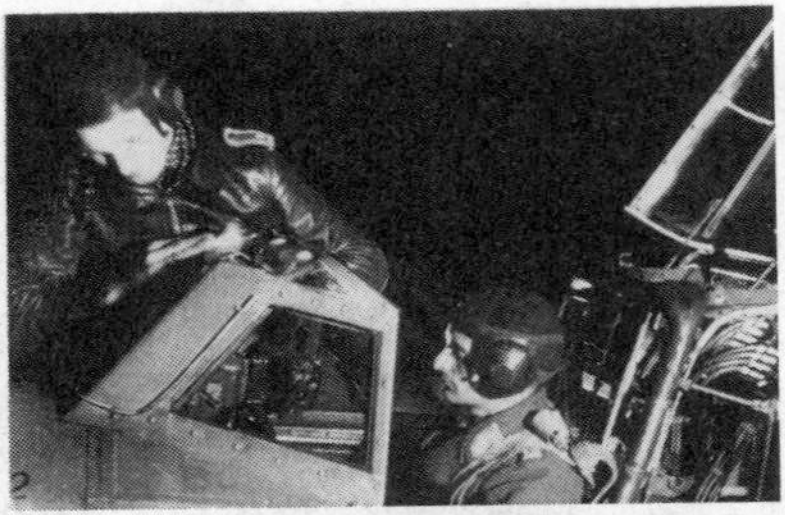

▶この2枚は、のこされた写真が少ない夜戦型Bf110G-4のなかで、コクピット周囲を鮮明に捉えた貴重なもの。当時の夜間出撃の雰囲気もよく表わしている。パイロット席に座るのは、最終撃墜数73機（うち夜間が58機）を記録し、有数の夜戦エースとなる、ヴィルヘルム・ヘルゲト少佐で、I./NJG4飛行隊司令官職にあり、通算63機撃墜に達し、柏葉騎士鉄十字章を受賞した1944年4月11日前後の撮影と思われる。90mm厚のぶ厚い防弾ガラス、ロール・バーが追加されたパイロット席後方、レーダーほかの各種機器の追加で空間が埋まってしまった無線士席前方、アンテナ支柱、キャノピーなどがよくわかる。乗員は写真に写っている3名。暗くてわかりにくいが、下写真の右端にMGFFシュレーゲ・ムジークの砲身先端が写っている

ることも可能にした。後席旋回機銃も、口径は7・92㎜と変わらないが、単装のMG15から連装のMG81Zとなり、携行弾数もベルト式化により大幅に増している。

コクピット前後、下面には5～10㎜厚の装甲板を張り、キャノピー正面ガラスは90㎜厚防弾ガラスが標準になった。

先行生産型G－0は1942年5月から組み立てに入り、同年夏にテストを受けた後、12月、最初の生産型としてG－2がラインにのった（G－1はキャンセル）。

G－2は駆逐／戦闘爆撃機型で、1943年1月から部隊就役を開始したが、夜戦隊には配属されていない。

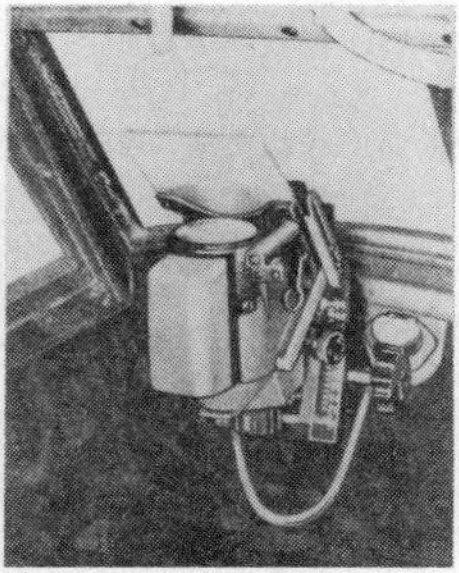

▲Bf110G–4のパイロット席正面計器板。F型あたりまでと比較し、人工水平儀、旋回計の位置が異なっているが、基本的なアレンジは変わらない。右写真は、その正面計器板の上方に取り付けられたRevi C/12D光像式射撃照準器。後期生産機は新型のRevi 16Bに更新されたと思われる。

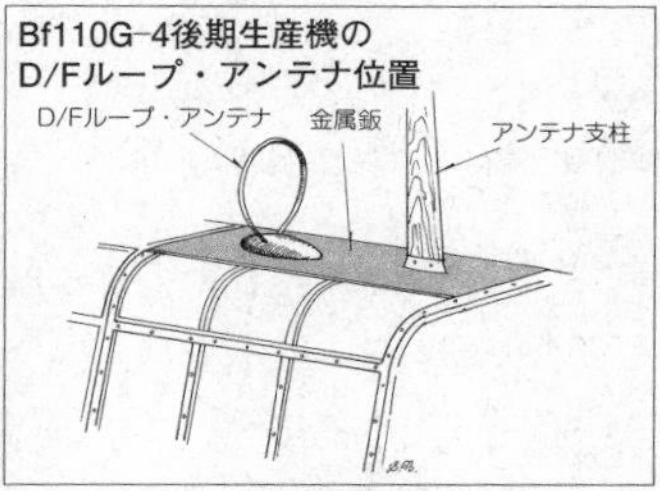

◀無線/レーダー手席の右側に備え付けられた、胴体内部下方のMG151/20 20mm機関銃用の弾倉。左右銃の分が前後に並べてあり、上面の扉はヒンジで左側に開き、弾丸を補給する。

▲Bf110Gシリーズの搭載エンジンとなった、ダイムラーベンツDB605（1475hp）。サブ・タイプにA、B、Dがあるが、Bf110が搭載したのはB型。A型とは補器類が少し異なる。

Bf110G-4 最後期生産機の排気管、消焔ダンパー（図は右ナセル外側を示す）

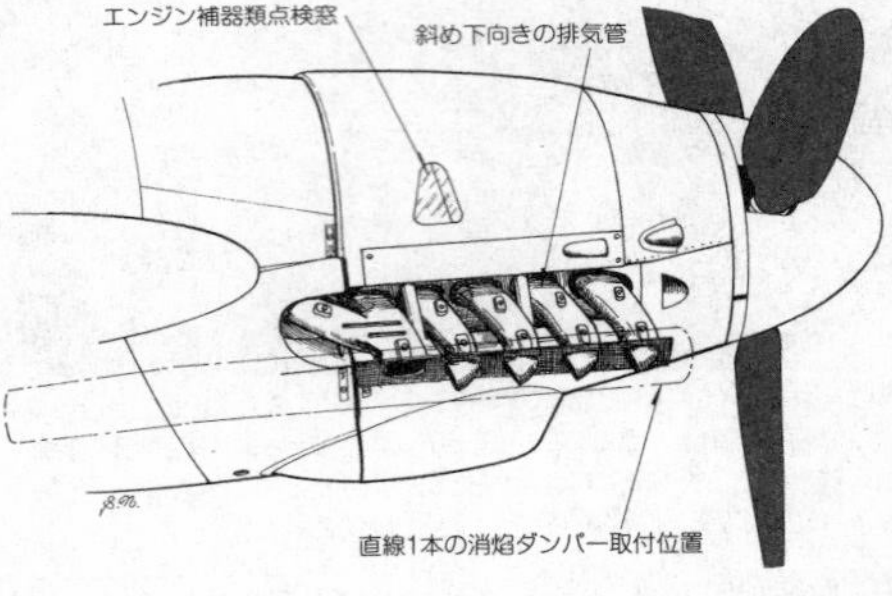

射撃兵装

Bf110G機首上部MG17機銃装備図

a．MG17 7.92mm機銃
b．鋳造銃架
c．鋼製銃架
d．弾丸供給筒
e．空薬莢排出筒
f．弾倉
g．装填用圧搾空気ボンベ
h．ESK2000bガン・カメラ
i．ガン・カメラ用照準調整筒
k．配電器KVK17
l．SVK42B
m．発射ボタン
n．SKK404-2残弾ゲージ
o．Revi C/12D照準器
p．安全装置スイッチ

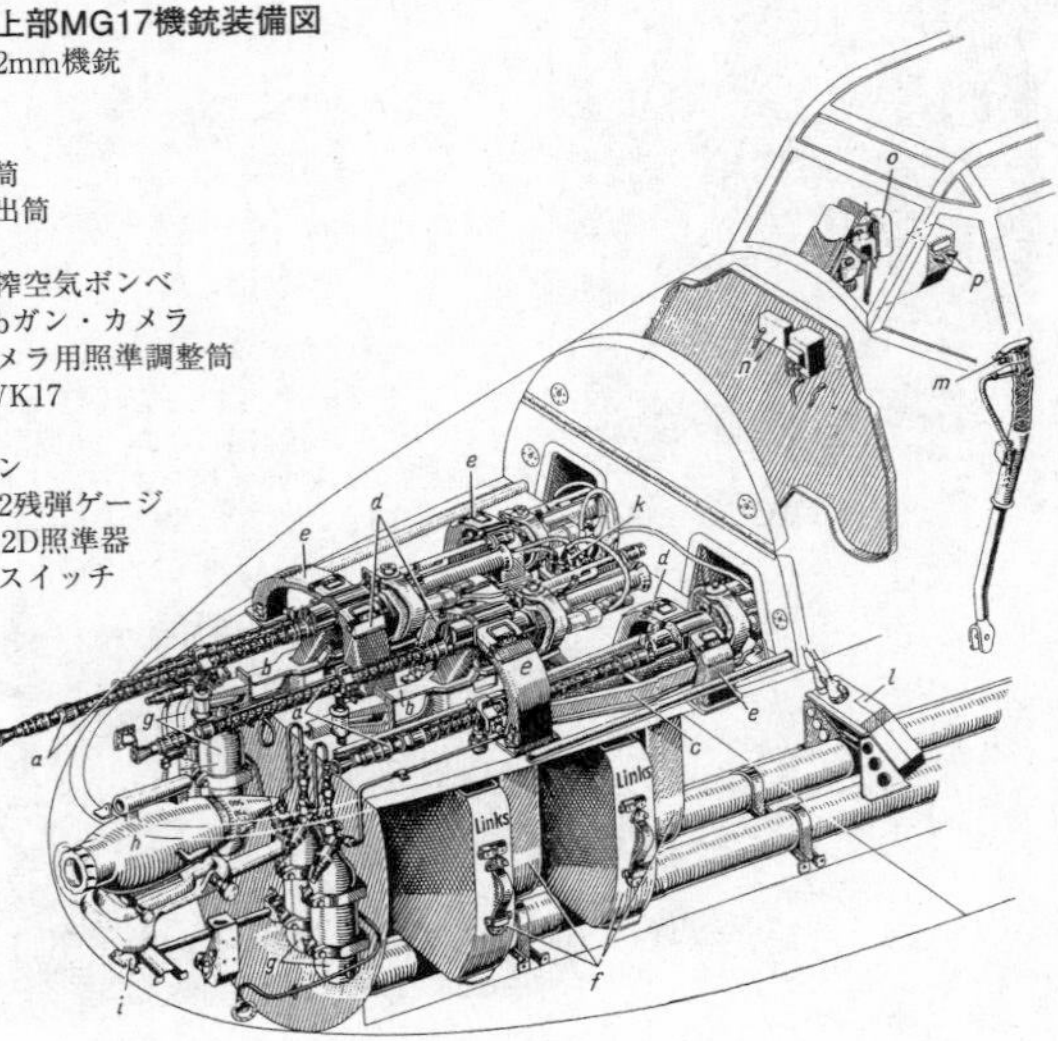

Bf110G射撃兵装図（寸法単位mm）

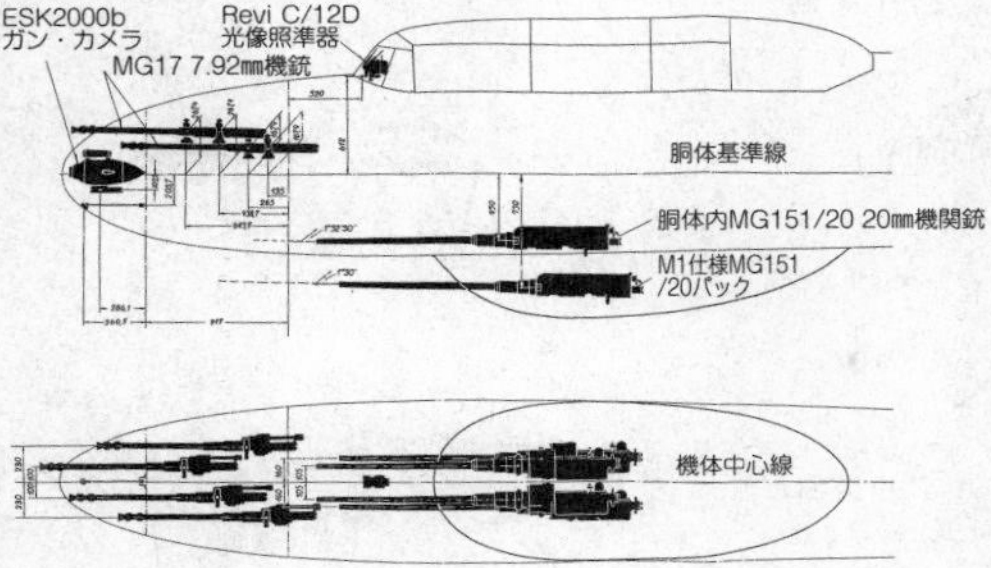

Bf110G胴体内部MG151/20装備図

a．MG151/20 20mm機関銃　b．ブラスト・チューブ
c．弾倉　d．給弾筒　e．EDSK-B1着火装置
f．SVK2-151/131配電器　g．継電器
h．下面カバー
i．SZKK-2装填スイッチ
k．発射ボタン
l．SKK404-2残弾ゲージ
m．安全装置

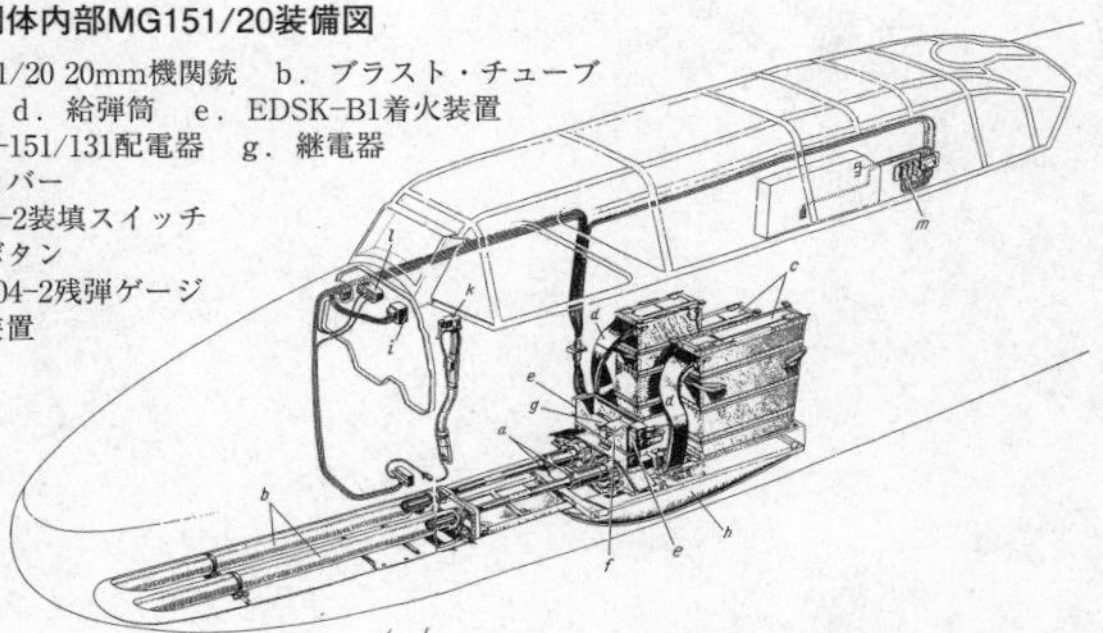

Bf110G胴体下面射撃兵装関係パネル

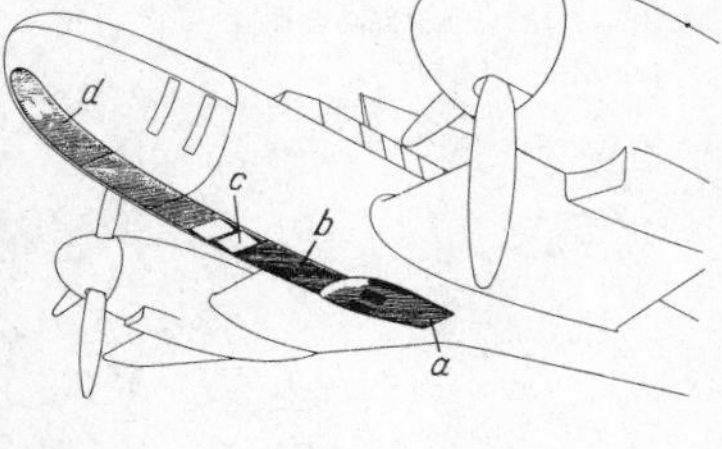

a．MG151/20装備部カバー
b．前方小型カバー
c．発射ガス排出孔
d．MG151/20発射口

Bf110G-4の射撃兵装バリエーション
MK108に消焔装置を付けた例

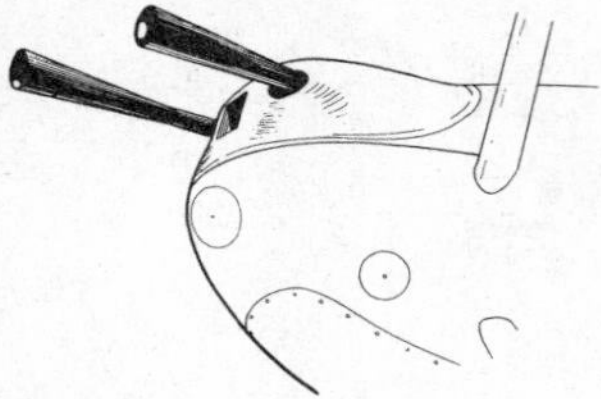

機首上部にMG151/20を装備した
現地改修機（消焔装置付）

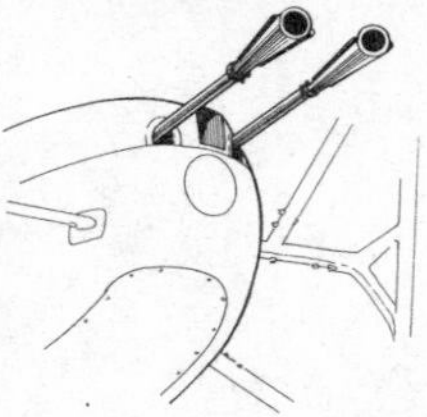

シュレーゲ・ムジークのバリエーション

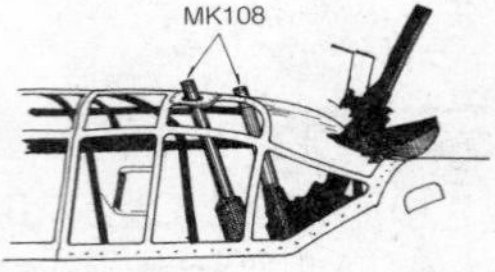

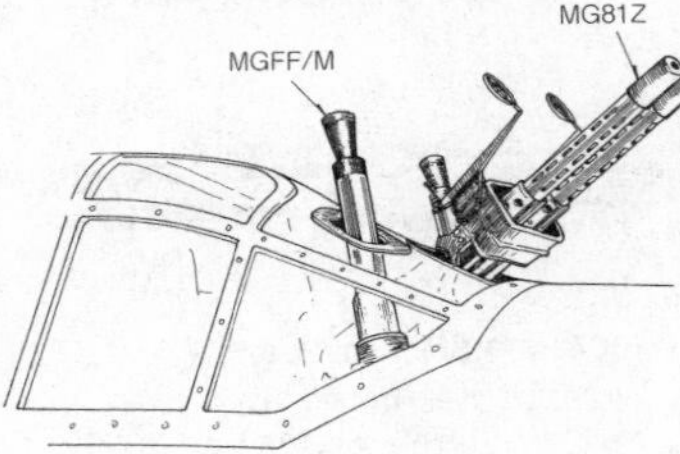

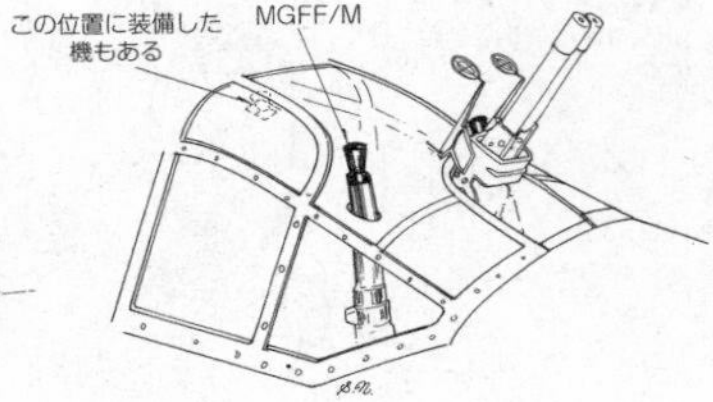

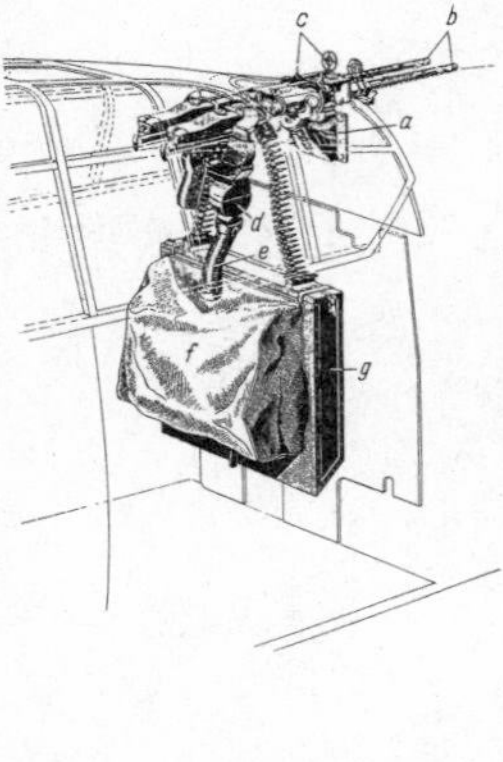

Bf110Gコクピット後部防御兵装

a．LG81Z/3旋回砲架
b．MG81Z 7.92mm連装機銃
c．Ve46照準環、照星
d．空薬莢受け
e．金属筒
f．空薬莢収納袋
g．弾倉

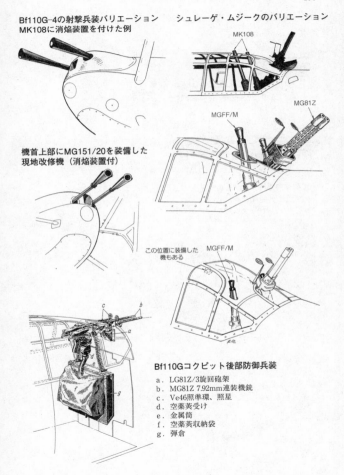

Bf110G-4
MK108 30mm砲×2
(R3仕様)

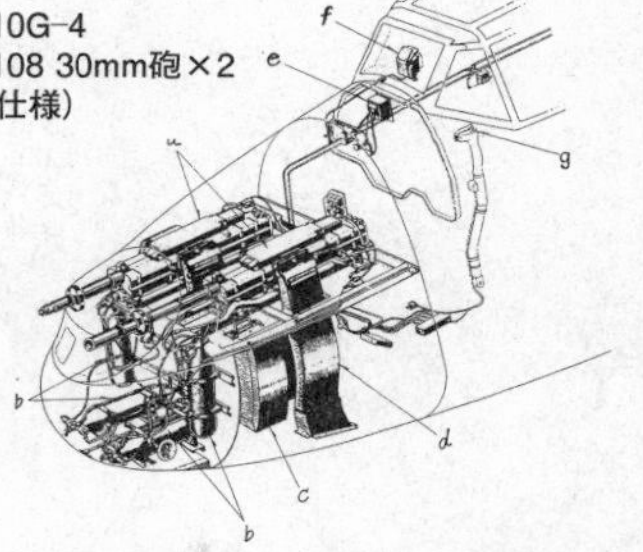

a．MK108 30mm機関砲　b．装填用圧搾空気ボンベ　c．弾倉　d．空薬莢排出筒　e．スイッチ、および残弾ゲージ　f．Revi C/12D、またはRevi 16B照準器　g．発射ボタン

▲“R3”仕様と呼ばれた、機首上部のMK108 30mm機関砲２門を上からみたスナップ。1944年以降のBf110G-4では標準装備みたいなものだった。左右砲は前後にズラして取り付けてあり、後位置の左砲は砲身の先にブラスト・チューブを付けている。MG17×4装備機で、ESK2000bガン・カメラが取り付けてあった部分は、FuG202機上レーダー用アンテナ（画面上方に一部が写っている）支柱取付部となっている。

▲M1仕様を施したBf110G-4初期生産機。ただし、ガン・パックのMG151/20は取り外している。機首上部兵装はMG17×4。

▲胴体下面に、MG151/20 20mm機銃２挺を収めたガン・パックをオプション装備する、M1仕様。携行弾数は１門につき100発計200発。かなり強力な兵装となるが、みるからに空気抵抗が大きく飛行性能の低下は避けられない。G-4ではそれほど多くは適用されなかった。

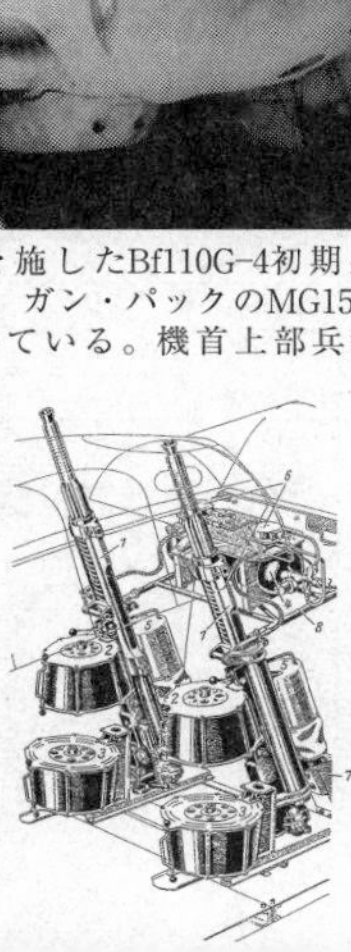

Bf110G-4/R8仕様“シュレーゲ・ムジーク”

1．MGFF/M 20mm機銃　2．ドラム式弾倉　3．予備ドラム式弾倉　4．装填用圧搾空気ボンベ　5．空薬莢うけ筒　6．発射器ユニット　7．砲取り付け架　8．砲支持架

Bf110G-4/R8シュレーゲ・ムジーク関連装備

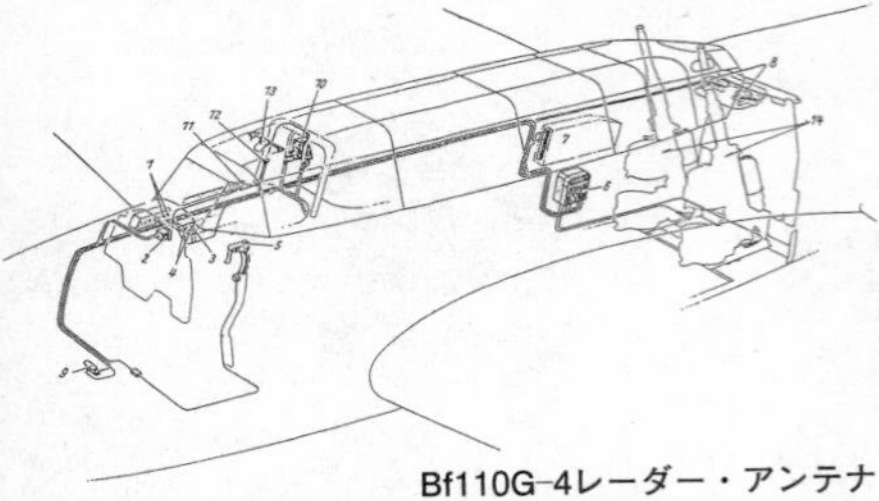

1．サーキット・ブレーカー　2．スイッチ、および残弾ゲージ　3．装填ボタン　4．装填表示器　5．発射ボタン　6．SVK42供給器　7．主サーキット・ブレーカー・パネル　8．コック・ユニット　9．配電器P100　10．Revi 16N照準器　11．配電器V1　12．コネクター　13．照準器取付パネル　14．MGFF/M 20mm機関銃

Bf110G-4レーダー・アンテナ

▲イギリスに接収されたBf110G-4、W.Nr730037の機首レーダー・アンテナを下方よりみる。鮮明な画面により、そのディテールが一目瞭然であろう。FuG212C-1（中央の小さいアンテナ）との併用を前提にしたFuG220 SN-2bのアンテナは、支柱が大袈裟でいかにも空気抵抗が大きそう。

レーダー装備

FuG202
リヒテンシュタインBC

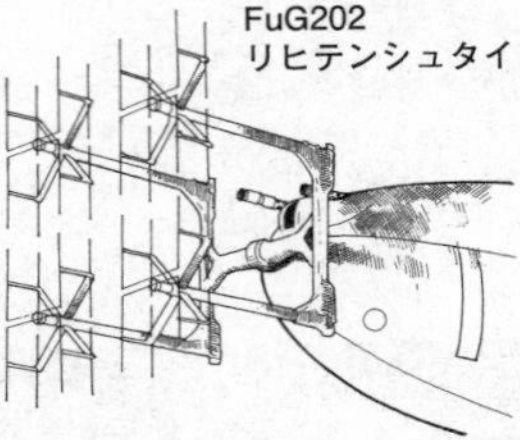

Bf110G改修キット仕様

Rüstsatz	装 備 品 名	対象サブ・タイプ
R1	BK3.7　37mm砲×1（胴体下面）	G-2、G-3
R2	GM-1　パワーブースト装置	G-4
R3	MK108　30mm砲×2（機首上面）	G-2、G-3、G-4
R4	R2仕様＋R3仕様	G-4
R5	R1仕様＋R3仕様	G-2
R6	R2仕様＋R3仕様	G-4
R7	300ℓ増槽×2（外翼下面）	G-2、G-3、G-4
R8	MGFF 20mm銃×2（シュレーゲ・ムジーク）	G-4
R9	MK108 30mm砲×2（シュレーゲ・ムジーク）	G-4
B1	増設潤滑油タンク（後部胴体下面）	G-2、G-3、G-4
B2	300ℓ増槽×2（外翼下面）	G-2、G-3、G-4
M1	MG151/20　20mm銃×2（胴体下面）	G-2、G-3、G-4
M2	ETC500×Ⅸb 爆弾架（胴体下面）	G-2、G-3、G-4
M3	ETC50/Ⅷd 爆弾架（外翼下面）	G-2、G-3、G-4
M4	〃　〃	〃
M5	W.Gr42ロケット弾×2（外翼下面）	G-2、G-3、G-4

FuG212リヒテンシュタインC-1 & Fug220リヒテンシュタインSN-2b

（寸法単位mm）

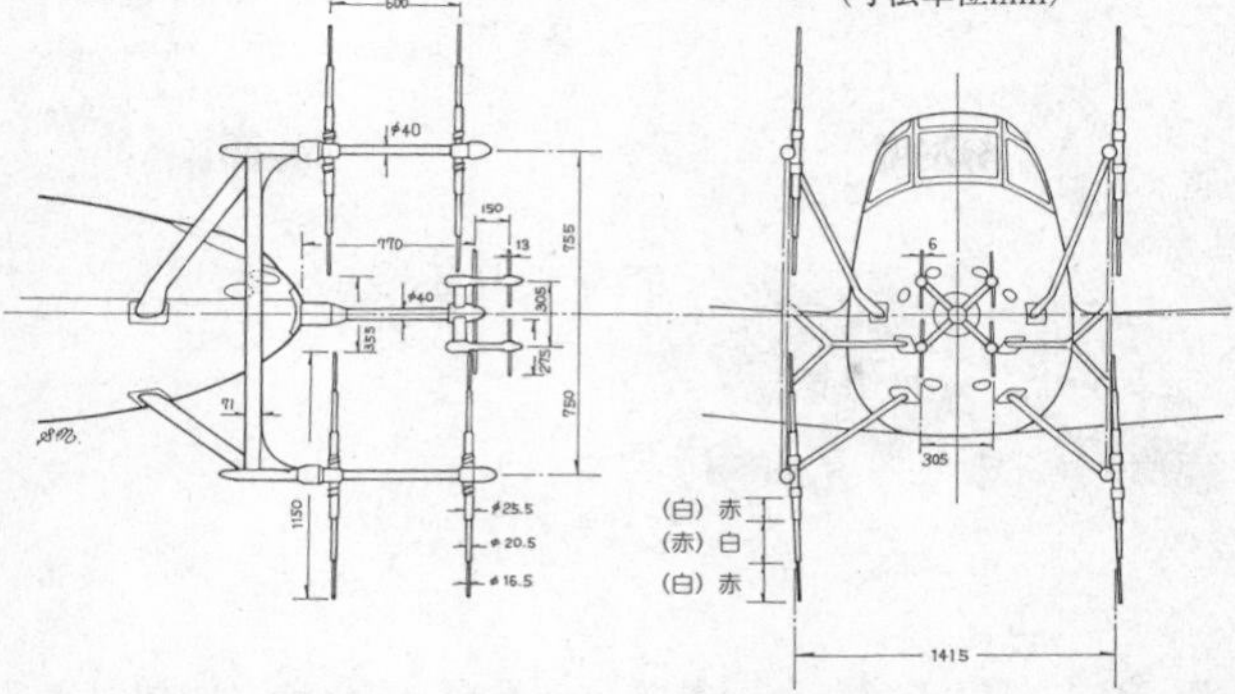

▲アンテナ・ダイポールが、正面からみて45度に傾斜して取り付けられるのが特徴だった、FuG220リヒテンシュタインSN-2d搭載機。下部下半分のダイポールを、破損防止のため白/赤/白に塗り分けている。

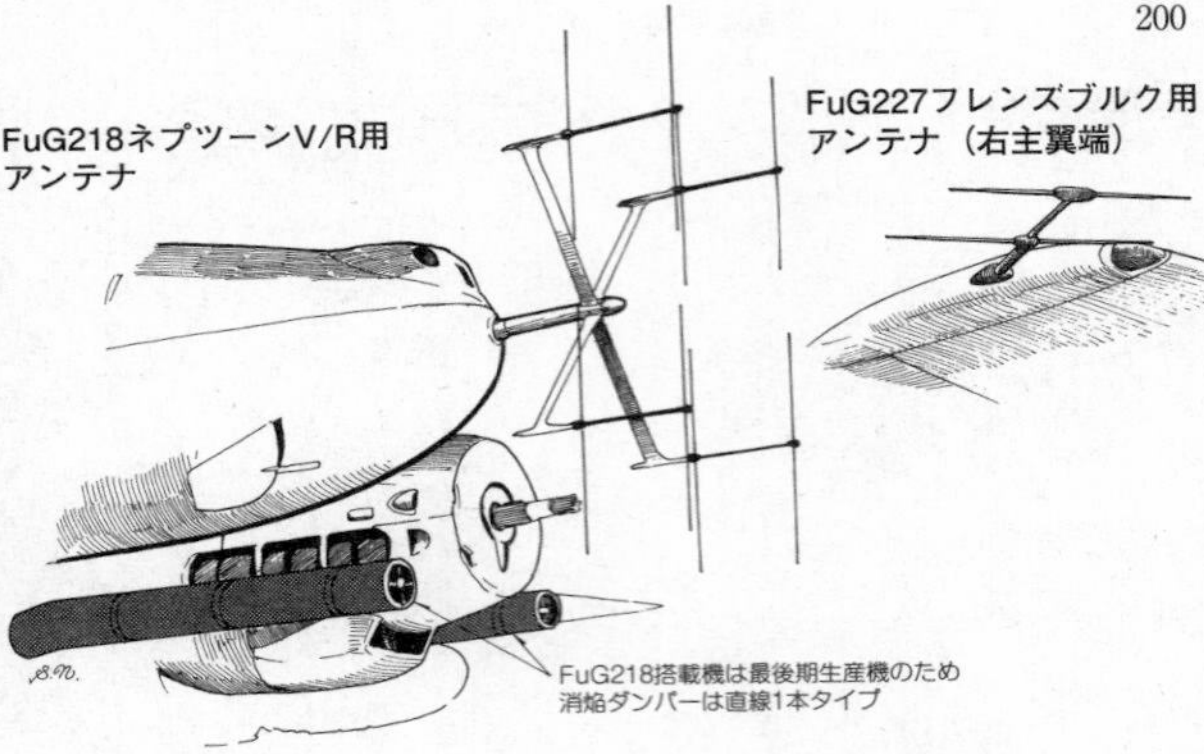

Ｇ－２につづくＧ－３は、Ｆ－３と同様、カメラを装備した偵察機型で、本型も夜戦隊には縁のないサブ・タイプである。

Ｇシリーズ最後の生産型として、１９４３年１月から量産に入ったのが、Ｆ－４につづく夜戦専用型のＧ－４である。

Ｇ－４は、メッサーシュミット社がＢｆ１０９、Ｍｅ１６３、Ｍｅ２６２、Ｍｅ３２３、Ｍｅ４１０などの開発、生産で手一杯のため、ゴータ、ゴータ・ヴァゴンファブリク、ルターの各社が量産を肩替りし、１９４５年２月までの２年間で、計１８５９機もの多数を送り出すことになる。

Ｇ－４の夜戦専用装置は、まず何と言っても機上レーダーで、１９４３年夏まではＦｕＧ２０２、秋以降はＦｕＧ２１２とＦｕＧ２２０の併用、１９４４年に入ってＦｕＧ２２０各型、１９４５年に入り一部がＦｕＧ２１８を搭載したというのが、大まかな変遷。

これらアクティブ・レーダーとは別に、１９４４年春以降、Ｂｆ１１０Ｇ－４の一部は、イギリス空軍爆撃機が装備した『モニカ』後方警戒レーダーの電波をキャッチし、その位置を知るパッシブ・レーダーＦｕＧ２２７フレンズブルクを搭載したが、数はそれほど多くない。

また、Ｊｕ88Ｇ－６の多くが搭載したパッシブ・レーダーＦｕＧ３５０ナクソスＺ（イギリス爆撃機が装備したＨ２Ｓマッピング・レーダーの電波をキャッチする）は、スペースの関係からＢｆ１１０Ｇ－４には搭載されなかった。

なお、あまり知られていないことだが、Ｂｆ１１０Ｇ－４では専任レーダー手が乗り込んだ（パイロット席と後方銃手席との中間）ため、乗員は3名が標準になっている。

空気抵抗の大きいレーダー・アンテナと乗員一名追加を含む重量増加もあって、Ｇ－４の最大速度は５１０㎞／ｈに落ち、これはかなりの痛手だった。

夜間行動時にパイロットの目を眩惑させぬよう、ナセル両側の排気管に大型の消焔ダンパーを標準装備した。

初期生産機を除き、方向舵が増積され、バランス・タブも同様に大きくなり後縁ラインから突出するようになったのも、Ｇ－２までとの識別点。

Ｇシリーズでは、激化する航空戦に比例し、現地部隊からの装備、武装に関する種々の注文が殺到したが、これをいちいち生産ラインで対処しきれなくなったため、あらかじめ装備、武装を改造キットとして用意しておき、現地部隊でもそれらに換装できるようにした。これは、Ｂｆ１１０Ｇに限らず、他の機種でも同様だった。

Bf110Gシリーズのために用意された改造キットは、198ページの表に示したごとく、一般的な〝R〟仕様の他に〝B〟、および〝M〟仕様が存在した。G－2、G－3型は、夜戦隊には縁のないサブ・タイプだが、いちおう表組みはそれらも含めておく。イラストで示せる仕様は、194～198ページにまとめて掲載しておいた。

Bf110Gの生産は、1944年4月～9月にかけてがそのピークに達し、それ以前は1943年10月、11月を除き月産100機を超えることはなかったが、上記の半年間は平均月産160機で推移した。

しかし、モスキート夜戦を相手にしては、性能面でももはや見劣りは否めず、Ju88G－6の出現により、夜戦隊創設以来、長らく維持してきた主力配備機の座は、1944年7月を境に同機に明け渡した。もっとも、ドイツ敗戦当時にも、なお多数が就役しており、夜戦隊エースNo.1のシュナウファーや、ベテランのヤープスなど本機を最後まで乗機として用いた英雄も少なくない。Bf110はやはり最後までドイツ夜戦隊の象徴的存在だったのだ。

航空省は、1943年12月、Gシリーズにつづく生産型としてBf110Hを開発する計画をゴータ・ヴァゴンファブリク社で検討した。

Bf110Hは、Gシリーズのエンジンを DB605Eに更新し、主翼面積を増積し、艤装全般にわたって改修を加えた性能向上型として計画され、そのうちのH－4が夜戦専用型になるはずだった。

しかし、1944年2月、ゴータ・ヴァゴンファブリク社が、米陸軍航空軍四発重爆の空襲により被爆してしまい、生産はH－4に限定して行なうことにされたが、作業が具体化しないまま、同年11月、戦況悪化によりHシリーズはキャンセルされ、同時にBf110の開発史にもピリオドが打たれた。

●メッサーシュミットMe210／410（Masserschmitt Me210／410）

Bf110の後継機として、1937年に計画され、第二次大戦開戦2日目の1939年9月2日に初飛行した駆逐／戦闘爆撃機Me210は、メッサーシュミット社が自信をもって開発し、空軍も大いに期待したが、各種トラブル続出に加え、空力設計の欠陥により、大迎え角姿勢になると突然スピンに入り墜落するクセがあり、とても実用機として扱えないという惨憺たる結果に終わった。

この責任を問われ、社主メッサーシュミットが軍事裁判にかけられるという異常な事態になったが、必死の再設計により、なんとか使えるまでになり、1944年夏までに計348機が生産された。

Bf110の後継機ということで、当然のことながら夜戦への転用も検討され、おそらく駆逐機仕様のMe210A－1と思われる少数機が、I．／NJG1、第3戦闘師団本部で試験的に使われた。

ただし、夜間の実戦出撃は行なわれなかったようで、やはり機体の安定性に不安があり、夜戦への転用は見送られた。

Me210の失敗をとり戻すために、メッサーシュミット社は、エンジンをDB603A

（1750hp）に換装し、主翼を全幅18mに大型化、与圧キャビン付きとするなど、全面的に再設計を施したMe310と、改修範囲をDB603Aへの換装と主翼の再設計にとどめたMe410の両計画を当局に提出した。

その結果、Me410案が採用され、1942年末にMe210を改造した原型1号機が初飛行し、テストで好成績を示したことから量産発注され、1943年1月に最初の生産型Me410A－1が完成し始めた。

以後、Aシリーズとしては主に武装の違いによるA－2、A－3（偵察機型）、エンジンを

▲Bf110の後継機として開発され、当然ながら夜戦への転用も計画されていたMe210。写真は最初の生産型Me210A-1。しかし、設計上の失敗により目論はモロくも崩れてしまう。

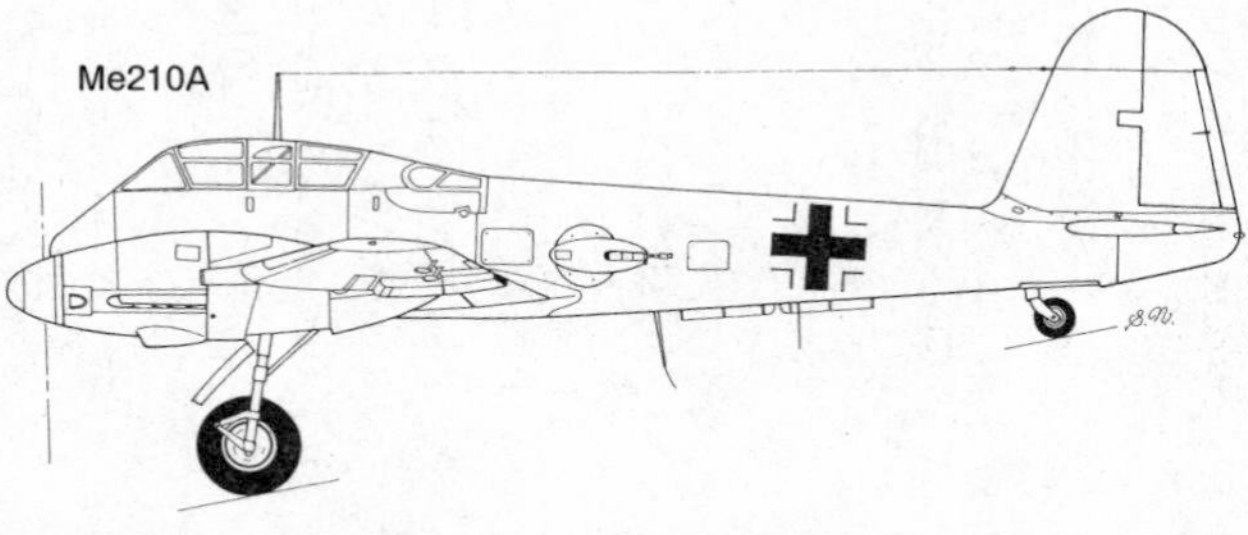

DB603G（1900hp）に換装したMe410Bシリーズの B－1（戦闘爆撃機型）、B－2、B－3（偵察機型）、B－6（レーダー装備の対艦船偵察／攻撃機型）が生産され、1944年末に打ち切られるまでに各型計1160機がつくられた。

Me210と同様に、Me410の夜戦への転用も検討され、次ページの上図に示したような、FuG212、FuG220機上レーダー、およびシュレーゲ・ムジークを装備した専用機も設計されたが、Ju88G、He219の就役などもあり、生産するまでには至らなかった。

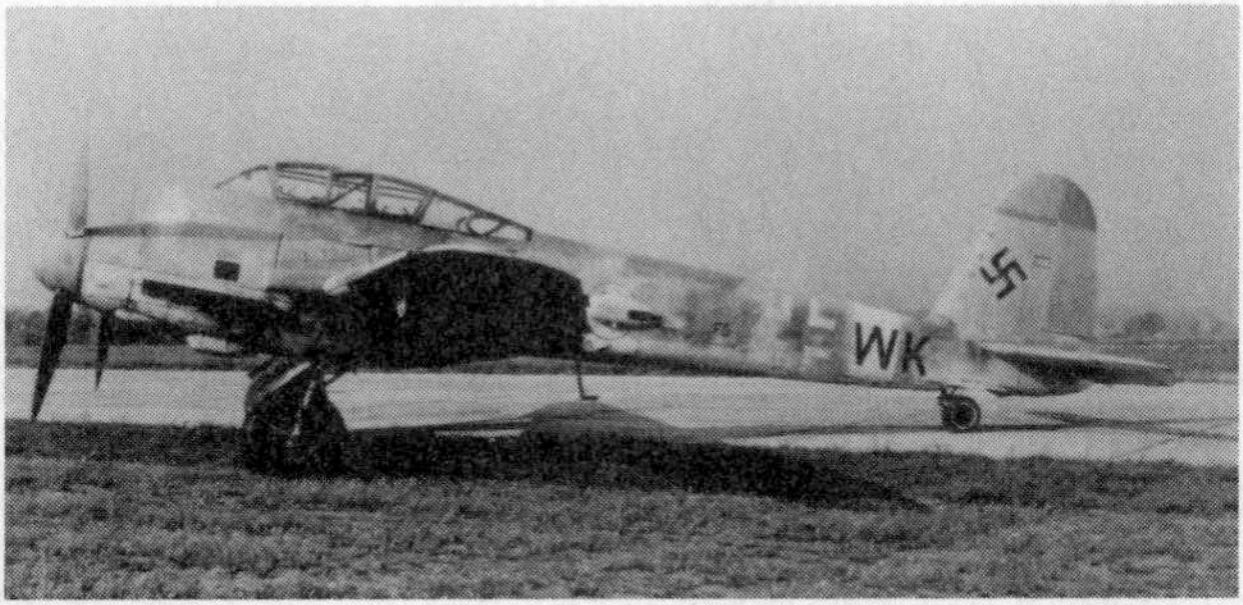

▲失敗に帰したMe210を急ぎ改修し、なんとか実用可能にこぎつけたMe410。夜戦への転用も計画され、次ページの図に示したように専用型の開発はかなり具体化していたが、結局は実現しなかった。写真は、偵察型のMe410A−3。

Me410A

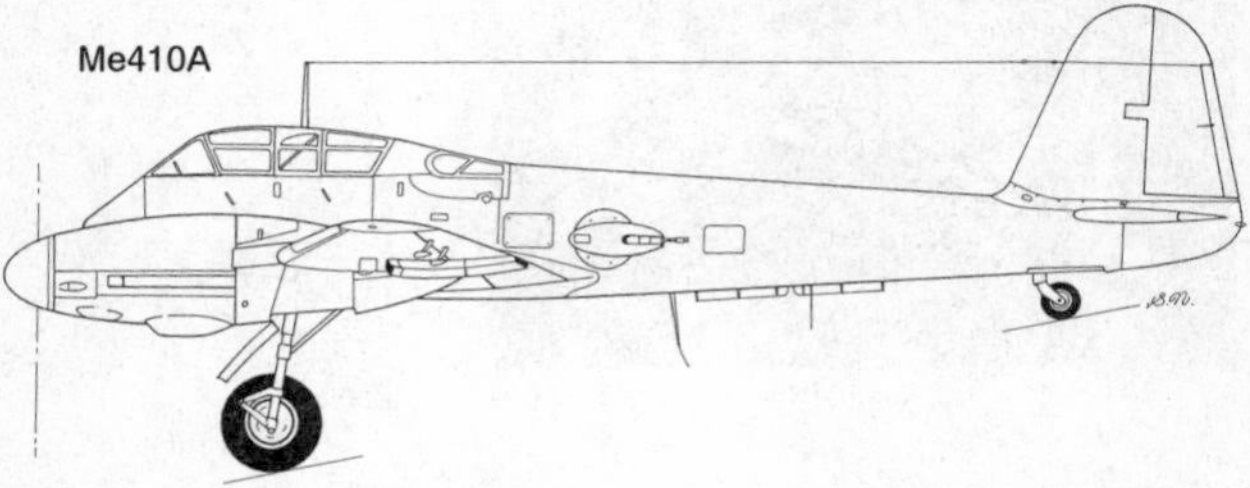

計画が具体化していたMe410夜戦型の胴体内部配置図

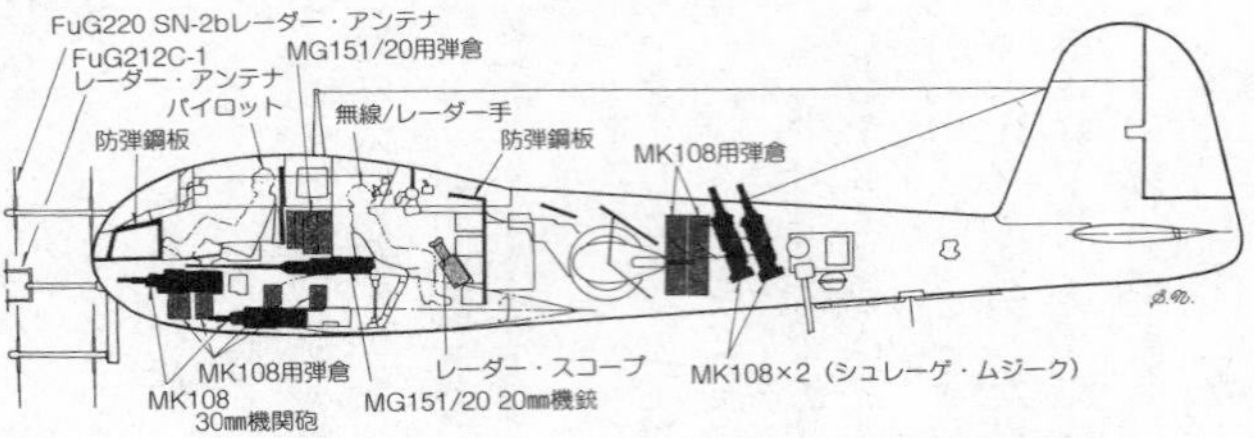

もっとも、通常のＭｅ４１０Ａ－１、Ｂ－２の一部がⅢ．／ＮＪＧ１、Ⅰ．／ＮＪＧ５、第４１０実験中隊、Ⅰ．／ＫＧ51などに配備され、〃アンチ・モスキート夜戦〃として１９４４年5月ごろまで使われており、夜戦の範ちゅうには含めるべきかもしれない。ちなみに、Ｍｅ４１０Ａ－１の最大速度は、高度６５００ｍにて６２４㎞／ｈだったから、モスキートにはなんとか対抗できる能力はあった。

▼機首下部爆弾倉に、MG151/20 20mm機銃２挺の追加パック武装を取り付け、標準装備の13mm機銃×２、20mm機銃×２とあわせ、強力な射撃兵装を誇ったMe410B-1/U2。夜戦の兵装としても充分な威力だった。

●Ｂｆ１０９、Ｆｗ１９０単発夜戦

第二章でも概述したように、１９４３年7月末のハンブルク大空襲直後、イギリス空軍の「ウインドウ」により、一時的に機能マヒしたレーダー警戒・誘導システムに頼らない、目視邀撃を原則とする、Ｂｆ１０９、Ｆｗ１９０両昼間単発戦闘機を装備機とする、第３００戦闘航空団（ＪＧ３００）が発足した。

これらの機材は、夜間航法、索敵用の装備などは何も施してなく、通常の昼間戦闘機仕様とまったく変わらなかった。ただ、四発爆撃機相手の空戦だけに、Ｂｆ１０９Ｇの場合は、左、右主翼下面にＭＧ１５１／20 20㎜機銃各1挺をゴンドラ式に追加装備する「Ｒ６」仕様を標準とし、Ｆｗ１９０Ａの場合は、外翼内武装をＭＧＦＦ 20㎜機銃からＭＧ１５１／20に強化したＡ－６を優先的に配備された。

しかし、夏のあいだ好天に恵まれて予期した以上の戦果をあげたＪＧ３００も、悪天候の日が続く秋になると、単発戦ゆえの貧弱な航法、索敵能力を露呈し、事故、不時着などに

◀FuG216「ネプツーン」レーダーを試験的に装備してテストされた、Bf109G-6。機首上面の４本のロッド・アンテナが、大仰な台座に取り付けられているのが、いかにも実験機然としている。

よる損害が急増し、戦果のほうも目に見えて減少した。

そこで、Ｂｆ１０９Ｇ、Ｆｗ１９０Ａ単発夜戦にも機上レーダーを装備させようという計画が浮上し、双発夜戦が搭載する最新型のＦｕＧ２２０「リヒテンシュタインＳＮ－２」よりも、いくらか軽量、小型のＦｕＧ２１６、またはＦｕＧ２１７「ネプツーン」を、両機に搭載して実験を行なった。

併載した写真、図のごとく、スコープは操縦室正面計器板に、ロッド状アンテナは、機首、胴体後部、左、

▲敵爆撃機の発信する電波を捉えて、その存在を知る、パッシブ式のレーダーFuG350「ナクソスZ」を装備した、Bf109G-6/Nの原型機、コード“NH+VZ”。極く少数ではあるが、一定数つくられてNJGr10などで実戦使用された。Bf109Gの夜戦型といえるのは、本タイプのみである。

Bf109G-6/N

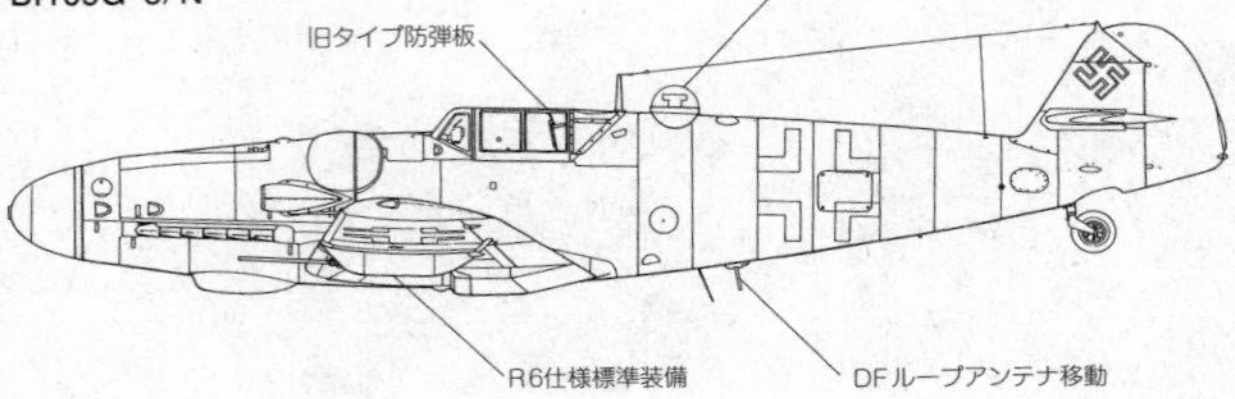

▲▼［上、下３枚とも］1./NJGr10に配備された、Fw190A-6夜戦型、W.Nr550143、機番号“白の11”を各アングルから撮ったショット。FuG217「ネプツーンJ-2」レーダー・アンテナと、排気管後方の防焔フィンがよくわかる。Fw190A夜戦の残された写真は少なく、貴重な資料といえる。防空任務とはいえ、長時間飛行を強いられる夜戦型にとって、胴体下の落下増槽は必須装備だった。

◀本機のパイロット、フィリッツ・クラウザ中尉が、水平尾翼上に置いた飛行装具を点検しているところ。アンテナ位置に注目。

右主翼上面に３〜４本ずつ並べて突き立て装備した。

しかし、いちじるしく小柄なＢｆ１０９Ｇでは、スペース的な無理があり、またアンテナ追加による空気抵抗増加で性能低下も甚だしいため、実用化は見送られた。

Ｂｆ１０９Ｇの場合、ＦｕＧ２１７の代わりに、イギリス空軍爆撃機が装備する「モニカ」後方警戒装置が発する電波に感応し、その所在を探知するパッシブ・レーダー、ＦｕＧ

Fw190A-6/Neptun 夜間戦闘機

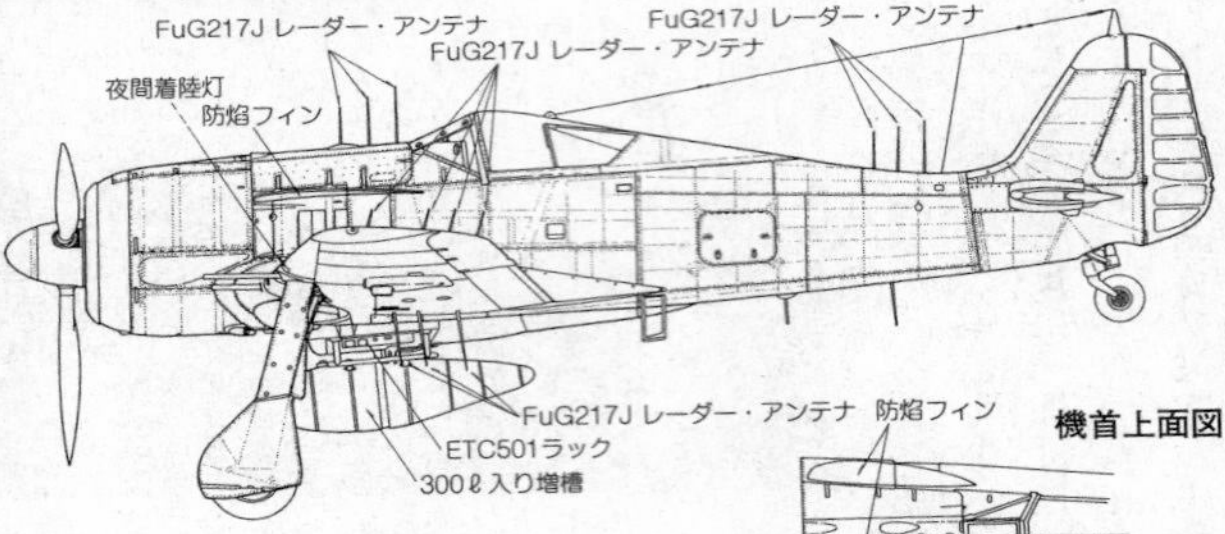

機首上面図

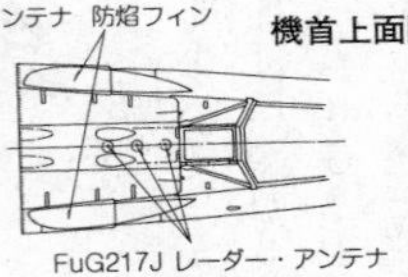

Fw190A-8 夜間戦闘機

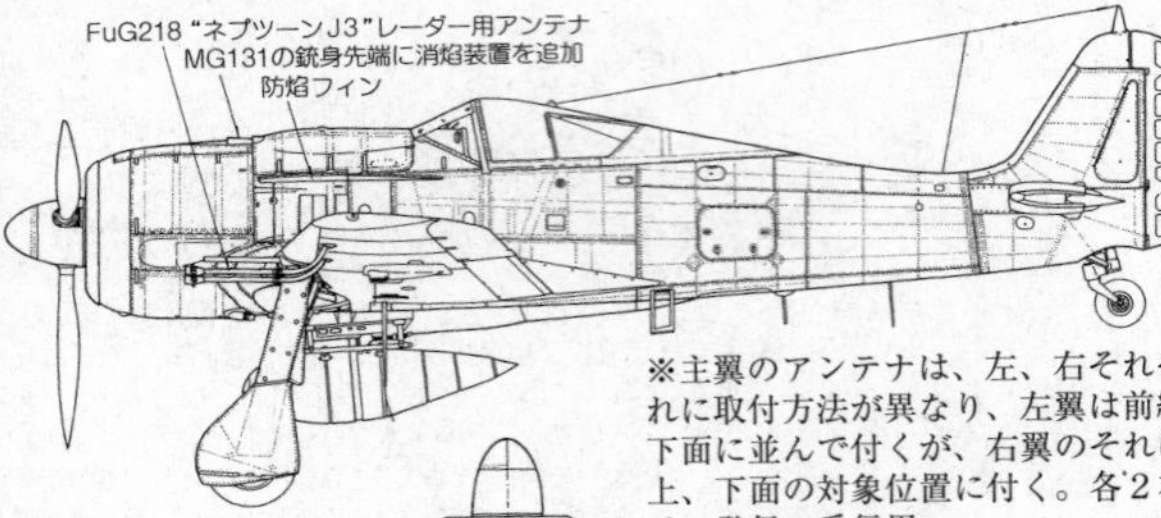

※主翼のアンテナは、左、右それぞれに取付方法が異なり、左翼は前縁下面に並んで付くが、右翼のそれは上、下面の対象位置に付く。各2本は、発信、受信用。

下面図

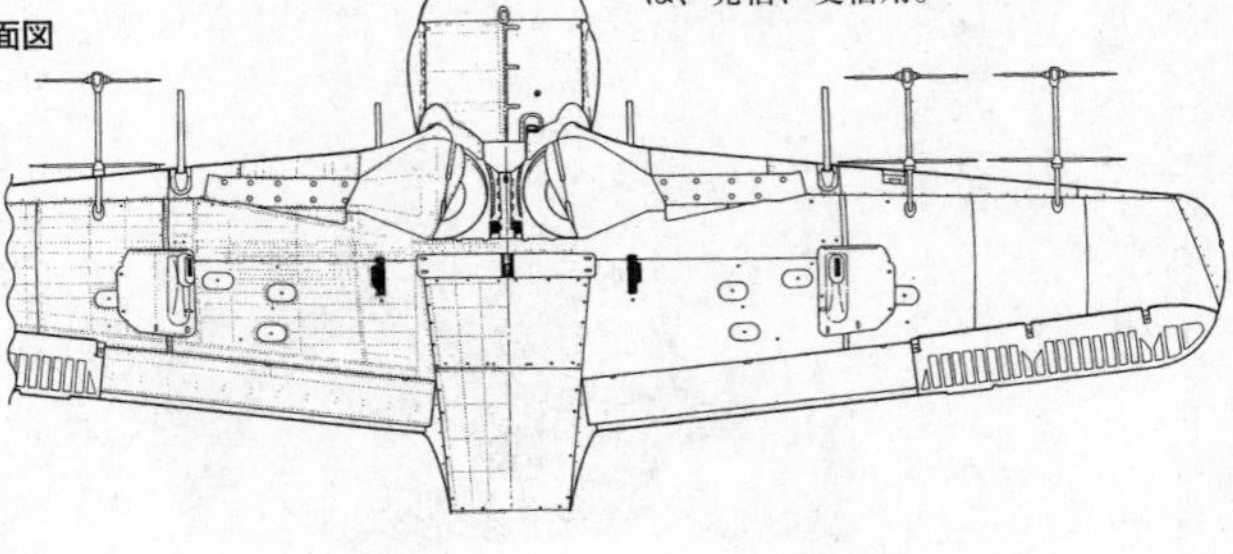

350「ナクソスZ」を装備する実験も行なわれたが、結局、これも極く少数用いられただけだった。

いっぽう、Bf109Gほどスペース的な苦しさと、飛行性能低下のロスが大きくないFw190A-6は一定数が改造され、1944年1月、新たに発足した、新型電子機器の実用テストを担当する第10夜間戦闘飛行隊（NJGr10）などに配備されて、実戦に用いられた。

さらに、1944年春には、新しい生産型A-8にFuG218「ネプツーンJ-3」を装備した夜戦型も、一定数がつくられている。このA-8夜戦では、アンテナの形態が変わり、FuG220のそれと同様なダイポール式、いわゆる〝鹿の角〟と通称されたアンテナを、左、右主翼前縁寄りに各2本ずつ取り付けた。

数自体が少ないので、双発夜戦隊のような華々しい戦果はなかったが、Fw190A夜戦パイロットの中には、NJGr10のギュンター・ミッゲ曹長（8機撃墜）のようなエースも存在した。

●ジェット夜戦の本命、Me262

本章の冒頭で紹介した、アラドAr234ジェット爆撃機を転用した夜戦も存在したが、もちろん、ジェット夜戦の〝本命〟は、戦争末期にドイツの〝救世主〟と目された、メッサーシュミットMe262昼間戦闘機を転用した機体である。本夜戦型については、すでに拙著「ドイツのジェット／ロケット機」（本年7月当文庫にて発行）において紹介ずみなので、願わくば同書を併読していただきたいが、これをお持ちでない読者もおられると思うので、概略を記述し、写真、図版を最小限再掲載しておきたい。

敵のレシプロ戦闘機を寄せ付けない、８７０㎞／ｈの高速を誇るＭｅ２６２の、夜戦への転用が具体化したのは、戦局も押し詰まった１９４４年9月初めである。

レーダー・オペレーターを同乗させるために、複座練習機型のＭｅ２６２Ｂ－１ａをベースに、胴体を延長して燃料容量を増加させ、ＦｕＧ２１８「ネプツーンＶ」機上レーダーを搭載するなどして、Ｍｅ２６２Ｂ－２の型式名で生産を予定した。

しかし、戦況の悪化は、この程度の改造設計の時間すら許さず、とり急ぎ、Ｂ－１ａにＦｕＧ２１８、ＦｕＧ３５０両レーダーを搭載し、後席直後に１４０ℓタンクを増設しただけの簡易夜戦、Ｍｅ２６２Ｂ－１ａ／Ｕ１が限定的に製作されることになった。

そして、翌１９４５年2月末から、７機が第11夜間戦闘航空団第10中隊（10．／ＪＧ11）に配備され、首都ベルリン上空の

◀首都ベルリンの西方約100kmに位置するブルク基地で敗戦を迎え、連合軍の査察をうける、10./NJG11所属のMe262B-1a/U1夜戦（右の２機）。同隊に配備された７機のMe262B-1a/U1は、モスキート16機撃墜を記録した。

▲前ページ写真と同じく、連合軍の査察をうける、もと10./NJG11所属のMe262B-1a/U1 W.Nr111980、機番号“赤の12”。本機は、そのW.Nr、機番号からして、10./NJG11が受領した最後の機体と思われる。

◀Me262B-1a/U1夜戦のコクピット。右手前のボックスが、後席に設置されたFuG350「ナクソスZ」パッシブ・レーダーのユニットの一部。操縦席正面計器板上方の、Revi 16B射撃照準器は取り外されている。

Me262B-1a/U1のレーダー、無線機のアンテナ、増槽、各点検パネル

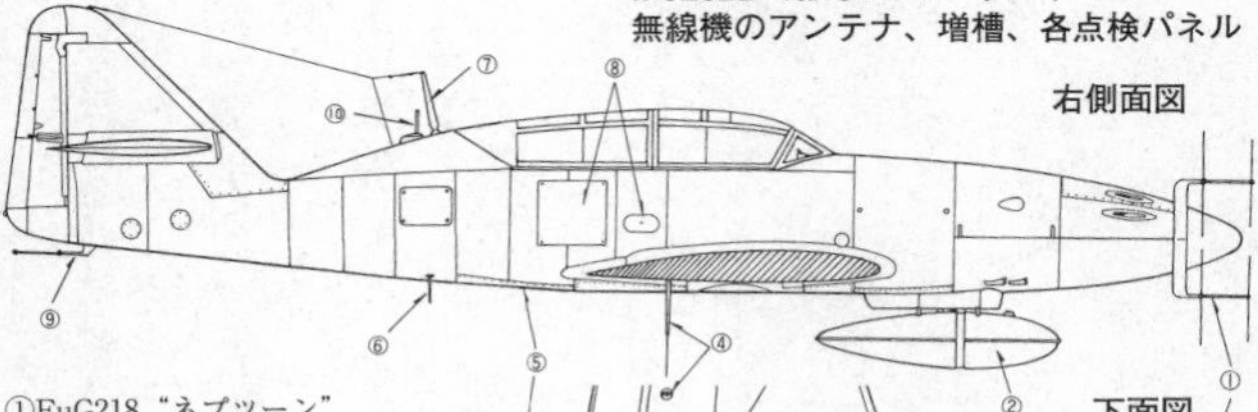

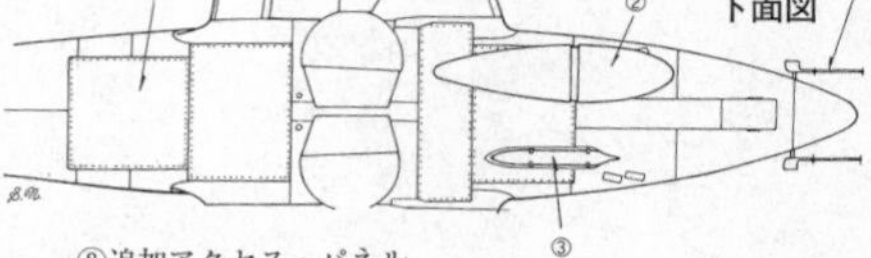

①FuG218“ネプツーン”GRアンテナ
②300ℓ入増槽
③“ヴィーキンゲルシッフ”ラック
④FuG16ZY用モラーヌ・アンテナ
⑤追加アクセス・パネル
⑥FuG25a用IFFロッド・アンテナ
⑦FuG16ZY用アンテナ支柱
⑧追加アクセス・パネル、点検ハッチ
⑨FuG218“ネプツーン”後方警戒用アンテナ
⑩FuG16ZY用D/Fループ・アンテナ

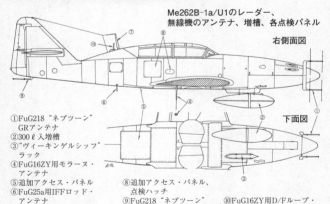

防空任務に就いた。

Me262B-1a/U1は、ドイツ・レシプロ双発夜戦隊の脅威となっていた、イギリス空軍のD.H.モスキート双発夜戦——爆撃機に随伴してドイツに侵入してきた——を一蹴して、ジェット夜戦の威力を見せつけたが、時すでにおそく、それからわずか2ヵ月足らずで祖国は敗戦、存在感を誇示するまえにすべてが終わってしまった。

結局、敗戦までに完成したMe262B-1a/U1は10機足らずで、夜戦隊が待ち望んだ〝真打ち〟のB-2は、原型機が完成したのみに終わった。

ドイツ空軍主要夜間戦闘機諸元/性能一覧

	Ar234B-2N	Do17Z-10	Do215B-5	Do217N-2	Do335A-6	Ta154A-4	He219A-2	Ju88C-6	Ju88G-6	Ju388J-1	Bf110C	Bf110G-4	Me262B-1a/U1
全幅(m)	14.41	18.0	18.0	19.15	13.80	16.00	18.50	20.08	20·08	22.0	16.25	16.25	12.65
全長(m)	12.62	15.79	15.79	17.68	13.85	12.45	15·54	14.96	15.50	15.20	12.07	13.05	11.75
全高(m)	4.28	4.55	4.56	5.00	5.25	3.40	4.40	5.07	5.07	―	4.13	4.18	3.83
主翼面積(㎡)	27	55	55	56.60	38.50	32.4	44.5	54.70	54.70	56.0	38.40	38.40	21.70
自重(kg)	4,900	5,390	5,800	10,290	6,850	6,320	8,120	8,100	―	10,565	4,885	5,094	4,764
全備重量(kg)	8,600	8.890	8,800	13,211	10,100	8,250	12,500	11,450	12,400	13,765	6,028	9,390	7,700
エンジン名称	Jumo004B-1	Bramo323P	DB601Aa	DB603A × 2	DB603E-1	Jumo211N	DB603A × 2	Jumo211J	Jumo213A	BMW801TJ	DB601A × 2	DB605B × 2	Jumo004B-1
×基数	× 2	× 2	× 2		× 2	× 2		× 2	× 2	× 2			× 2
エンジン出力	900kg	1,050hp	1,175hp	1,750hp	1,800hp	1,500hp	1,750hp	1,410hp	1,750hp	1,810hp	1,110hp	1,475hp	900kg
最大速度(km/h)	760	420	500	500	692	635	605	455	540	580	540	525	810
上昇力(m/分)	―	―	―	6,000/13	6,000/11.8	7,991/16	6,000·11.5	325/1	―	8,000/21	―	5,400/7.9	―
実用上昇限度(m)	10,000	8,200	9,000	9,600	10,800	10,000	9,300	9,000	10,500	13,000	9,600	8,000	―
航続距離(km)	1,600	1,700	1,800	2,100	1,330	1,365	2,100	3,150	4.48hr.	2,000	985	2,000	―
武装 (防御用を除く)	MG151/20× 2	MG17× 4 MGFF× 1	MG17× 4 MGFF× 1 または MG17× 3 MG151/20×1	MG17× 4 MG151/20× 4 または MG17× 4 MG151/20 × 2 + MG151/20 シュレーゲ・ムジーク × 4	MG151/20× 2 MK103× 1	MG151/20× 2 MK108× 2	MG151/20× 6 または MG151/20× 2 MK108× 4 + MK108× 2 (シュレーゲ・ ケジーク)	MG17× 3 MGFF× 3 または MG17× 3 MGFF× 2 MG151/20× 1	MG151/20× 4 + MG151/20× 2 (シュレーゲ・ ムジーク)	MG151/20× 2 MK103× 2 + MG151/20× 2 (シュレーゲ・ ムジーク)	MG17× 4 MGFF× 2	MG17× 4 MG151/20× 2 または MG151/20× 2 MK108× 2 + MGFF、または MK108 × 2 (シュレーゲ・ ムジーク)	MK108× 4
乗員数	2	3	3	4	2	2	2	3	3	3	2	3	2

第二部　日本の夜間戦闘機

第一章　日本陸海軍夜間戦闘機の足跡

第一節　海軍夜間戦闘機

●『月光』

第二次世界大戦のヨーロッパでは、開戦から1年も経たない1940年5月15日、イギリス空軍爆撃機隊による、最初のドイツ本土夜間空襲を契機として、両国空軍に専用の防空戦闘機、すなわち夜間戦闘機を開発し、当面は、適当な機材を転用して配備しようという動きが本格化していた。

しかし、日本陸、海軍には、現実に夜間戦闘機を必要とするような状況はなく、その開発も装備もまったく考えられなかった。

昭和16年（1941年）12月8日、太平洋戦争が勃発してからも、ヨーロッパ戦域のような夜間爆撃の応酬が少ない太平洋方面では、しばらくの間、日、米ともに、依然として夜間戦闘機を必要とする場面は生起しなかった。

だが、昭和17年（1942年）4月以降、南東方面における日本海軍航空部隊の中枢基地となったラバウルに、ニューギニア島方面から、米陸軍航空軍の四発重爆ボーイングB－17が、少数機による散発的な夜間爆撃をかけてくるようになって、受身になった日本海軍側に、まず夜間戦闘機の必要性が生じてきた。

ヨーロッパでもそうだが、暗闇の中を飛ぶ夜戦には、専任の航法士が欠かせない。零戦のような単座戦では、夜空を自由に動けないのだ。

当時、日本海軍に複座以上の戦闘機は存在しなかったが、幸い、かつて爆撃機掩護用の長距離戦闘機（十三試双発陸上戦闘機〔J1N1〕）として開発されながら、その存在価値が薄れてしまい、陸上偵察機に転用されていた、中島の二式陸上偵察機〔J1N1－R〕（三座）が生産中であった。

当時、〝ラバウル零戦隊〟の中核的存在として活躍していた、台南海軍航空隊も、少数の二式陸偵を使用していた。

この台南空に、副長として赴任していた小園安名少佐は、零戦の手に負えない、夜間来襲のB－17に対し、なんとか太刀打ちできる方策はないかと思案した末、二式陸偵の胴体内に、二十粍機銃を上、下斜前方向に角度をつけて装備し、敵機の上、または下方を平行して飛びながら射撃すれば、致命傷を与えられるのではないかとひらめいた。

そして昭和17年11月、戦力回復のため、第二五一海軍航空隊（旧台南空を11月1日付けで改称）が本土に帰還したのを機会に、小園少佐は、このアイデアを航空技術廠、横須賀空などに出向いて説明し、その効果を強調した。

しかし、奇想天外的な発案だけに、航空技術廠も横須賀空側も、ハナから一笑に付して、相手にされなかった。

ただ、航空本部がこれを認め、実用試験だけでもしてみようということになり、二五一空がラバウルに再進出する直前に、空技廠が特急改造により3機の〝斜銃付き二式陸偵〟を完成させた。

そして、昭和18年（１９４３年）5月上旬、二五一空本隊のラバウル方面再進出に際し、2機の斜銃付き二式陸偵も同行し、実戦での効果証明の機会を待った。

それは意外に早く到来し、5月21日夜半すぎ、ラバウルに来襲した数機のB－17を、工藤重敏上飛曹の操縦する二式陸偵が迎撃し、首尾よく2機撃墜する殊勲を挙げた。むろん、これが日本海軍航空隊創立以来、最初の夜間撃墜戦果であった。

次いで、6月10日夜には、小野了飛曹長が2機（うち1機は不確実）、11日夜、13日夜、15日夜、30日夜には、再び工藤上飛曹が立て続けに1機、1機、2機、1機をそれぞれ撃墜する大殊勲を挙げて、小園中佐（ラバウル再進出前に進級し、二五

▼二式陸偵、および『月光』の前身である、十三試双発陸上戦闘機。写真は、空技廠が領収した試作第３号機で、全面無塗装、カウリングのみツヤ消し黒に塗っている。各乗員席の風防が開いており、前方より操縦、偵察、電信員各席の配置がよくわかる。本機の“目玉装備品”である、遠隔操作式七粍七連装銃塔は、電信員席後方の窓がある部分の覆いの中にあった。

図1：十三試双発陸上戦闘機〔J1N1〕

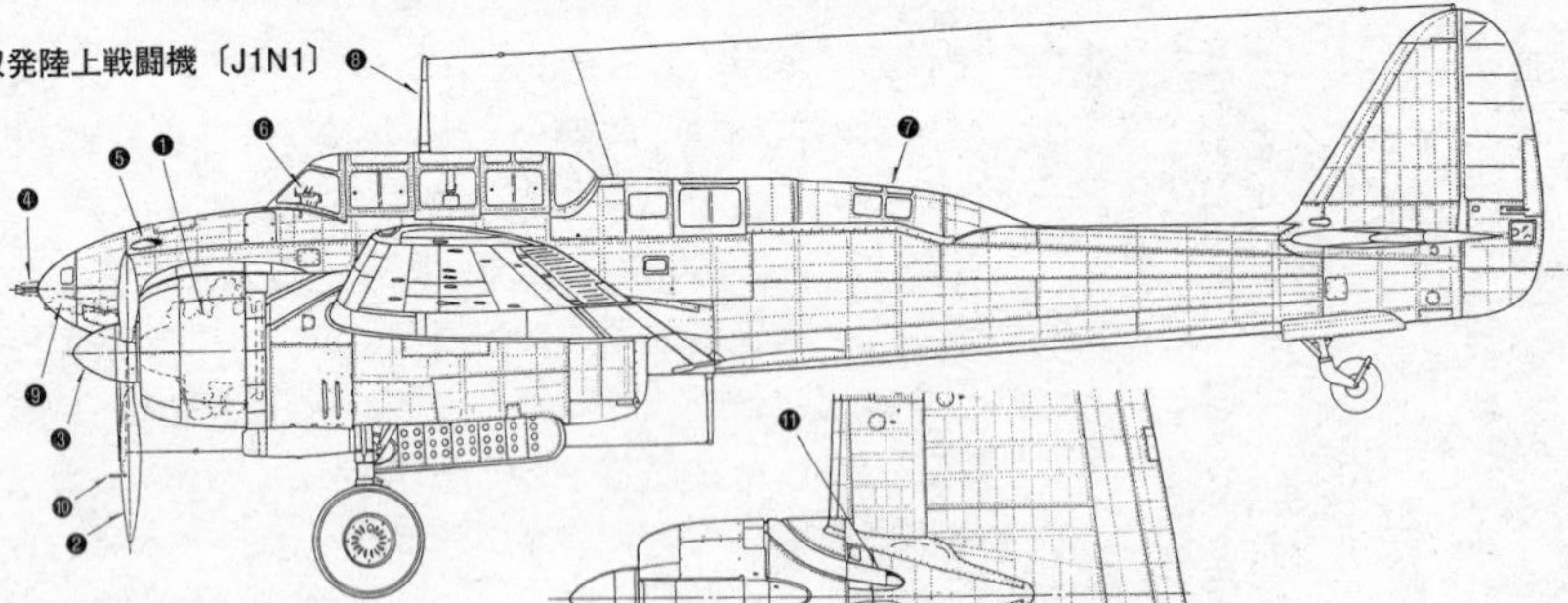

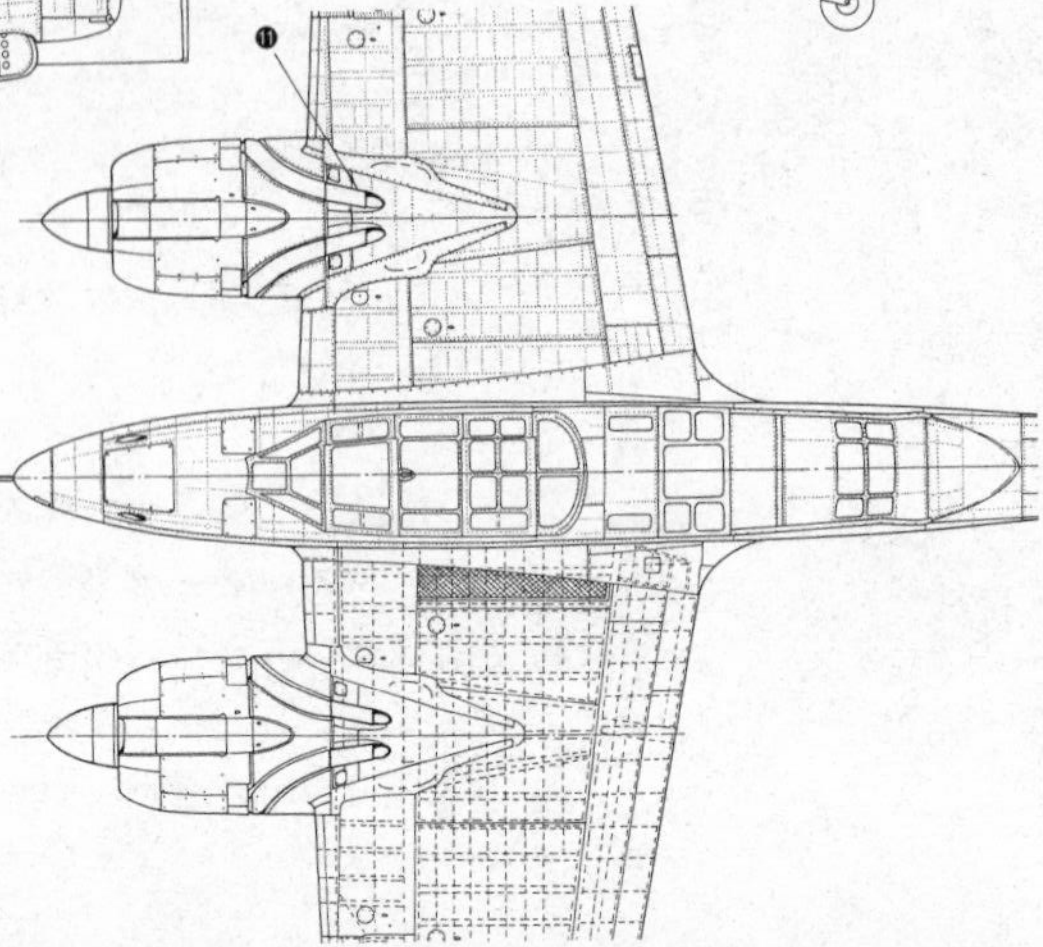

❶発動機は、左側が『栄』二一型（右回転）、右側が『栄』二二型（左回転）、出力は1,130hp。
❷住友/ハミルトン恒速式可変ピッチ３翅プロペラ（直径3.05m）。ピッチは左、右で互いに逆となる。
❸スピナー先端は尖ったタイプ。
❹九九式二十粍一号固定機銃二型（弾数60発）×１挺（二式陸偵の取扱説明書には銃身覆い付きで図示してある）。
❺九七式七粍七固定機銃×２挺。
❻九八式射爆照準器。
❼九七式七粍七連装旋回銃塔×２基（遠隔操作式）。射撃時は前方覆いが前方に滑動、後方覆いが180°回転して開く。
❽無線機アンテナ支柱。
❾八九式活動写真銃（ガン・カメラ）。
❿ピトー管。
⓫消焔ダンパーの付かない排気管。

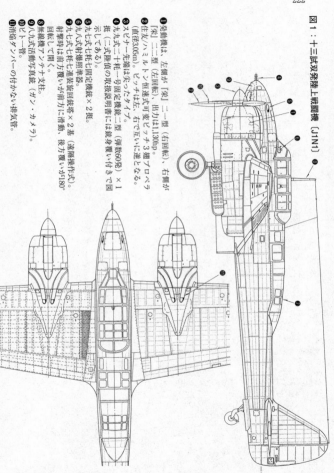

▲十三試双発戦の“目玉装備品”、遠隔操作式七粍七連装銃塔のクローズアップ。画面左が前方向で、戦艦の主砲を思わせる段差をつけた配置が興味深い。しかし、この凝った銃塔も、重量超過、油圧作動装置の不確実性、照準精度の難など問題が多く、実戦での効果は期待薄であった。

▲昭和18年夏頃、ソロモン諸島のニューブリテン島ラバウル東飛行場における、第二五一海軍航空隊の『月光』一一型初期生産機。工藤上飛曹、小野飛曹長らが、夜間来襲するB-17を迎撃し、華々しい戦果を挙げていた当時の撮影である。夜戦『月光』の制式名称により兵器採用されたのは、8月23日のことであった。写真の機体の尾翼記号は“U1-20”（白）。

図２：二式陸上偵察機〔J1N1-R〕

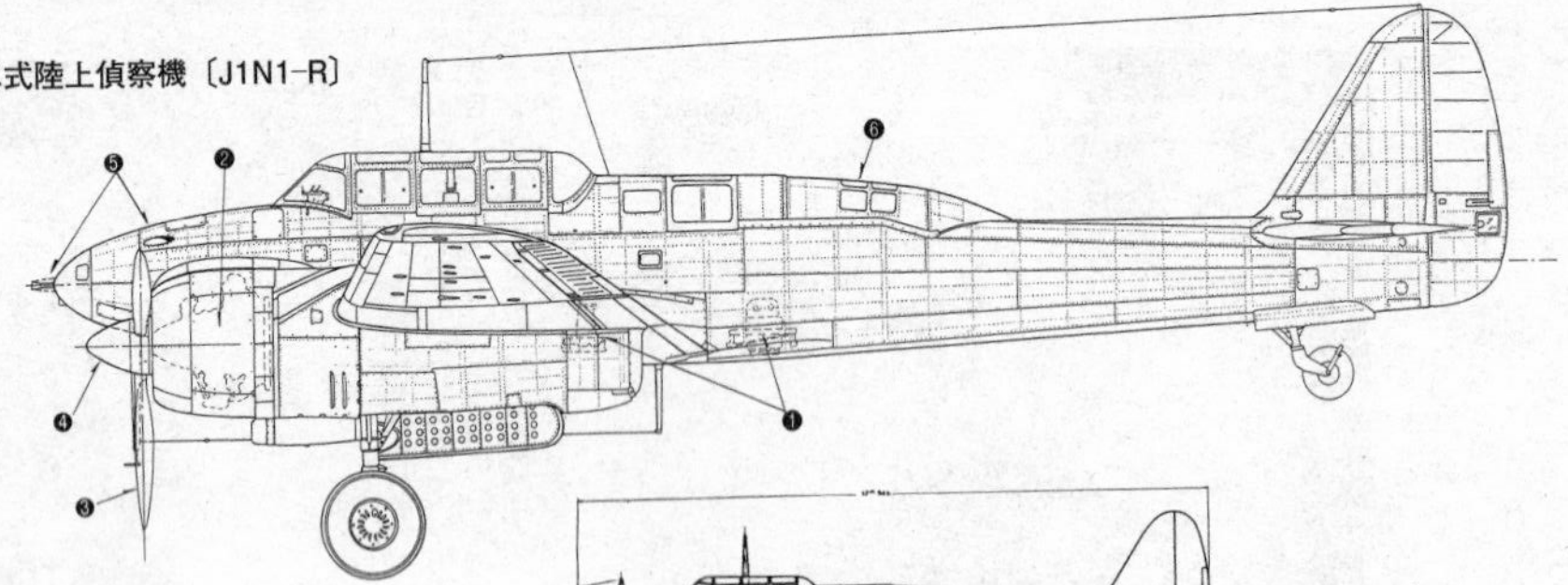

❶電信員席の前、後ろの胴体内に、F8、および K8航空写真機各１台を装備。
❷発動機は、試作機を除き、左、右とも『栄』二一型に統一。
❸プロペラも、当然、左、右が同一ピッチ。
❹スピナーは先端が丸みを帯びたタイプに変更。
❺機首武装は、原則的にそのまま装備。
❻遠隔操作動力銃塔も、取扱説明書には装備状態で図示されている。

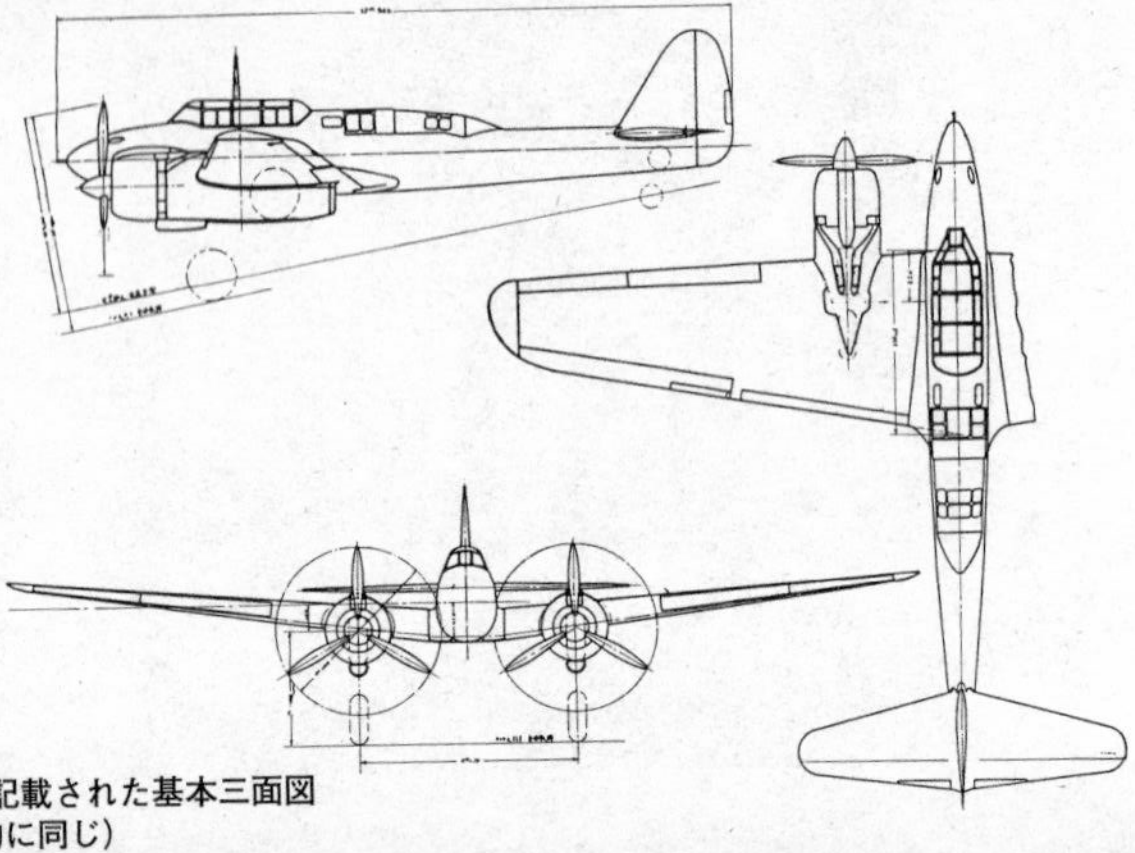

図３：二式陸偵の取扱説明書に記載された基本三面図
(機首を除けば『月光』も基本的に同じ)

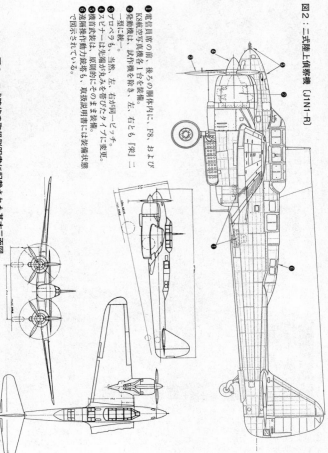

▲横須賀の追浜基地にて、着陸事故を起こして逆立ちした、第三二一海軍航空隊〔鵄〕所属の二式陸偵球形動力銃塔装備機“鵄–01”号機。偵察員席をつぶして装備した銃塔と、その後方の風防アレンジを変更した様子がわかる。この球形動力銃塔装備機は、夜戦として実戦に使われなかったらしい。写真の銃塔と異なり、陸攻『深山』用の大型銃塔を付けた機体も確認できる。

▲海軍戦闘機隊の総元締めともいうべき、横須賀海軍航空隊の夜戦隊に配属された『月光』一一型前期生産機“ヨ–165”号機。旧電信員席の上、下から、それぞれ30°の角度をつけて突き出た、二十粍斜銃がはっきりと確認できる。上、下方銃とも、２挺は互いに干渉しないように、前、後ろにややズラして固定してあり、外部に突き出る銃身の長さも違う。

▼当初から夜戦専任部隊として編制された最初の部隊、第三二一海軍航空隊〔鵄〕所属の『月光』一一型。写真は、昭和19年２月以降、マリアナ諸島のテニアン島に進出した機体で、補充機のためか、尾翼に部隊記号/機番号をまだ記入していない。しかしマリアナに進出した三二一空は、本来の夜戦として活動する場面がなく、ほとんど対潜哨戒、艦船攻撃などに終始し、米軍の来攻により全滅、７月10日付けをもって解隊されてしまった。

図4：二式陸上偵察機〔J1N1-R〕半球形動力銃塔装備機

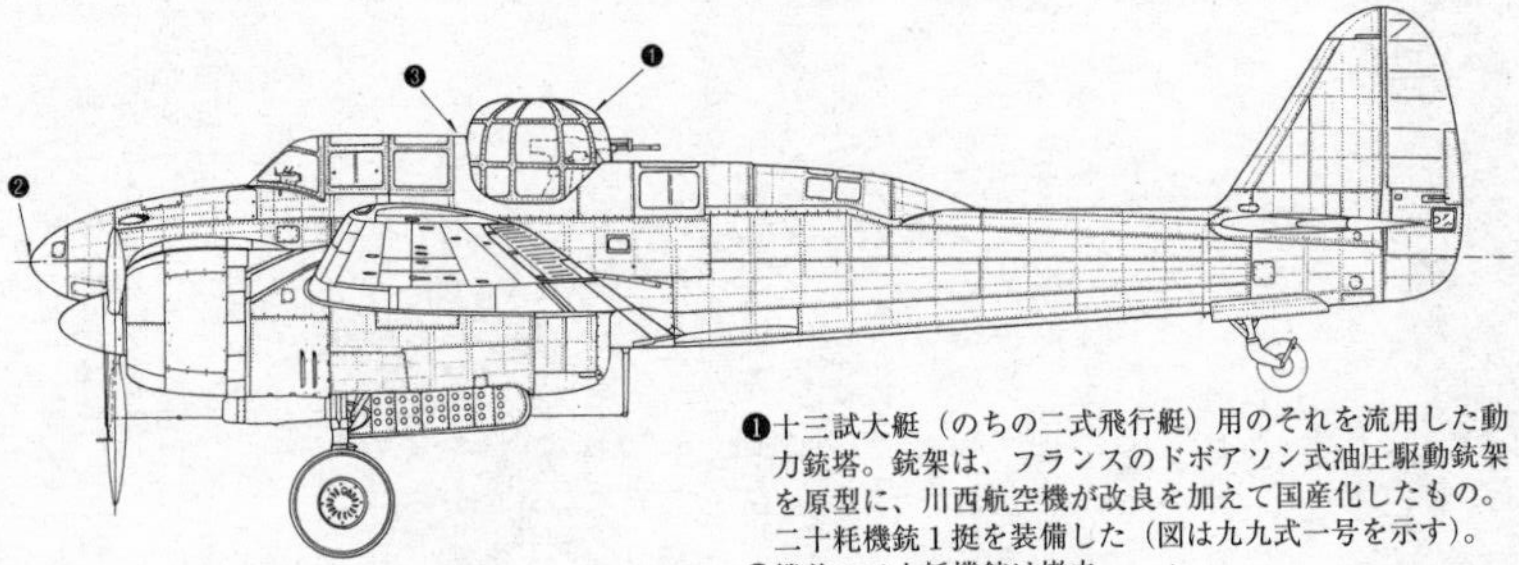

❶十三試大艇（のちの二式飛行艇）用のそれを流用した動力銃塔。銃架は、フランスのドボアソン式油圧駆動銃架を原型に、川西航空機が改良を加えて国産化したもの。二十粍機銃1挺を装備した（図は九九式一号を示す）。
❷機首の二十粍機銃は撤去。
❸無線機アンテナ支柱は撤去。

図5：二式陸上偵察機〔J1N1-R〕半球形動力銃塔装備機

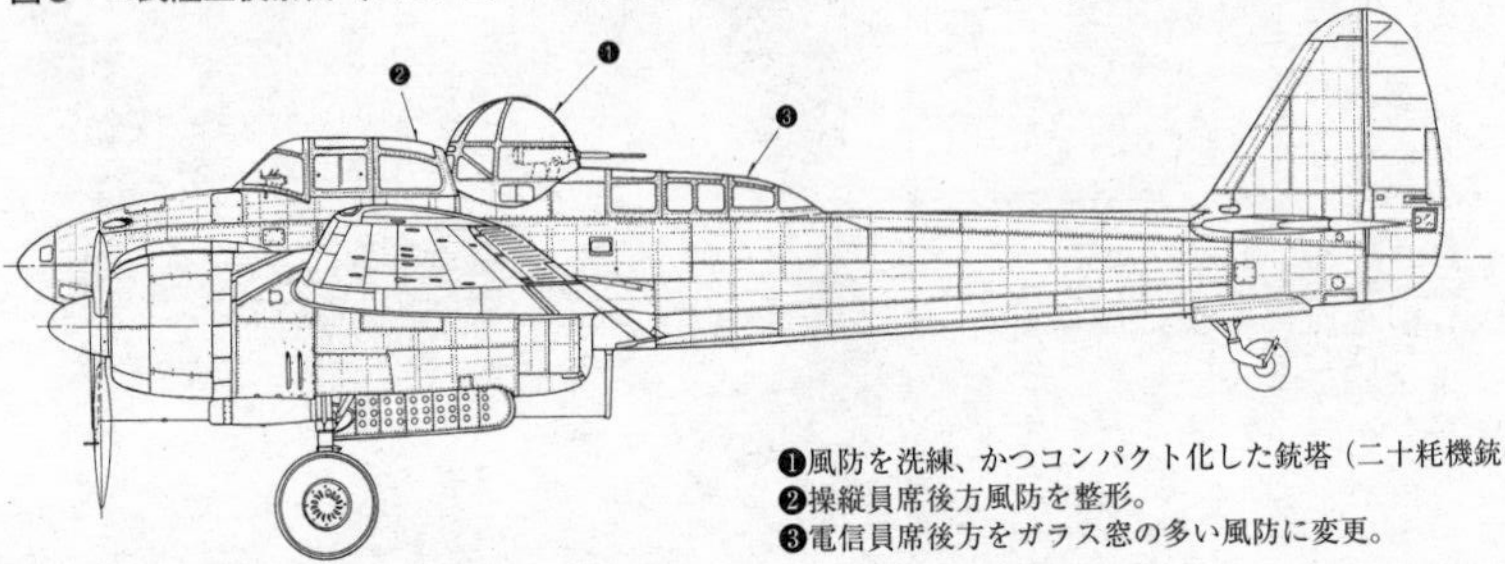

❶風防を洗練、かつコンパクト化した銃塔（二十粍機銃は九九式二号銃を示す）。
❷操縦員席後方風防を整形。
❸電信員席後方をガラス窓の多い風防に変更。

図6：『月光』一一型〔J1N1-S〕前期生産機（通算300号機まで）

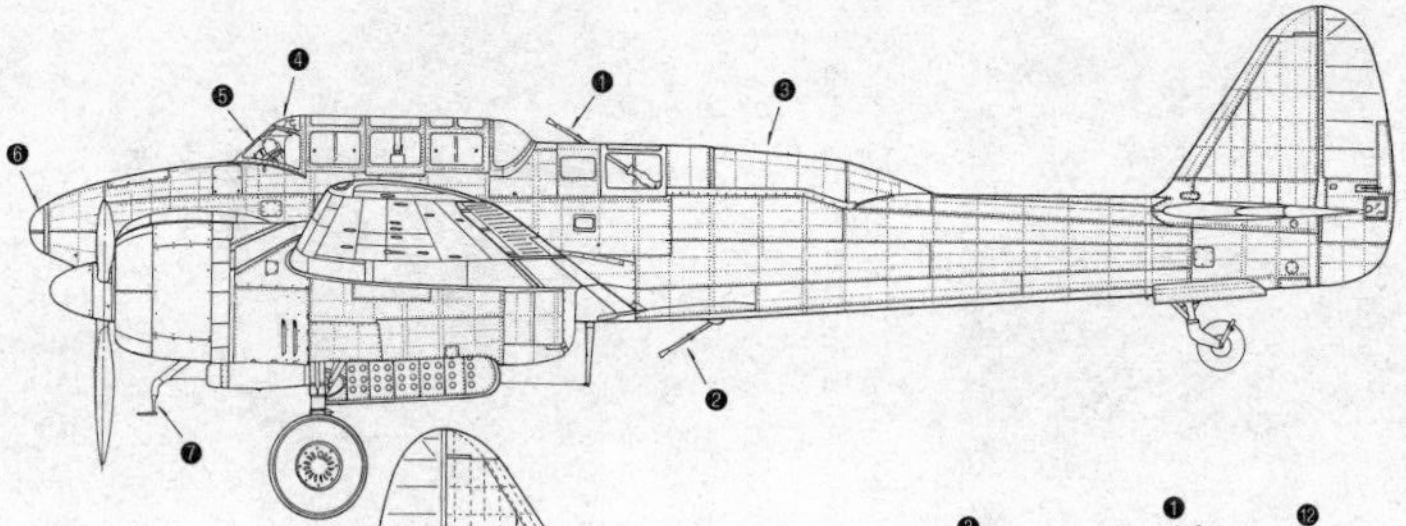

❶旧電信員席に上方二十粍斜銃（九九式二号三型）2挺を装備（仰角30°）。
❷旧K8航空写真機装備部に、下方二十粍斜銃（九九式二号三型）2挺を装備（前下方向きに30°）。
❸旧動力旋回銃塔滑動覆い部のガラス窓を廃止し、右横開き式の点検扉に変更。
❹上方斜銃用三式小型射撃照準器。
❺下方斜銃用九八式射爆照準器。
❻旧機首武装はすべて撤去され、先端が卵型のガラス窓となる。
❼ピトー管の位置を変更（支柱も屈折した形に変化）。
❽アンテナ空中線。
❾二五番（250kg）爆弾懸吊架。
❿二五番爆弾懸吊位置。
⓫操縦員。
⓬偵察/電信員。

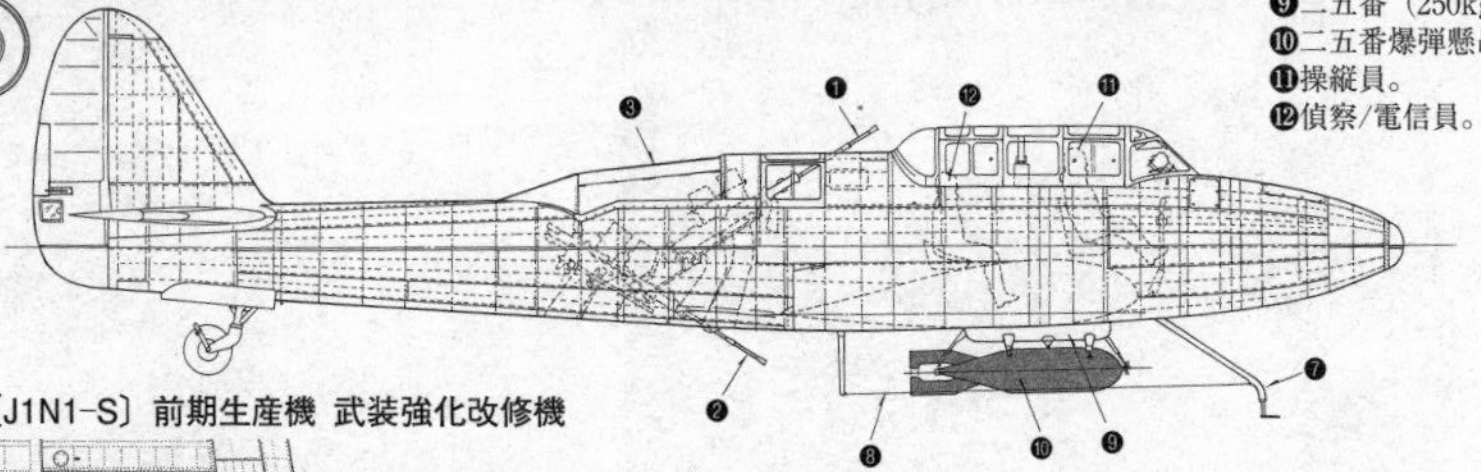

図7：『月光』一一型〔J1N1-S〕前期生産機 武装強化改修機

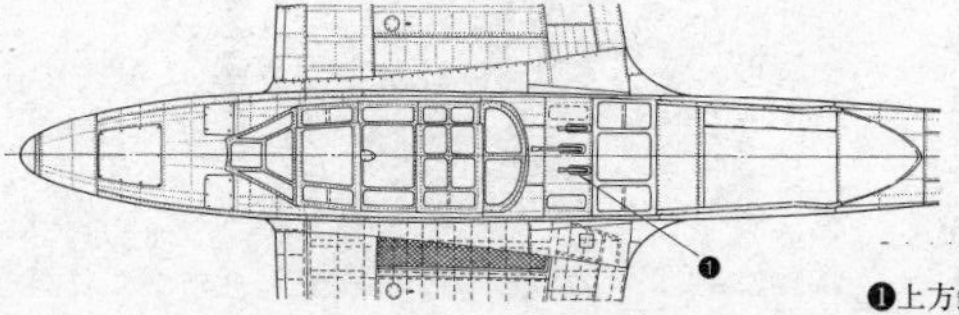

❶上方銃を3挺に強化。

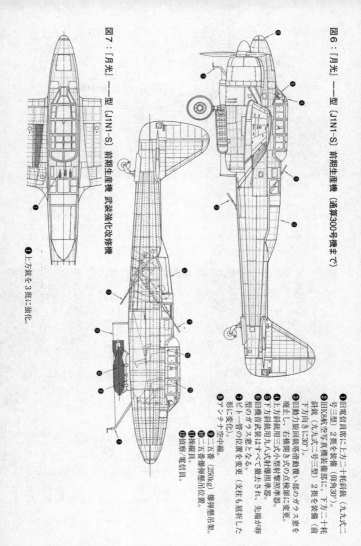

▲マリアナ諸島のテニアン島基地の一角に取り残されたまま、進攻してきた米軍に接収された、もと三二一空所属と思われる、H-6機上レーダー装備の『月光』一一型。機首先端からアンテナが突き出ており、アングル的に見えないが、胴体後部両側にもアンテナがついていると思われる。制式名称を三式空六号無線電信機と称した同レーダーは、一式陸攻、天山、銀河なども搭載した洋上哨戒、索敵用のレーダーで、マリアナに進出した三二一空などの月光が、もっぱら哨戒、艦船攻撃などに使われたことと符合する。

▲昭和19年末～20年はじめ頃、神奈川県の厚木基地エプロン上で、いっせいに発動機を始動した、第三〇二海軍航空隊の夜戦飛行隊各機。手前の５機が、第二飛行隊の『月光』一一型、その後方の単発機９機が第三飛行隊の『彗星』一二戊型、少し離れた位置の１機が『彩雲』一一型、右上に『銀河』一一型が１機だけ写っている。

一空司令官に昇格していた）発案の〝斜銃〟は、一躍、海軍の花形兵器と崇められるに至った。

当初、そのアイデアを一笑に付していた海軍航空上層部も、二五一空の目覚しい実績にはただ脱帽するしかなく、斜銃付きの二式陸偵を、制式兵器採用することを決定、18年8月、改めて夜間戦闘機『月光』一一型〔J1N1-S〕と命名し、中島飛行機に対し量産を指示した。

月光一一型は、発動機（『栄』二一型）、機体ともに二式陸偵とほとんど同じで、乗員を2名に減じ、電信員席をつぶして、ここに九九式二十粍二号固定機銃三型（ドラム弾倉式で、携行弾数は各銃とも100発）を前上方、前下方向きに30°の角度をつけて、2挺ずつ装備したのが主な違い。

むろん、これにともない、機首の七粍七機銃×2挺、二十粍機銃×1挺、胴体後部上面内部の遠隔操作式七粍七連装旋回銃塔×2基、および航空写真機などの装備は撤去された。

唐突な経緯で出現した、日本海軍、というよりも、日本最初の夜間戦闘機『月光』だが、結果的には、イギリス空軍のボーファイター、ブレニム、モスキート、ドイツ空軍のBf110双発夜戦などと同じであり、洋の東西を問わず、人間の考えることにはあまり差がないといえる。

二五一空の『月光』隊は、その後、ブーゲンビル島、バラレ島を機動基地として用い、引き続き戦果を挙げ、18年9月1日には、夜戦24機を装備定数とする、完全な夜間戦闘機隊に改編された。

しかし、米軍側が『月光』対策を強化したことと、昼間空襲に重点を移したことなどにより、以前のような戦果は挙がらなくなった。

それでも、昭和19年（1944年）2月以降、ラバウルからトラック島に後退したのちも、この方面に夜間来襲するB－24四発重爆の迎撃に活躍し、4月中に数機を撃墜するなど、健闘した。

だが、5月以降は戦果はほとんど挙がらなくなり、7月10日付けをもって二五一空は解隊され、ここに海軍最初の夜間戦闘機隊は終焉をみた。なお、これに先立ち、海軍は3月以降、特設飛行隊制度を導入し、いわゆる空地分離を実施しており、二五一空の飛行機隊も、4月1日付けをもって戦闘第九〇一飛行隊（定数は丙戦24機）に改編されていた。二五一空が解隊したのちは、九〇一飛行隊は一五三空に転入され、比島（フィリピン）のミンダナオ島ダバオに移動している。

このころ、中島飛行機における『月光』の生産は、5月、6月に月産40機まで伸びたが、それでも、二式陸偵をふくめた生産数は352機にすぎなかった。

5月中に生産ラインを出た通算301号機以降は、原型機の十三試双発陸上戦闘機以来ずっとそのままにしていた、胴体中央上部の旧電信員席を覆う外鈑の〝段差〟をなくし、風防後方から垂直尾翼付け根まで、ストレートになるよう整形した。これにともない、斜銃用の給弾、点検扉の配置も変更されている。型式名称はとくに変わらず、『月光』一一型のままとされた。

本書では、説明の都合上、300号機までの段差付きを一一型前期生産機、段差なしの301号機以降を一一型後期生産機と呼称することにした。

なお、本書の特集対象になるかどうかはともかく、二式陸偵の改造機として、偵察席に半球形動力銃塔を装備した機体が何機か造られ、敗戦後の厚木基地にも放置されていたところから、三〇二空において『月光』とともに使われていたようだ。

また、一一型前期生産機の一部には、洋上索敵用の三式空六号無線電信機、いわゆる〝H-6〟機上レーダーを装備した機体があり、図8に示したごとく機首、胴体後部両側に、そのアンテナをつけた。

実戦において、B-24などの上方に占位し、下方銃を使って射撃することが、現実にはほとんど不可能となっていたことに鑑み、海軍は、19年夏以降の『月光』生産機は、下方斜銃2挺を撤去、かわりに、上方に二十粍機銃1挺を追加することとし、これを『月光』一一甲型〔J1N1-Sa〕と命名した。

なお、この追加された1挺はドラム弾倉ではなく、ベルト給弾式の九九式二十粍二号固定機銃四型であり、携行弾数は350発とされた。

もっとも、すでに日本本土に、B-17、B-24とは比較にならない高性能の、ボーイングB-29スーパーフォートレスが来襲するようになっていた現況下、月光は性能的にかなり見劣りし、生産継続の意義はほとんどなくなりつつあった。

そのため、昭和19年10月の23機をもって生産は打ち切られ、後継機開発に全力をあげるこ

図8：『月光』一一型〔J1N1-S〕前期生産機 H-6機上電・探装備機

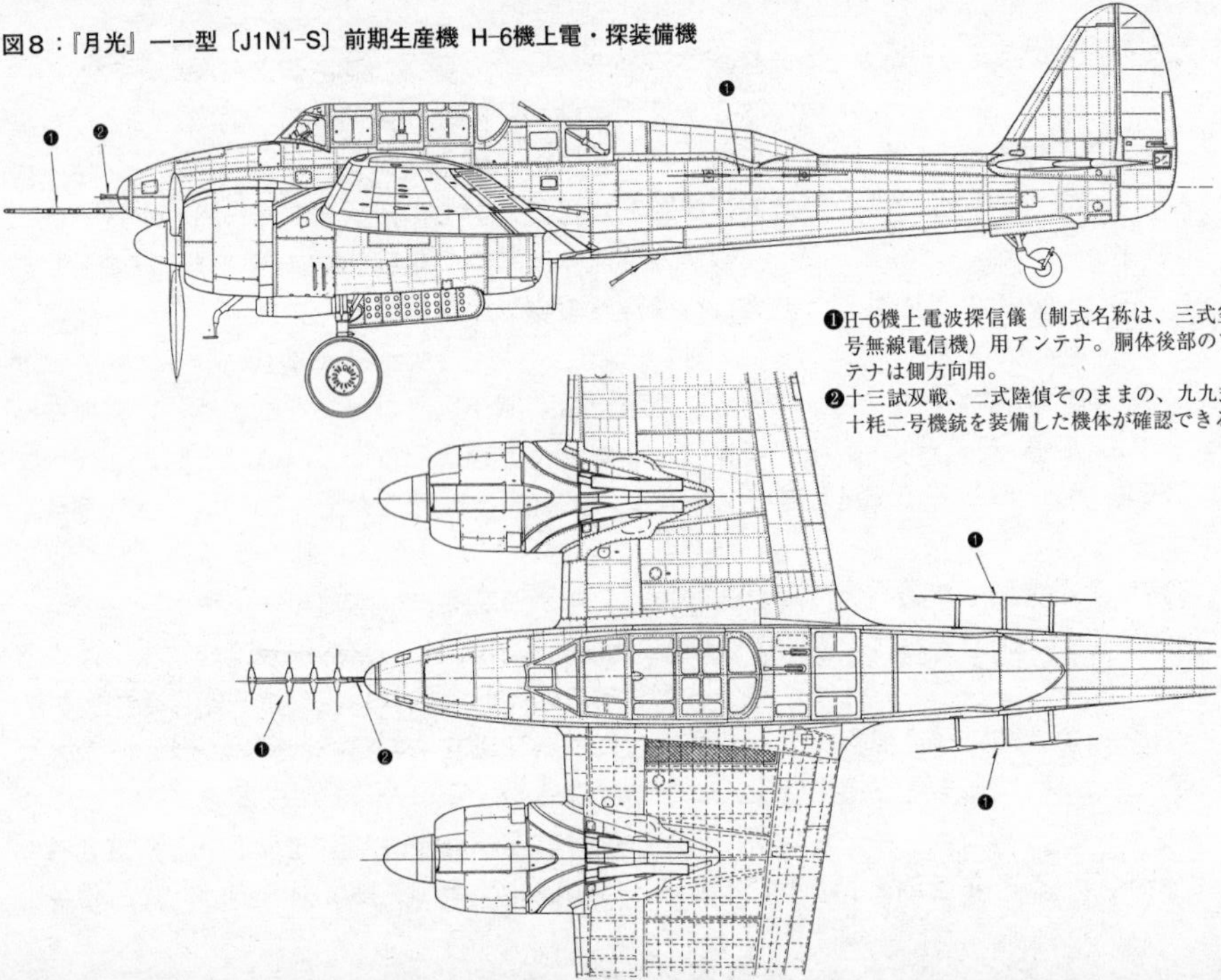

❶H-6機上電波探信儀（制式名称は、三式空六号無線電信機）用アンテナ。胴体後部のアンテナは側方向用。

❷十三試双戦、二式陸偵そのままの、九九式二十粍二号機銃を装備した機体が確認できる。

▲月光の全生涯を通じ、ほかに、類のない、単機で一夜に５機のB−29を撃墜するという、最も輝かしい戦果を記録したのが、イラストの横須賀海軍航空隊夜戦隊所属、倉本十三飛曹長（操縦）/黒鳥四朗中尉（偵察）ペアの乗機、一一甲型“ヨ−101”号機。昭和20年５月25日夜の出来事であったが、イラストは６月に入ってからの状態を示し、胴体後部には、先の殊勲を示す撃墜マークが誇らし気に描かれている。ちなみに本機は工場から出た時点では一一型、集合排気管であったが、のちに一一甲型規格に改修され、19年夏には推力式単排気管、FD−2機上レーダー装備機に“変身”した。

▲日本敗戦後、千葉県の木更津基地エプロンにて、左主脚を折って擱座したまま、米軍に接収された、もと三〇二空所属の月光一一甲型“ヨD−175”号機。従来までの２挺の後方に、新しく追加した二十粍斜銃１挺の位置がはっきりとわかる資料性の高いスナップ。本機は推力式単排気管への改修機である。他の機体では確認できない。左主翼付け根フィレットの開口部に注意。

図９：『月光』一一型〔J1N1–S〕前期生産機 H–6機上電・探装備機（バリエーション）

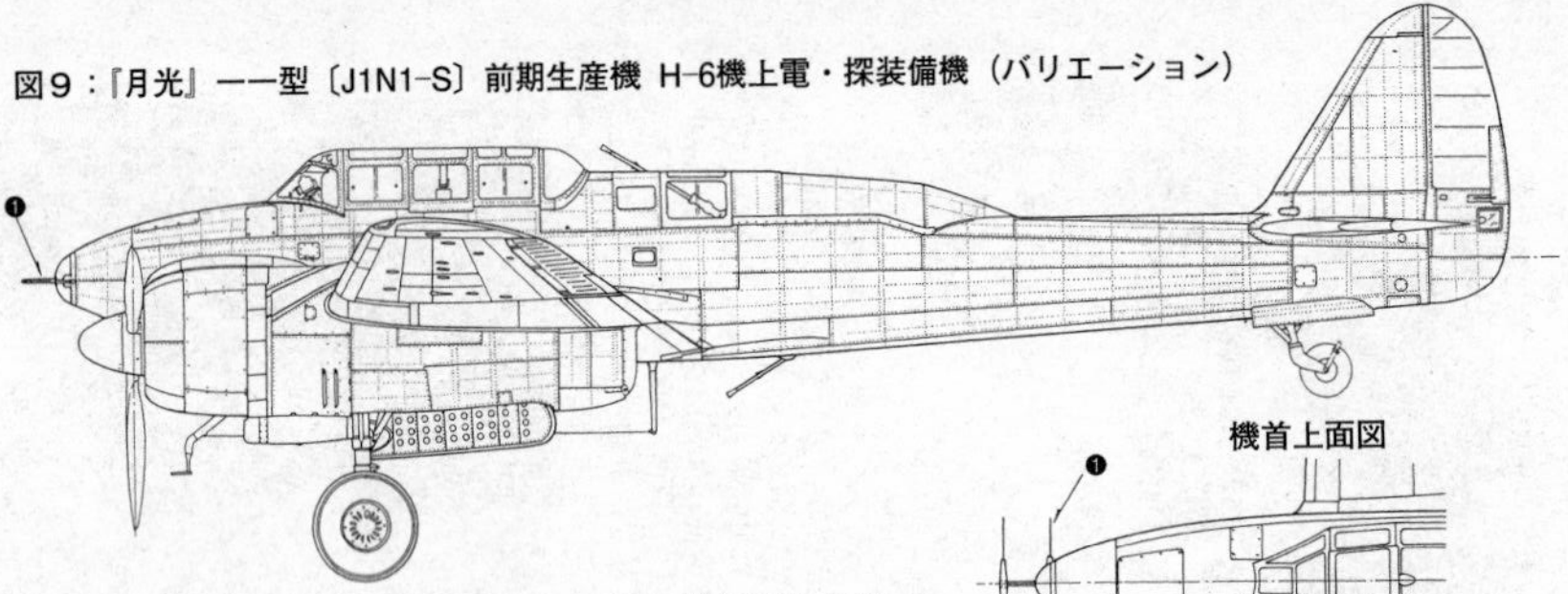

機首上面図

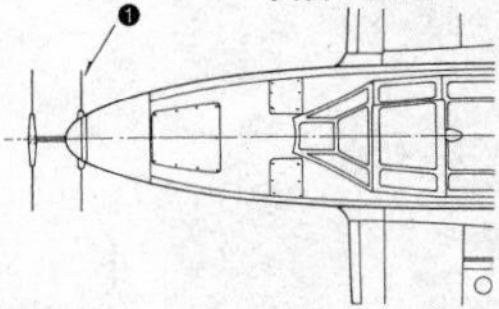

❶H–6用のアンテナは簡略化したタイプ。胴体後部には図７に示したアンテナがついている可能性がある。

図10：『月光』一一型〔J1N1–S〕後期生産機（通算301号機以降）

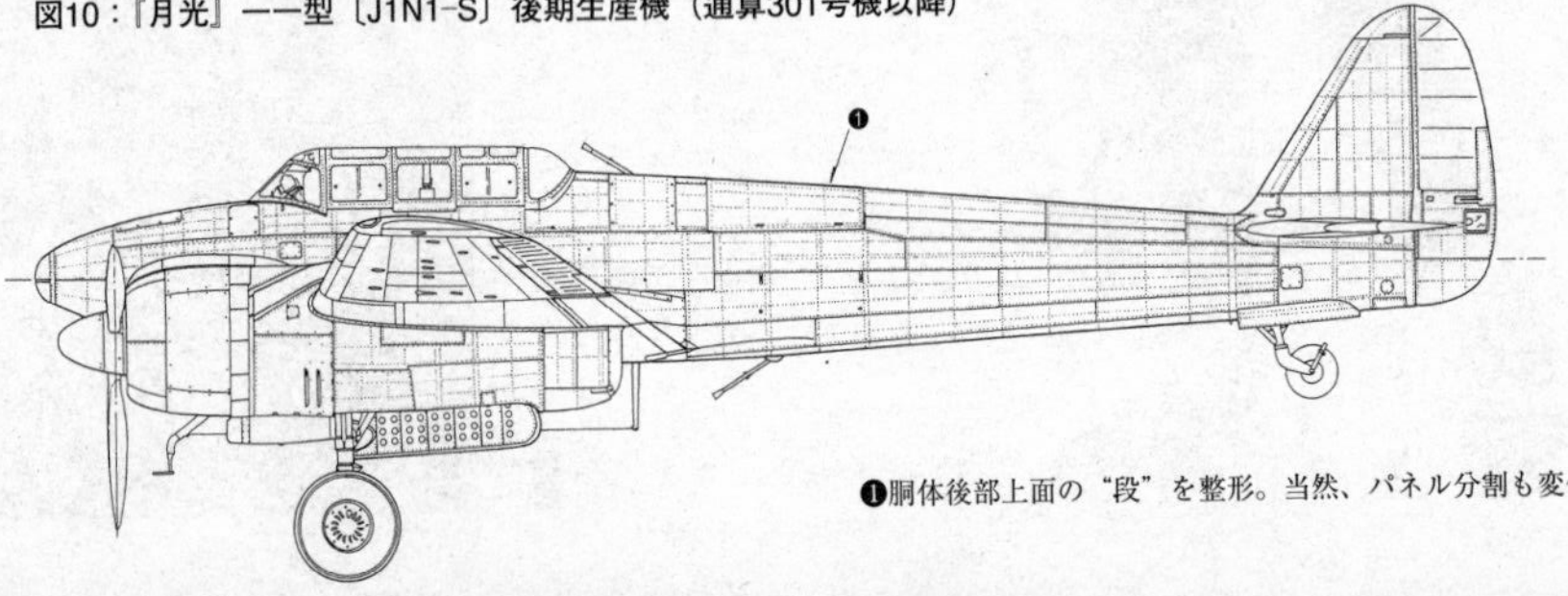

❶胴体後部上面の“段”を整形。当然、パネル分割も変化した。

図11：「月光」一一型〔J1N1-S〕後期生産機（単排気管への改修機）

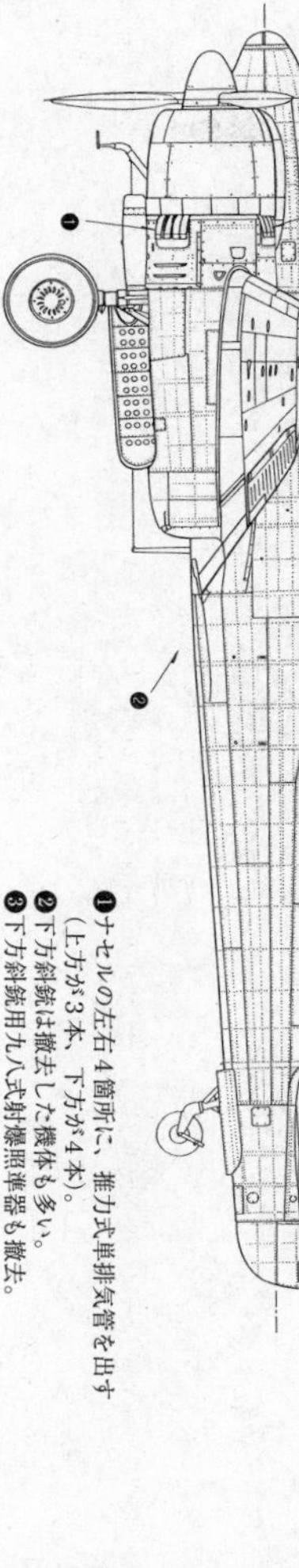

❶ナセルの左右４箇所に、推力式単排気管を出す（上方が３本、下方が４本）。
❷下方斜銃は撤去した機体も多い。
❸下方斜銃用九八式射爆照準器も撤去。

図12：「月光」一一甲型〔J1N1-Sa〕

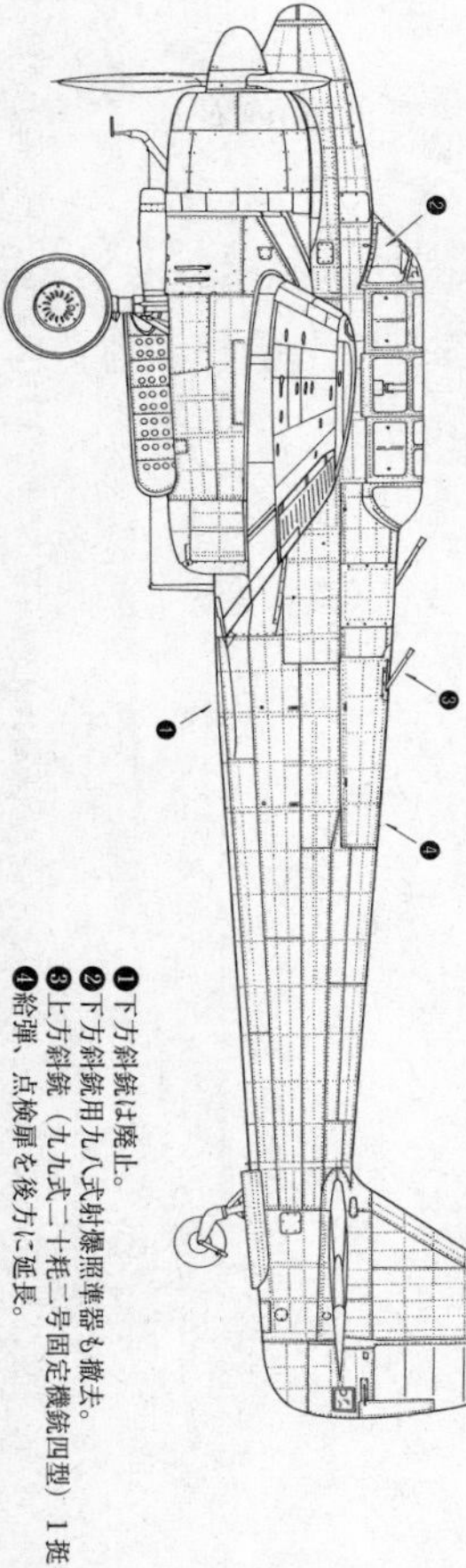

❶下方斜銃は廃止。
❷下方斜銃用九八式射爆照準器も撤去。
❸上方斜銃（九九式二十粍二号固定機銃四型）１挺を追加。
❹給弾、点検扉を後方に延長。

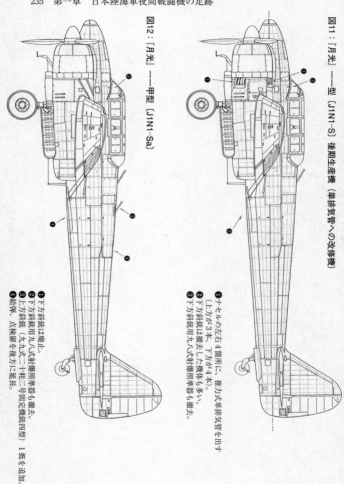

図13：『月光』——甲型〔J1N1-Sa〕FD-2機上電・探装備機

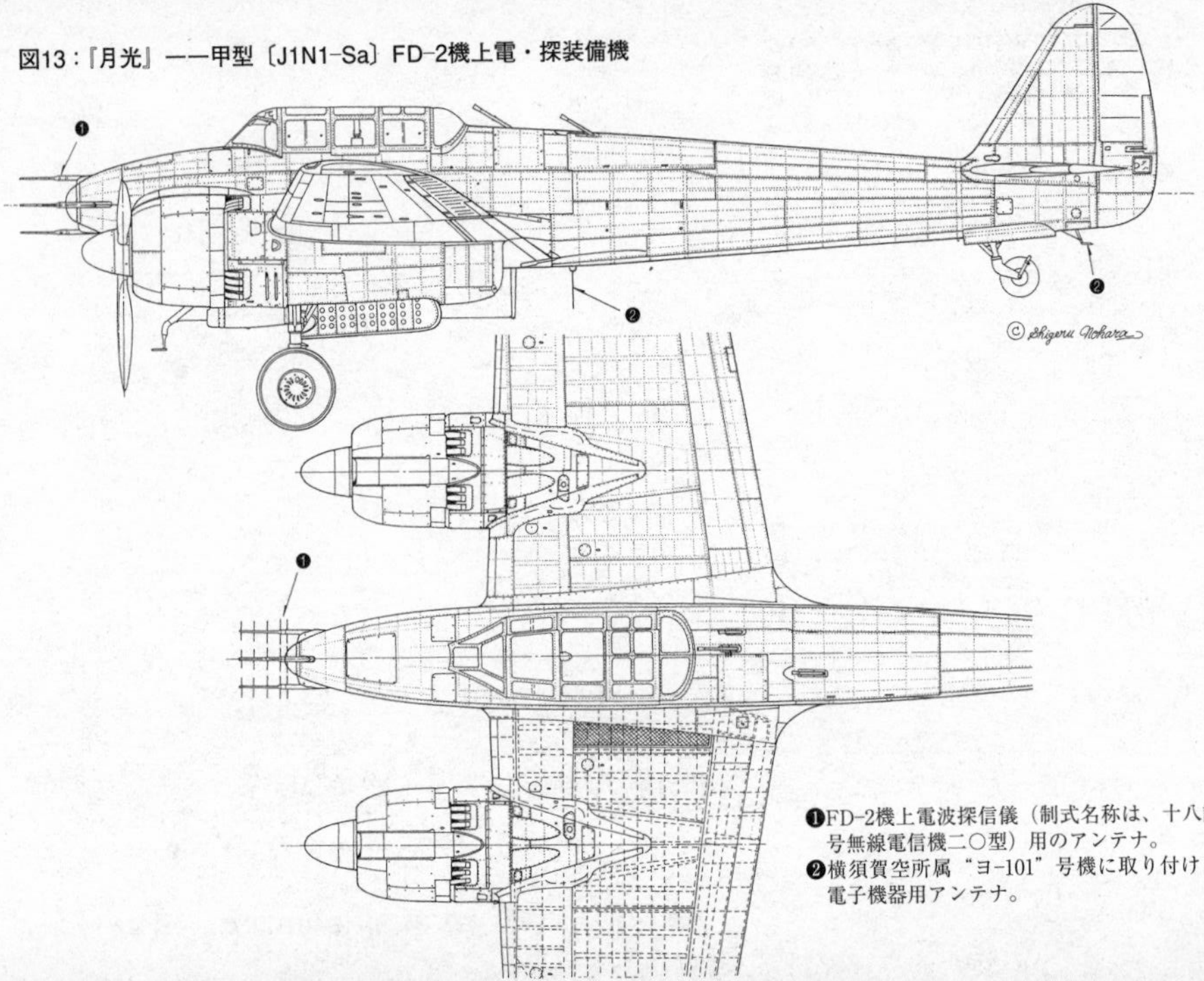

❶FD-2機上電波探信儀（制式名称は、十八試空二号無線電信機二〇型）用のアンテナ。
❷横須賀空所属“ヨ-101”号機に取り付けられた電子機器用アンテナ。

とになった。二式陸偵を含めた生産数は計477機、夜戦という性格上、その数は意外なほど少なかった。

二五一空につづき、月光隊としては、当初から夜戦隊として編制された初めての部隊、第三二一海軍航空隊〔鵄《とび》〕──18年10月1日開隊──、偵察機隊から夜戦隊に転じた一五三空が、マリアナ諸島、フィリピン方面に展開して戦ったが、本来の夜戦として目覚しい戦果を挙げるには至らず、主として対潜哨戒、船団護衛、艦船攻撃などに使われ、三二一空は19年7月10日に解隊、一五三空も、フィリピン攻防戦にて戦力消耗した。

その他、蘭印（現インドネシア）方面で三八一空戦闘九〇二飛行隊、北東（千島列島）方面では二〇三空、および戦闘八五一飛行隊、沖縄戦で一三三空の月光が活躍したが、やはり夜戦としての目覚しい戦果は記録していない。

月光が、二五一空のソロモン諸島方面以来といってよい、目覚しい戦果を挙げたのは、やはり、B-29を相手にした日本本土防空戦であろう。

すでに、性能的な限界から、昭和19年10月に生産を終了していたにもかかわらず、月光は、横須賀鎮守府所轄の第三〇二、呉鎮守府所轄の第三三二、佐世保鎮守府所轄の第三五二海軍航空隊の3個防空専任部隊、および愛知県・明治基地の第二一〇海軍航空隊を中心に数十機程度（19年11月ごろ）が配備されていた。

19年6月から20年1月にかけて、中国大陸奥地を発進し、主として九州方面に対するB-29の来襲には、三五二空、および三〇二空の派遣隊が迎撃に参加したが、このころは昼間爆撃が主体だったこともあって、月光隊の出撃数が少なく、目立った実績は挙げていない。

B-29が昼間高々度精密爆撃を採っている限り、月光に活躍の場はなかったが、昭和20年（1945年）3月9日～10日にかけて実施した東京大空襲以降、一般市街地を目標にした、夜間低空無差別焼夷弾爆撃を主体にしたことから、チャンスが巡ってきた。

4月2日夜の東京空襲に際しては、三〇二空の月光8機が出動、『銀河』、『彗星』夜戦と協同してB-29 3機撃墜、4月15日夜の東京、川崎空襲に際しては、三〇二空の月光隊は、銀河、彗星隊と協同でB-29 6機撃墜を報じた。

さらに、5月24日の東京、川崎空襲では、三〇二空の月光8機が、銀河、彗星など11機とともに出動し、撃墜8機、撃破6機の戦果を報じた。

そして、本土防空戦を通して、月光の最も華々しく、かつ最後の大戦果となったのが、5月25日夜の東京空襲である。

この夜、B-29は大挙502機（!）もの多数が東京上空に進入、三〇二空は月光8機を含む26機を出動させて迎撃、16機撃墜という、開隊以来最高の戦果を報じた。むろん、これら全部が月光の戦果ではないが、大半が本機によるものである。

この夜は、横須賀空の夜戦隊からも月光2機が迎撃に上がり、うち1機がなんと、一夜に5機のB-29を撃墜するという快挙を演じていた。

この月光ペアは、倉本十三上飛曹（操縦）、黒鳥四朗少尉（偵察）で、二十粍斜銃3挺装備の一一甲型〝ヨ-101〟号機を駆り、午後11時すぎに追浜基地を発進。高度差をとった

▲二十粍斜銃を後方に1挺追加して一一甲型仕様となり、排気管も推力式単排気に、さらにはFD-2機上電・探を搭載して、そのアンテナを機首に装備するなどし、内容をグレードアップした、“ヨ-101”号機。尾翼記号は、『彗星』一二戊型“ヨ-154”号機や一式陸攻などとも共通する、本文中に記した倉本、黒鳥ペアの搭乗機である。横須賀空所属機に特有の赤。その上の細い赤横帯と、上端の赤塗装は、他の月光（ヨ-102号機）にも塗られた共通標識。胴体下面の、アンテナ支柱の直後、および尾端下面に、追加の電子機器用アンテナが付いていることに注意。

のち、急降下の加速を利用してB-29の胴体下方に潜り込むというテクニックで、つづけざまに5機を撃墜したのだ。むろん、月光の全生涯を通じて、これだけの撃墜を、単機が一度の出撃で記録した例はほかにない。

6月1日、倉本、黒鳥ペアはこの功績により、横須賀鎮守府長官から全軍布告文の写しと、軍刀一振りを授与され、それぞれ飛曹長、中尉に進級した。

だが、5月25日夜の迎撃戦以降、マリアナのB-29群は、護衛戦闘機P-51を伴っての昼間空襲も多く交えるようになり、大都市を焼き尽くしたあと、爆撃目標が地方の中小都市に移っていき、展開基地の関係、地上の探照灯の協力を得られないなどの条件も重なり、月光だけではなく、陸、海軍防空部隊全体の活動が鈍り、そのまま敗戦を迎えることになった。これは同時に、変転をつづけた月光の生涯の終焉でもあった。

●『試製極光』／『銀河』

月光の制式兵器採用も含め、夜間戦闘機の重要性を認識

図１：『試製極光』〔P1Y2-S〕

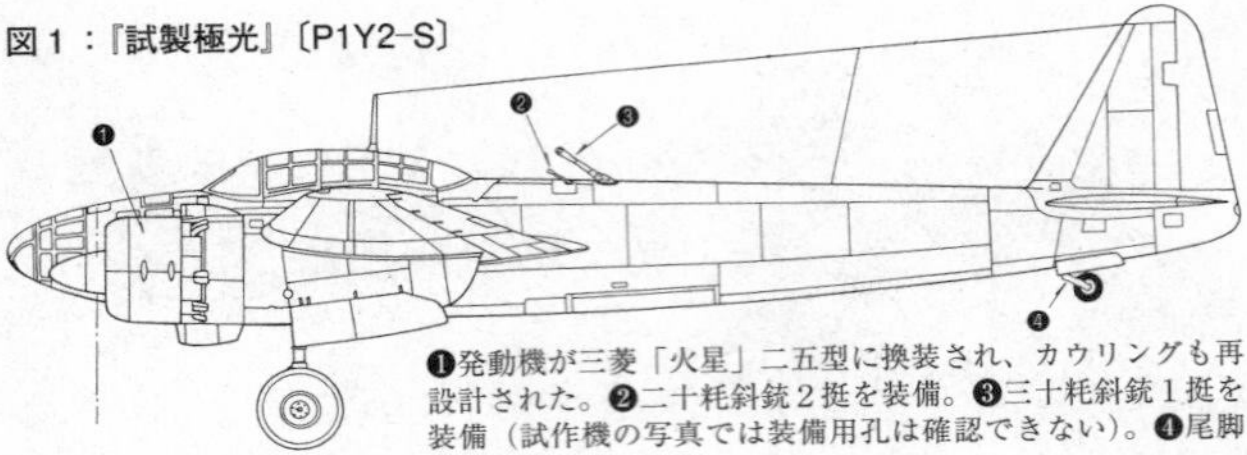

❶発動機が三菱「火星」二五型に換装され、カウリングも再設計された。❷二十粍斜銃２挺を装備。❸三十粍斜銃１挺を装備（試作機の写真では装備用孔は確認できない）。❹尾脚を引き込み式に変更。

図２：『銀河』一一型〔P1Y1〕改造夜戦

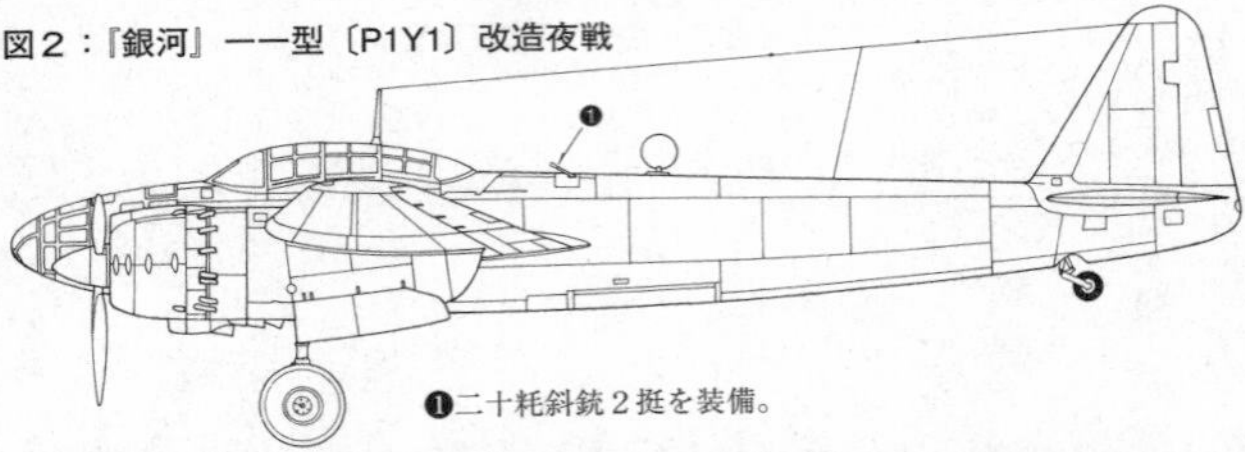

❶二十粍斜銃２挺を装備。

▲高速が自慢の陸上爆撃機『銀河』の発動機を、三菱『火星』二五型に換装したうえで、二十粍斜銃を装備して、夜間戦闘機となった『試製極光』。写真は、昭和19年５月３日に川西航空機・鳴尾工場で撮影された試作１号機。全面を試作機塗装色の黄色（黄橙色）に塗っている。斜銃はまだ装備していない。発動機換装にともない、ナセル形状も変更されており、銀河との区別は容易である。しかし、結局は性能不足のため制式兵器採用されることなく終わった。

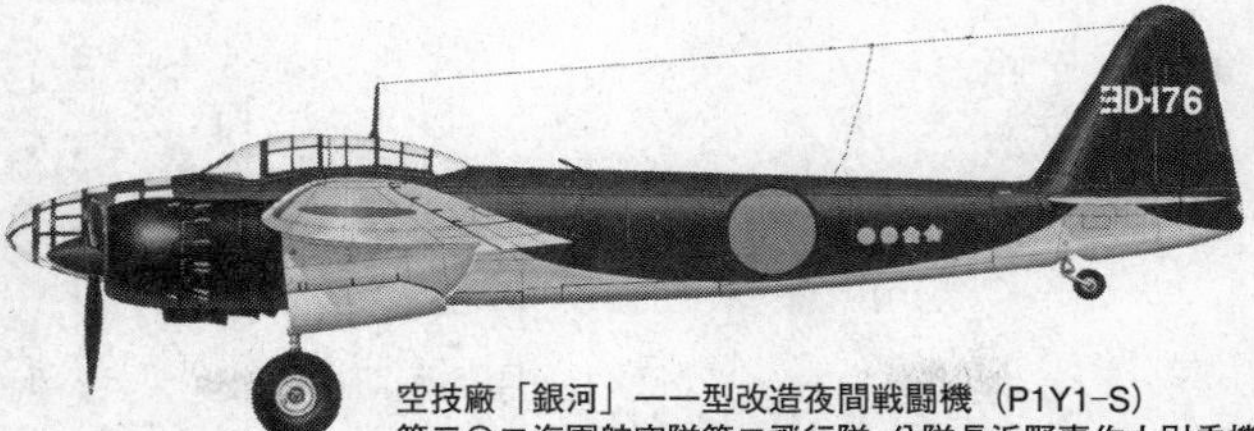

空技廠「銀河」一一型改造夜間戦闘機（P1Y1-S）
第三〇二海軍航空隊第二飛行隊 分隊長浜野喜作大尉乗機
昭和20年4月 厚木基地

図3：旧『極光』、または『銀河』一六型改造夜戦

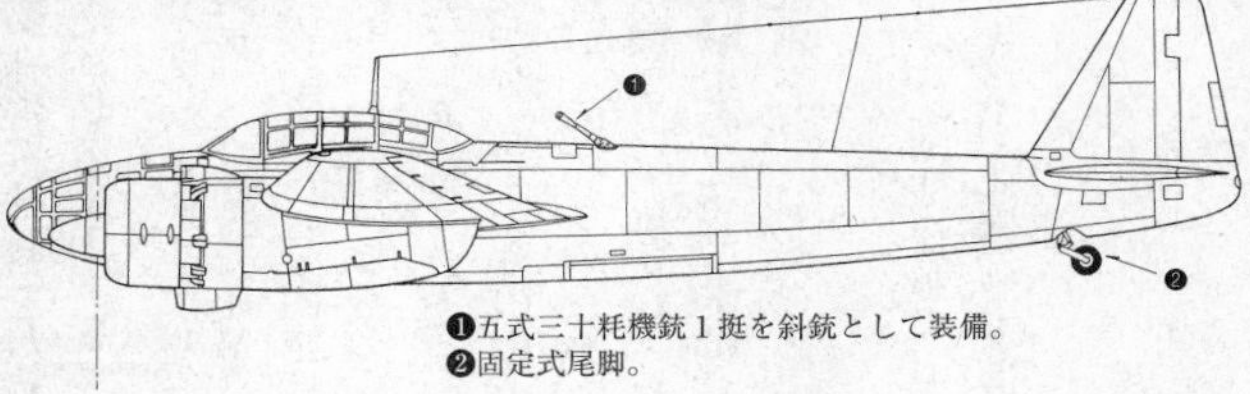

❶五式三十粍機銃1挺を斜銃として装備。
❷固定式尾脚。

五式三十粍機銃
装備部詳細

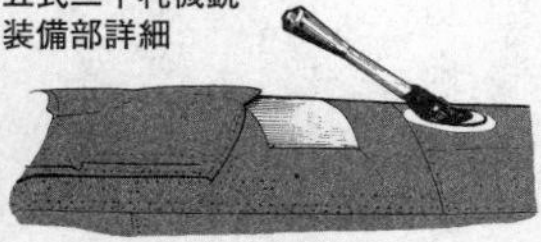

▲現段階では厚木基地の三〇二空に、旧『極光』、または『銀河』一六型を改修した機体（ヨ1-181号機）が1機だけ確認されるのみだが、一技廠にて右図のような正規の装備図が作製されていたということは、一定数の改造が予定されていたと考えられる。

海軍第一技術廠（旧航空技術廠）作図による、銀河への五式三十粍機銃装備要領

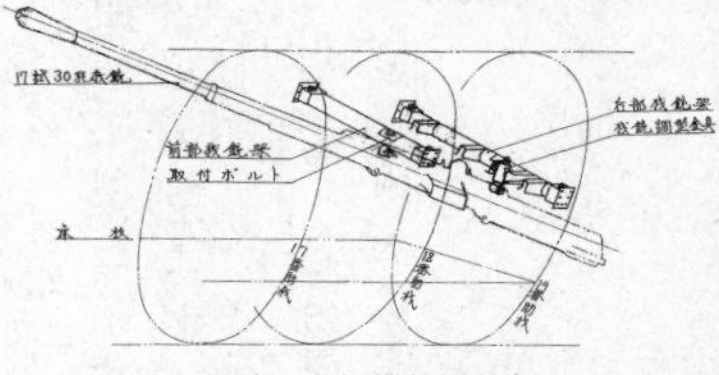

十七試三十粍機銃用銃架

した海軍は、当時、零戦を凌ぐ速度で注目を集めていた、双発の陸上爆撃機『銀河』をベースに、夜間戦闘機『試製白光』〔P1Y1‐S〕を開発することとし、川西航空機にその改造設計を命じた。

白光は、発動機を三菱『火星』二五型（1850hp）に換装し、乗員室後方の胴体内に、十七試三十粍機銃一挺、九九式二十粍二号固定機銃四型を2挺、前上方30°の仰角で装備予定としたのが、銀河一一型との主な違い。むろん爆撃関係装備は撤去されていた。

しかし、途中で『試製極光』と改称された夜戦型の試作機（昭和19年4月に完成）をテストしてみると、月光より速度が少し速いものの、上昇性能、運動性はかなり劣り、いちおう97機が生産されたが、やはりB‐29相手の夜戦として通用しないと判定され、大部分が、爆撃装備を復活させた陸上爆撃機に再改造され、銀河一六型と命名された。

ただ、試製極光とは別に、厚木の三〇二空において、銀河一一型に二十粍斜銃2挺を装備した簡易改造夜戦が一定数配備され、月光ほどの活躍は望むべくもないが、昭和20年に入ってから実戦出撃している。

また、三〇二空では、『火星』発動機搭載の旧『試製極光』、もしくは銀河一六型も少数併用しており、うち1機は、五式三十粍機銃 1挺を斜銃として装備していたことが、写真で確認できる。

●『彗星』

単発機ではあるが、零戦を凌駕する速度性能をもち、複座でもあった艦上爆撃機『彗星』も、夜戦への転用が有望視され、一二型の風防後部を貫いて、前上方30°の仰角をつけて、九九式二十粍二号固定機銃四型1挺を装備した改造夜戦が、『彗星』一二戊型（D4Y2－S）の名称で制式兵器採用され、三〇二空、三五二空の両防空専任部隊をはじめ、一三一空などにも配備された。

とくに、三〇二空では敗戦までにB－29 5機撃墜、5機撃破を記録した金沢久雄中尉／中芳光上飛曹ペアのような殊勲者もいたが、ほかは、目覚しいほどの実績を残すまでには至らなかった。

なお、〝芙蓉部隊〟の名称で知られた一三一空は、彗星夜戦の装備数が最も多かった（敗戦当時に45機）が、同隊は、夜戦専任部隊とはいっても、B－29相手の防空戦を行なうのではなく、20年4月以降の沖縄戦において、米軍占領下の飛行場、各施設などに対する夜間銃・爆撃を行なった部隊である。

●零夜戦

いうまでもなく、海軍戦闘機隊の主力機、零式艦上戦闘機に斜銃をつけた応急夜戦型で、斜銃の発案者である小園中佐が司令官を務める、厚木基地の三〇二空のほか、他隊でも使用した。

ベースは五二型で、操縦室後方の胴体内に、九九式二十粍二号固定機銃四型1挺を前上方

『彗星』一二戊型夜戦〔D4Y2-S〕

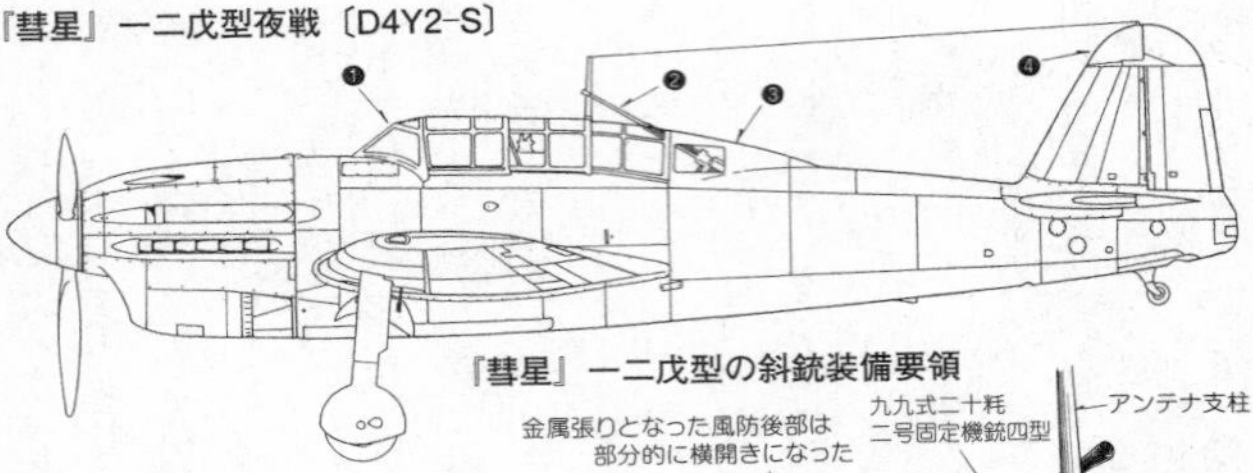

『彗星』一二戊型の斜銃装備要領

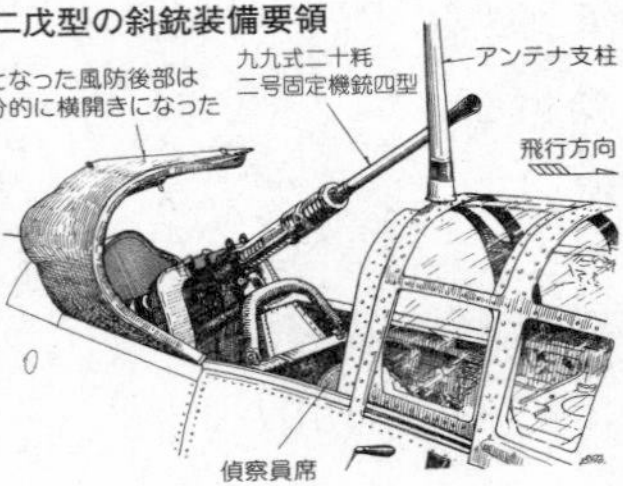

❶前部固定風防が平面ガラス構成になる。
❷九九式二十粍二号固定機銃四型１挺を斜銃として装備。
❸風防後部が金属張りとなる。
❹三三型以降と同じ、上方に増積した垂直尾翼。

▲昭和20年１月２日、富士山付近を正月飛行する、三〇二空の『彗星』一二型。手前が斜銃付きの夜戦型一二戊型“ヨD–226”号機、向こうは、まだ改修前のノーマルな一二型。夜戦としての能力はともかく、本機は液冷発動機に難点があったために、三〇二空でも可動機が10機を超えることはほとんどなかったらしい。

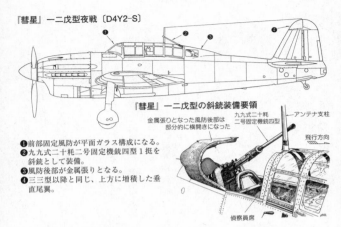

零夜戦

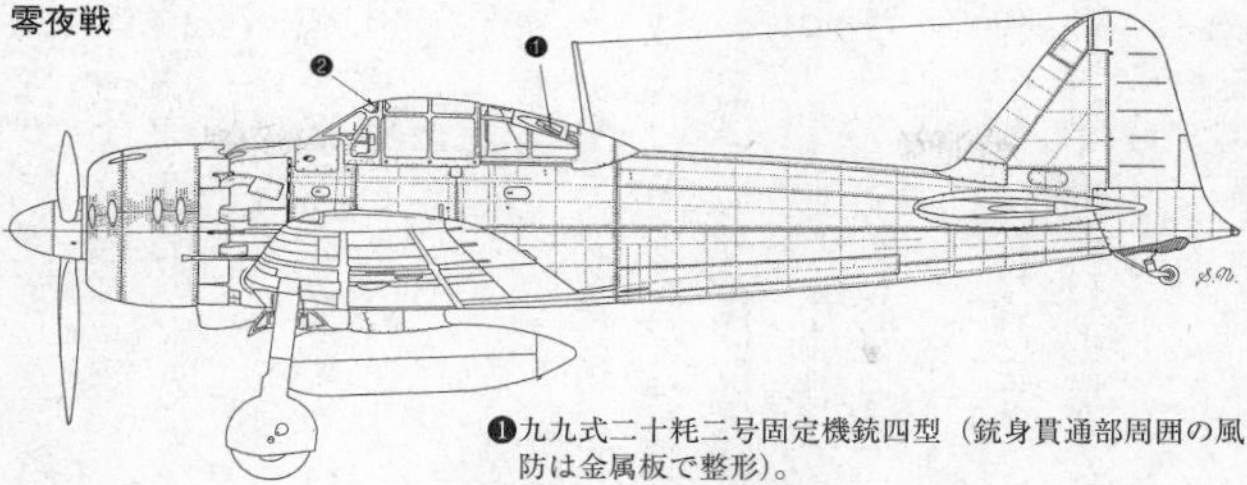

❶九九式二十粍二号固定機銃四型（銃身貫通部周囲の風防は金属板で整形）。
❷斜銃用小型簡易照準器。

『彩雲』改造夜戦

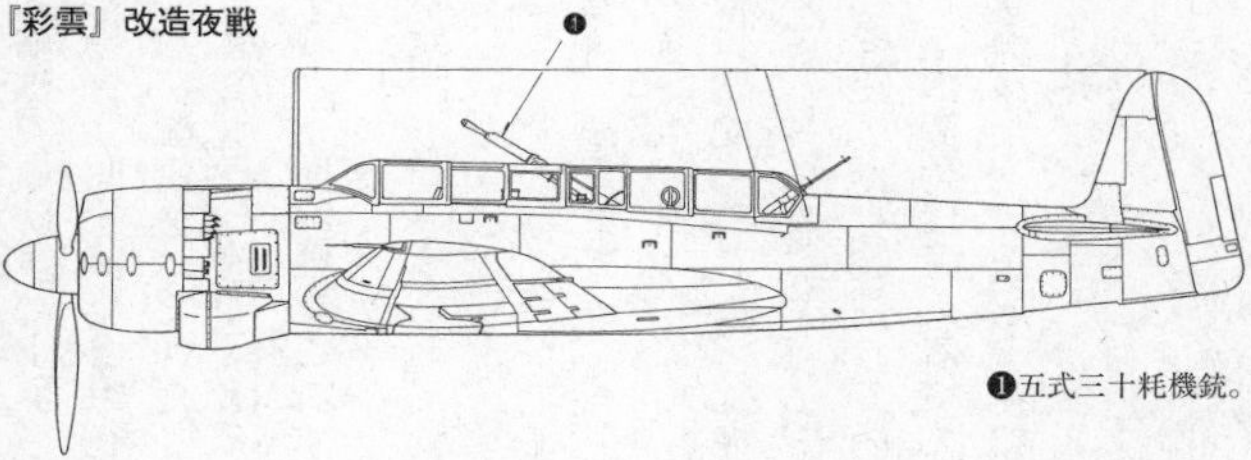

❶五式三十粍機銃。

中島「彩雲」夜間戦闘機（C6N1-S）
第三〇二海軍航空隊第三飛行隊
安田中尉/福田太朗中尉ペア乗機
昭和20年６月 厚木基地

30°の仰角で固定した。銃身先端は、風防後部上面、やや左寄りに突き出していた。

この零夜戦は、三〇二空の場合、昭和20年2月15日のB－29による名古屋昼間空襲時には、19機が迎撃出動できるほどの数が配備されていた。

これらは、月光、銀河、彗星夜戦とともに、ほぼ毎次の迎撃戦に出動し、若干の戦果も記録したようだが、やはり単座戦が夜間戦闘をこなすには限度があり、4月以降はほとんど使用されなくなった。

●彩雲夜戦

これも、制式採用機ではなく、三〇二空が、高速が自慢の艦上偵察機『彩雲』に、斜銃を取り付けた応急改造夜戦である。

斜銃の取り付け位置は偵察員席で、ここに、九九式二十粍二号固定機銃四型を、前上方30°の仰角で2挺装備した。改造機数は少なく、うち1機（〝ヨＤ－２９５〟号機）は、二十粍機銃のかわりに、五式三十粍機銃1挺を装備していた。

しかし、もともと、急激な空中機動に耐える機体強度がないため、夜戦として使うのは無理があり、戦果はほとんどなかった。前記三十粍機銃装備機も、発射時の振動がひどく、実戦では1回だけ射撃した程度に終わった。

●『天雷』

『試製天雷』試作第６号機

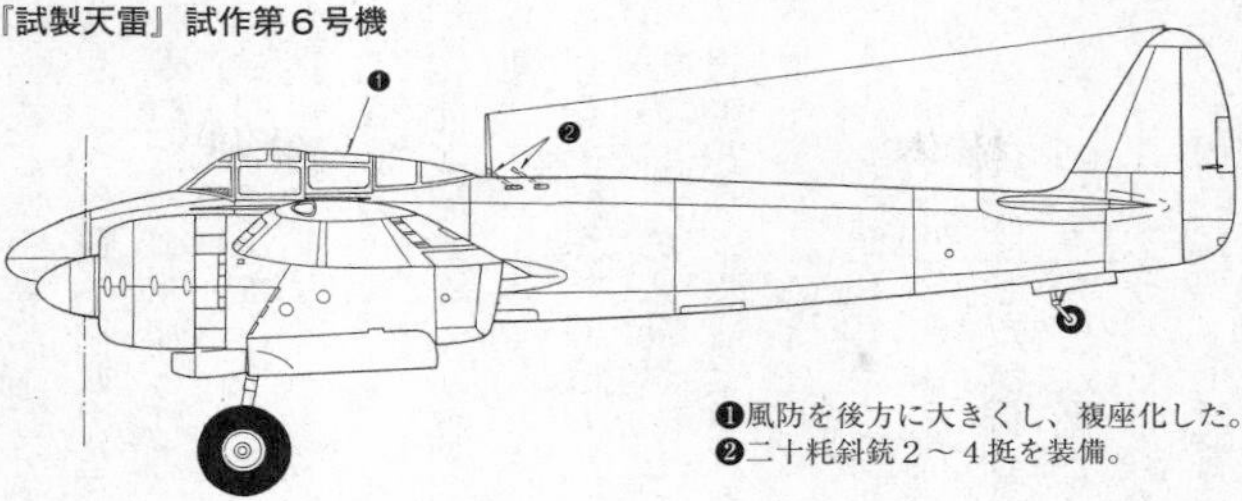

❶風防を後方に大きくし、複座化した。
❷二十粍斜銃２～４挺を装備。

▲日本敗戦後の横須賀基地で、プロペラを外され米軍の処分命令を待つ各種海軍機。右手前の２機が、夜戦としての有効性をテストされていた、十八試局戦『天雷』の試作第３号機（奥）、および６号機。後者は、複座化され、風防が後方に長くなっているのがわかる。二十粍斜銃は２～４挺装備することになっていたとされ、胴体日の丸の前方上部に見える小穴が、その貫通孔と思われる。画面奥に３機の月光が見える。

実戦に使われたわけでもなく、また、夜戦として制式兵器採用されたわけでもないが、いちおう、夜戦への転用を試みた試作機が存在したので、『天雷』も説明しておく必要がある。

本機は、よく知られるように、昭和18年4月、海軍が将来の対B-29戦を強く意識し、川西の十八試甲戦『陣風』、愛知の十八試丙戦『電光』と前後して、中島に試作指示した、十八試戦闘機トリオの1機であり、種類別でいうと、従来の局地戦闘機、すなわち、防空戦用の乙戦であった。

電光と同じく、自社製『誉』発動機を搭載する双発型式で、全幅14・4m、全長11・4m、自重5・3tのコンパクトなサイズにおさめ、可能な限りの空気力学的洗練を施し、高度6000mにおいて最大速度360kt（667km/h）、同高度までの上昇時間6分以内という、当時の日本の双発機としては、かなりの高性能を狙っていた。

B-29が仮想敵とされただけに、武装も強力で、胴体下面に二十粍機銃2挺、三十粍機銃2挺を備えることにしていた。

しかし、昭和19年9月以降に完成した試作機をテストしてみると、最大速度は要求値を70km/hも下廻る597km/hどまり、上昇力なども同様に期待できないと判定され、昭和20年2月に完成した試作6号機をもって開発中止が決定された。

これに先立ち、乙戦として望み薄な本機を丙戦、すなわち、夜戦に転用する試みが具体化し、試作3、5、6号機の3機を改造し、前方向き固定武装を廃止して、かわりに乗員室後方の胴体内に、二十粍斜銃2～4挺を装備できるように改造された。

しかし、この夜戦転用案も結局は実験だけにとどまり、それ以上に進展しないまま終わった。

●『試製電光』

ソロモン戦域にて、二五一空の〝斜銃付き二式陸偵〟がB－17を相手に、夜間戦闘機として目覚しい活躍をしていた昭和18年なかば、海軍は、その〝斜銃付き二式陸偵〟を、夜間戦闘機『月光』として制式兵器採用、量産化を図るいっぽう、当初から夜戦として開発する、最初の本格的機体を、愛知航空機に試作発注した。

試作名称は、十八試丙戦闘機『試製電光』〔S1A〕と呼称され、当面、月光が相手にするであろうB－17、B－24ではなく、当時、ようやく断片的な情報が入りつつあった超重爆、ボーイングB－29スーパーフォートレスを仮想敵にしたことがポイントであった。

そのため、海軍が要求したスペックは、日本海軍双発機の常識を超えるレベルになった。すなわち、発動機は中島『誉』二二型（2000hp）2基とし、最大速度は高度9000mにて370kt（685km／h）、上昇力は高度6000mまで8分以内、航続時間は5時間、機上レーダーを備え、遠隔操作式の二十粍連装銃塔を含む、三十粍機銃×2挺、二十粍機銃×4挺の重武装を有することなど、となっていた。

愛知では、社内設計番号AM－25と命名し、尾崎紀男技師を主務者に配して、18年11月に設計着手、19年12月に試作1号機を完成する予定で作業を進めた。

『試製雷光』三面図（寸法単位：mm）

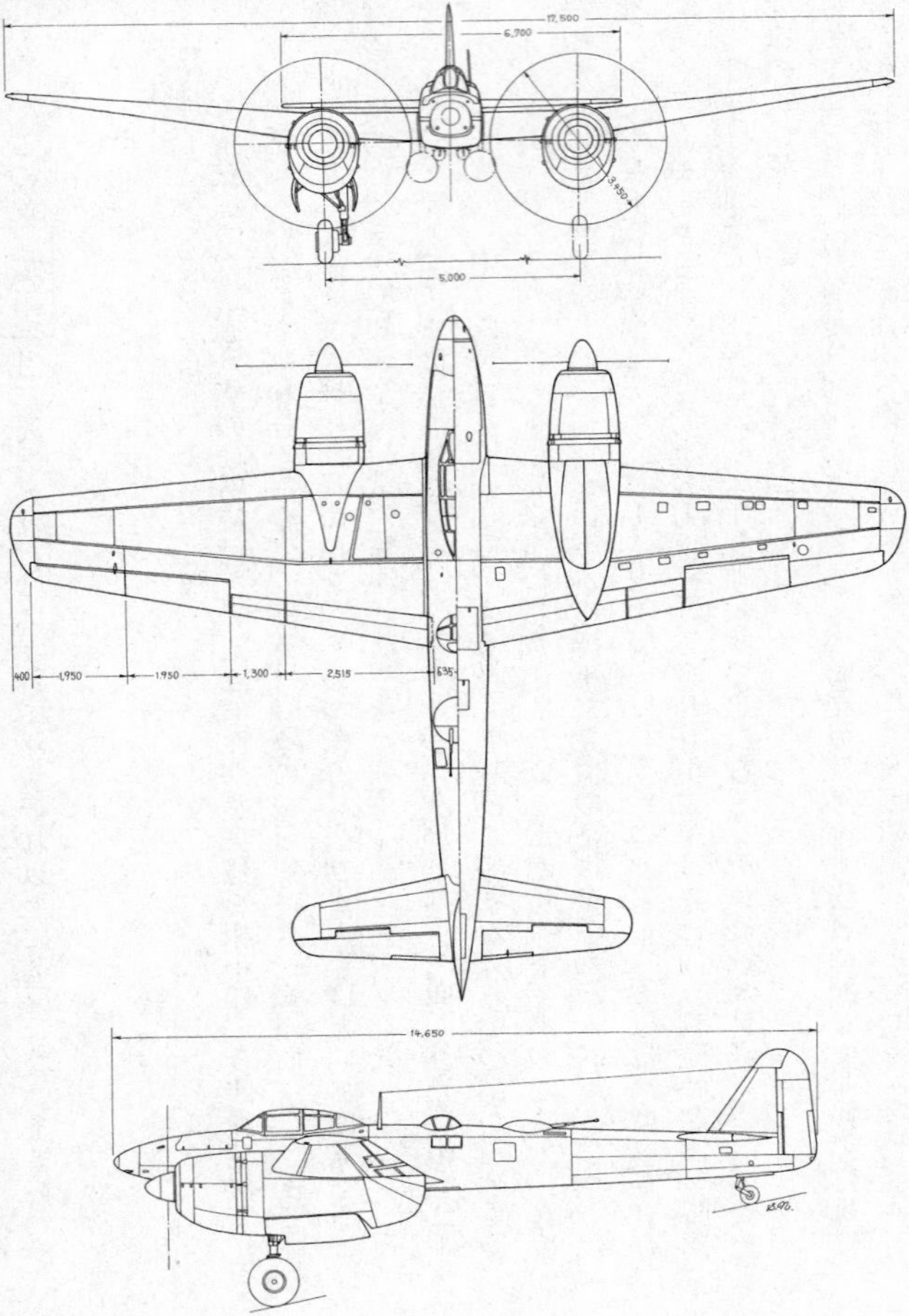

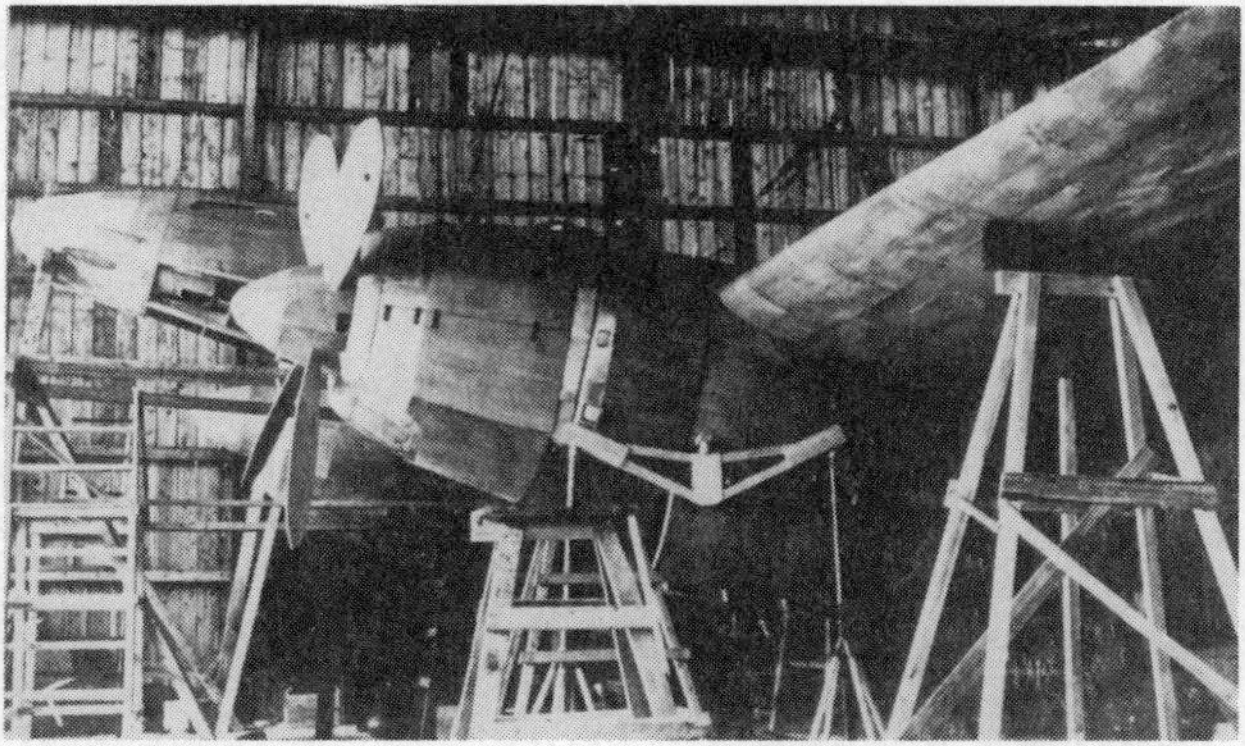

▲実機が未完成に終わった、海軍唯一の“純正”夜戦『電光』は、現段階で写真が１枚も発掘されておらず、その外観を立体的に把握できるのは、このモックアップ（実物大木型模型）写真のみ。排気タービン過給器を併用する、中島『誉』二二型発動機を包む大きなナセルと、直径3.45mの４翅プロペラなど、総重量10tを超える、ヘビー級夜戦の迫力は感じ取れる。

しかし、B－29の詳細が判明していくにつれて、海軍側の要求も逐次過大化し、設計陣もなんとかこれをクリアしようとした結果、全備重量が10tを超える、空前のヘビー級夜戦になってしまった。

そのため、推定性能値はかなり低下し、最大速度は３００kt（５５５km／h）、上昇力は高度６０００mまで９分30秒に下方修正された。

19年６月15日夜、当のB－29によって日本本土が初めて空襲をうけたこともあって、海軍は電光の試作を急ぐよう愛知にハッパをかけたが、度重なる要求変更などで作業が遅れていたうえ、運悪く、19年12月７日、愛知工場のある名古屋周辺を、マグニチュード８・０の大地震（東南海大地震と称した）が襲い、工場もかなりの被害をうけ、作業はさらに遅れた。

そして、この大天災に追い討ちをかけるように、20年６月９日、愛知工場を主目標にしたB

『試製電光』胴体骨組み配置図（寸法単位：mm）

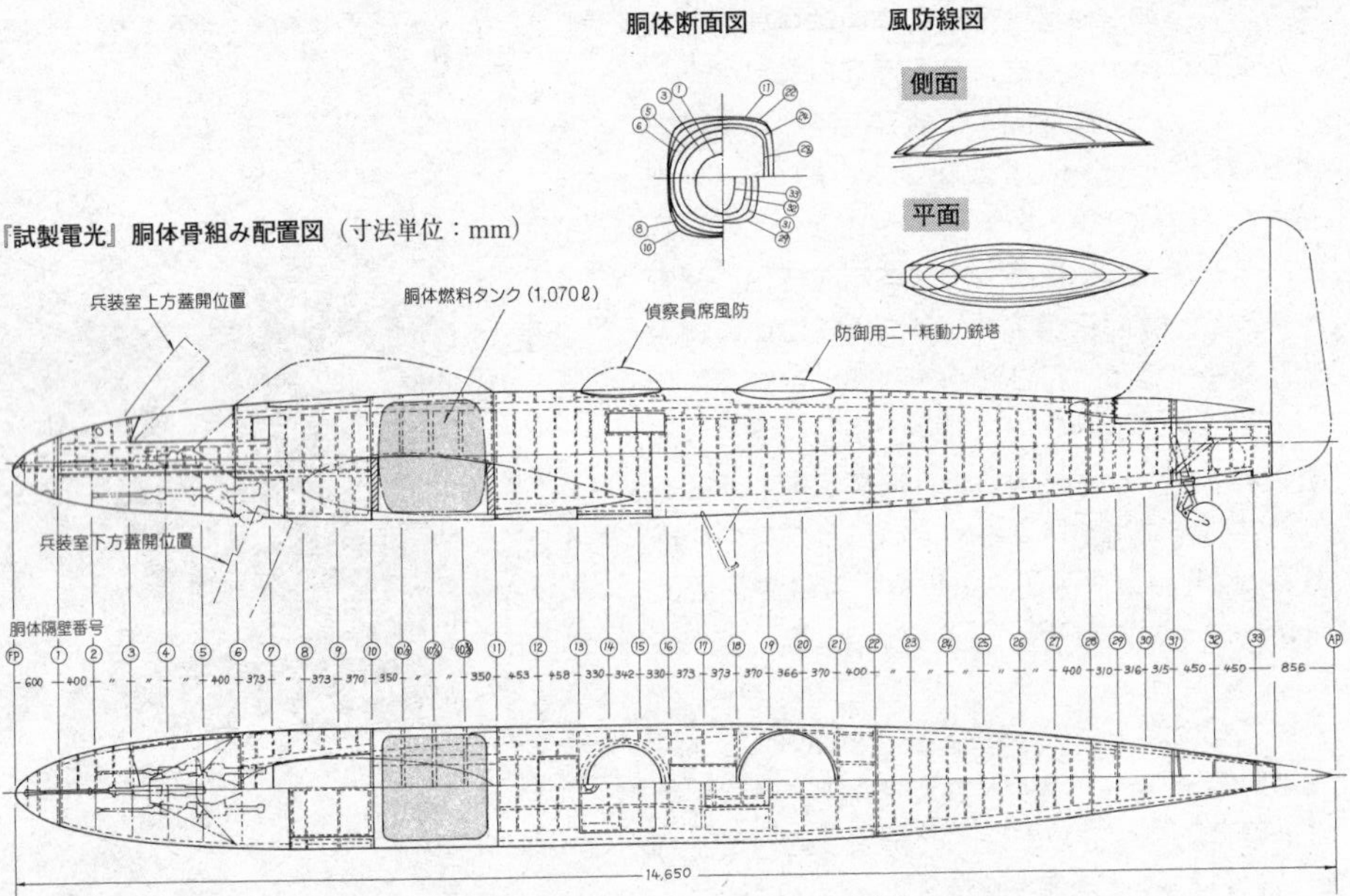

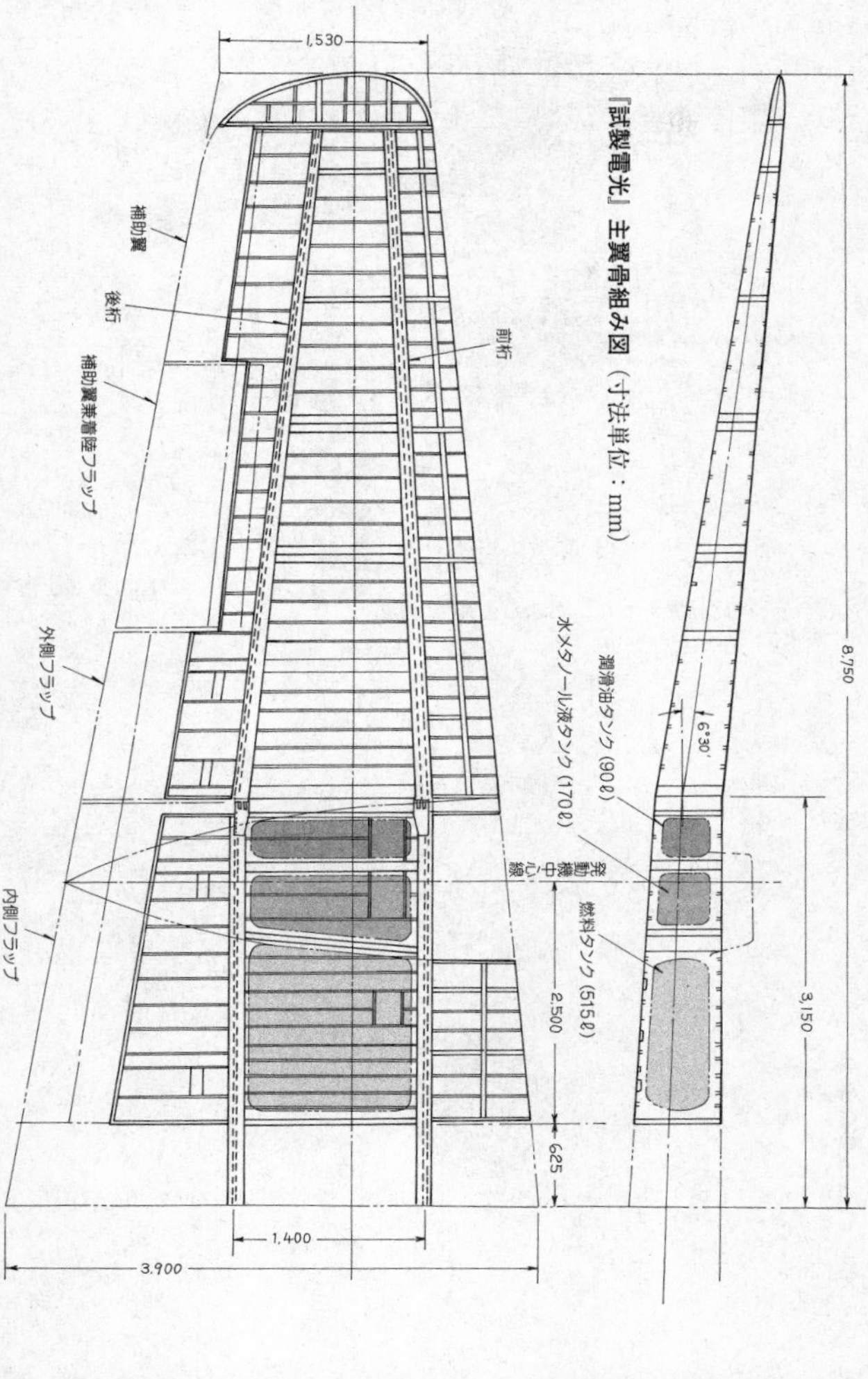

『試製電光』主翼骨組み図（寸法単位：mm）

『試製電光』射撃、爆撃兵装図

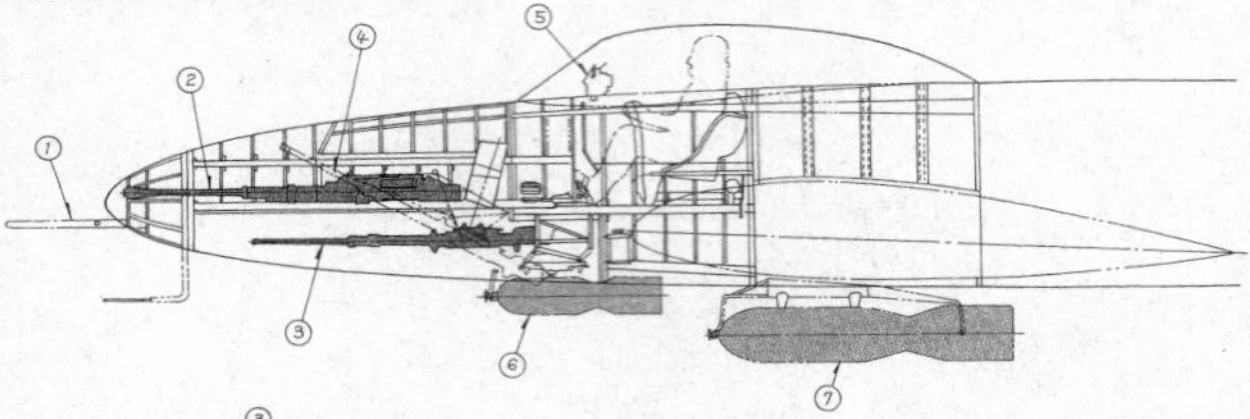

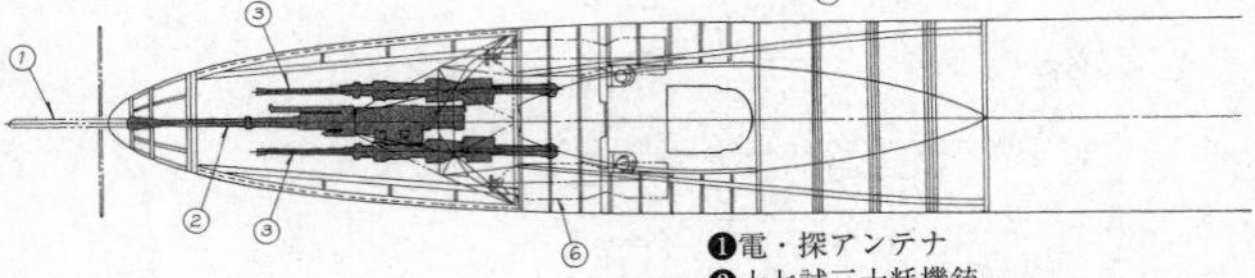

❶電・探アンテナ
❷十七試三十粍機銃
❸九九式二十粍二号固定機銃四型
❹斜銃として使用時の二十粍機銃位置
❺光像式射撃照準器
❻六番（60kg）爆弾
❼二五番（250kg）爆弾（主翼下面）

『試製電光』発動機ナセル、および主脚配置図
(寸法単位：mm)

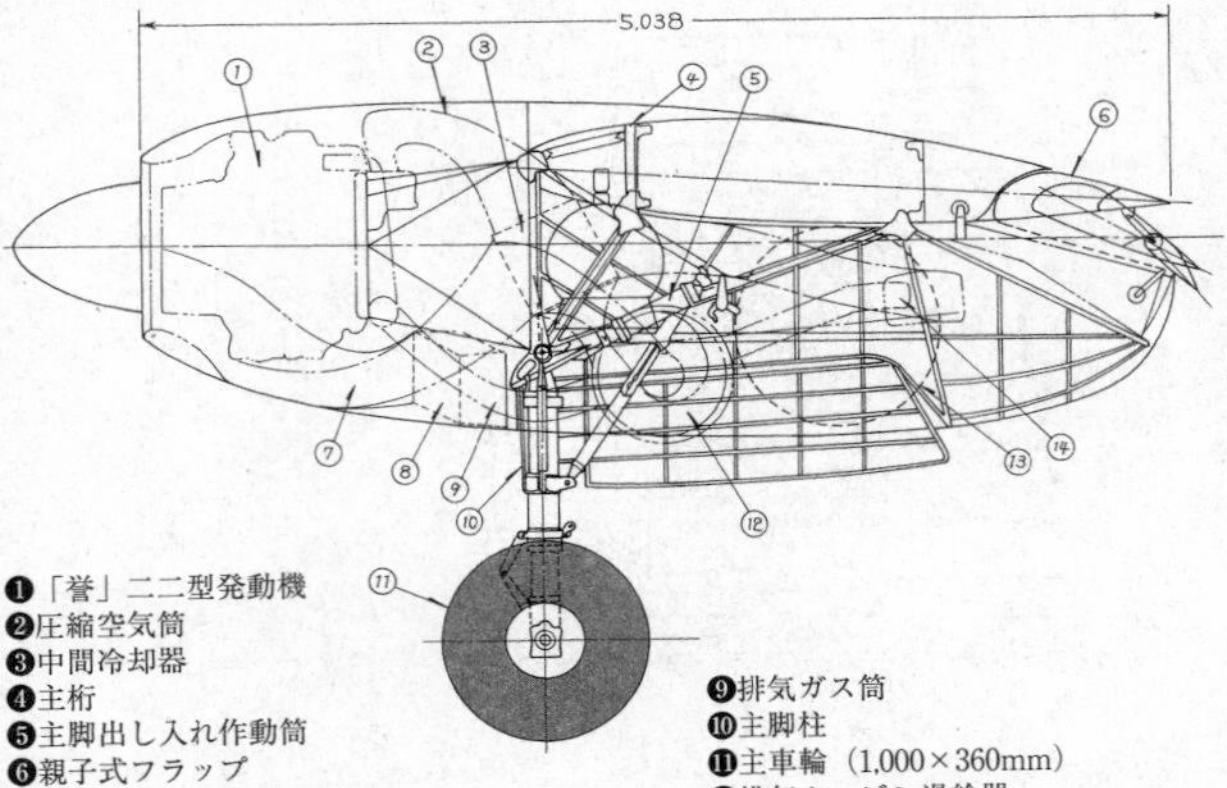

❶「誉」二二型発動機
❷圧縮空気筒
❸中間冷却器
❹主桁
❺主脚出し入れ作動筒
❻親子式フラップ
❼排気タービン過給器、および
中間冷却器用空気取り入れ筒
❽潤滑油冷却器
❾排気ガス筒
❿主脚柱
⓫主車輪（1,000×360mm）
⓬排気タービン過給器
⓭主車輪収納位置
⓮排気ガス出口

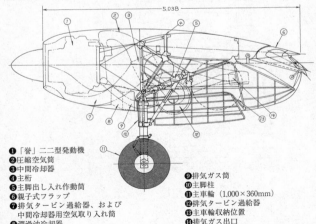

－29の大爆撃があり、試作中の電光1号機が、敢えなく被爆・焼失してしまった。

愛知は、被爆を免れた2号機を、岐阜県の大垣工場に〝疎開〟させて完成を急いだが、同機もまた、敗戦直前のB－29の大垣工場爆撃により、90％完成という状態で被爆・焼失してしまい、海軍最初の本格夜戦『電光』は、ついに空に飛び立つことなく、消え去ってしまった。

電光は、残された取扱説明書を見る限りでは、確かに多くの新機軸を導入し、強力な武装と相俟って、月光とは比較にならぬ有力な夜戦であったことはわかる。

しかし、発動機が問題の多い『誉』、しかも、試作の進み具合からして、その戦力化は早くても昭和21年（1946年）後半以降であり、たとえ推算値どおりの性能が実現できたにせよ、はたして、どれだけの存在価値を維持できたかは、多いに疑問と言わざるを得ない。

電光が未完成ということは、日本海軍に、真の本格夜戦は存在しなかったということになる。

第二節　陸軍夜間戦闘機

●『屠龍』

海軍と同様、陸軍も専用の夜間戦闘機の必要性など、太平洋戦争が始まってからもしばらくの間、露ほども考えていなかった。

だが、海軍のほうがひと足早く、実戦場での必需性から、夜間戦闘機『月光』を誕生させると、これに刺激され、陸軍も昭和18年後半には〝斜銃〟を装備する専用夜戦の実現にこぎつける。

その機体のベースになったのは、海軍の二式陸偵と機種は異なるが、似たような双発機、川崎二式複座戦闘機『屠龍』〔キ45改〕であった。

本機も二式陸偵の前身、十三試双発陸上戦闘機と同じく、もともとは当時の世界列強国空、海軍の間に流行した、長距離多用途双発戦として開発された機体である。

ただ十三試双発戦のように、本来の開発目的機として失格し、他機種に転用されたというのではなく、あくまで双発複座戦として制式兵器採用され、実戦配備されていたことが根本的に違っていた。

十三試双発戦と比較した場合、発動機出力はほぼ同等――三菱『ハ一〇二』離昇出力1080hp――だが、機体サイズが全幅15m、全長10・6mとひとまわり小さく、全備重量も800kgほど軽いこともあり、速度、上昇力など、飛行性能面ではやや上回っていた。

ただ、同じ日本の軍隊なのに、犬猿の仲と言われるほど協調性がまったくない陸、海軍だけに、この時点で、陸軍の本格的航空機用二〇粍機関砲（陸軍では、口径一二・七粍以上を機関砲と称しており、本書もこれに従う）は実用化されておらず、〝斜銃〟用に使われたのは、『ホ一〇三』一式一二・七粍機関砲であった。

まず、最初の生産型キ45改甲の前、後席間に備え付けていた胴体内燃料タンクを撤去し、ここにホ一〇三を前上方約25°の仰角で2門装備した。

陸軍では、面子もあって、この斜銃を〝上向《うわむ》き砲《ほう》〟と称し、海軍の斜銃の真似ではないと、装いたかったらしい。

型式上では、とくに新しい名称は付与されず、二式複戦甲型〔キ45改甲〕のまま〝丁《てい》装備機〟と通称されたようだ。

キ45改甲につづいて生産されたキ45改乙、二式複戦乙型は、キ45改甲の胴体下面の武装『ホ三』二〇粍機関砲を、特別装備として九四式三七粍戦車砲に換装した武装強化型であるが、夜戦用の〝丁装備〟を施した改造機は存在しなかったようだ。

昭和18年5月から10月までの間に、陸軍航空工廠で計65機、キ45改甲を改造して造られたキ45改丙は、機首武装を『ホ一〇三』2門に換えて、『ホ二〇三』三七粍機関砲1門装備とした型で、夜戦部隊に指定された、飛行第四戦隊にも配備されたことが確認できる。しかし、この65機も、〝上向き砲〟を追加した機体は造られなかったようだ。

その後、キ45改丙は、川崎の工場において量産に入ったが、これらの正規生産機は、機首覆いが再設計されて前方に長くなり、ホ二〇三の砲身をすっぽり覆ったため、陸軍航空工廠

◀発動機試運転中のキ45改甲、二式複戦甲型を前下方より仰ぎ見た、迫力あるショット。機首上部のホ一〇三 一二・七粍機関砲2門、同下面のホ三 二〇粍機関砲弾道溝、ナセル周りなど、本機の特徴あるディテールを鮮明に捉えている。機首下面に見える、カバーを被せた突起物は、射撃訓練時に用いる監査器、すなわちガン・カメラである。キ45改甲は、むろん夜戦型ではないが、のちに夜戦専任部隊に指定される飛行第四戦隊も、当初は本型を使用した。

キ45改甲

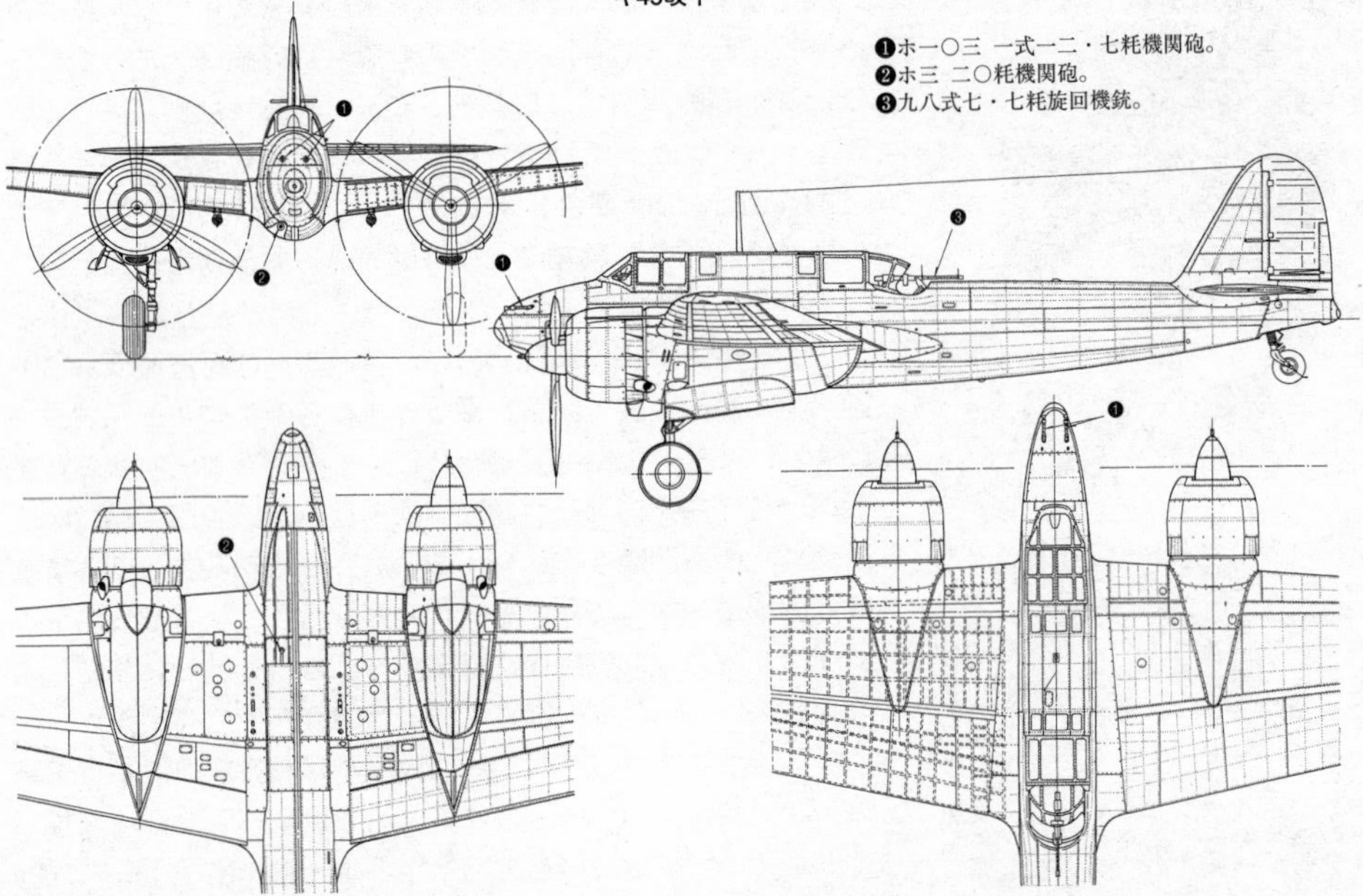

❶ホ一〇三　一式一二・七粍機関砲。
❷ホ三　二〇粍機関砲。
❸九八式七・七粍旋回機銃。

製の改造機と区別できる。キ45改丙の製造番号は3001〜5001。

昭和19年に入り、陸軍もようやく航空機専用の二〇粍機関砲と言い得る、『ホ五』——ホ一〇三と同じく、アメリカのコルト・ブローニングM-2 12・7㎜機銃を原型にした、いわば同銃の口径拡大版——の実用化に成功したため、上向き砲として本砲を用いた、真の夜戦型が、キ45改丁 二式複座戦闘機丁型の制式名称により、4月から川崎航空機・明石工場にて生産に入った。

本型は、前生産型のキ45改丙がベースで、キ改45甲〝丁装備機〟と同様、胴体内燃料タンクを撤去し、ここにホ五を2門並列に並べて装備した。ただし、仰角は少し大きくなり、32°となっている。

昭和20年（1945年）2月25日、陸軍航空本部調整の、陸軍現用試作機称呼名称一覧

▲西日本の夜間防空戦力の中核を成した、山口県・小月飛行場を本拠地とする、飛行第四戦隊の二式複戦。奥の“39”号機（垂直安定板上部に記入）は、キ45改甲の操縦室後方上部に、ホ一〇三 一二・七粍機関砲２門を上向き砲として前上方約25°の仰角をつけて追加装備した応急改造夜戦、いわゆる“丁装備機”。尾翼マークの色（赤）からして、第二攻撃隊（四戦隊は中隊という呼称を使わなかった）所属である。画面右端はキ45改丙、または丁。

キ45改乙

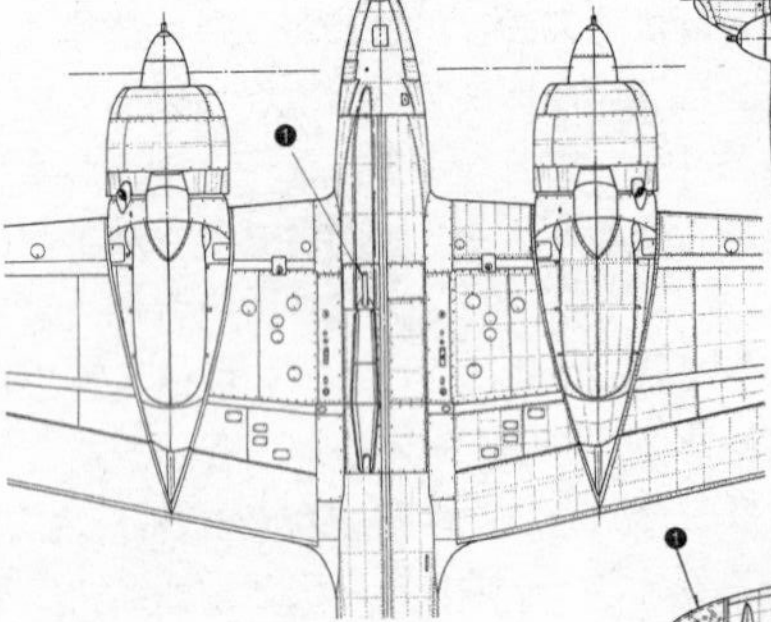

❶九四式三七粍戦車砲（特殊装備）。

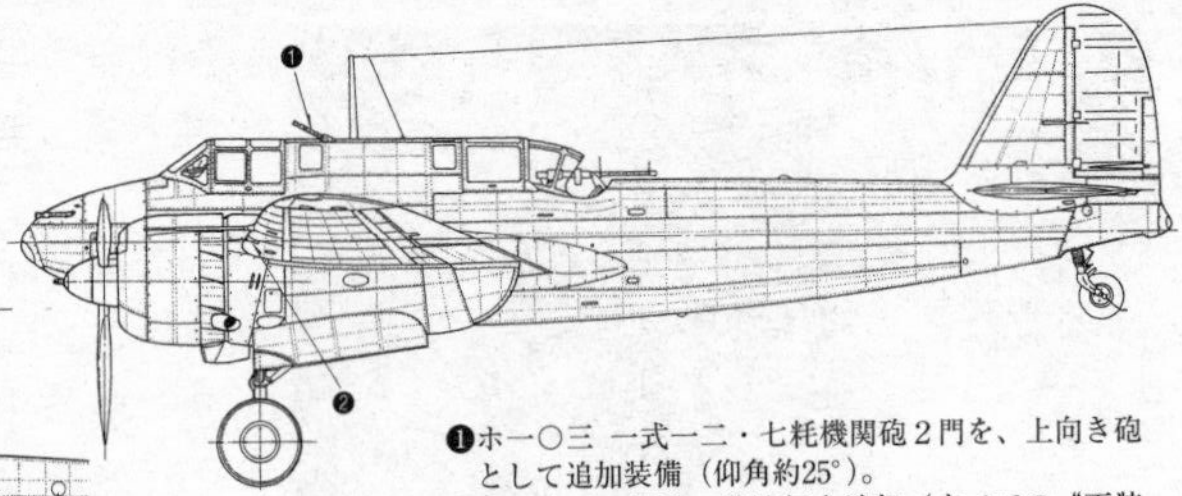

❶ホ一〇三 一式一二・七粍機関砲２門を、上向き砲として追加装備（仰角約25°）。
❷キ45改丁に順じ、着陸灯を追加（すべての“丁装備機”というわけではない）。

電波標定機装備夜戦（キ45改戊？）

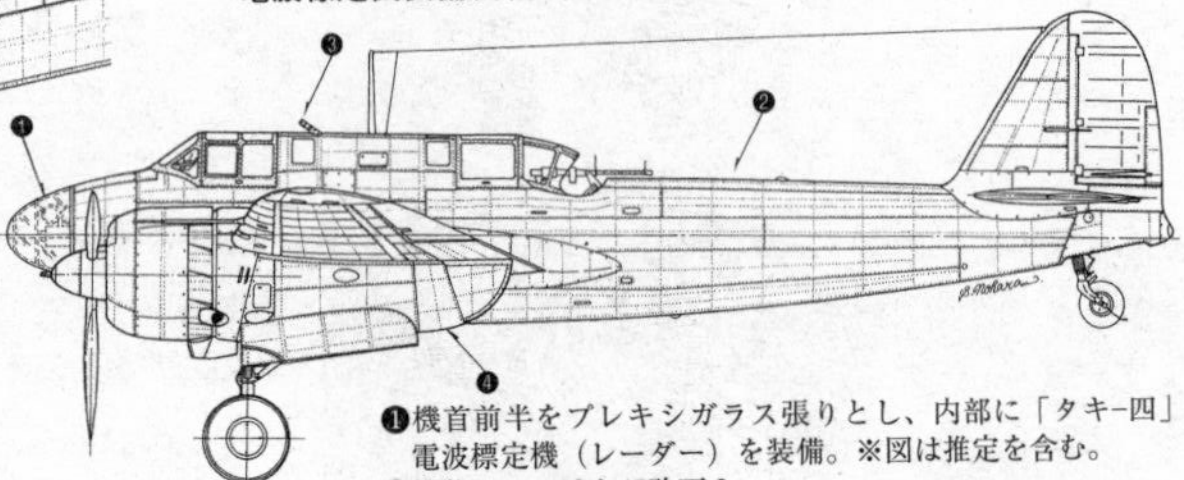

❶機首前半をプレキシガラス張りとし、内部に「タキ–四」電波標定機（レーダー）を装備。※図は推定を含む。
❷機体ベースはキ45改丁？
❸ホ五 上向き砲を装備？
❹陸軍現用試作機称呼名称一覧表によれば、キ45改戊の武装は胴体下面に『ホ三〇一』四〇粍機関砲１門のみ。

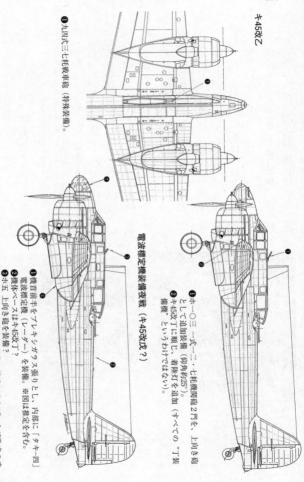

▲キ45改甲の機首武装を、ホ二〇三 三七粍機関砲１門に換装した、武装強化型のキ45改丙。写真の機は、ホ二〇三の砲身が機首先端から突き出す、陸軍航空工廠がキ45改甲を改造して製作した、65機のうちの１機と思われる。正面写真でわかるように、胴体下面のホ三 二〇粍機関砲は取り外している。機首先端にあった着陸灯は、左主翼前縁に移動している。この改造機に“上向き砲”を追加した夜戦仕様はなかったようだが、飛行第四戦隊でも夜戦として少数使用していた。

キ45改丙（陸軍航空工廠製と推定）

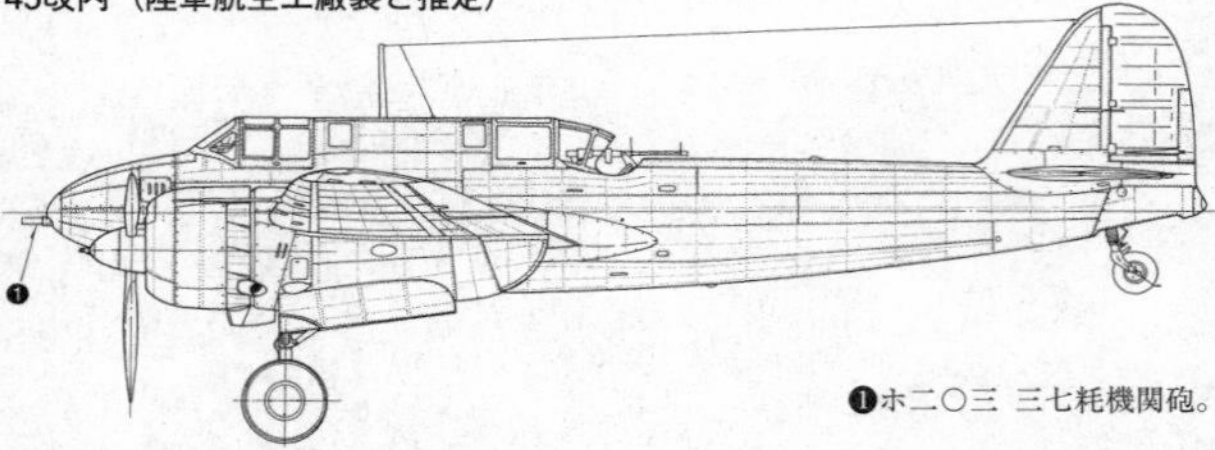

❶ホ二〇三 三七粍機関砲。

キ45改丙（川崎における生産機）

❶ホ二〇三 三七粍機関砲を完全に覆う、新設計の機首部。

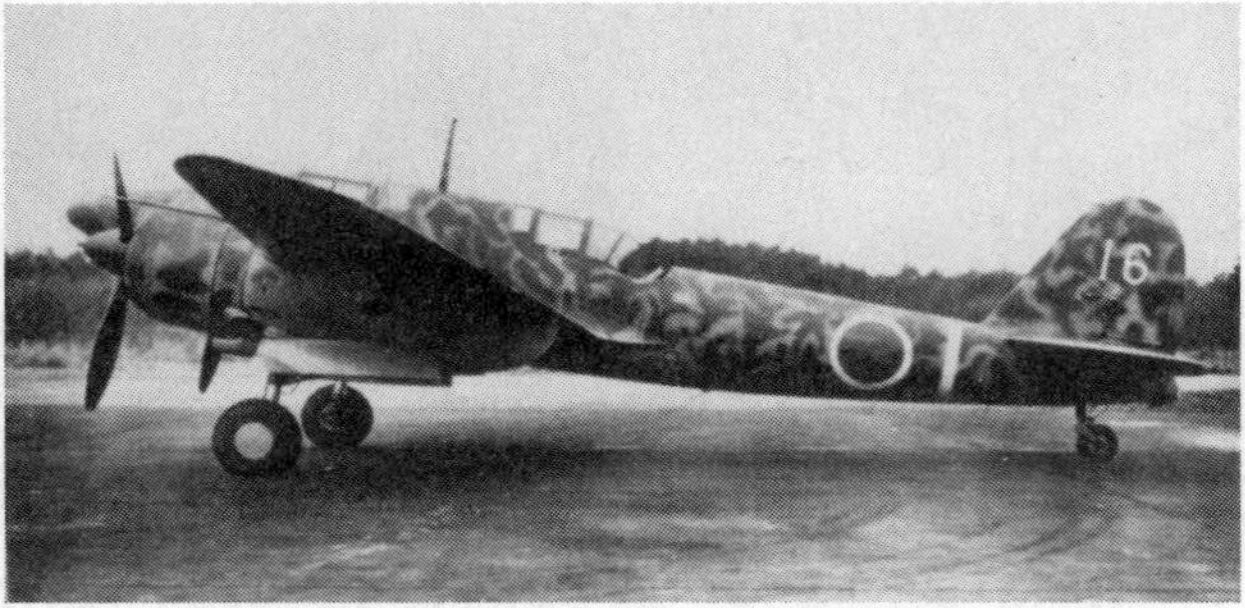

▲機首武装は同じホ二〇三だが、カバーが前方に延長され、砲身をすっぽり覆って見えなくなったキ45改丙 製造番号3116の左プロフィール。このタイプが川崎航空機にて正規に生産された機体である。このキ45改丙は夜戦型ではないが、飛行第四戦隊にも多く配備され、キ45改丁とともに夜戦として使われた。

表によれば、キ45改丁は、武装欄に胴体下面のホ三は記されておらず、後席の九八式七・七粍防御旋回機銃はなしとしている。

ただ、装備位置からして、ホ三の有無を写真から判断するのは不可能だが、九八式七・七粍機銃については、明らかに装備している機体も確認でき、このあたりは部隊での裁量によったらしい。

ちなみに、同一覧表のキ45改丁の備考欄には、はじめて夜間戦闘機と明記されており、書類上では、本型が陸軍最初の夜戦ということになる。キ45改丁の製造番号は4001以降。

キ45改丁につづく夜戦型は、固定武装を胴体下面の『ホ三〇一』四〇粍機関砲（厳密にはロケット砲）1門だけとし（特殊装備）、電波標定機――陸軍独自の兵器呼称で、レーダーの意――を装備するキ45改戊　二式複座戦闘機戊型（製造番号6001以降）と、前述の陸軍現用試作機称呼名称一覧表に記されているが、これを現実に裏付ける写真、公式図等が、現段階では発見されておらず、確かなところはよくわからない。

昭和18年11月から19年5月にかけて、陸軍航空工廠が改造により10機製作したとされる、『タキ-四』電波標定機（ホ五　二〇粍〝上向き砲〟2門を装備）装備機が、このキ45改戊に該当するとも考えられるが、前記一覧表では武装は胴体下面のホ三〇一のみという点が食い違い、電波標定機の型式も明記していないので、なんとも言えない。いずれにせよ、製作数は極く少数にとどまったことは確かなようだ。

なお、二式複戦のトータルな生産数は計1690機、うち夜戦型のキ45改丁は、川崎航空

キ45改丁

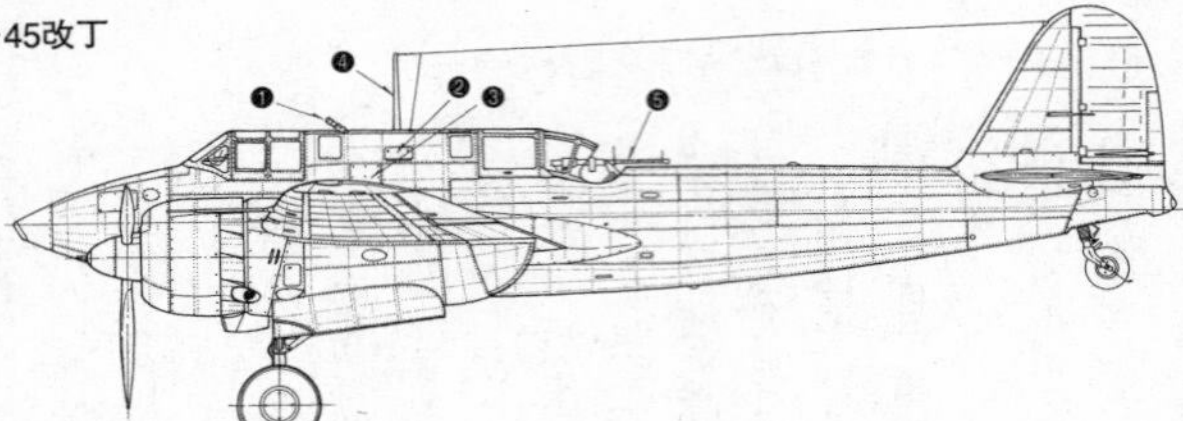

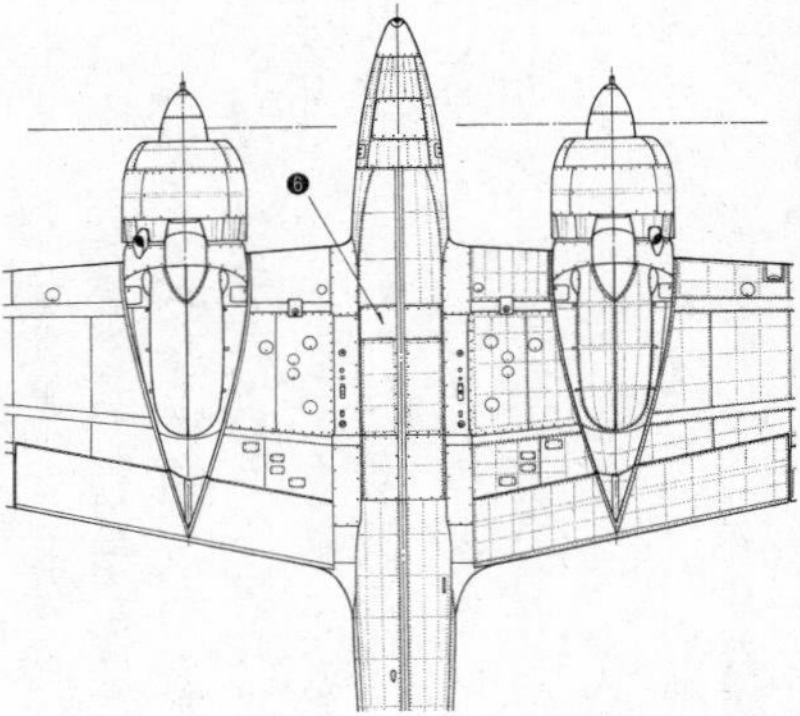

❶ホ五 二〇粍上向き砲２門を装備（仰角32°）。胴体内燃料タンクを撤去。
❷ホ五点検扉。
❸ホ五 二〇粍砲弾補給口。
❹ホ五装備のため、アンテナ支柱は少し後退。
❺昭和20年２月25日調整の『陸軍現用試作機称呼名称一覧表』によれば、後席の旋回銃は未装備とされているが、五戦隊などの所属機は装備していた。
❻胴体下面のホ三 二〇粍機関砲は撤去。弾道溝はそのまま残した機体と、新規に整形鈑で覆った機体があった。

機の月別生産実績表によれば、19年4月から12月までの間に、明石工場で477機とされており、海軍の『月光』／二式陸偵の生産数と奇しくも同数であった。

キ45改夜戦型は、外地に展開した、飛行第二十一、二十七、四十五戦隊などのキ45改装備部隊にも配備されたが、本来の夜戦として爆撃機相手の防空戦に使ったのは、本土防衛部隊の飛行第四、五、五十三戦隊に集約されるだろう。

B-29の本土来襲が近いと悟った陸軍が、昭和19年5月、とくに夜間戦闘専任部隊に指定したのは、西部軍管区隷下の山口県・小月飛行場に展開する飛行第四戦隊、東部軍管区隷下の千葉県・松戸飛行場に展開する、飛行第五十三戦隊（3月23日に新編制されたばかり）の両二式複戦部隊であった。

海軍のように、南方戦域での夜間戦闘の実体験がほとんどなかった陸軍だが、四、五十三戦隊ともに、緒戦期にジャワ島で鹵獲したB－17を使い、B－29を想定した迎撃訓練に励んだ。

とりわけ、新編の五十三戦隊は、空中勤務者の生活を完全に夜型に切り替え、毎日午後に起床、夕方から訓練を始め、夜明けに就寝、夜間の視力増強のため、ビタミンA錠剤を服用するなど、徹底していた。

そして、陸軍夜戦として最初にB－29と相まみえたのは、西部軍管区の四戦隊の二式複戦であった。

昭和19年6月15日深夜、中国大陸奥地の成都基地群を発進した、米陸軍航空軍第58爆撃兵団のB－29 75機は、北方から4機ずつの小編隊で北九州の八幡地区上空に侵入、同地の製鉄所を目標に、日本本土に対して初めての爆撃を行なった。

情報により、四戦隊は可動全力の延べ24機の二式複戦をもってこれを迎撃、2時間余の戦闘で計6機撃墜、7機撃破の戦果を報じた。これに対し、二式複戦の被害は被弾1機にすぎなかった。

これは、二式複戦とB－29の性能差を考えれば、四戦隊の大勝利といってよい。

勝利の要因はいくつかあるが、とくに、B－29が低高度（2000～3000m）を小編隊ずつ単機ごとに侵入し、二式複戦各機に充分な迎撃の機会があったこと、四戦隊が、開戦以来ずっと本土配置にあって空中勤務者の練度が高く、二式複戦を完全に手の内に入れ、しかも充分な夜間戦闘訓練を行なったこと、地上の照空灯（サーチライト）の協力を得られたことなどが大きかった。

なお、この夜の迎撃戦に出動した二式複戦は、上向き砲装備のキ45改甲、および丁夜戦型が大部分だったが、威力を発揮したのは、丁型の機首ホ二〇三三七粍機関砲だったといわれる。

意外だったのは、8月20日夕方、まだ明るい時間帯にB－29 75機が北九州地区に4回目の空襲をかけてきたとき、四戦隊は果敢に迎撃し、撃墜じつに17機（うち不確実8機）、撃破17機という大戦果を報じたこと。

海軍の『月光』では、ついぞ成し得なかった昼間迎撃の大戦果である。米軍側も、この日は高射砲によるものも含め、計14機を失ったと記録しており、以後2ヵ月あまり、北九州に対する爆撃を見合わせたことからも、少なからぬショックを与えたことは間違いなかった。

B－29の防御機銃手がはっきりと二式複戦を視認できる昼間は、夜戦型の〝上向き砲〟を使うために、後下方の射撃位置につくことはほとんど不可能であり、やはりこの日の戦果は、機首のホ二〇三によるものが大部であったと思われる。

樫出勇大尉（B－29撃墜数7機）の回想記などをみると、B－29に対しては、200mほどの高度差をとり、前方から降下の加速度を利用してB－29の下方に潜り込み、上昇しつつ機首のホ二〇三で射撃、反転して下方に離脱という攻撃を採っていたようだ。

キ45改丁

❶ホ五 二〇粍上向き砲２門を装備（仰角32°）。胴体内燃料タンクを撤去。
❷ホ五点検扉。
❸ホ五 二〇粍砲弾補給口。
❹ホ五装備のため、アンテナ支柱は少し後退。
❺昭和20年２月25日調整の『陸軍現用試作機称呼名称一覧表』によれば、後席の旋回銃は未装備とされているが、五戦隊などの所属機は装備していた。
❻胴体下面のホ三 二〇粍機関砲は撤去。弾道溝はそのまま残した機体と、新規に整形鈑で覆った機体があった。

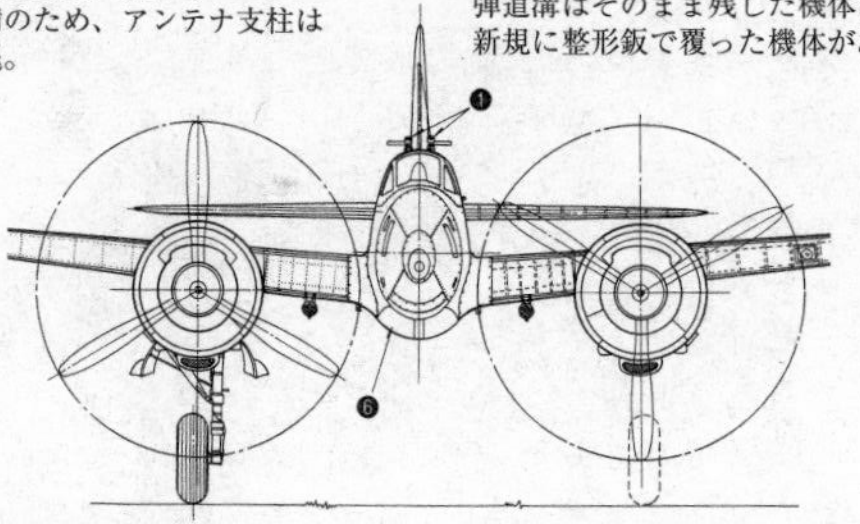

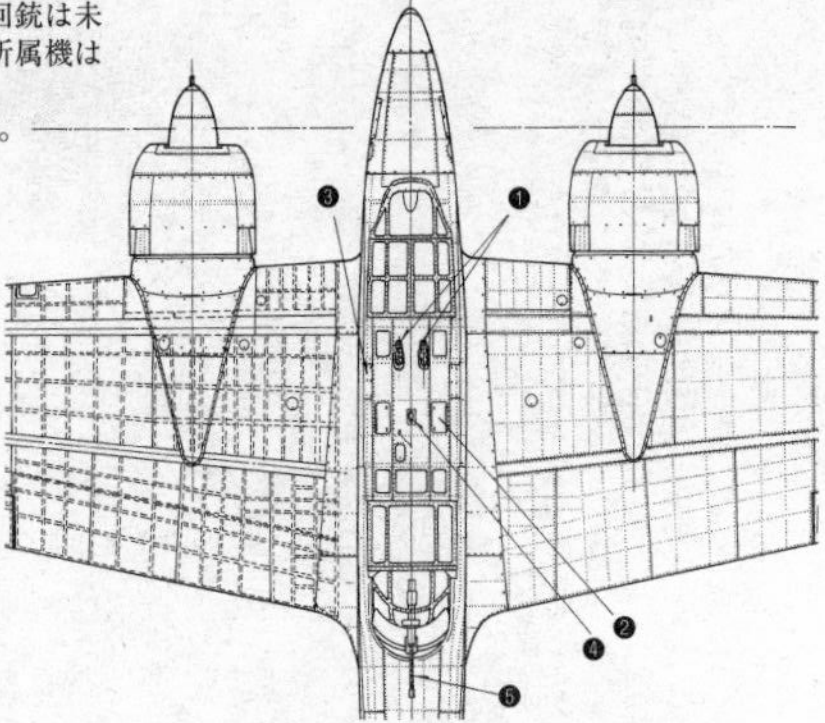

キ45改丁後期生産機

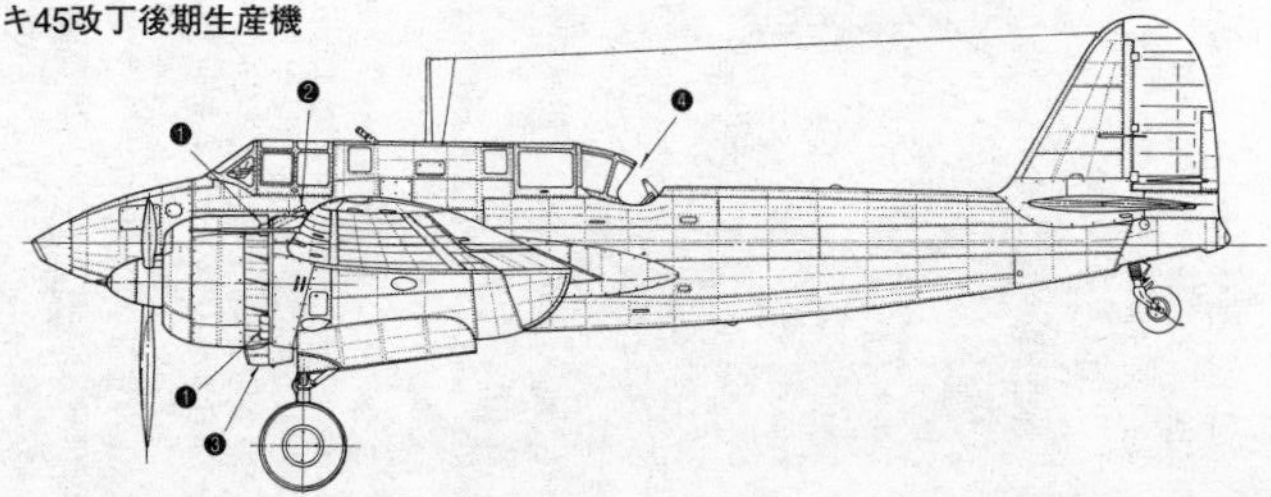

❶排気管を推力式単排気に変更。
❷五十三戦隊所属機などの一部は、上方排気管を長くして消焔効果を高めた機体もあった。
❸潤滑油冷却器用空気取り入れ口の形状を小変更。
❹五戦隊所属機などの一部には、後席を金属鈑で塞いだ機体もあった。
❺九八式七・七粍機銃を装備している機体もあった。

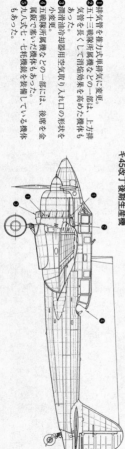

▲昭和20年５月頃、雨上がりの愛知県・清州飛行場に、しばし翼を休める飛行第五戦隊のキ45改丁、二式複戦丁型“常陸”号。アンテナ支柱の前方に、ホ五 二〇粍機関砲２門の“上向き砲”が見える。夜戦型の本命として、昭和19年４月から生産に入ったキ45改丁だが、本型を装備した本土防空部隊はそれほど多くなく、飛行第四、五、五十三戦隊くらいだった。五戦隊は夜戦専任部隊ではなかったが、昭和20年３月以降、名古屋地区に対するB-29の夜間空襲に迎撃出動し、少なからぬ戦果を収めた。写真の機は、同乗者席の七・七粍機銃を装備していることに注目。

▲調査対象機として戦後に米国へ運ばれたキ45改丁の１機“325”号機。やはり推力式単排気管付きの後期生産機だが、ホ五“上向き砲”には消焔装置はついていない。オリジナルの塗装はすべて落とされている。右真横からの撮影ということもあって、資料性の高い一葉だろう。本機は、その後スクラップ処分されてしまったようだ。

その後、中国大陸方面からのB-29来襲はつづいたが、目標が西九州の大村、長崎地区に移ったため、四戦隊は会敵の機会がなく、再び夜間迎撃出動がかかったのは、7ヵ月後の昭和20年3月27日夜であった。

この夜は、B-29 102機が関門海峡に機雷投下するために来襲、四戦隊は全力出動し、樫出、木村両大尉の各3機撃墜をはじめ、計16機撃墜（うち不確実6機）、13機撃破の大戦果を報じた。しかし、米軍側の記録では、この日の損害は3機のみと記されており、重複戦果報告が多かったらしい。

4月以降は、B-29の来襲は昼間が主体となったため、四戦隊の出動は少なく、7月10日夜、久しぶりに全力出動して、6機撃墜、7機撃破の戦果を報じた（米軍側の記録は損失1機のみ）のを最後に、敗戦を迎えている。

いっぽう、東部軍管区の夜戦隊である飛行第五十三戦隊は、昭和19年11月24日、関東地区に対する最初のB-29空襲時、昼間出動ながら、1機を撃墜して初戦果を報じた。

そして、昭和20年に入り、B-29の夜間空襲が本格化すると毎次の迎撃戦に健闘し、〝ふくろう部隊〟の通称名に相応しい戦果を挙げた。

五十三戦隊では、B-29の侵入高度が低いことが多かったせいもあり、ホ五〇二〇粍上向き砲による戦果が大部とされ、20年3月9日〜10日夜の東京大空襲時における、小林克己中尉率いる警急中隊だけでの10数機撃墜、4月15日夜の東京、川崎空襲時における、12機撃墜、11機撃破の戦果報告が圧巻だった。

5月24日には8機、25日には12機撃墜を報じ、五十三戦隊の士気はなお高かったが、このころになると、B－29はP－51を伴っての昼間来襲が多くなり、以後の迎撃出動も低調となって、そのまま敗戦を迎えた。

実質9ヵ月間にわたる五十三戦隊の防空戦歴を通し、B－29撃墜破数は168機に達したとされる。米軍側の損失記録と照合すれば、実際の撃墜数はかなり少なくなるが、いずれにせよ、二式複戦とB－29の性能を考えれば、これは大健闘といってよく、本土防空に対する功績は、海軍の『月光』のそれに勝るとも劣らない。

●キ一〇二丙

二式複戦をいざ実戦配備してみると、陸軍が当初に目論んでいた運用法は、ほとんど採れないことが明らかになったが、航空本部は、川崎航空機に対し、その後継機となるべき機体、キ九十六、キ一〇二を相次いで試作発注した。

しかし、双発戦闘機に確固たる運用指針をもっていないために、キ九十六は性能はともかく、単座、複座どちらにするか決めかねたあげく、結局はうやむやのうちに試作3機で開発中止となってしまった。

キ一〇二は、実質的にキ九十六を複座化しただけの違いしかなく、機首に大口径機関砲を装備する、地上襲撃機としてリニューアルしたものだ。

しかし、開発中にB－29の本土空襲が懸念されるようになったため、昭和18年6月、襲撃機型のほかに、排気タービン過給器を備える、高々度戦闘機型も併行して試作することになった。本型はキ一〇二甲と命名され、それにともない襲撃機型はキ一〇二乙となった。要するに、キ一〇二甲はキ九十六を複座化し、排気タービン過給器を追加すればできたわけで、このあたりは航空本部の手際の悪さが目立つ。

さらに、19年6月15日夜を皮切りにB－29の本土夜間空襲が始まると、航空本部はキ一〇二の夜戦型も開発することを決定、同年11月、川崎に対しキ一〇二丙の名称で試作を命じる。B－29の存在は確かに脅威ではあったが、航空本部が完全に浮き足立ってしまい、冷静に航空行政を司ることができなくなっていたことを象徴していよう。

キ一〇二丙は、キ一〇二甲と同じく排気タービン過給器を併用する、『ハ一一二－IIル』

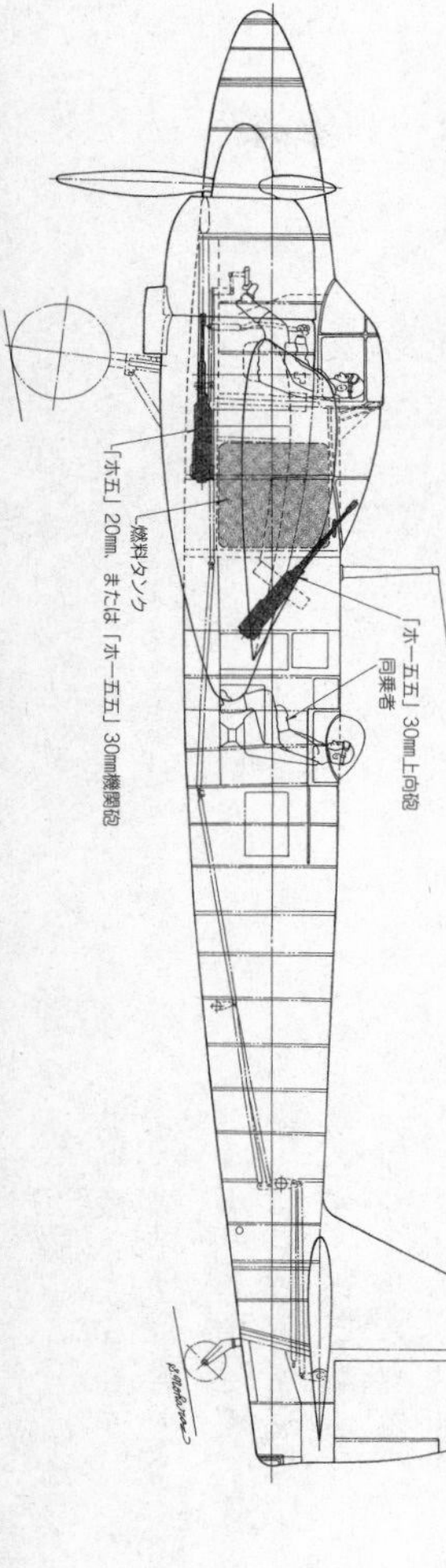

キ一〇二丙（改）胴体内部艤装配置図

キ102丙 二面図（寸法単位：mm）

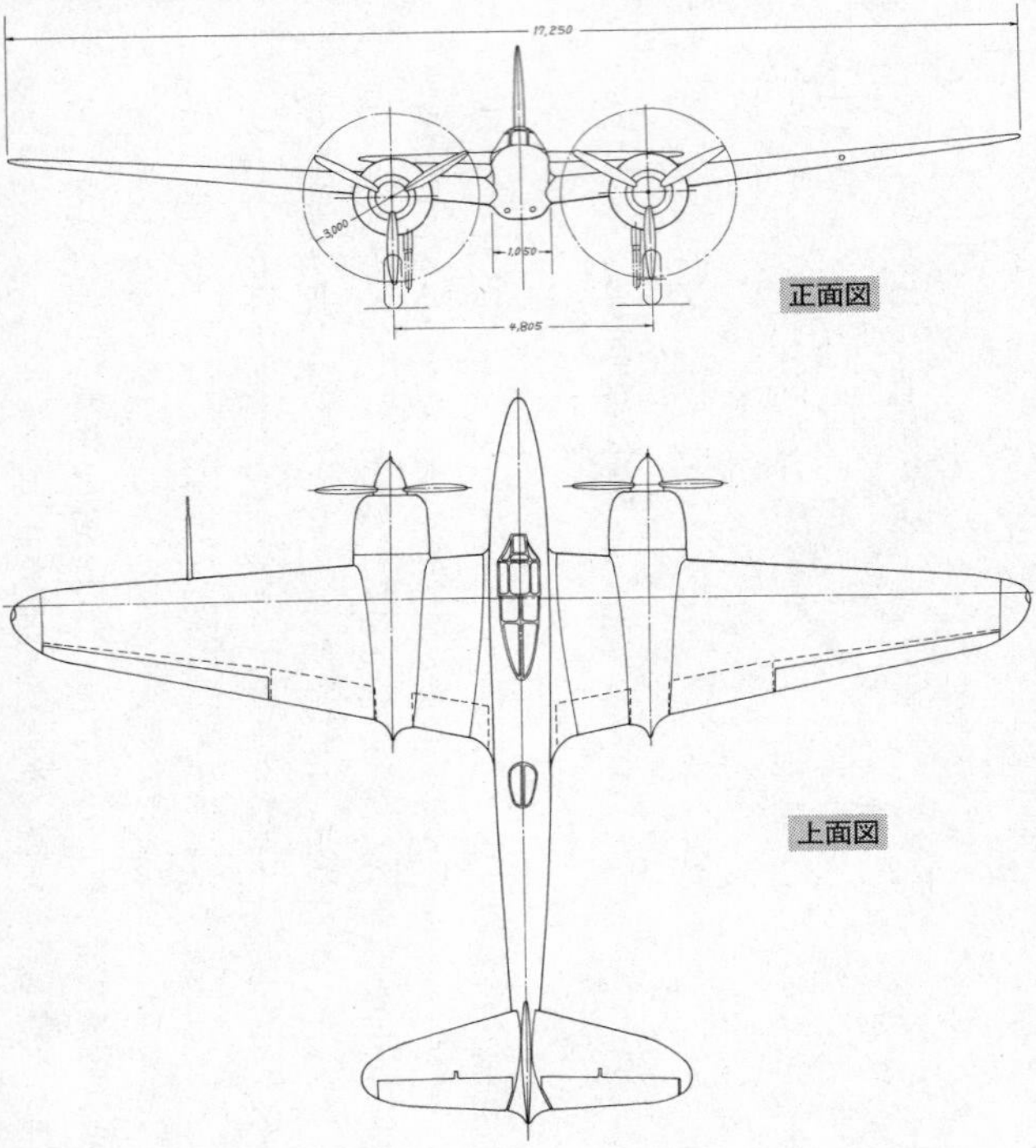

発動機（1400hp）を搭載するが、胴体は1・5mも延長され、操縦者と同乗者席は前、後ろに完全に分離し、夜間の離着陸を容易にするために、主翼面積を増積（キ48用主翼を流用した）し、胴体内燃料タンクを撤去して、ホ一五五 三〇粍機関砲2門を〝上向き砲〟（45°の仰角つき）として装備、機首には電波標定機（レーダー）の取り付けを予定するなど、ほとんど別機のようになった。

キ102甲、丙の排気タービン過給器関係装備（左発動機を示す）

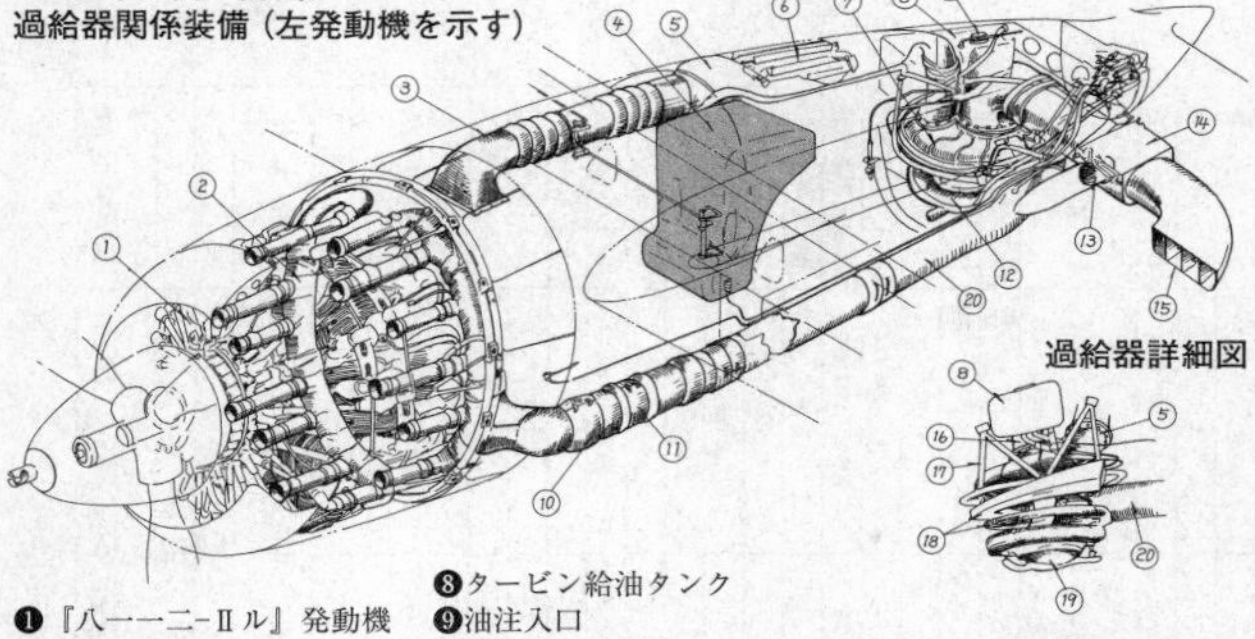

❶『ハ一一二-Ⅱル』発動機
❷排気集合環
❸圧縮空気の発動機入口筒
❹潤滑油タンク
❺圧縮空気導管
❻圧縮空気導管内部
❼タービン与圧器
❽タービン給油タンク
❾油注入口
❿排気導管球接手
⓫排気導管膨張接手
⓬『ル一〇二』排気タービン過給器
⓭排気逃し弁
⓮フィルター
⓯タービン用空気取り入れ口
⓰空気取り入れ筒
⓱タービン与圧器取り付け架
⓲冷却装置
⓳タービン与圧器
⓴排気導管

川崎は、20年6月、8月に試作1、2号機を完成させる予定で、懸命の作業をつづけたが、6月20日、岐阜工場はB－29の空襲をうけ、製作中の1、2号機も損傷、これの修理を行なっているうちに8月15日の敗戦を迎え、ついに実機完成に至らなかった。思えば、キ102丙は、その泥縄式の試作発注からして、すでに陽の目をみないで終わる運命にあったのかもしれぬ。

なお、キ102乙はその製作難易度が低かったこともあり、制式名称は付与されなかったものの、敗戦までに215機も完成し、飛行第三、四十五、七十五戦隊などに配備され、実戦訓練を行なう段階まで進んでいた。

しかし、キ102甲は、排気タービンの実用化が困難を極めたこともあって、敗戦までに25機しか完成せず、うち15機が軍に納入されたが、戦力となるまでには至らなかった。

日本陸、海軍夜間戦闘機諸元、性能一覧表

項目＼機体名	『月光』一一型〔J1N1-S〕	『試製極光』〔P1Y2-S〕	『彗星』一二戊型〔D4Y2-S〕	『電光』〔S1A1〕	二式複戦丁型〔キ45改丁〕	キ一〇二丙
全幅	17.000 m	20.000 m	11.500 m	17.500 m	15.070 m	17.250 m
全長	12.200 m	15.000 m	10220 m	15.100 m	11.000 m	13.050 m
全高	4.700 m	4.300 m	3.750 m	4.610 m	3.700 m	3.700 m
主翼面積	40.000 m²	55.000 m²	23.600 m²	47.000 m²	32.200 m²	40.000 m²
自重	4,840kg	7,800kg	2,550kg	7,320kg	4,000kg	5,200kg
全備重量	7,010kg	10,500kg	3,750kg	10,180kg	5,500	7,600kg
過備重量	7,944kg	13,500kg	4,500kg	11,510kg	—	—
発動機名称×基数	中島『栄』二一型×2	三菱『火星』二五型×2	愛知『熱田』三二型×1	中島『誉』二二型×2	三菱『ハ一〇二』×2	三菱『ハ一一二-IIル』×2
発動機型式	空冷星型複列14気筒	空冷星型複列14気筒	液冷倒立V型12気筒	空冷星型複列18気筒	空冷星型複列14気筒	空冷星型複列14気筒
発動機出力(離昇)	1,130hp	1,850hp	1,400hp	2,000hp	1,080hp	1,400hp
発動機出力(一速)	1,070hp	1,680hp	1,340hp	1,885hp	1,050hp	1,250hp
発動機出力(二速)	960hp	1,540hp	1,280hp	1,620hp	950hp	1,000hp
プロペラ名称	P7定速3翅	住友/ハミルトン定速3翅	住友/ハミルトン定速3翅	住友/VDM定速4翅	住友/ハミルトン定速3翅	住友/ハミルトン定速3翅
プロペラ直径	3.050 m	3.500 m	3.200 m	3.500 m	2.950 m	3.000 m
プロペラピッチ	26°～46°	27°～52°	26°～56°	—	26°～46°	30°～
燃料容量	1,854 ℓ	3,846 ℓ	1,070 ℓ	3,400 ℓ	1,026 ℓ	—
燃料容量（増槽）	330 ℓ × 2	700 ℓ × 2	—	—	200 ℓ × 2	—
潤滑油容量	60 ℓ	—	70 ℓ	250 ℓ	80 ℓ	—
最大速度／高度	507.4km/h/6,000 m	522.2km/h/5,400	579.6km/h/5,250 m	555km/h/8,000 m	540km/h/6,000 m	600km/h
巡航速度／高度	277.8km/h/4,000 m	370.4km/h/4,000 m	—	420km/h/4,000 m	—	—
着陸速度	128.8km/h	140.7km/h	138.9km/h	140km/h	135km/h	—
上昇力	高度4,000 mまで7分15秒	高度5,000 mまで9分23秒	高度6,000 mまで9分16秒	高度9,000 mまで14分45秒	高度5,000 mまで7分00秒	高度10,000 mまで18分00秒
航続距離	2,849km（正規）	3,981km（過荷）	2.390km（正規）	1,600km（正規）	2,000	2.000km（正規）
射撃兵装	20mm機銃×4（斜銃）	20mm機銃×1（旋回） 20mm機銃×2（斜銃） 30mm機銃×1（斜銃）	7.7mm機銃×2（機首固定） 20mm機銃×1（斜銃）	30mm機銃×2（機首固定） 20mm機銃×2（機首固定） 20mm機銃×2（後上方旋回）	37mm砲×1（機首固定） 20mm砲×2（上向き砲）	30mm砲×2（機首固定） 20mm砲×2（上向き砲）
爆弾	30～250kg×2	—	250kg×3、または500kg×1	60kg×4、または250kg×1	250kg×2	—
乗員数	2名	3名	2名	2名	2名	2名
備考	データは取扱説明書を中心とした		データは海軍一技廠資料による	実機未完成のため性能は計画値		実機未完成のため性能は計画値

第二章　月光、屠龍の機体構造

第一節　月光

●胴体

全金属製の半張殻（セミ・モノコック）構造で、全長は11・４００m、最大幅は１・１１５m、高さは風防を含めて１・73mである。

もともと、戦闘機として設計されただけに、相応の強度を備えてはいたが、上、下面に大きな開孔部がいくつもあるため、全長にわたって強化縦通材（ロンジロン）を4本（断面の上、下、左、右）通していたことが特徴。

この強化縦通材は、厚さ2㎜のＥＳＤＣ鈑（超々ジュラルミン）の〝コ〟型曲げ材に、ＥＳＤ厚鈑を鋲止めしたもので、荷重に応じ各部分の断面積を変化させてある。

さらに、円框（フレーム）を合計34本と細かめに配置して、空中戦時の大きな負荷に耐えられるように配慮したが、この円框の間隔は約４００㎜であった。

この円框は、SDCH鈑と称した一般的な高力アルミニウム合金で、それぞれの開孔部の前後、銃架取り付け部、水平安定板取り付け部など、荷重の大きい部分には、半円框を重ねて強度を確保した（図1）。

円框2310～5470間の下部に主翼が取り付けられ、3200部が主翼主桁の結合部となる（図1）。

なお、月光一一型の途中、二式陸偵を含めた通算第300号機までは、胴体後部上面に、旧遠隔操作銃塔を収めるための〝段〟がそのまま残っていたが、301号機以降は、空気力学的なロスを防ぐために〝段なし〟に整形された（図2）。

この際、月光一一型の仮取扱説明書によれば、図2のごとく、風防後端部も少し延長されることになっていたようだが、生産現場では〝段付き〟状態当時と同じままにされた。

二式陸偵から月光への〝転身〟にともない、胴体部分で外観上大きく変化したのは機首であろう。

二十粍、七粍七の射撃兵装が全廃されたスペースには、酸素ボンベが片側3本ずつ計6本配置されたのみで、中央部をクリアにし、操縦席から下方斜銃の照準、および状況視認ができるように、図3に示したごとく、前後方向に細長い窓を設けた。

窓は前後に二分され、それぞれ前方縁をヒンジにして開けられる。酸素ボンベの着脱は、この後方窓より行なった。

また、機首先端にも、卵形をした小さな採光用窓が設けられたことも特徴である。

▲NASMが保管する7334号機の、復元過程における胴体全姿写真。通常では、まず絶対に撮影できない、クリアな胴体側面形が見事に捉えられており、資料的には最上のショット。主翼断面形も一目瞭然。下写真では、風防、および斜銃関係の開閉部、機首下面の視界窓が開いた状態になっており、これも得難いショットであろう。

なお、機首上部にあった、二十粍、七粍七機銃用の弾倉交換、点検扉はそのまま残された。

●主翼

主翼は、全幅17m、アスペクト比7・23、面積40㎡の、ごく一般的な直線テーパー翼で、前縁はわずかに後退角（3°30′）を有している。取り付け角は2°30′、上反角は7°。

構造は、1本桁の応力外皮式で、やは

り、空中戦時の負荷に耐えられるよう、250㎜という細かい間隔で小骨を配した骨組み。主桁は、弦長の25%位置を通り、上下フランジにESD押し出し型材、側板にESDC鈑を用いた、断面積の大きなものである。

この主桁を挟み、弦長の8%位置に前方補助桁、約75%位置に後方補助桁を配し、強度を補っている(図4)。

零戦に匹敵する運動性という、無茶な要求をなんとか実現しようと、中島の設計陣が苦心の末に採用したのが、外翼前縁のスラットで、当時の日本機では珍しかった。

いうまでもなく、このスラットは急な機首上げ姿勢をとったときなどに翼端失速を遅らせるためのもので、空中戦時のほか、着陸時にも用いる。

フラップと連動し、油圧により出し入れされ〝出し〟時は、内、外に二分したうちの前者が200㎜、後者が150㎜前方にせり出す。

開閉操作は、操縦席左側上部に設けたレバーにより行なうが、うっかり〝出し〟状態のまま急降下に入ったりしても、安全弁が作動し、スラット、フラップに一定の荷重がかかれば、自動的に閉じる仕組みになっていた。

この前縁スラットと連動するフラップにも工夫が凝らしてあり、発動機ナセル後端下部を支点にした槓桿に取り付け、作動時は後方に滑りながら下がる、一種のスロッテッド・フラップともいうべき方式を採ったことが特徴である。

スラットと連動し、空中戦時にも〝空戦フラップ〟として使用でき、このときの下げ角

図1：胴体円框配置図（数字は機首先端からの寸度を示す——寸法単位：mm）

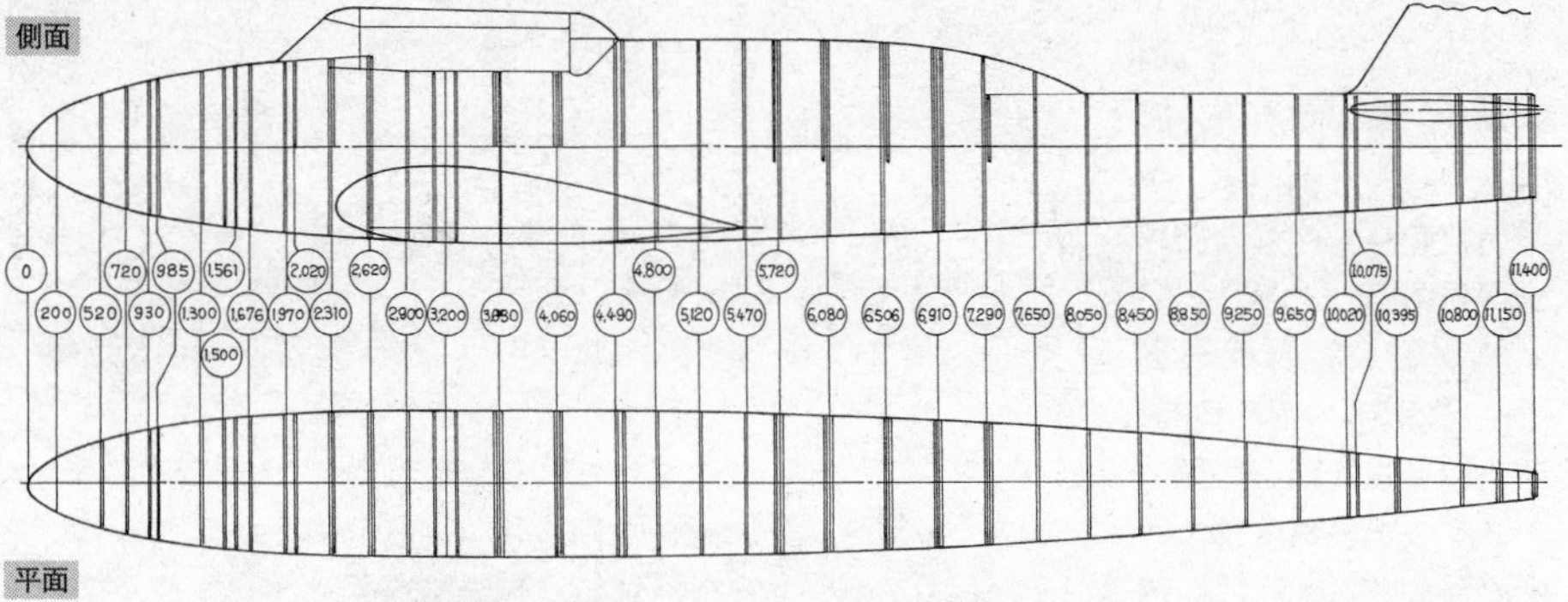

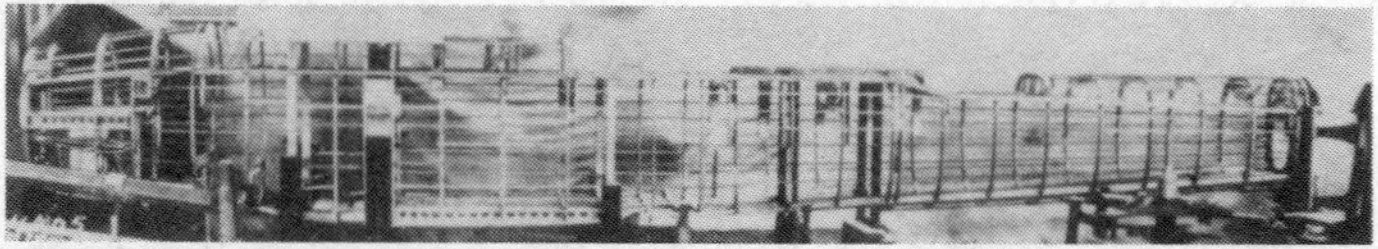

▲中島で生産中の、二式陸偵の胴体骨組み写真。各円框、大型補強材、縦通材配置がひと目でわかる。機首先端は別造りになっており、月光一一型前期生産機も、これとまったく同じと言って差し支えない。

図2：胴体後部整形要領図

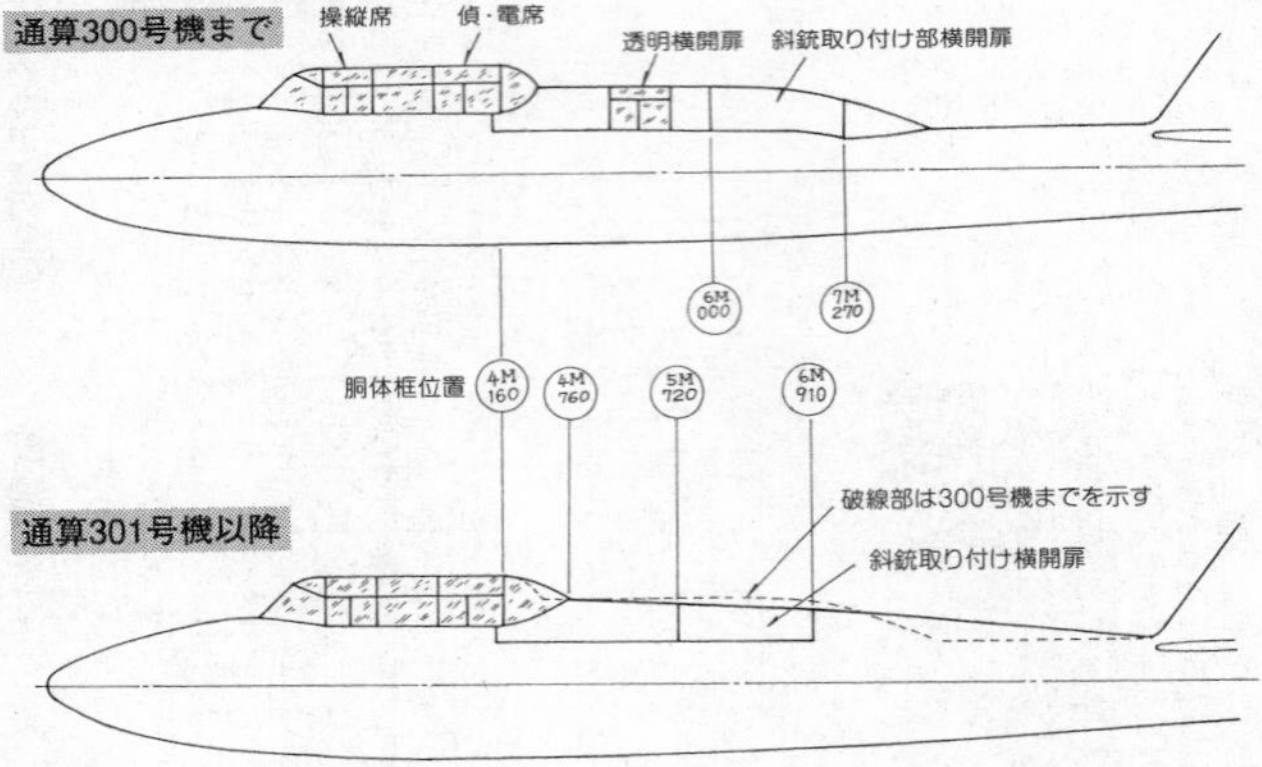

図3：機首部詳細図（寸法単位：mm）

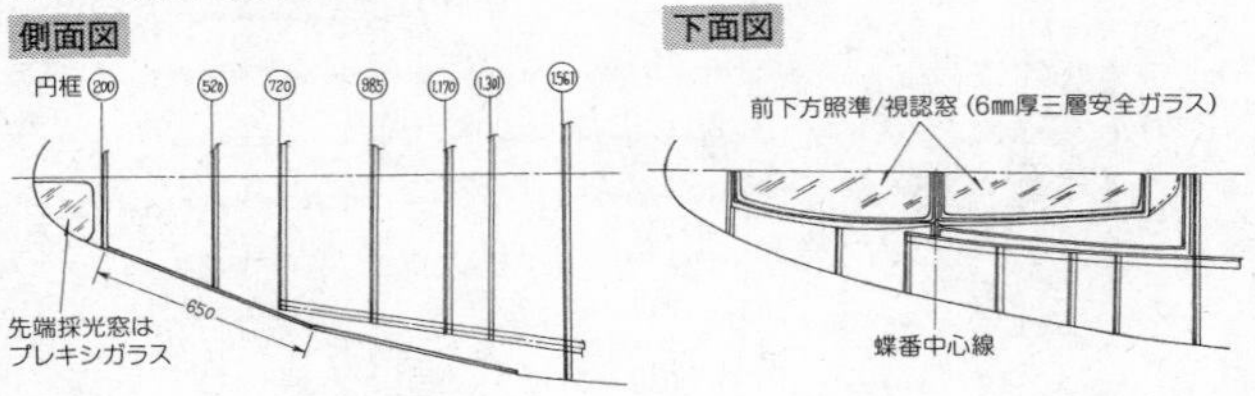

は25°、通常の着陸時には35°まで下がるようになっていた（図5〜7）。

補助翼は、とくに変わった点はない一般的なフリーズ型で、SDCH鈑製の骨組みに、羽布を張った構造である。

弦長の27％にある前縁部には、3ヵ所の空力的平衡部（マスバランス）があり、後縁には平衡舵が取り付けられている。左の平衡舵のみ修整舵（作動値＋10°）を兼ねる。

この補助翼は、3ヵ所のヒンジにより、主翼本

▲P277の写真と同じく、NASMにおける復元過程で撮られた、7334号機の主翼。この写真は右翼下面。通常ではまず撮影不可能なショットだけに、平面形状、外鈑ライン、各点検蓋などを把握するのに絶好の資料であろう。

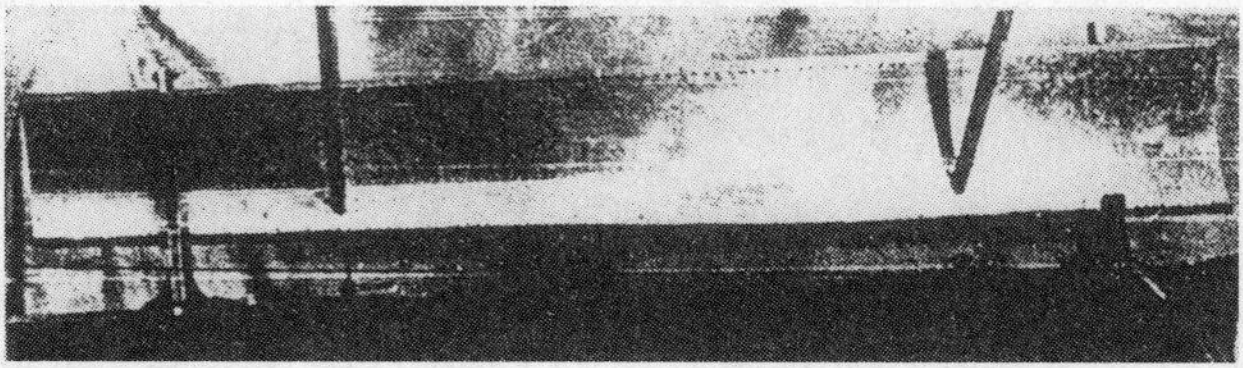

▲外翼前縁に装備されたスラット。内、外に二分されたうちの内側を、内部面から撮ったショットで、左、右に２本突き出た棒が支持桿。スラットの断面は、取・説では“半月形”と表記している。

体の後方補助桁に取り付けられた。運動角は上方に20°、下方に16°（図８）。

●尾翼

垂直安定板は胴体と一体造りになっていて、着脱は不可能、方向舵は、中島戦闘機の定番ともいえる、胴体下端まで達するもので、高さ２・４５０ｍ、面積１・３２０㎡、後縁に修正舵兼平衡部（タブ）を有し、運動角は左右に25°。

垂直安定板は骨組み、外皮ともＳＤＣＨ鈑だが、方向舵は上方約２／３の外皮が羽布張り（図９）。

図4：主翼骨組み図

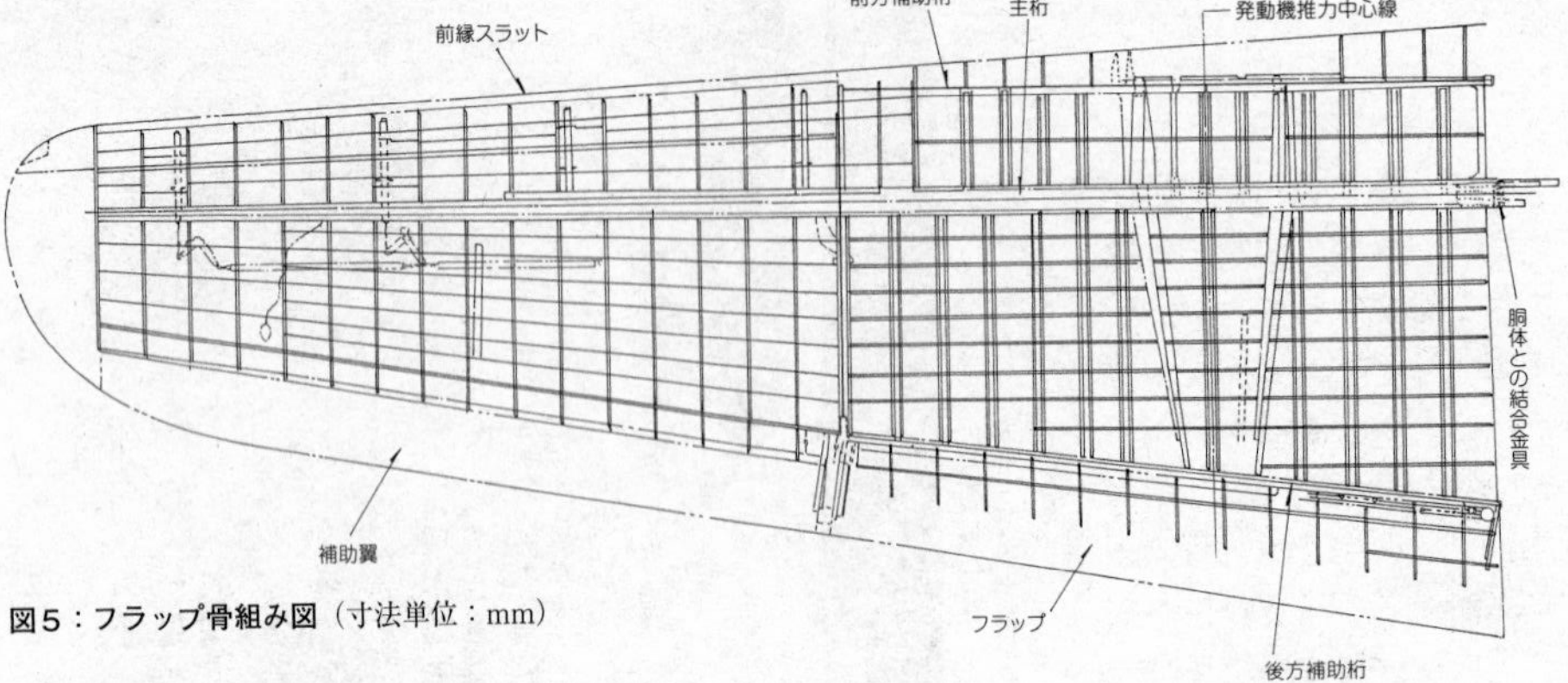

図5：フラップ骨組み図（寸法単位：mm）

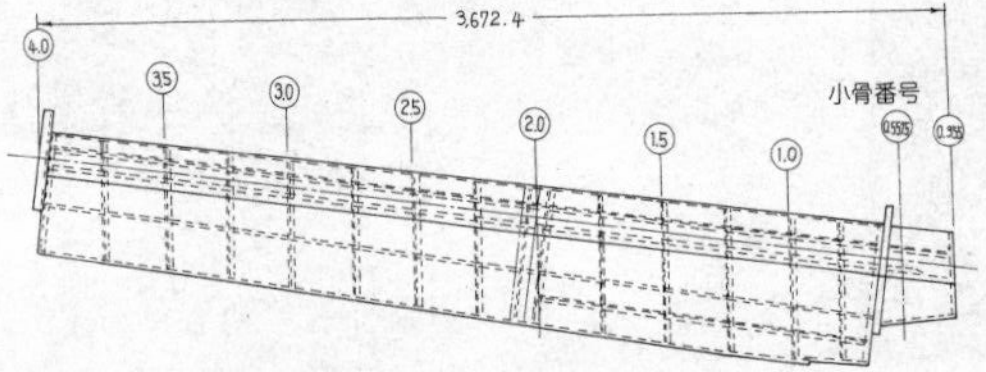

図7：フラップ内外端支持部詳細

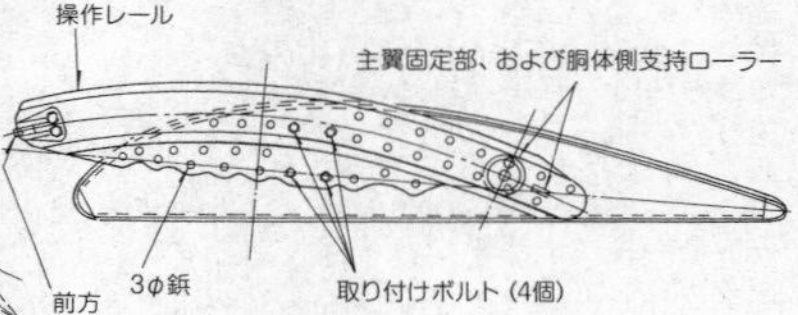

図6：フラップ操作角範囲

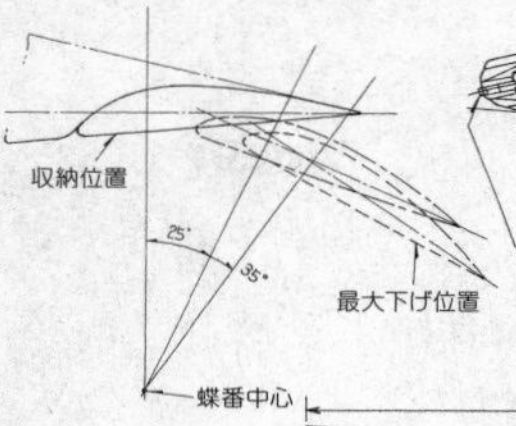

図8：補助翼骨組み図（寸法単位：mm）

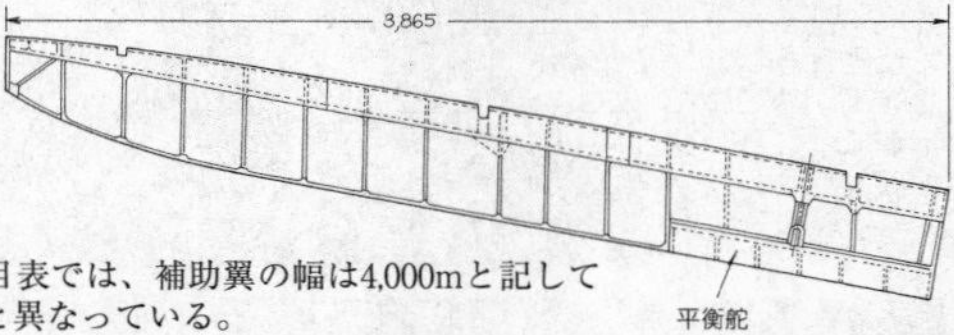

※取・説の一般要目表では、補助翼の幅は4,000mと記してあり、図の寸度と異なっている。

図9：方向舵骨組み図（寸法単位：mm）

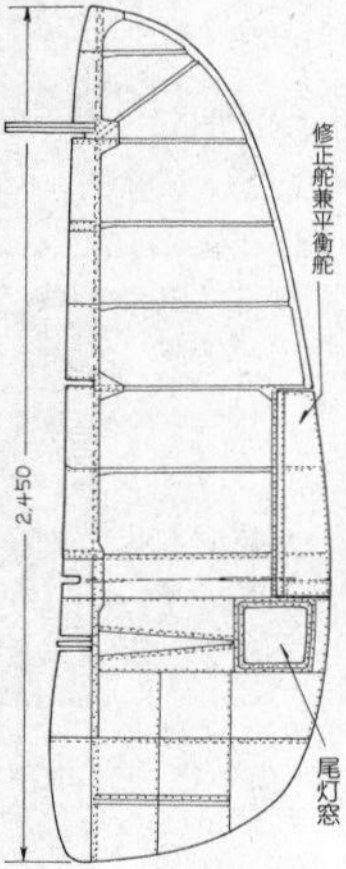

図10：水平安定板骨組み図（寸法単位：mm）

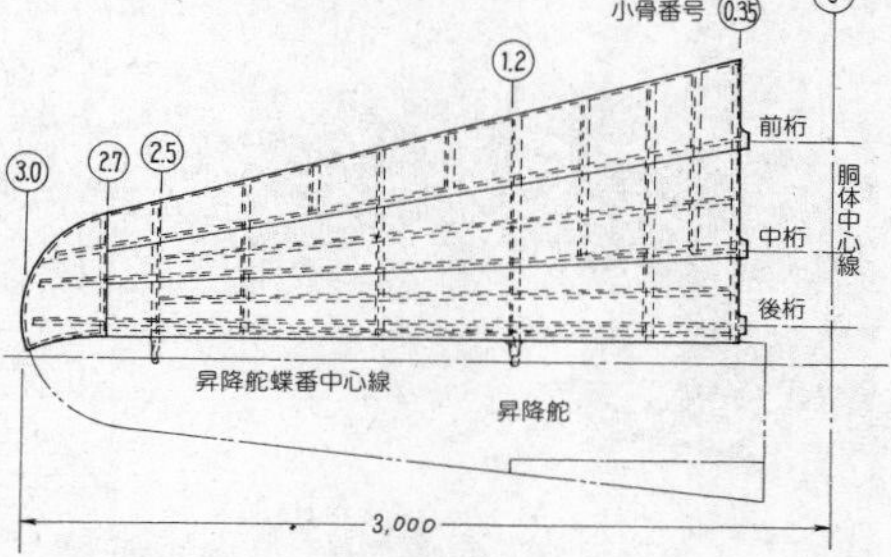

図11：昇降舵骨組み図（寸法単位：mm）

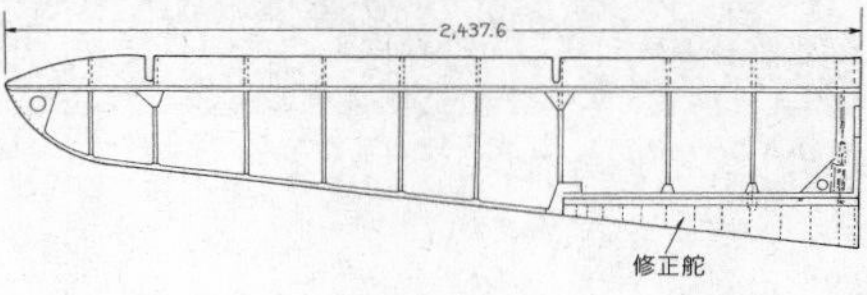

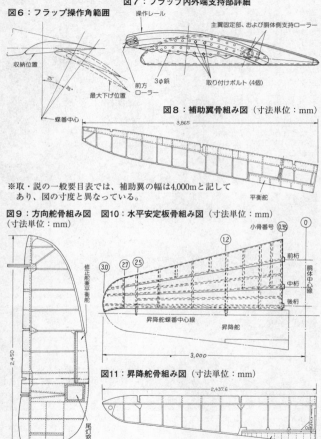

▶前縁スラットと連動して動き、空戦時にも使用できるフラップ。取・説写真の複写のため鮮明さを欠くが、左のナセルと、その後端下部を支点にして動くフラップ支持桿がわかる。画面右上がフラップ本体。空戦フラップとして使うときは25°、着陸時は35°まで下がる。写真の状態は後者。

▲中島で生産中の、二式陸偵の乗員室風防と、それぞれの開閉部を開いたショット。月光一一型前期生産機も、旧遠隔操作七粍七旋回銃塔部を除いて、この開閉部はそのまま引き継がれた。

水平安定板は、胴体左右の張り出し部（中心線より３５０㎜位置）に取り付けられ、フィレットは前縁部のみに設け、垂直安定板のそれと一体を成している。

昇降舵は、ＳＤＣＨ鈑の骨組みに羽布張り外皮構造で、後縁に平衡部（タブ）を有する（修正舵角は±10°）運動角は上方に30°、下方に24°（図10、11）。

●乗員室

二式陸偵まで、乗員3名が標準だったが、月光になって電信員席が二十粍斜銃装備のために潰されて1名減じ、操縦員と偵察員の2名となった。むろん、電信員の仕事はなくならないから、偵察員が兼務ということになった。

この操縦員と偵察員が座る乗員室区画は、胴体円框１９７０～４４９０間にあり、上方に突出した一体の風防で覆われる。

風防は、やや太めの枠（フレーム）とプレキシガラスによって構成され、前方の操縦員席、後方の偵察員席の部分が、右側に開閉するようになっている。

双発機とはいっても、戦闘機であるから、月光の乗員室は単発機に比べてそれほどスペース的に広いという印象はない。

当然ではあるが、二式陸偵と月光の乗員室アレンジはかなり変化しており、とくに操縦員席の正面計器板は、斜銃装備に絡み、再設計された。

まず目立つのは、下方斜銃の照準、および視界用に、計器板中央上部が〝U〟字形に大き

図12：計器板配置

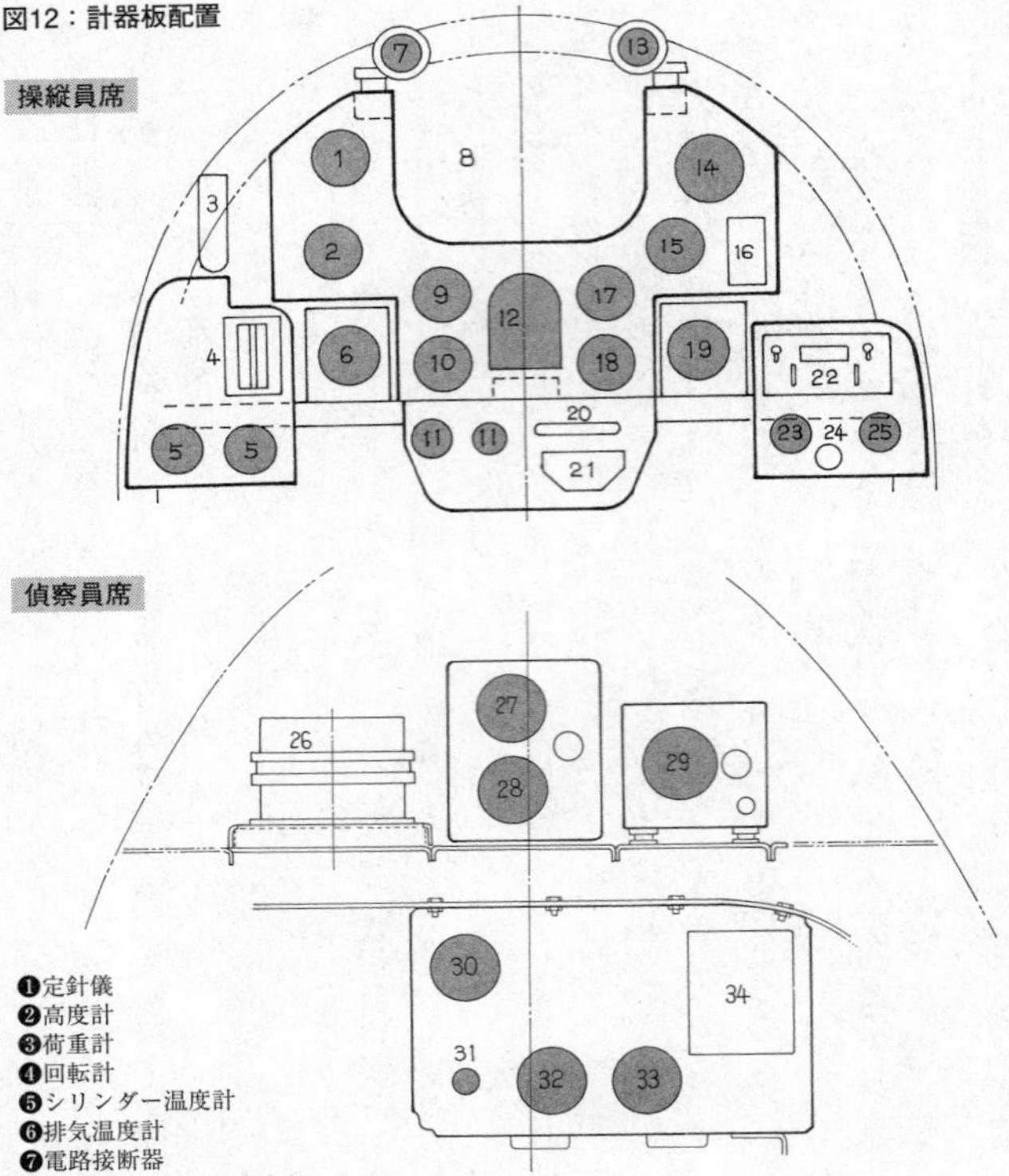

❶定針儀
❷高度計
❸荷重計
❹回転計
❺シリンダー温度計
❻排気温度計
❼電路接断器
❽下方銃照準用切り欠き部
❾速度計
❿給入圧力計
⓫油圧計三型
⓬羅針儀
⓭時計
⓮水平儀
⓯昇降度計
⓰前後傾斜計
⓱旋回計
⓲油温計
⓳真空油圧計
（通算281号機以降廃止）
⓴フラップ角度計
㉑脚信号灯
㉒発動機起動用開閉器
㉓圧力計三型
㉔真空ポンプ切り換えコック
㉕圧力計三型
㉖羅針儀二型
㉗速度計
㉘精密高度計
㉙水平儀三型
㉚大気温度計
㉛秒時計
㉜航路計
㉝枠型空中線（ループ・
アンテナ）回転器
㉞クルシー式無線帰投方位
測定器用操作箱

く切り欠かれ、周囲の計器類配置も変わったこと（図12）。

左、右の〝装備板〟には、目立った変更はない（図13）。

偵察員席については、二式陸偵当時は偵察員が後方遠隔操作銃塔の銃手を兼ねていたため、席の後方に照準器、残弾指数器、発射安全装置、接断器などを装備するための〝照準塔計器板〟があったが、月光ではこれらすべてが撤去され、席の前方に図12に示した計器が配

図13：操縦席左右装備板配置

右側

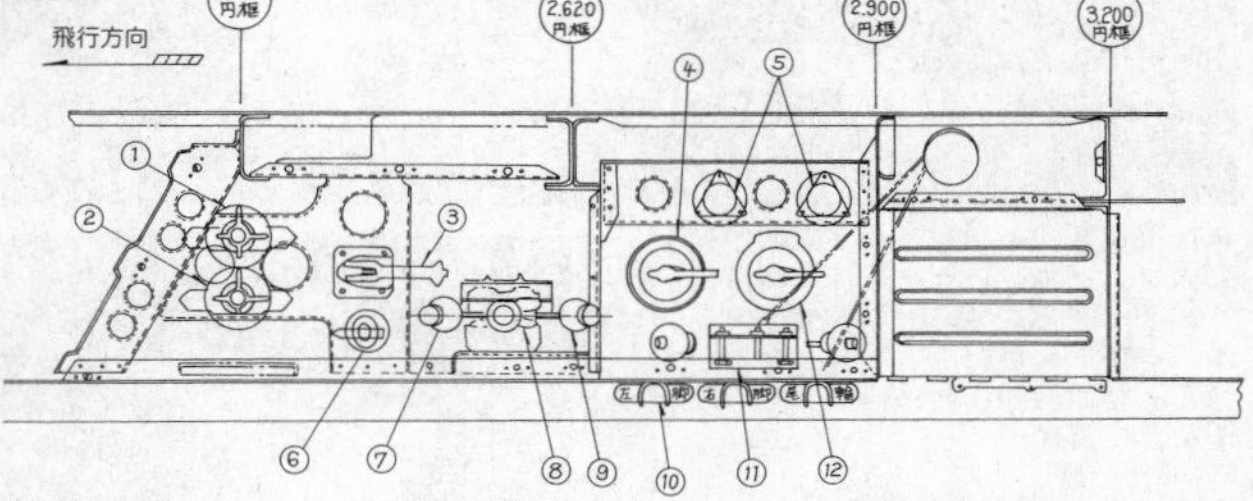

❶水平儀用二方コック
❷定針儀用二方コック
❸脚固定弁
❹二方コック操作レバー
❺主翼スラット開止めコック
❻暖房装置用引手
❼脚下げ位置
❽脚上げ下げ操作レバー
❾脚上げ位置
❿左右主脚、および尾脚非常時引き下げレバー
⓫尾輪固定、自由操作レバー
⓬右燃料タンク切り換えコック操作レバー

左側

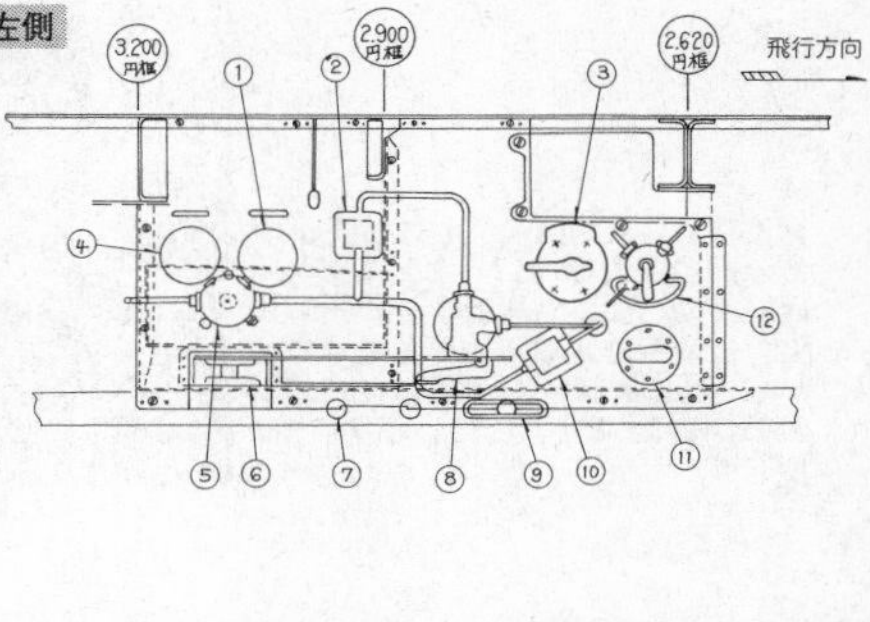

❶常時作用圧力計
❷機銃装填塞止め弁
❸左燃料タンク切り換えコック操作レバー
❹高圧圧力計
❺減圧弁
❻燃料手動ポンプ
❼防弾鋼板固定レバー
❽機銃装填弁
❾防弾鋼板引き下げレバー
❿機銃発射塞止め弁
⓫注射ポンプ
⓬左右注射ポンプ切り換えコック

▲操縦員席の左側を見る。画面中央にスロットルレバー、左に燃料計、その下に平衡、修正舵操作ハンドル、中央下に爆弾投下レバーなどがある。画面右が正面計器板、その左手前が操縦桿。

▶偵察員席を前方に向けて見る。上方の計器配置は図12のとおりで、画面左端の“如雨露”形をした白っぽいのは的針測定器、その手前の筒状のものは偏流測定器。画面下に視界、および偏流測定、航路目標弾（灯）投下用の窓が写っている。

図14：座席構成

※図には示していないが、座席には軽め孔が開けられている。

❶座席
❷落下傘ベルト
❸座席ベルト
❹座席最高位置
❺座席上下調整レバー
❻座席中立位置
❼座席最低位置
❽操縦員室床面
❾座席取り付け支柱

操縦員席

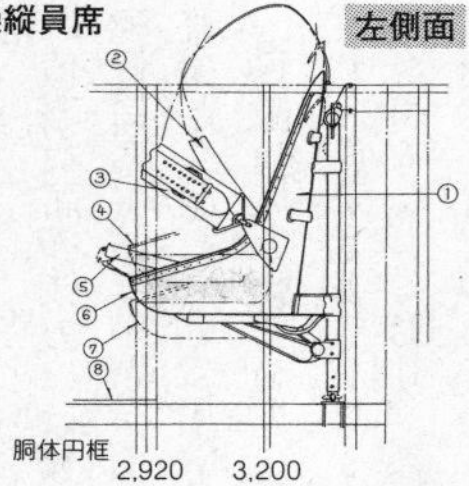

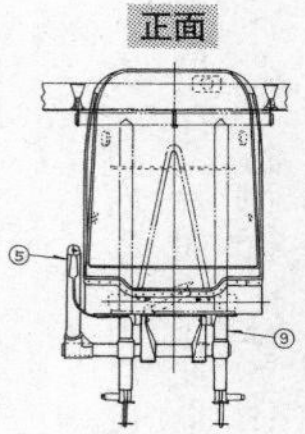

偵察員席

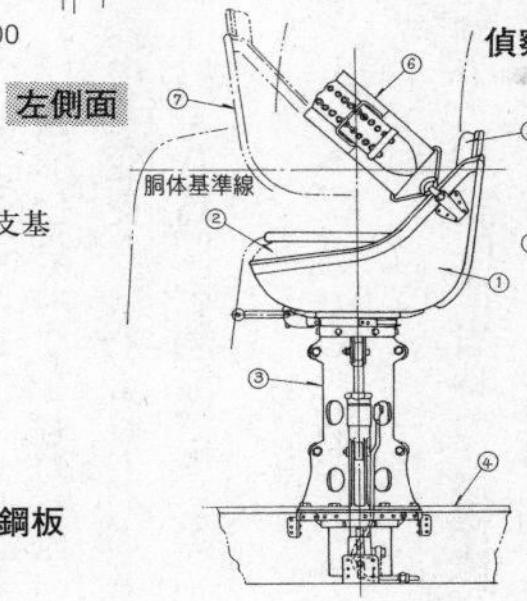

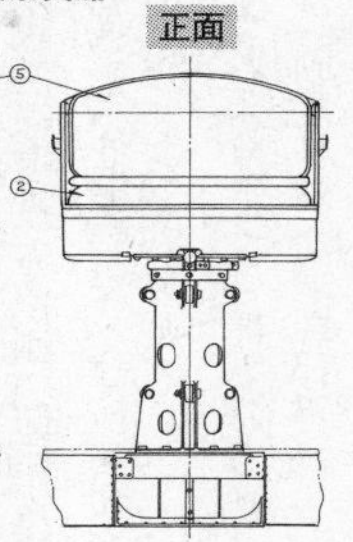

❶座席
❷八九式落下傘
❸座席取り付け支基
❹偵察員室床面
❺背当て
❻座席ベルト
❼後方指向位置

図15：操縦員席防弾鋼板取り付け要領

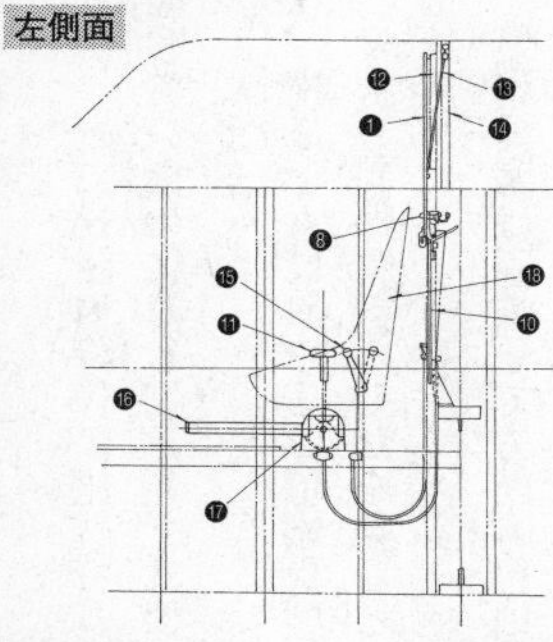

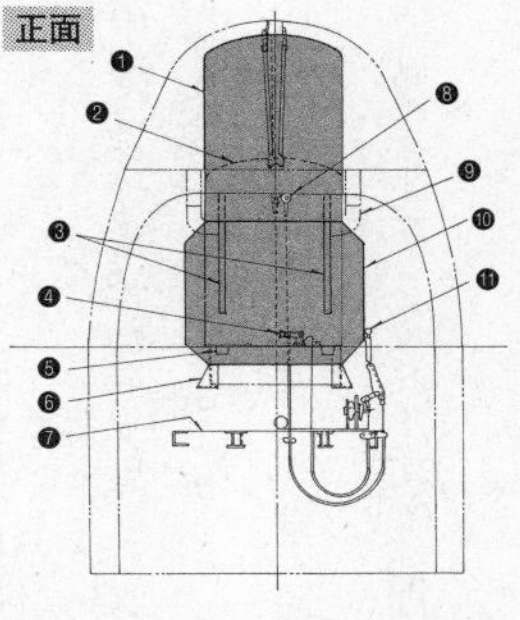

❶上部防弾鋼板
❷上部防弾鋼板下げ位置
❸上、下案内金具
❹下げ位置止め栓
❺下げ時緩衝ゴム
❻固定板取り付け金具（主桁より）
❼操縦員席床板
❽上げ位置止め栓
❾固定板取り付け金具（円框より）
❿下部防弾鋼板
⓫下げ用把手（レバー）
⓬上、下案内金具（上部）
⓭下げ時緩衝ゴム紐
⓮支持桿
⓯上げ下げ用把手（レバー）
⓰捲き上げ把手（レバー）
⓱捲き上げ器
⓲操縦員席

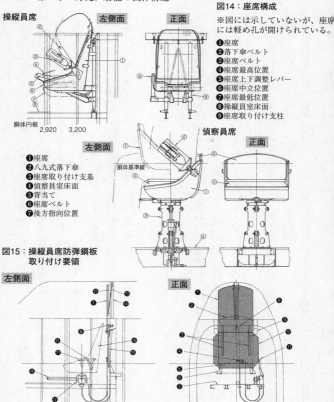

置された。

偵察員席の後方には無線機関係の装備品が集中しており、二式陸偵時代に比べて基本的な配置に変更はないが、旧電信員がこれらの操作を担当していたのに対し、月光では偵察員が兼務となったため、相応の小変更は加えられている。

操縦員席と偵察員席は、図14で示したように、形状、構成ともに異なる。偵察員席については、取扱説明書によれば図示したようなものだが、NASM保管機のそれを見ると、背当ても高くなっており、途中で変更されたようだ。

両席とも、レバー操作により高低を調節できるが、偵察員席は回転して方向も自由に変えられる。

操縦員席の後方には、上、下に二分した防弾鋼板が取り付けられ、当時の海軍機にしては乗員保護の面で〝進歩〟していた。

上方防弾板は厚さ15㎜で、二式陸偵当時の無線機空中線支柱支持管に取り付けられるが、その後方には、クルシー式無線帰投方位測定器用枠型空中線（ループ・アンテナ）、および航空羅針儀があるため、悪影響を及ぼさぬよう可動式とし、通常飛行中は、レバー操作により下方に下げておく。可動範囲は325㎜。

下方防弾板は、上方のそれより薄く、厚さは5㎜、座席の背当てをカバーする範囲の大きさで、胴体3200円框に固定された（図15）。

操縦員席の防弾装備はともかく、偵察員席にはまったく施されておらず、無防備のままな

図16：胴体下面偵察窓（偵察員席下方）（寸法単位：mm）

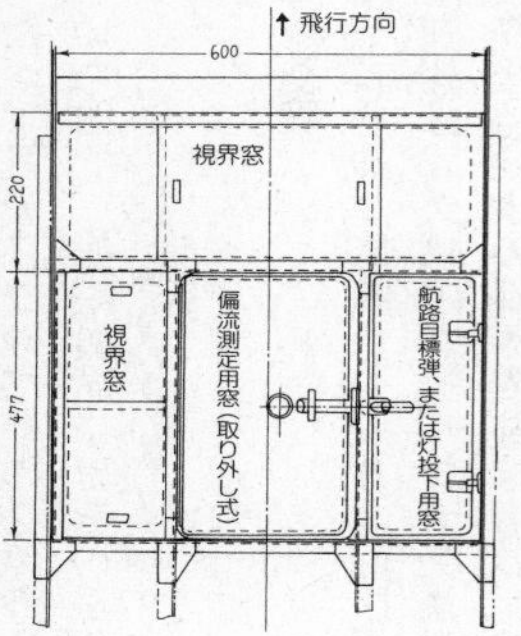

図17：自動操縦装置系統図

❶定針儀
❷水平儀
❸追縦段滑車
❹追縦索
❺調整ネジ
❻自動操縦切り換え装置
❼操縦桿
❽調整ネジ
❾ボーデン索
❿補助翼操舵油筒
⓫昇降舵、方向舵操舵油筒

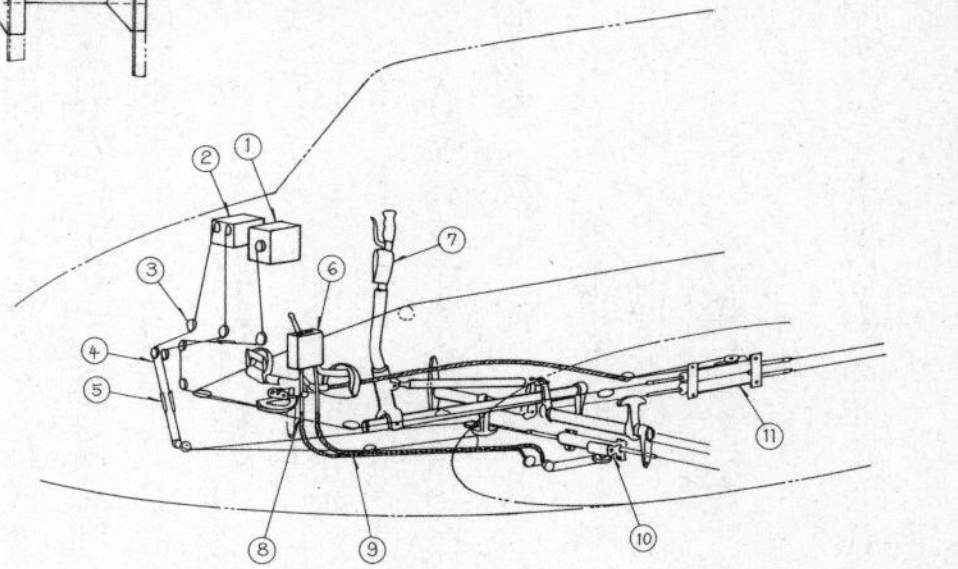

のは、差別としか言いようがない。

偵察員席の前方床面には、視界、偏流測定、および航路目標弾、または灯投下のための窓も設けてあり、それぞれに枠で区切った専用窓を使用した（図16）。

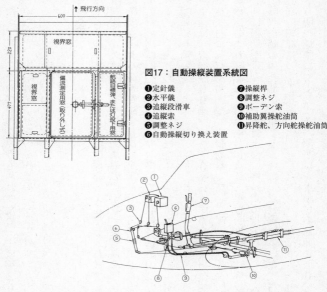

航路目標弾、または灯投下用窓のみ、蝶番による開閉式で、ほかは着脱式。生産３１０号機以降は、中央の偏流測定用窓は固定され、小さな摺動丸窓を設けるように変更された。

二式陸偵時代は、その任務上、長時間飛行に備えるため、一式自動操縦装置は不可欠であったが、月光になってその必要性も薄れたため、生産第264号機以降では廃止されている。いちおう、操縦員席にはその操作装置も配置されていたので、参考までに図17に示しておく。

●降着装置

左、右主脚、尾脚から成り、油圧操作による出し入れ式。

主脚柱は、クロームモリブデン鋼製の、オレオ緩衝機構付き1本脚柱で、それぞれ外側、および後方向きの斜め支柱をもつ。

後方斜め支柱の中央は関節になっていて、収納時はこの部分が折れて、ナセル内に引き込まれる。出し入れのエネルギーは油圧で、後方斜め支柱の上方に、作動筒（アクチュエータ）が連結している。

主車輪は、直径900㎜、幅320㎜の高圧車輪（常用気圧4気圧）を用いており、ホイールハブ内に〝パルマー型〟の制動器（ブレーキ）を備えていた（図18）。

脚の出し入れ確認は、電気信号により、操縦員席の青、赤ランプが点灯して行なっていたが、別に補助手段として、主翼上面に機械式の指示板が〝出入り〟するようになっている。

主脚収納時の開孔部を密閉する覆いは、双発機に多い左、右観音開きの2枚式ではなく、開孔部内側縁につく1枚扉。

3ヵ所の蝶番にて支え、その開閉は、主脚柱の側面に取り付けたレールの中に、開閉挺子の一端を滑らせ、主脚の出し入れと連動する仕組み（図19）。

月光の主脚にまつわる部品で、他機にはあまり見られないのが、〝車輪覆〟というべきもの。

これは、主車輪の真上に潤滑油冷却器があるためで、地上駐機中にここから漏れた油がタイヤに垂れ、劣化をおこしてしまうのを防ぐためである。取・説には記されていないので、正確な形状、固定法は不明だが、当時の写真をみると、車輪の上部をスッポリと覆うようになっている。

尾脚は、尾輪架、後部支柱、出し入れ作動筒、および股状金具（フォーク）、車輪（400×140㎜サイズ）より成り、主脚と連動し、油圧により出し入れする（図20）。

尾輪架（脚柱）頂部には求心装置があり、操縦席のレバーにより、固定（ロック）、自由回転のいずれかにセットする。

尾脚収納孔の扉は、左、右2枚の観音開き式で、2個

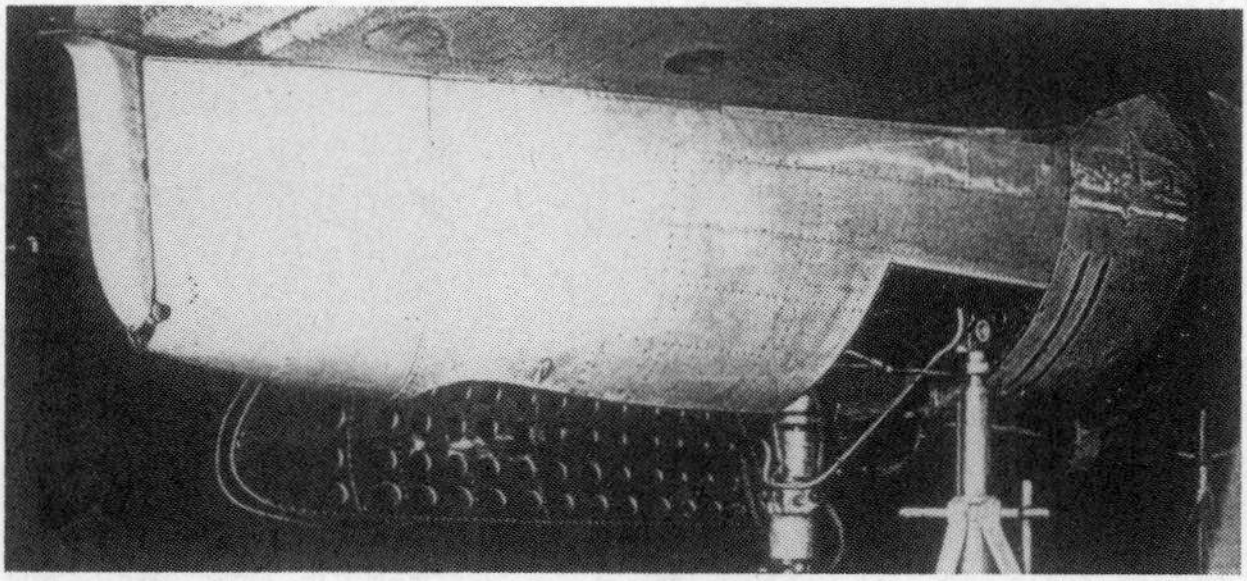

▲主脚収納部室も含めた、右ナセル外側全体を右後方より見る。主翼下面との接点、後端のフラップヒンジなどに注目。

図18：主脚構成図（左側を示す）

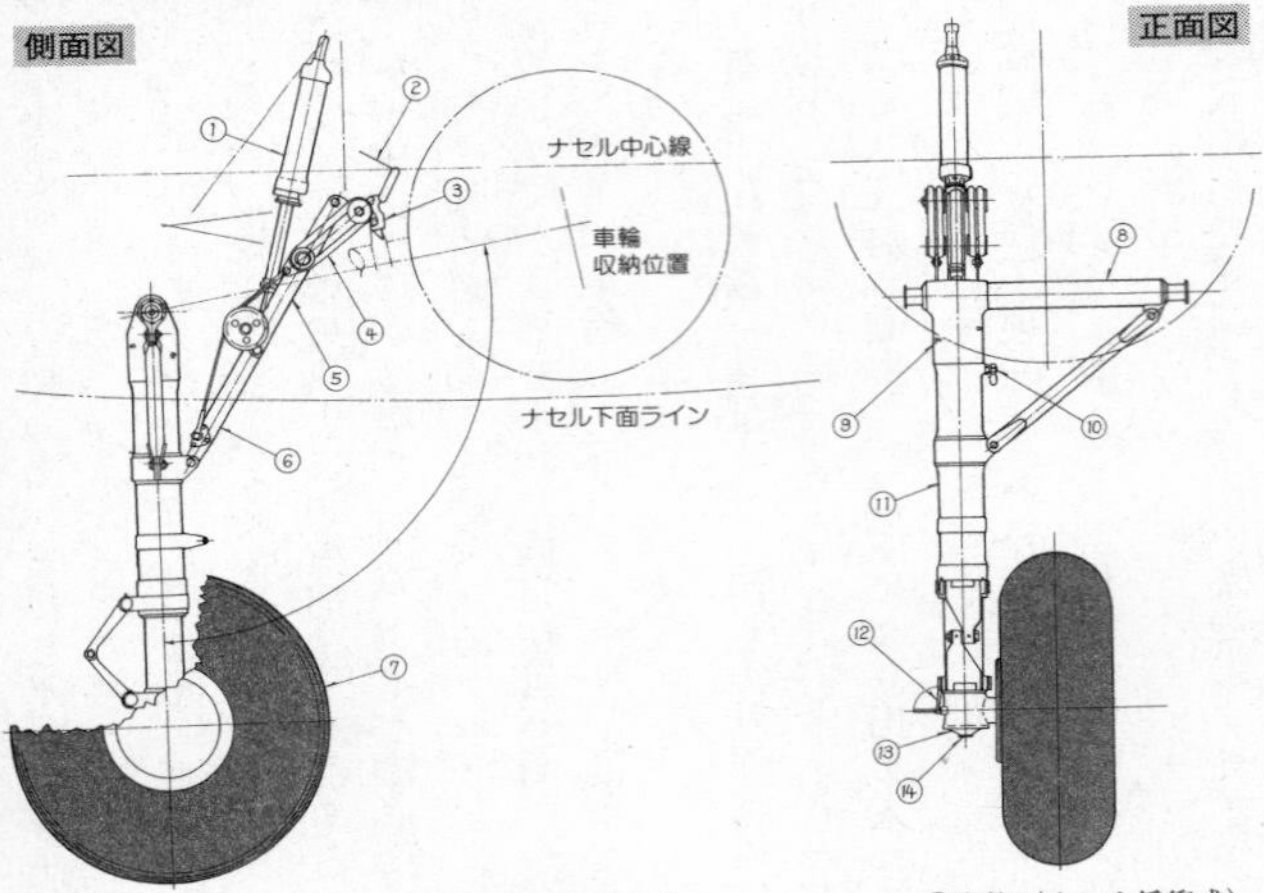

❶脚引き上げ作動筒
❷非常時操作索
❸引き上げ位置固定鉤
❹脚引き下げ補助ゴム環
❺上部後ろ斜め支柱
❻下部後ろ斜め支柱
❼高圧車輪（900×320mm）
❽脚回転軸
❾緩衝器取り付けテーパー・ボルト
❿空気注入栓
⓫脚柱（オレオ緩衝式）
⓬繋留環（地上駐機時用）
⓭車軸
⓮ジャッキ受け金具

図19：主脚収納室扉開閉機構

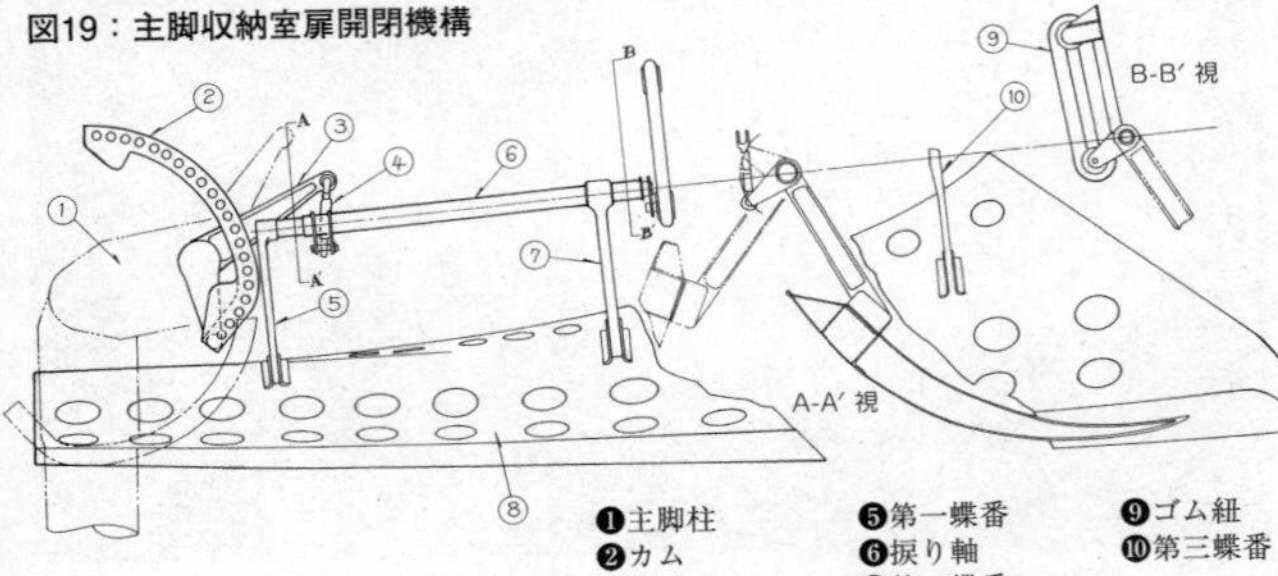

❶主脚柱
❷カム
❸挺子
❹調整ネジ
❺第一蝶番
❻振り軸
❼第二蝶番
❽収納扉
❾ゴム紐
❿第三蝶番

図20：尾脚構成

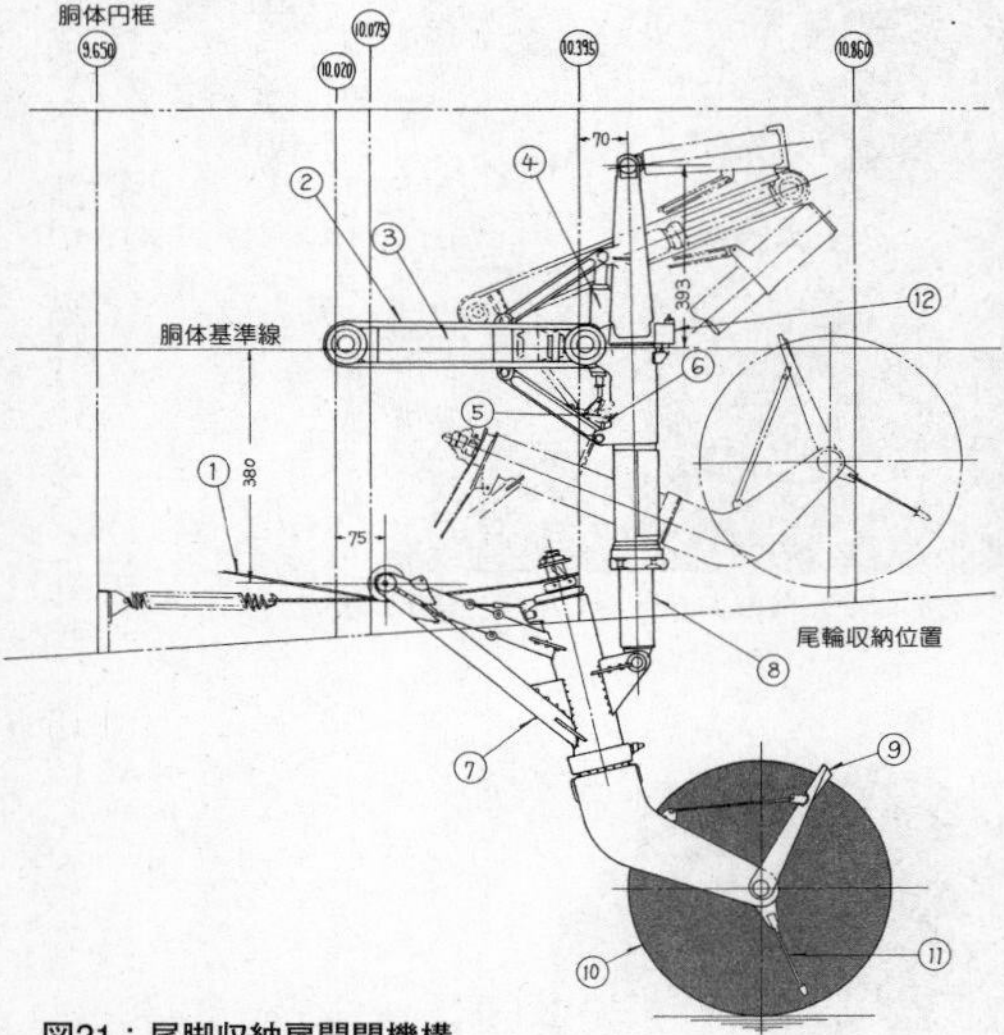

❶尾脚求心装置固定金具操作索
❷引き下げ補助ゴム
❸出し入れ作動筒
❹固定作動筒
❺引き上げ時信号スイッチ
❻鈎
❼尾脚柱
❽緩衝器（オレオ）
❾泥除け
❿タイヤ（400×140mm）
⓫放電索（アース）
⓬引き下げ時信号スイッチ

図21：尾脚収納扉開閉機構

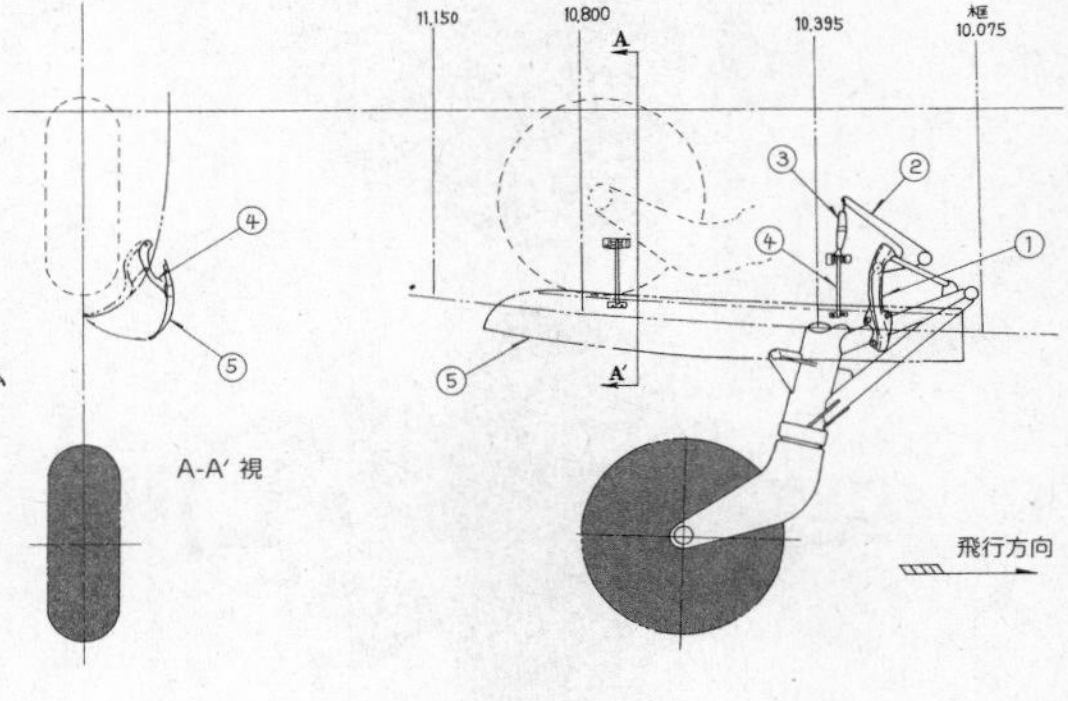

❶引き上げカム
❷引き上げアーム
❸調整ネジ
❹蝶番
❺収納扉

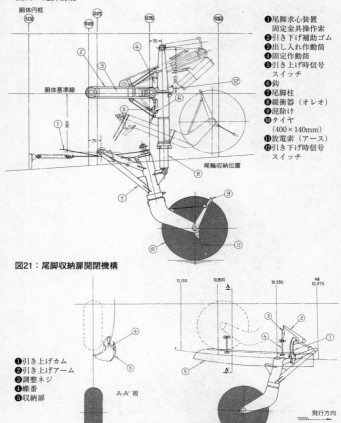

の蝶番の上部が、脚柱にカムを介して連結しており、出し入れに連動して開閉するようになっている（図21）。

●発動機関係

二式陸偵／月光が搭載した、中島『栄』二一型発動機は、いうまでもなく零戦三二型以降

▲尾脚、および同収納部扉を左前方より見る。尾輪の後方を囲むのは泥除け。

中島『栄』二一型発動機

正面

左側面

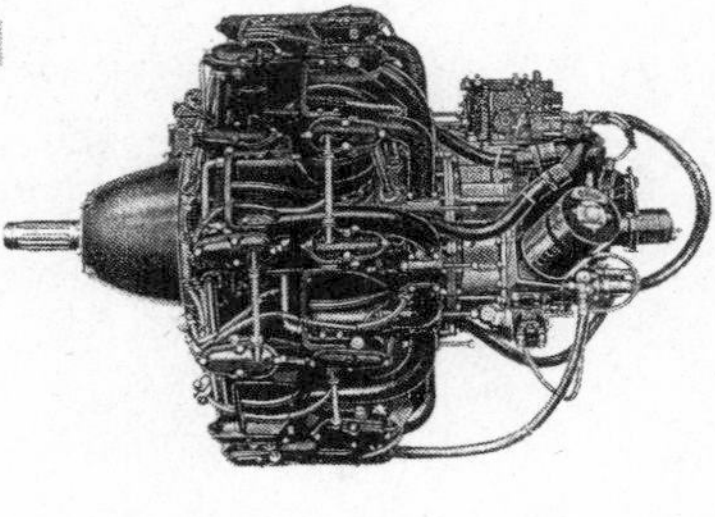

図22：発動機カウリング構成

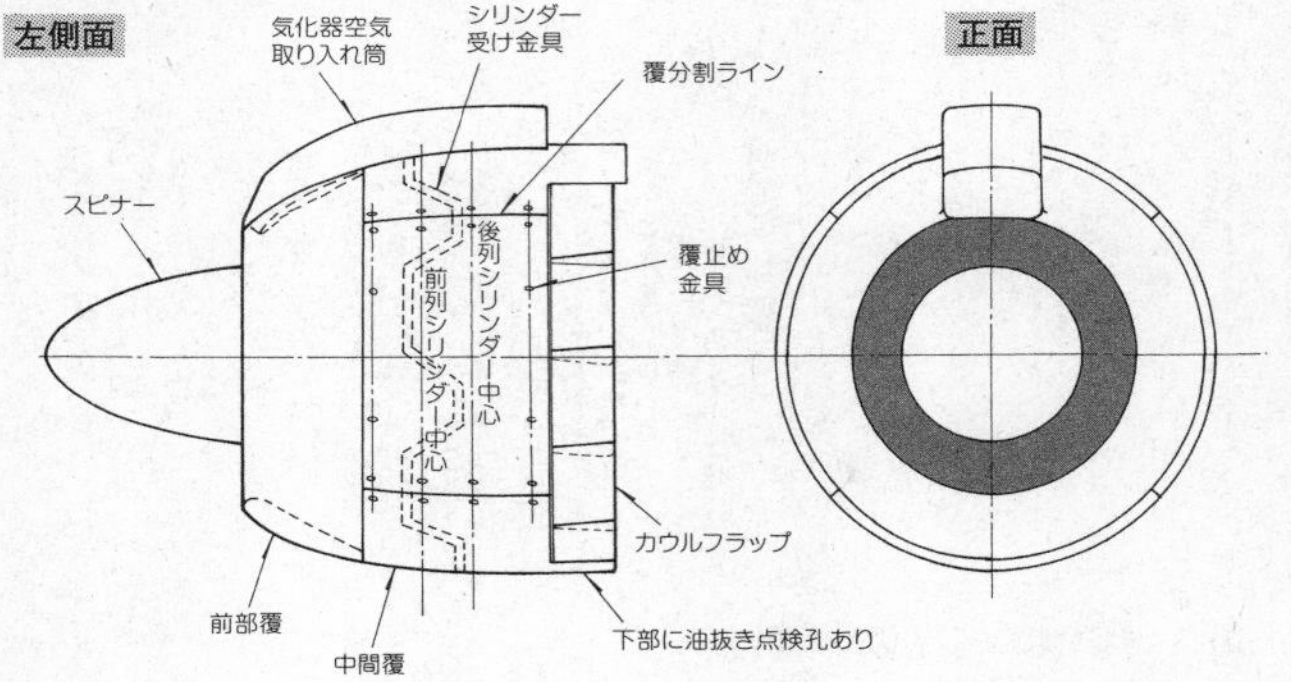

▲NASMで復元中の、7334号機の『栄』二一型発動機。向かって右は修復もほぼ完了しつつあり、発動機本体、カウリング、カウルフラップの塗装も済んでいる。両発動機とも、画面右方が下面側で、潤滑油冷却空気取り入れ筒、および排出筒、整形覆がよくわかって興味深い。

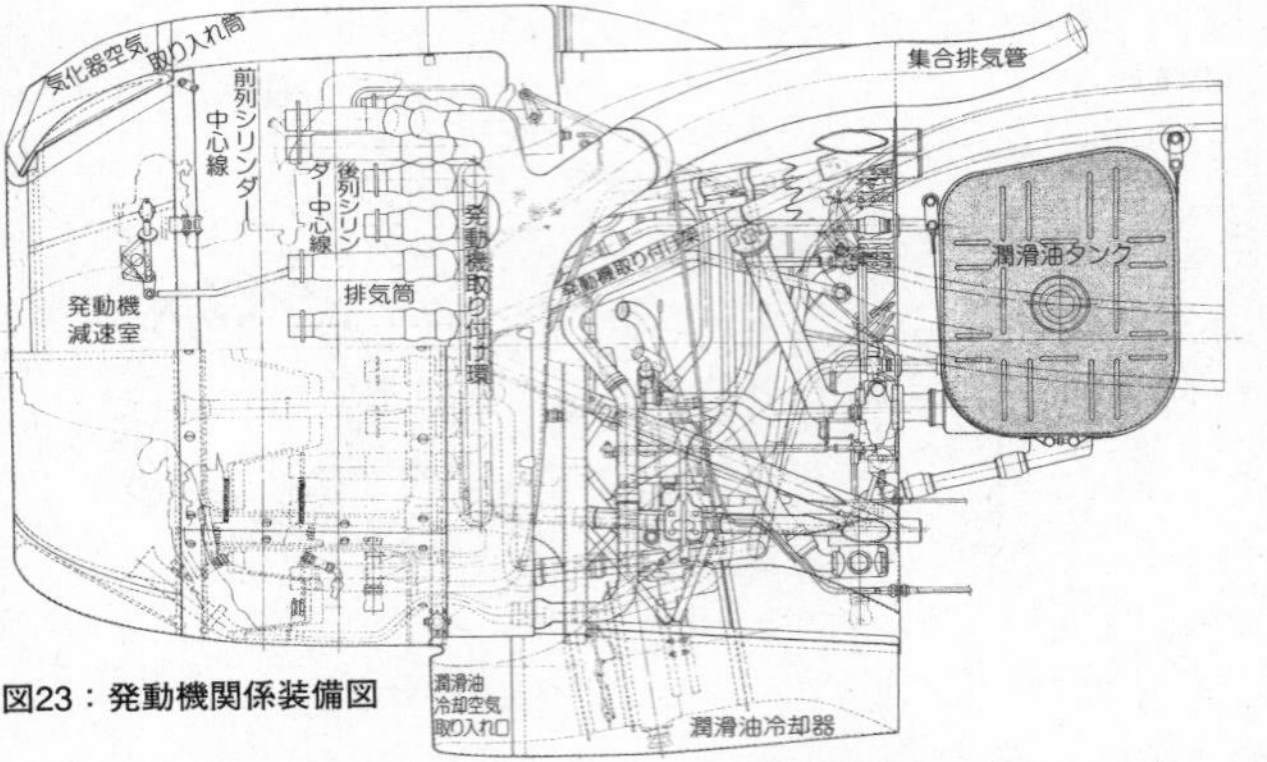

図23：発動機関係装備図

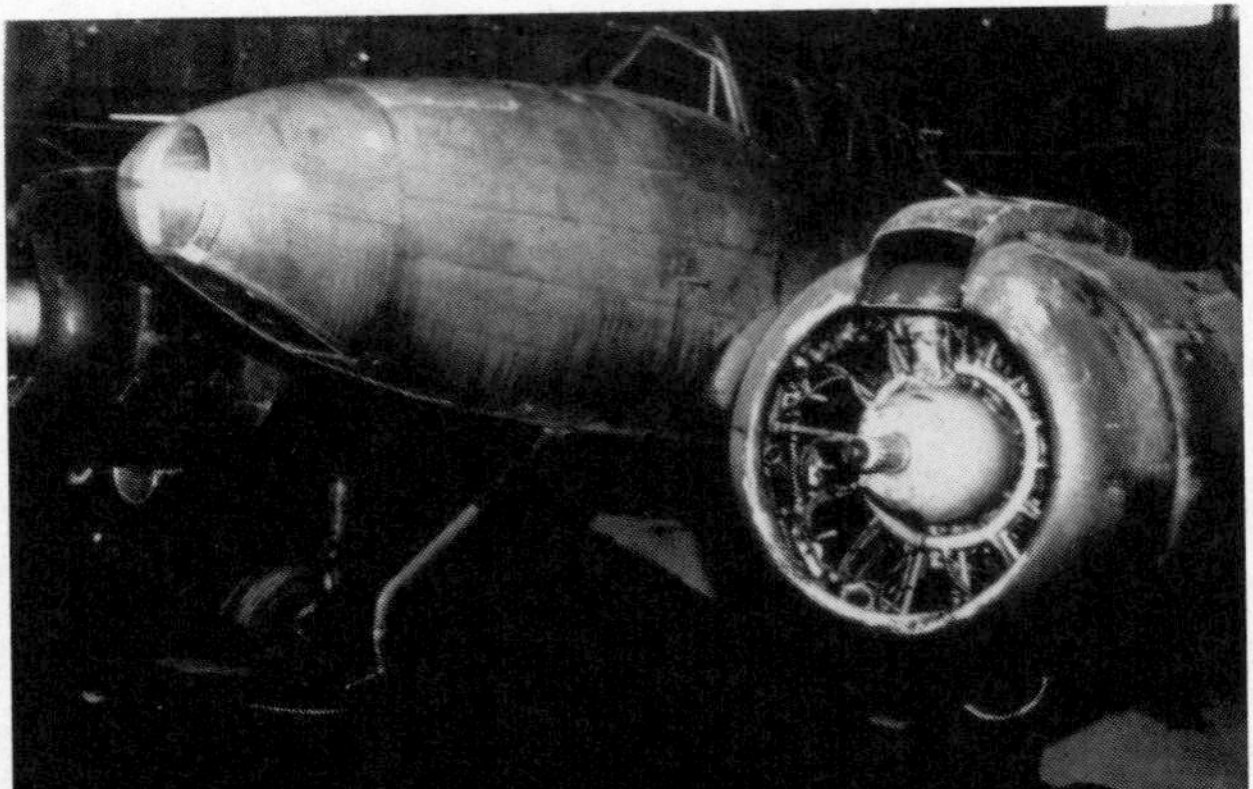

▲プロペラを取り外して、米軍の処分を待つ、もと三五二空の月光一一型後期生産機。画面右の左発動機、およびカウリングの状況は、復元機でもなかなか把握しにくい“現役機”の実感に溢れている。機首周りのディテール、同下面のピトー管支柱の詳細もわかる（先端部は衝撃により曲折）。

が搭載したのと同型である。組み合わされたプロペラも、同様に、住友／ハミルトン系の恒速可変ピッチ式3翅（直径3・050m）だった（P・296、297写真）。

もっとも、発動機は同じでも、これを包むカウリングの形状はかなり異なっており、月光のそれは零戦ほど空気力学的にシビアな洗練は追求しておらず、上面に気化器空気取り入れ筒を突出させ、排気管は主翼上面に長い集合管を導くなど、意外におおらかである（図22、23）。

月光に転身した際、当然のことながら、排気管の後端には消焔ダンパーが追加され、外観からも夜戦であることがひと目でわかるようになった。

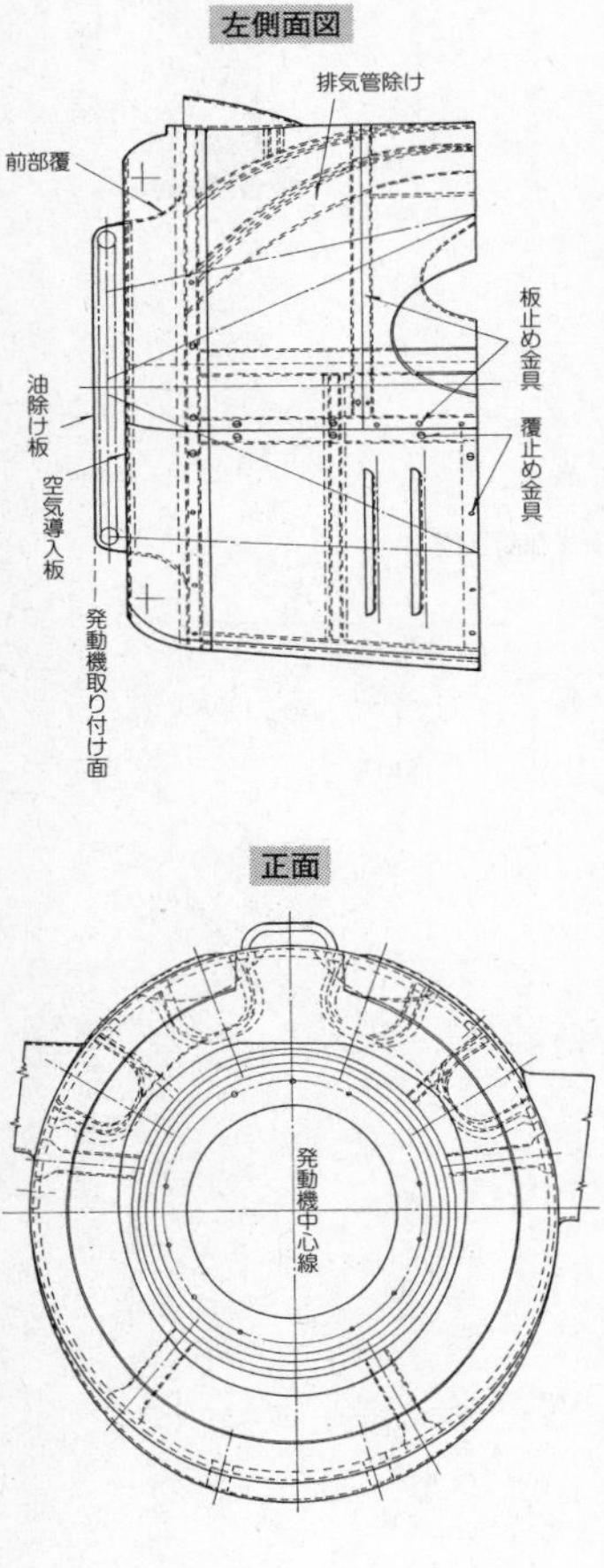

図24：発動機架覆詳細（右ナセルを示す）

図25：カウルフラップ構成図（寸法単位：mm）

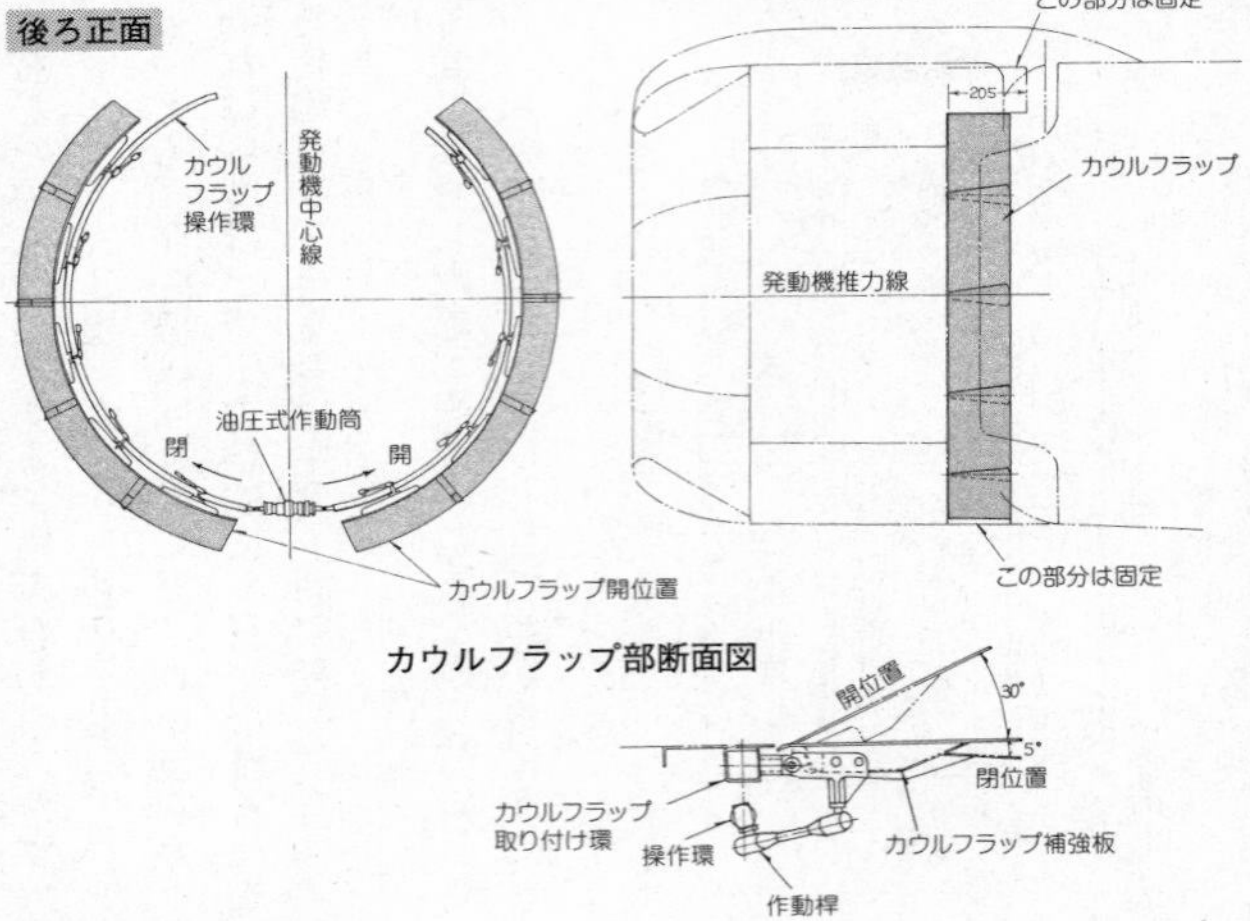

図26：発動機起動装置

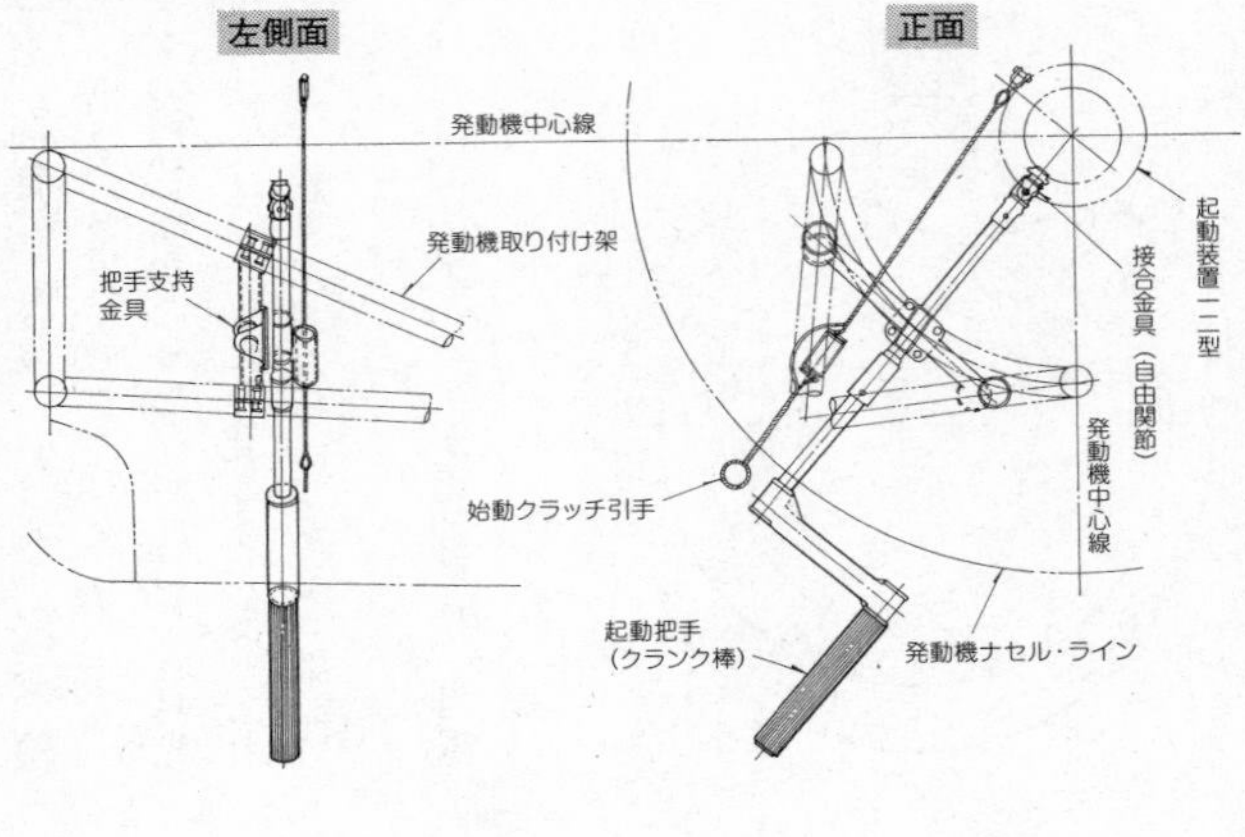

図27：燃料タンク配置図

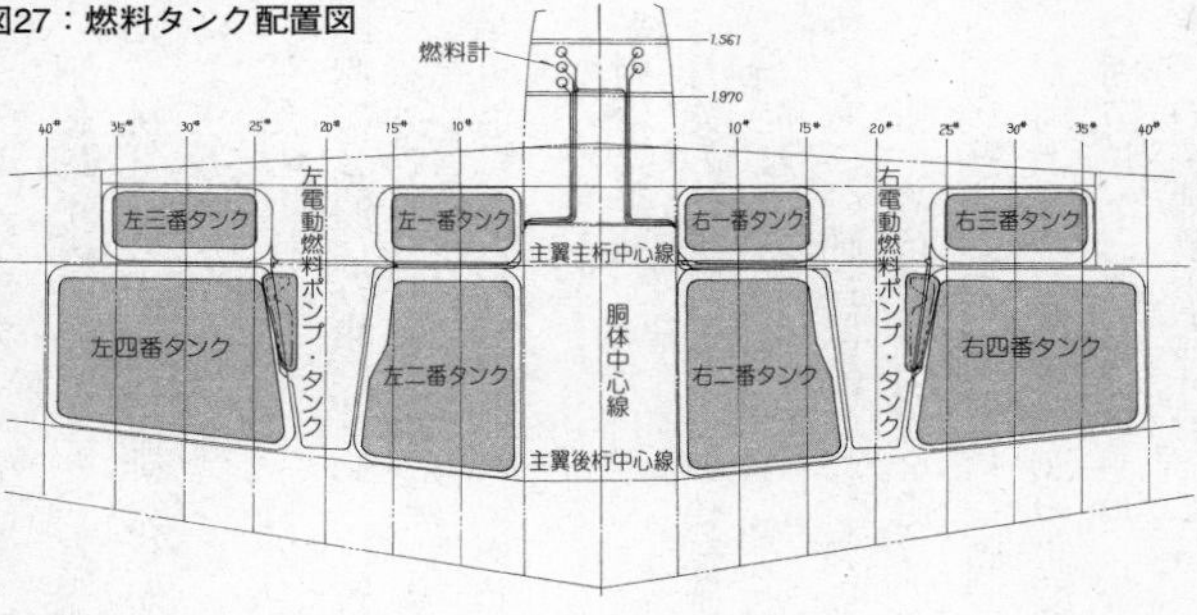

図28：落下増槽装備要領（左主翼を上面よりみる）

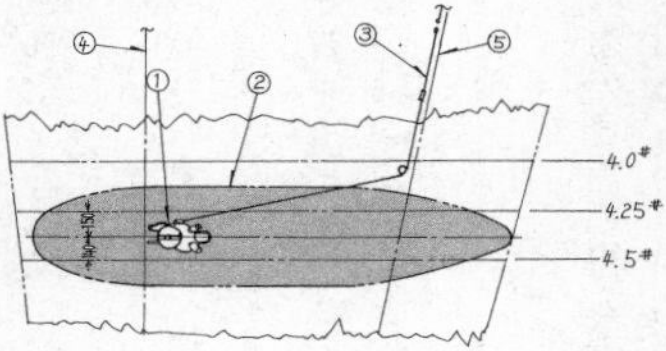

❶増槽懸吊具
❷増槽（330ℓ）――零戦と共通
❸増槽投棄索
❹主翼主桁中心
❺主翼後桁中心

図29：落下増槽構成（零戦のものと同型）（寸法単位：mm）

※後期は、零銭と同様に、後部に安定ヒレをつけた木製増槽が使われている（容量は310ℓに減少）。

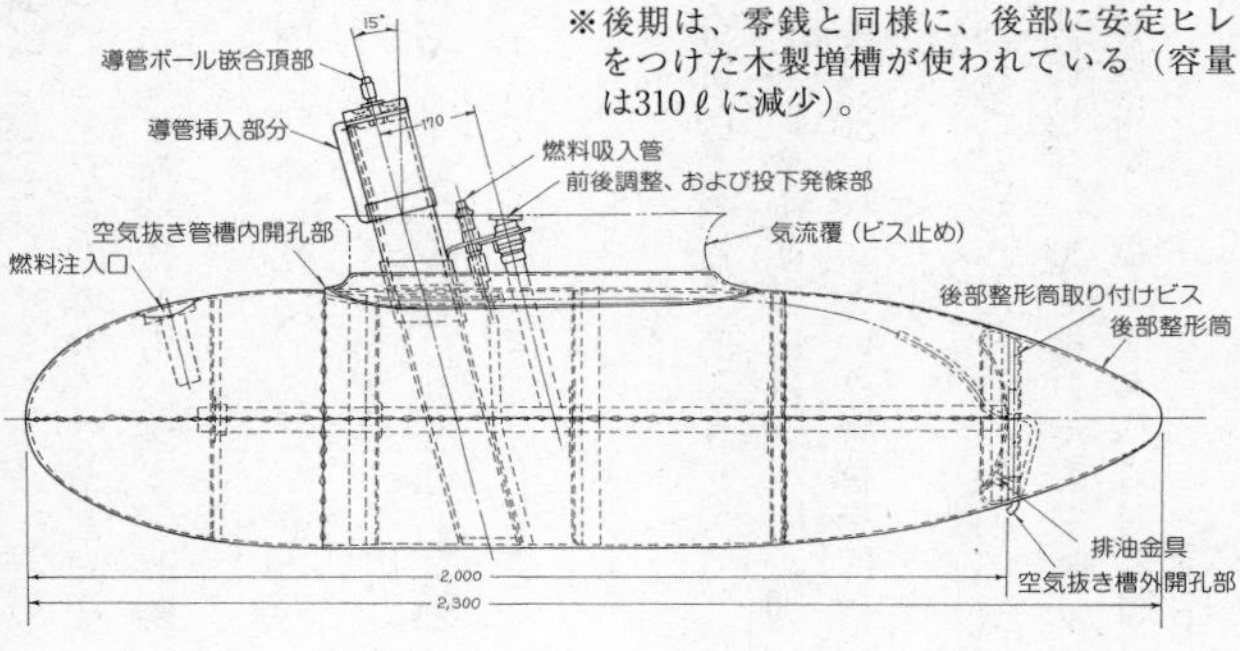

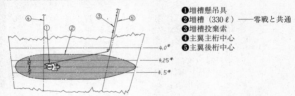

カウルフラップは、左右各5枚で、全開時は30°位置まで開く(図25)。

昭和19年後半に入ると、月光の速度性能不足が顕著になったことから、零戦五二型と同様に、排気管の推力式単排気化が実施された。これは、前期、後期生産機にとらわれず、改修により実施されている。

月光の燃料タンクは、胴体内には設置されず、すべて主翼内に収められた。ナセルを挟み内側に2個、外側に3個、片翼5個、合計10個のタンクに、計1884ℓを収容する(図27)。

さらに左右外翼下面には、零戦のそれを流用した落下増槽を各1個(容量は330ℓ)懸吊可能にしたので、これをあわせた総容量は2544ℓにも達した(図28、29)。

●射撃兵装他

月光の、夜戦としての存在価値そのものと言い得るのが、独創的な斜銃であろう。

当時は〝斜《なな》め銃〟と呼んでいたようであるが、中島が作製した取扱説明書には、説明、図中にもこの呼称は使われておらず、斜銃、または上向き、下向き30度機銃という呼称を使っている。本項では煩雑を避けるためもあって〝斜銃〟に統一した。

二式陸偵までの、電信員席、および遠隔操作七粍七動力旋回銃塔があったところの胴体内に、前上方、前下方に30°の角度をつけて、九九式二十粍二号固定機銃三型をそれぞれ2挺ずつ固定した(図32、36~39)。比較参考のため、二式陸偵の射撃兵装、および九八式射爆照準器の装備要領も併載しておいた(図30、31)。

上方、下方銃とも、2挺は互いにドラム弾倉、打殻放出筒が干渉しないように、前後に少しズラして固定（左側銃が前になる）され、上方銃は、2挺とも、胴体中心線より右側に寄り、下方銃との干渉を避けている。

この斜銃用照準器は、操縦席の前方、上方銃用は固定風防の枠に支基を取り付け、三式小型射撃照準器を、下方銃用は主計器板上の支基に、九八式射爆照準器を上、下逆にして、それぞれ固定してあった（図34）。

スペース的にかなりきついのに、下方銃用にかさばる九八式を用いたのは、爆撃照準器としての併用を考慮したためである。

図34に示したように、上方銃用の三式小型射撃照準器は、照準線が斜銃取り付け角と同じ30°なのに対し、下方銃用の九八式射爆照準器は25°になっており、これも爆撃照準器としての適応を考えての措置と思われる。

もっとも、のちに下方斜銃が廃止されてからは、九八式射爆照準器を撤去し、また、三〇二空所属機の中には、下方銃用に三式小型射撃照準器を取り付けたものも認められ、この辺りは現場の判断に任せたようでもある。

なお、取扱説明書では、下方銃用に九八式射爆照準器を装備したのは、生産第301号機以降、すなわち胴体後部を整形した一一型後期生産機からと記されており、それ以前は図35に示した簡易タイプの環型照準器を代用していたようだ。後述するように、爆撃照準用にはこの環型を共用すると、明記してある。

図30：二式陸偵射撃兵装配置図

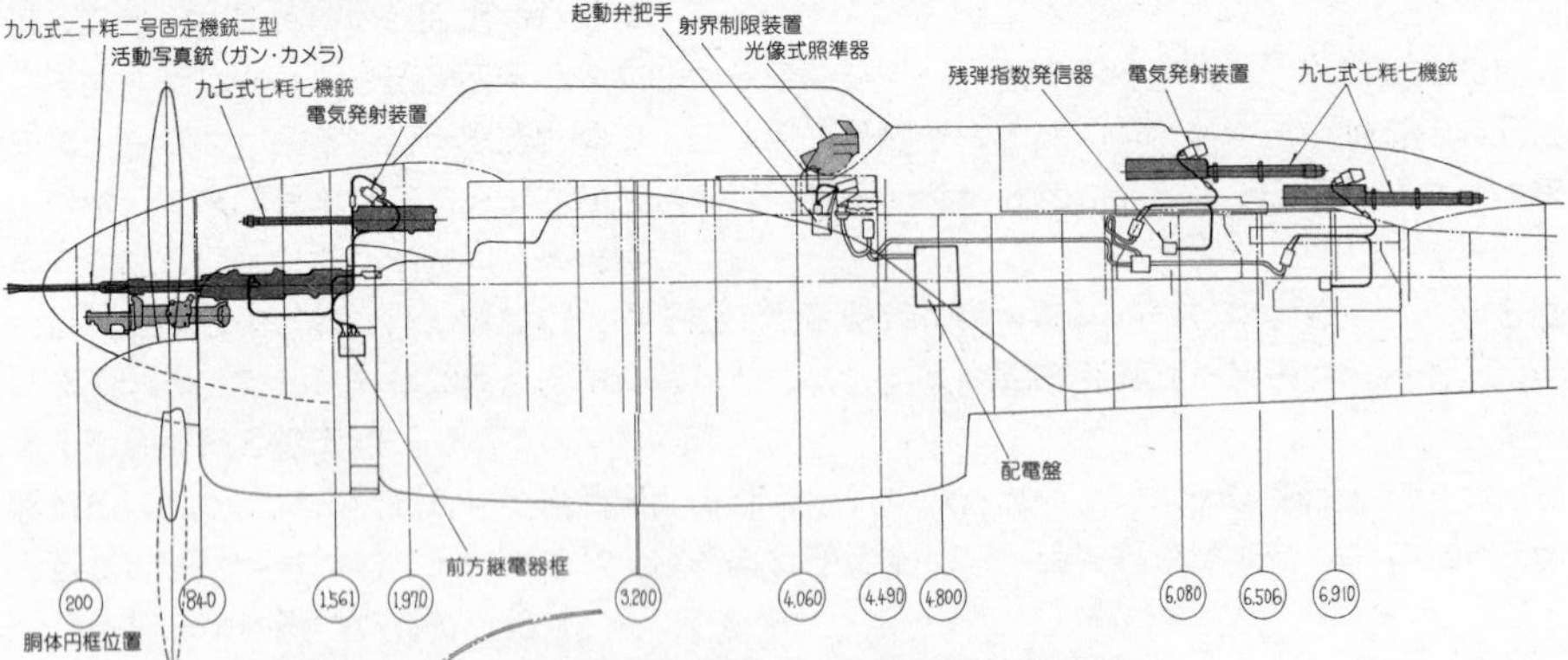

図31：二式陸偵の九八式射爆照準器装備要領図

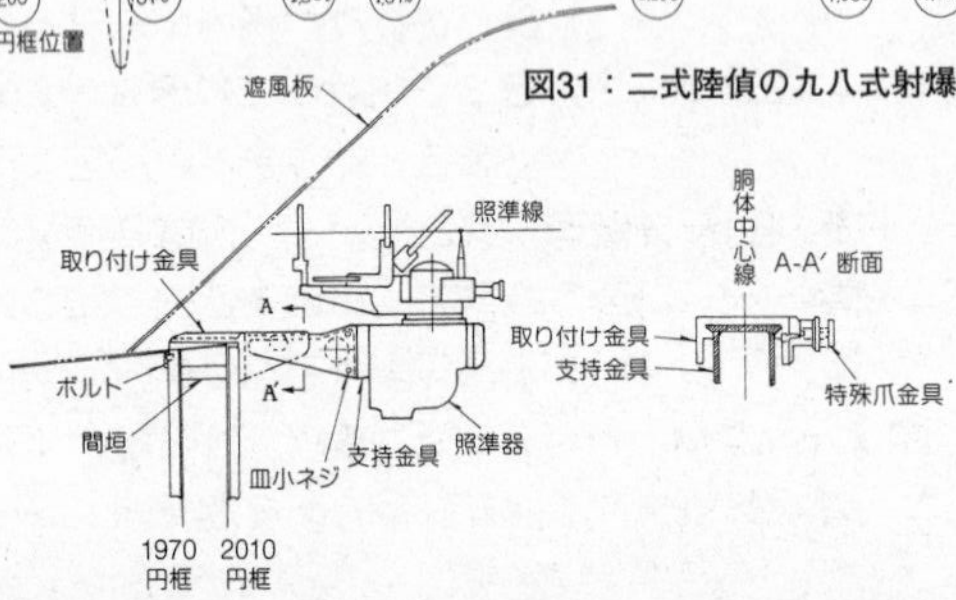

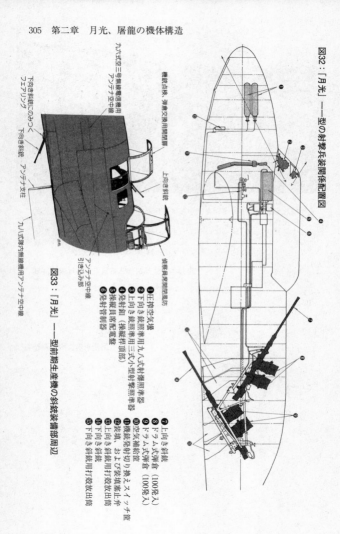

図32：「月光」一一型の射撃兵装関係配置図

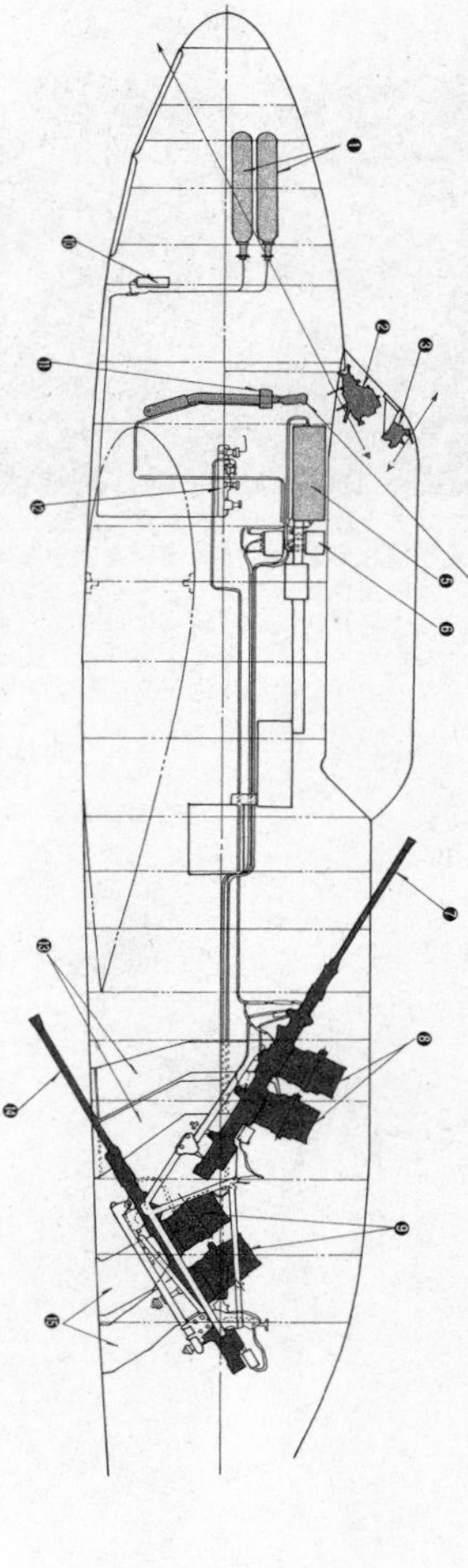

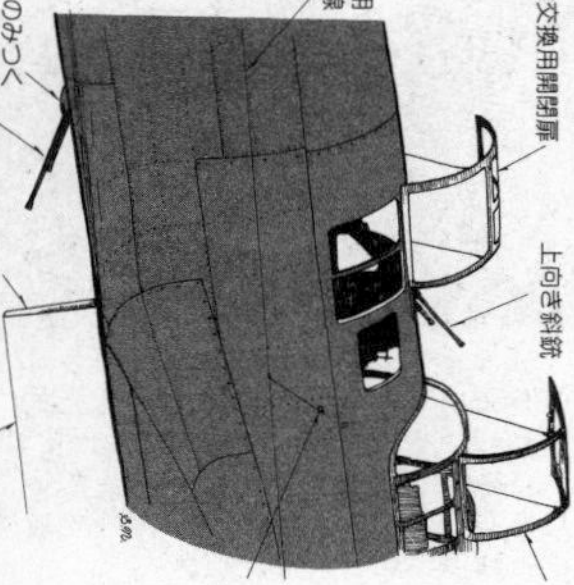

図33：「月光」一一型前期生産機の斜銃装備部周辺

▲マリアナ諸島のテニアン島で大破したまま、進攻してきた米軍に接収された、二式陸偵球形動力銃塔装備機と、傍らに転がる銃塔、および3連装の九九式二十粍二号固定機銃三型。一見すると、この3点は“セット”になるようだが、3連装の二十粍機銃は球形銃塔には収まらず、これは、別の月光に装備されていたものとわかる。――甲型で上方斜銃三挺となる前に、現地、あるいは内地の航空廠で、このような武装強化が改造により行なわれていたという証拠。

図34：斜銃用射撃照準器取り付け要領詳細

図35：斜銃用環型照準器装備図

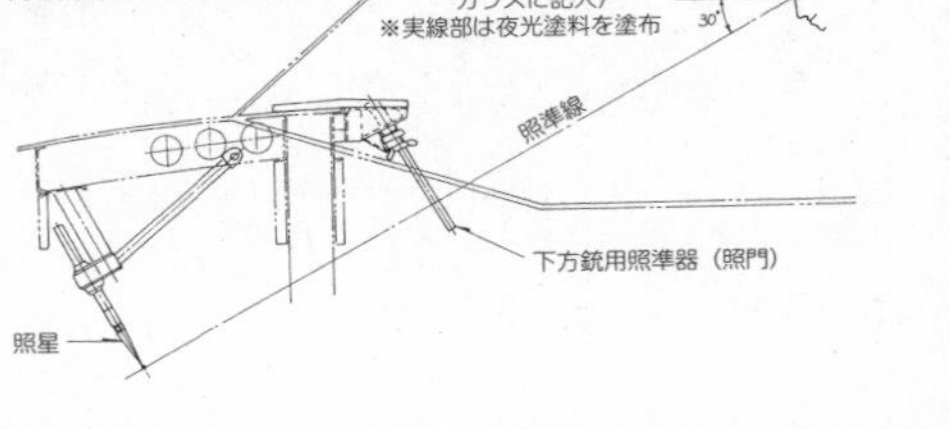

◀NASMの復元機、7334号機の前部固定風防内上部に取り付けられた、三式小型射撃照準器。上向き斜銃用で、これに合わせ、照準線も30°になるようセットされている。

図36：爆撃兵装要領図（寸法単位：mm）

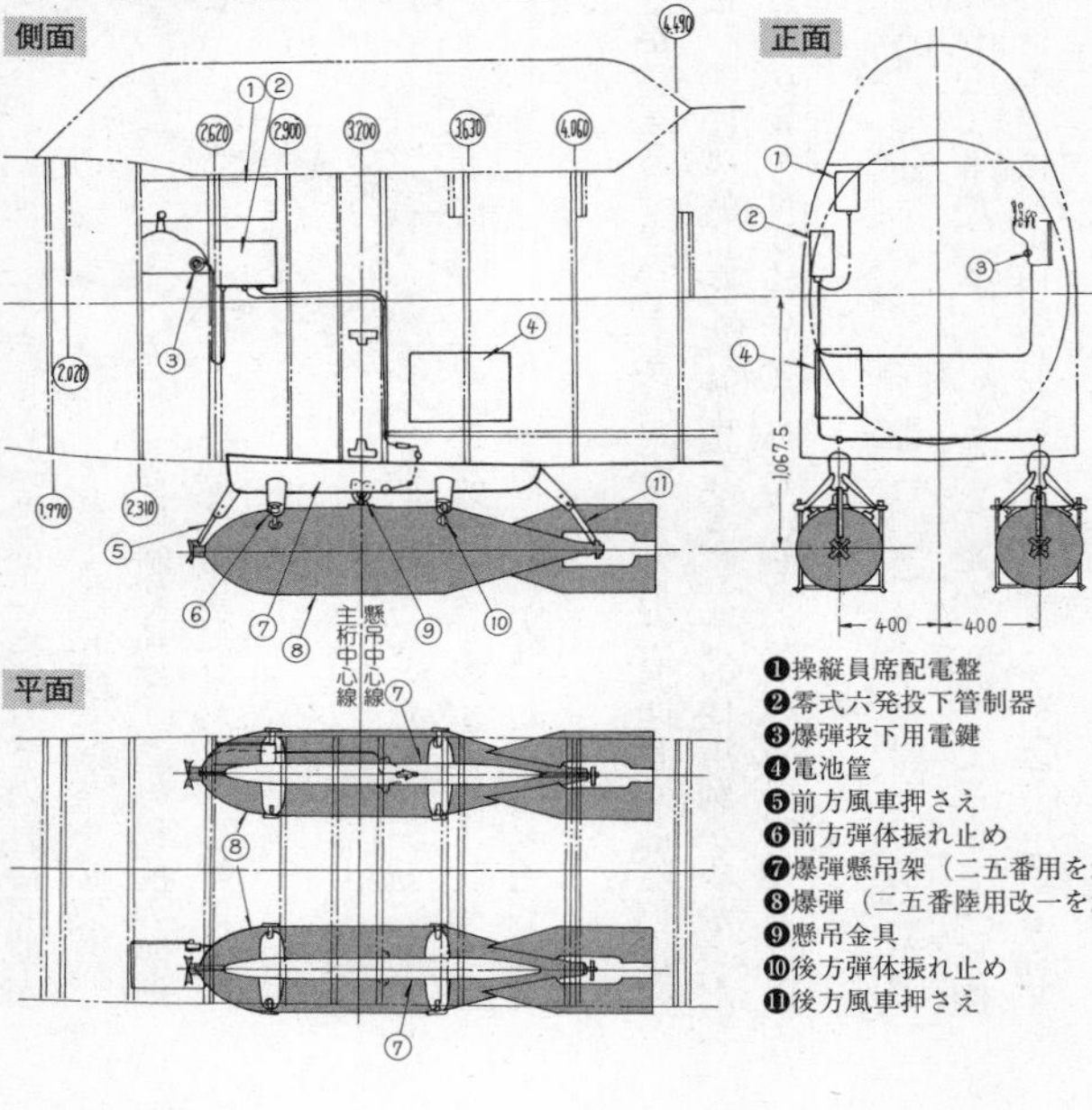

❶操縦員席配電盤
❷零式六発投下管制器
❸爆弾投下用電鍵
❹電池筐
❺前方風車押さえ
❻前方弾体振れ止め
❼爆弾懸吊架（二五番用を示す）
❽爆弾（二五番陸用改一を示す）
❾懸吊金具
❿後方弾体振れ止め
⓫後方風車押さえ

図37：月光が搭載した電・探（レーダー）のアンテナ

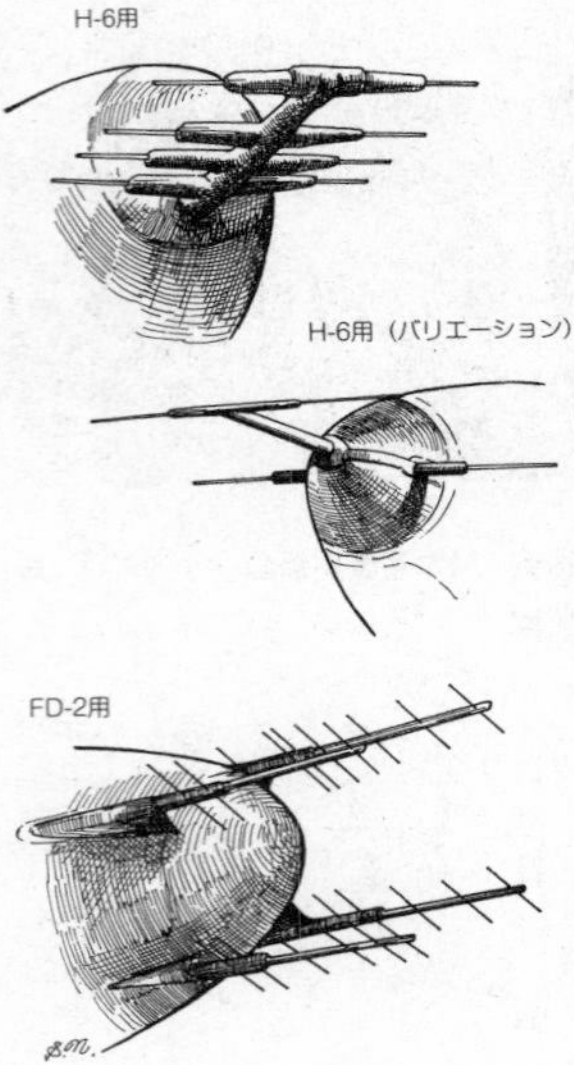

敵機に近接しての直接照準が主体で、見越し射撃を必要としない斜銃には、この程度の照準器でも事足りたことは納得できる。

また、これまであまり知られなかったことだが、斜銃の射撃訓練時に、貴重な二十粍弾を節約するため、九七式七粍七機銃を仮設したことが取・説に記されている。

月光は夜戦として採用されたのだが、三〇一空、一五三空など外地に展開した部隊では、夜戦としてよりも、むしろ索敵哨戒、船団護衛、艦船攻撃機などとしての使用例が多かった。これらの任務では、斜銃よりも爆撃兵装が重要になり、月光にもそのための専用装備は用意されていた。

二式陸偵当時には、外翼下面に三番（30kg）、または六番（60kg）の小型爆弾いずれか1発ずつを、九七式小型爆弾投下器を介して懸吊できるだけであったが、月光では、さらに図36に示したように、乗員室下方の胴体下面に、専用の懸吊架を介して、二五番（250kg）爆弾2発を懸吊可能とした。

図38：通信兵装配置図

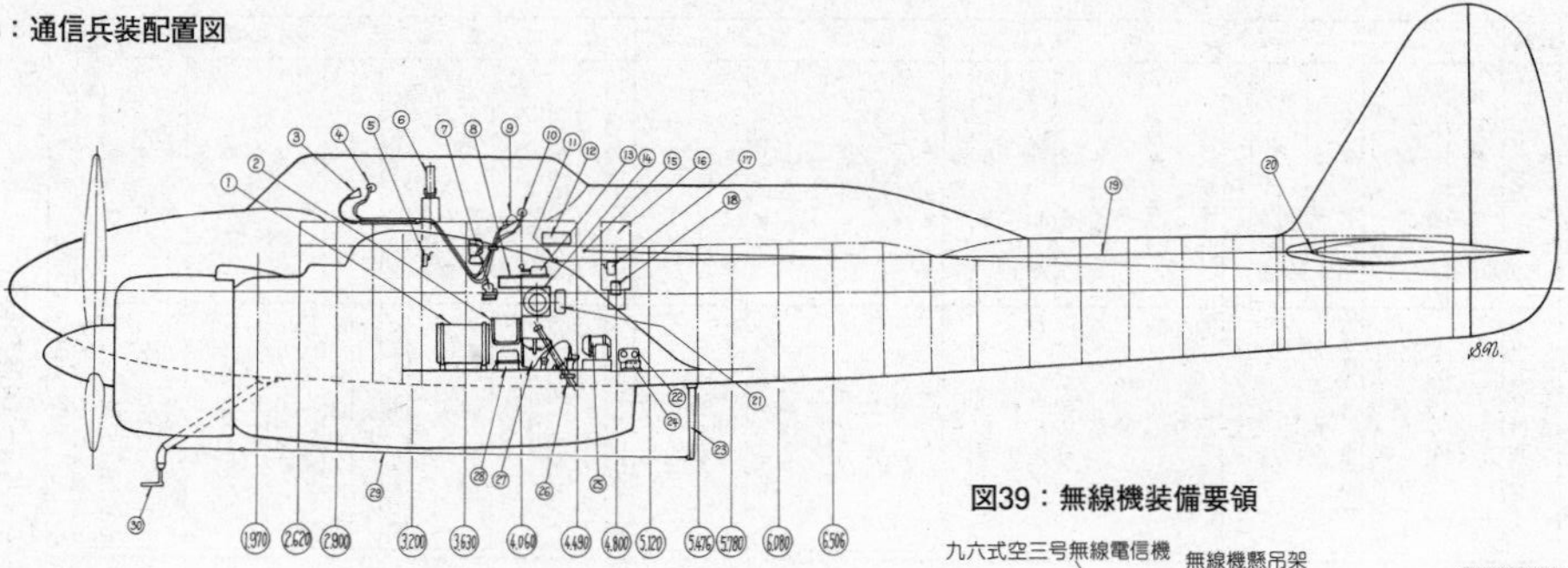

❶二次電池
❷隊内無線送話口、
　および受聴器（右舷）
❸機内通話器（操縦員用）
❹機内受聴器（操縦員用）
❺枠型空中線回転器
❻枠型空中線（ループ・アンテナ）
❼隊内無線電鍵（右舷）
❽隊内無線主管制器（右舷）
❾機内通話器（偵察員用）
❿機内受聴器（偵察員用）
⓫空中線主翼端末（右翼）
⓬長波線輪（右舷）
⓭九六式無線電鍵台（左舷）
⓮垂下空中線用絡車
⓯空中線引き込み部（右舷）
⓰九六式空三号無線電信機
⓱空中線切り換え器
⓲平衡蓄電器
⓳九六式空三号無線電信機用空中線（右舷）
⓴空中線水平尾翼端末（右）
㉑信号ピストル用弾格納筐
㉒九六式空三号無線受信用発電動機（右舷）
㉓空中線支柱（胴体下面）
㉔九六式空三号無線電源接続筐
㉕九六式空三号無線送信用発電動機（右舷）
㉖垂下空中線
㉗信号ピストル
㉘直流変圧器（右舷）
㉙九八式隊内無線機用空中線
㉚ピトー管

図39：無線機装備要領

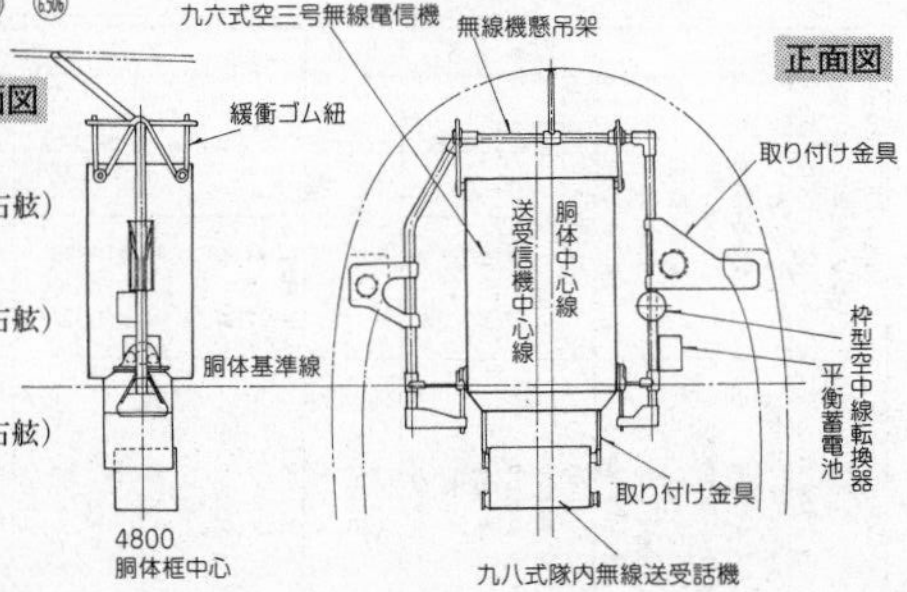

夜間戦闘機『月光』一一型諸元/性能一覧表

(野原 茂 編)

型式			双発低翼単葉複座戦闘機
乗員			2名
主要寸度	全幅		17.000m
	全長		12.200m
	全高		4.700m
重量	正規全備		7,010kg
	自重		4,840kg
	搭載量		2,170kg
荷重	翼面荷重		175.5kg/m²
	馬力荷重		3.28kg/hp(一速)、3.65kg/hp(二速)
発動機	名称		中島『栄』二一型
	数		2基
	馬力	公称	1,070hp(一速)、960hp(二速)
		許容最大	1,150hp
	回転数	公称	2,700rpm
		許容最大	3,240rpm(急降下)
	吸気圧力	公称	+200mm
		許容最大	+300mm
	標準高度		2,850m、6,000m
	減速比		0.583
	使用燃料		航空九二揮発油(比重0.723)
プロペラ	名称形式		P7×2基
	直径		3.050m
	節(ピッチ)		26°～46°
	重量		142kg
燃料容量	総容量		1,994ℓ(落下増槽を除く)
	一番タンク		108ℓ×2
	二番タンク		370ℓ×2
	三番タンク		115ℓ×2
	四番タンク		344ℓ×2
	五番タンク		20ℓ×2
	落下増槽		330ℓ×2
	潤滑油		60ℓ
主翼	翼幅		17.000m
	翼弦	付け根	3.300m
		先端	2.440m
	面積		40.000m²
	取り付け角度		2°30′
	上反角		7.0°
	後退角(前縁にて)		3°30′
	捩り下げ角		0°
	縦横比		7.23
フラップ	幅		3.560m
	弦長	内端	0.350m
		外端	20%
	面積		2.00m²×2
	運動角		空戦時25°、着陸時35°
スラット	幅(内方、外方とも)		4.500(×1/2)m
	弦長		14%
	面積		投影時にて1.249m²×2
	前出量	内方	200mm
		外方	150mm
補助翼	幅		※4.000m(実長ではない)
	弦長		0.360m

補助翼	面積		1.395m²×2
	平衡部		27%
	運動角		上20°、下16°
	補助翼タブ	弦	1.000m
		弦長	0.080m
		面積	0.08m²×2
		運動比	1:0.25
		修正舵角	(左舷のみ)±10°
水平尾翼	幅		6.000m
	弦長	内端	1.800m
		外端	0.960m
	面積		7.372m²
	取り付け角		0°
	昇降舵	幅	2.800m×2
		弦長	30%
		面積	1.405m²×2
		平衡部	平均弦にて24.5%
		運動角	上30°、下24°
	昇降舵タブ	幅	1.040m×2
		弦長	内0.170m、外0.050m
		面積	0.114m²×2
		運動比	1:0.66
		修正舵角	±10°
垂直尾翼	全高(胴体中心より)		2.080m
	弦長	付け根	2.080m
		先端	1.030m
	面積		2.460m²
	方向舵	全高	2.450m
		面積	1.320m²
		平衡部	タブに依る
		運動角	左右25°
	方向舵タブ	全高	0.600m
		弦長	約0.130m
		面積	0.078m²
		運動比	1:0.6
		修整舵角	左右15°
胴体	長さ		12.170m
	幅		1.110m
	高さ		1.720m
降着装置	車輪	直径	900mm
		幅	320mm
		間隔	4.000m
	尾輪	直径	0.400m
		幅	0.140m
	三点静止角		9°30′
性能	最大速度		507.4km/h/6,000m
	巡航速度		277.8km/h/4,000m
	着陸速度		128.8km/h
	上昇力		4,000mまで7′15″
	実用上昇限度		10,300m
	航続距離		2,849km/9.7hr(正規)
武装	二十粍機銃×4(斜銃)——各銃とも100発入弾倉を装着するが、実際には90発を携行。爆弾250kg×2(最大)		

取扱説明書によれば、この爆撃照準用には、下向き斜銃用の九八式射爆照準器、または簡易タイプの環型照準器を共用すると記されている。

当時の欧、米レベルで考えれば、夜戦である以上、月光にとっては斜銃以上に必須装備でなければならなかったはずなのが、機上電・探、すなわち迎撃レーダーである。

しかし、承知のごとく、当時の日本は、レーダーを含めた電子機器の信頼性がきわめて低く、零戦などの単発小型機用無線機さえもが、満足に用をなさない有様であった。

レーダーに関しても同様で、一式陸攻、『天山』などが搭載した、対水上艦船探索用の三式空六号無線電信機（H－6）は、いちおうそれなりの効果は示したが、より軽量、小型、高精度を要求される、機上迎撃レーダーについては、太平洋戦争終結まで、実戦で役に立つ器材を造り出せなかった。

一部の月光が搭載した十八試空六号無線電信機（FD－2）は、海軍が実用化した唯一の機上迎撃レーダーであったが、実戦に使ってみたがほとんど敵機を捕捉することができず、撤去してしまった機体が多かった。

スコープは陰極線管表示式で、出力25KW、波長60㎝、カタログ上では3㎞先の敵機を捕捉できるとされていた。

月光の場合、機首先端に4本のアンテナを取り付けたので、外観上からも、識別は容易だった。

なお、図37に示したH－6搭載機は、夜間迎撃ではなく、対水上艦船索敵任務用である。

海軍は、〝役立たず〟のＦＤ－２に代わり、十九試空電波探信儀（三号）一一型（玉－三）を試作し、昭和20年に入って実用試験をはじめたが、それが終わらないうちに敗戦となった。
玉－三は出力３ＫＷ、波長２ｍ、スコープはゴニオメーターの回転によるパノラマ式で、カタログ上では４㎞先の敵機を捕捉できるとされていた。

第二節　屠龍

●胴体

全金属製の半張殻（セミ・モノコック）式構造で、前部、主部の2コンポーネンツにより構成されている。

骨組みは、海軍の『月光』と同様に、断面の上、下、左、右の四隅に、強化縦通材（ロンジロン）を通し、これに23本の肋材（『月光』の取・説でいうところの〝円框〟にあたる、フレームの意）と、やや細かめの〝L〟型断面一般縦通材を通して構成している（図1）。

第5～8肋材間は操縦者席、同8～9間は主翼（内翼）との結合部、同9～13間は同乗者席、同20～23間は尾部骨組みに区別される。

第1～5肋材間は、機首武装の点検のために着脱式となっており、これは『ホ二〇三』三七粍機関砲装備となって、機首が延長されたキ45改丙、丁型も同様である。主部骨組みとは、8φ8本、6φ17本のボルトにて結合される。

夜戦型のキ45改丁では撤去されたようだが、キ45改甲~丙は、胴体右側下面に『ホ三』二○粍機関砲を装備していたことから、その点検を容易にするため、下に掲載した写真に示したごとく、第5~8肋材間は〝板止め金具〟により覆いを取り付け、8~10肋材間は側壁に取り付けた蝶番により開閉扉となるようにしていた。

操縦、同乗者の機体乗降のため、胴体左側に足掛け、手掛け各2

図1：胴体骨組み図

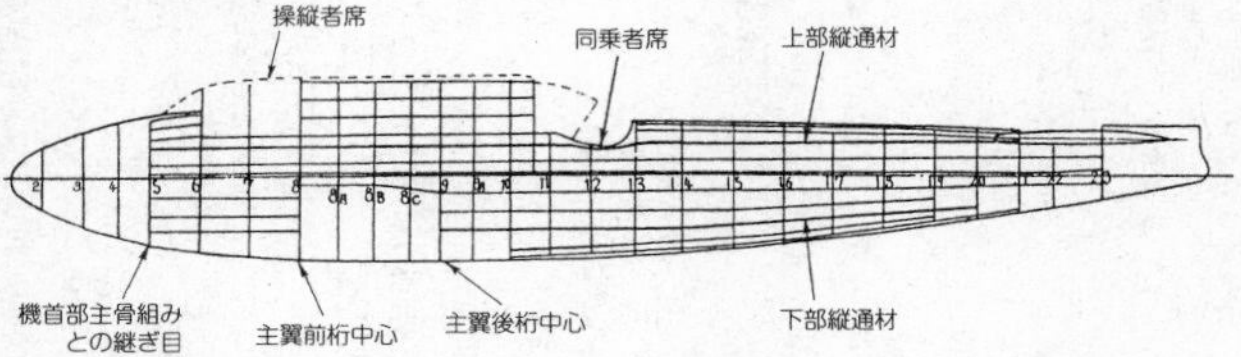

▲アメリカに運ばれて調査された、キ45改丁、製造番号4268を正面より見る。胴体下面の覆い、扉が取り外され、開放されており、右下面側（画面では左側）の、旧『ホ三』二○粍機関砲発射溝の断面が一目瞭然。開かれた扉の発射溝の奥が密閉されており、夜戦型キ45改丁では『ホ三』は撤去という、陸軍の公式資料を裏付けている。左右の主翼前桁部の下面に付く、小さな筒型部品は、燃料冷却器。フィレット部の爆弾/落下タンク懸吊部、下面の各ハッチの位置なども把握できる、資料性の高い一葉。

図2：キ45改甲　胴体内右側装備品配置図（寸法単位：mm）

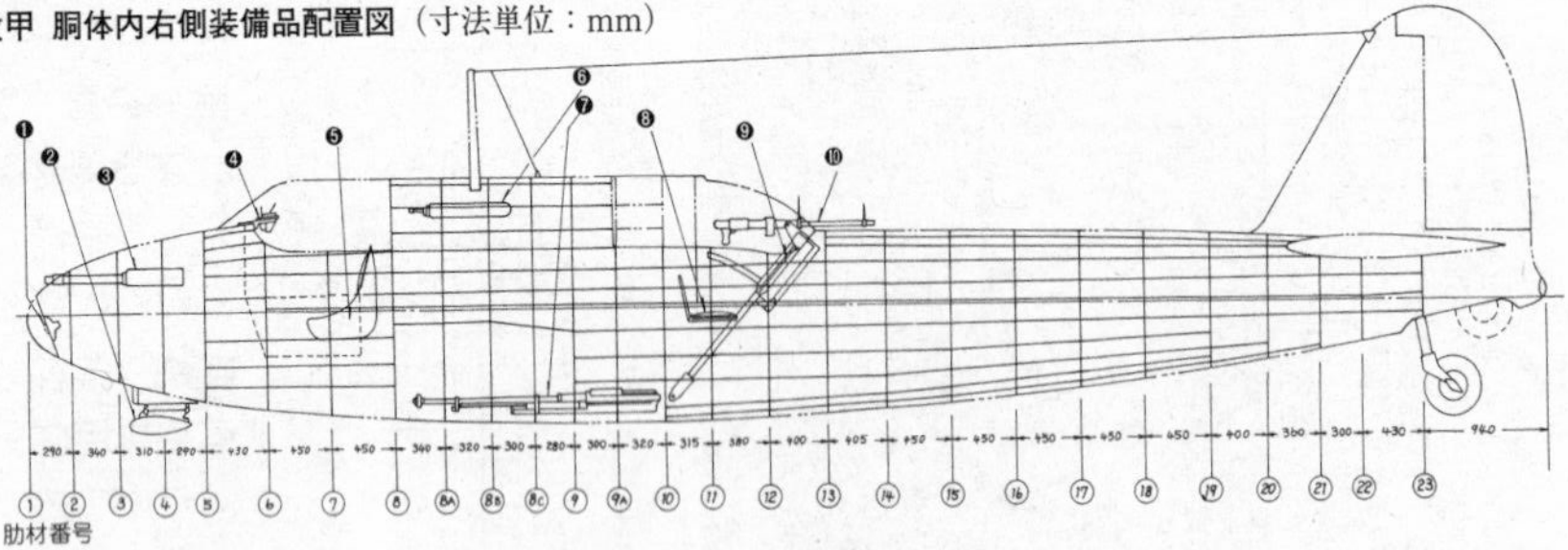

❶着陸灯
❷ルバロア式射撃監査写真機（ガン・カメラ）
❸一式一二・七粍機関砲（ホ一〇三）
❹一〇〇式射撃照準器
❺操縦者席
❻酸素壜
❼九七式二〇粍機関砲（ホ三）
❽同乗者席
❾旋回機銃架
❿九八式七・七粍旋回機銃

図3：キ45改甲　胴体内左側装備品配置図

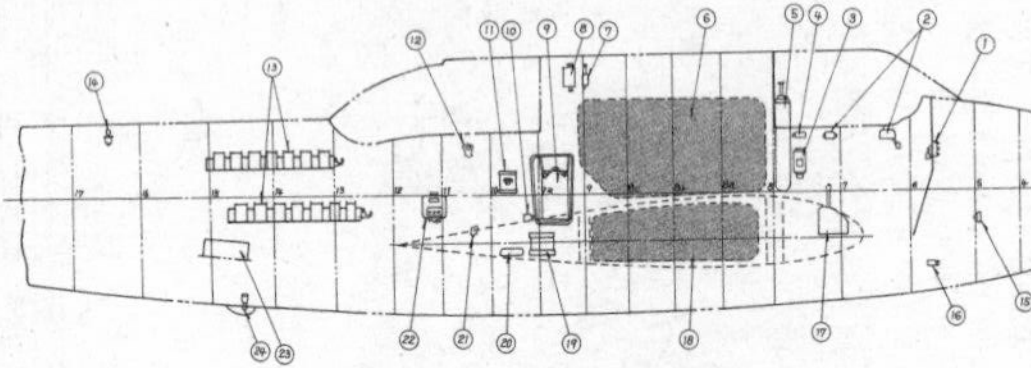

❶一号点火開閉器
❷準備槓桿、および電磁器
❸操縦者席電熱被服抵抗器
❹ルバロア式射撃監査写真機用二極挿し込み栓
❺酸素壜三型
❻胴体内（第三）燃料タンク
❼アンテナ空中線電流計
❽製荷線輪
❾無線機
❿無線起動器用一極接続器
⓫起動抵抗器
⓬酸素流量計
⓭七・七粍弾倉
⓮警灯（赤色）
⓯吸気圧調整器
⓰射撃用押釦一極接続器
⓱油圧装置操作筐
⓲主翼内（第一）燃料タンク
⓳蓄電池収容箱
⓴電圧調整器
㉑酸素マスク
㉒同乗者席電熱被服抵抗器
㉓直流変圧器
㉔信号灯（赤色）

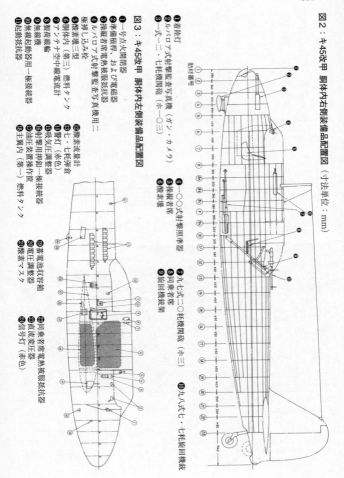

▶ニューブリテン島のケープグローセスターで米軍に接収された、もと飛行第十三戦隊のキ45改乙と思われる機体の、胴体中央部左側。操縦、同乗者席の風防などもさることながら、本写真が貴重なのは、外翼が取り外され、胴体内に造り付けになった中央翼の断面、および小骨の形状、それに、主翼付け根フィレットの正確なラインがひと目でわかること。

図４：中央翼構造図

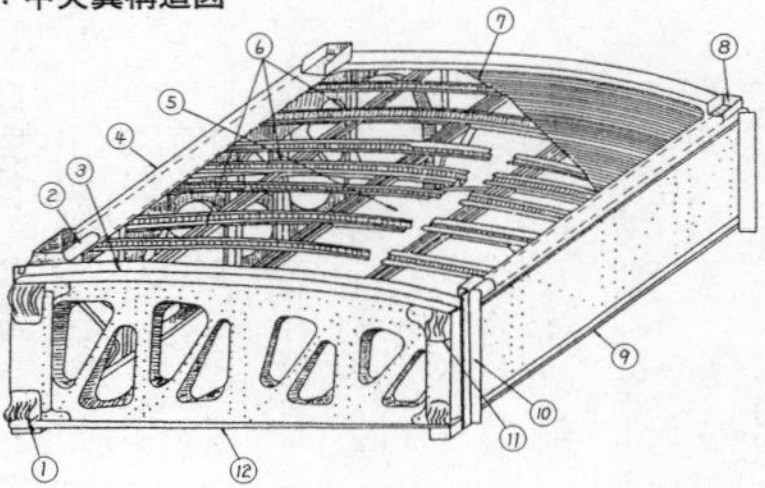

❶外翼前桁接続金具
❷第８肋材取り付け金具
❸胴体外鈑と鋲着
❹前桁
❺第四燃料タンク室
❻上面渡し材
❼外鈑
❽第９肋材取り付け金具
❾後桁
❿胴体外鈑と鋲着
⓫外翼後桁取り付け金具
⓬補助渡し材

図５：外翼骨組み図（左翼上面側を示す）

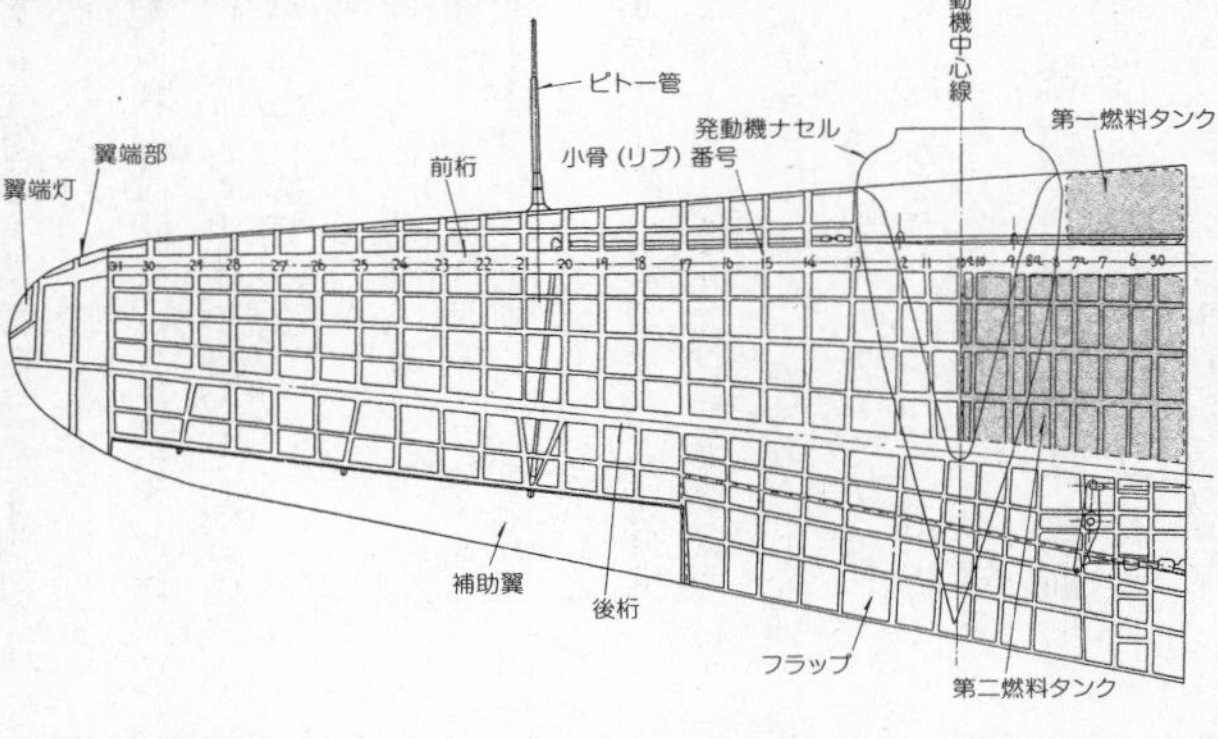

図6：外翼構造図（左翼を示す）

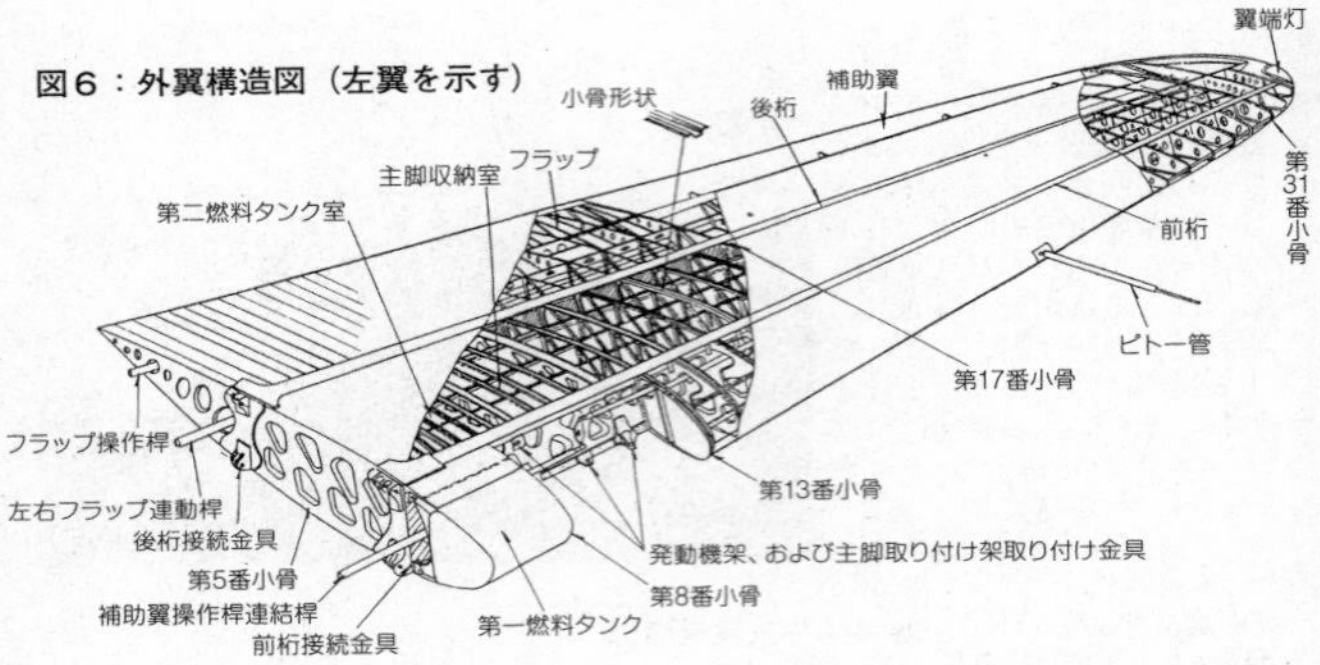

個が設置され、キ45改甲の第１４９号機以降は、手掛けがさらに1個追加された。

胴体内部の各装備品の配置状況は図2、3に示すとおり、これはキ45改甲のもので、夜戦型丁型は、上向き砲装備も含めて相応の変更が加えられている。

●主翼、尾翼

主翼は、全幅15・07m、面積32・2㎡の応力外皮構造で、海軍の『月光』に比べると、ふたまわりは小さい。

よく知られるように、本機の主翼は設計主務者土井武夫技師が設計担当した、キ四十八（九九式双軽爆撃機）のそれを、そっくり流用（ただし、スパンを短縮）したもので、このあと、キ九十六、キ一〇二、キ一〇八とつづく、一連の双発戦闘機にも踏襲された、いわば〝川崎ブランド主翼〟である。

土井技師の持論である、〝航空機の運動性能は、翼面荷重よりも、むしろ翼幅荷重に左右される〟という考えに沿って、一般的な主翼よりもアスペクト比（縦横比）

を大きくした、すなわち細長い平面形になっているのも特徴。

主翼は、胴体内に造り付けとなる中央翼（図4）と、左右外翼（図5、6）、翼端部の主要5コンポーネンツから成り、それぞれ、前、後桁部分の頑丈な結合金具により結合される（翼端部は鋲着）。

機軸と直角の線（前桁中心線）に対し、前縁は100：6、後縁は100：21の傾度（テーパー）を有し、取り付け角は1・5°、上反角は5°40′である。

海軍戦闘機に多い、主翼前縁の捩り下げ、もしくは『月光』のごとき前縁スラットの類の、失速防止対策は施されていない。

主桁はトラス・ガーター式で前、後2本、これに中央翼9本、外翼31本の小骨により骨組みが構成され、中央翼の内部は第四、外翼のナセル内側前縁は第一、その後方、前後桁間は第二燃料タンクの収納スペースになっている。

桁材は高力アルミニウム合金第二種押出し型材、小骨、外鈑はともに同第一種鈑を用いていた（図6）。

フラップは、月光のように凝ったものではなく、単純なスプリット式（開き下げ式）で、主翼外翼の第17番小骨より内側の後縁に取り付けてある。

幅は約3・0m、面積3・510㎡、下げ角は最大50°、油圧により操作され、左、右開度の調整を計る連動装置を有する（図7）。

補助翼はフリーズ式で、幅3・40m、面積2・88㎡、高力アルミニウム合金第二種鈑、お

図7：フラップ骨組み図

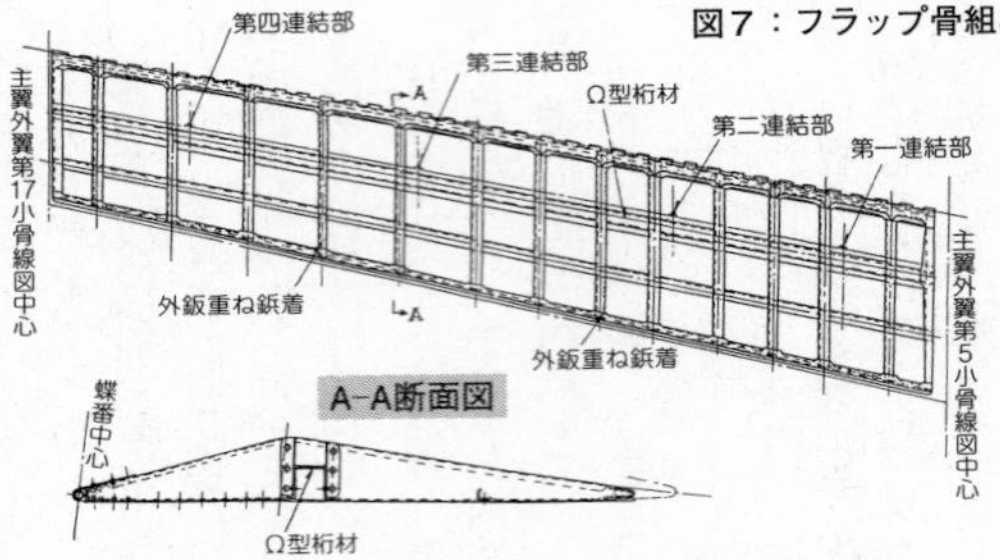

図8：補助翼骨組み図

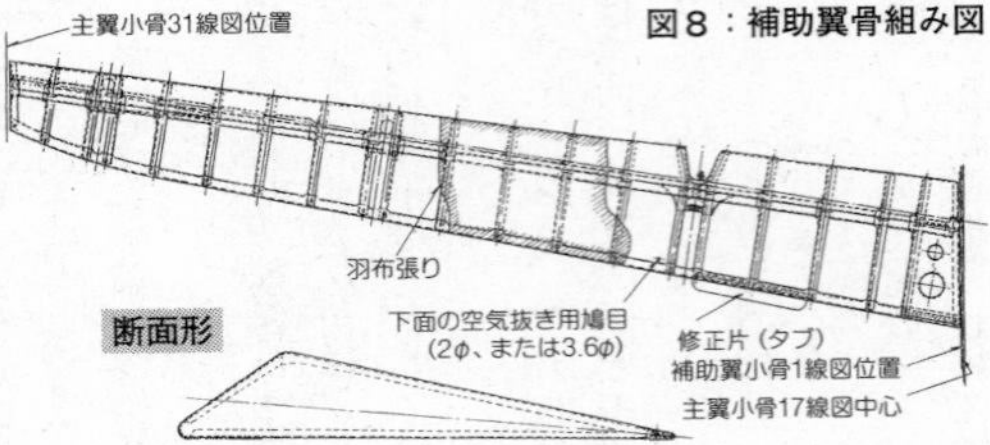

図9：垂直尾翼骨組み図

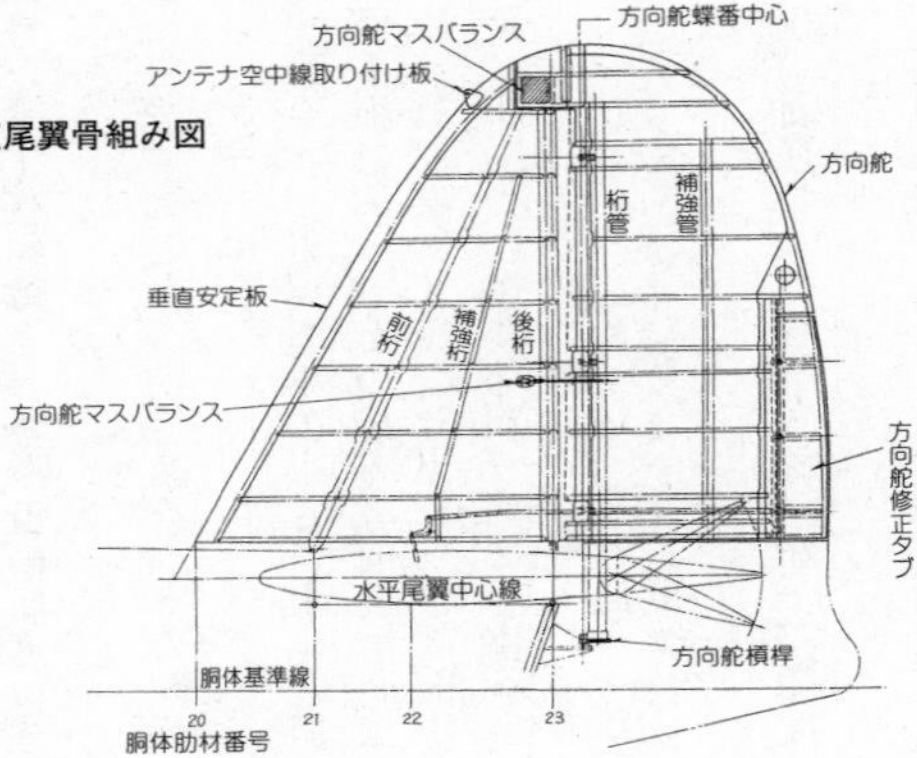

図10：水平尾翼骨組み図

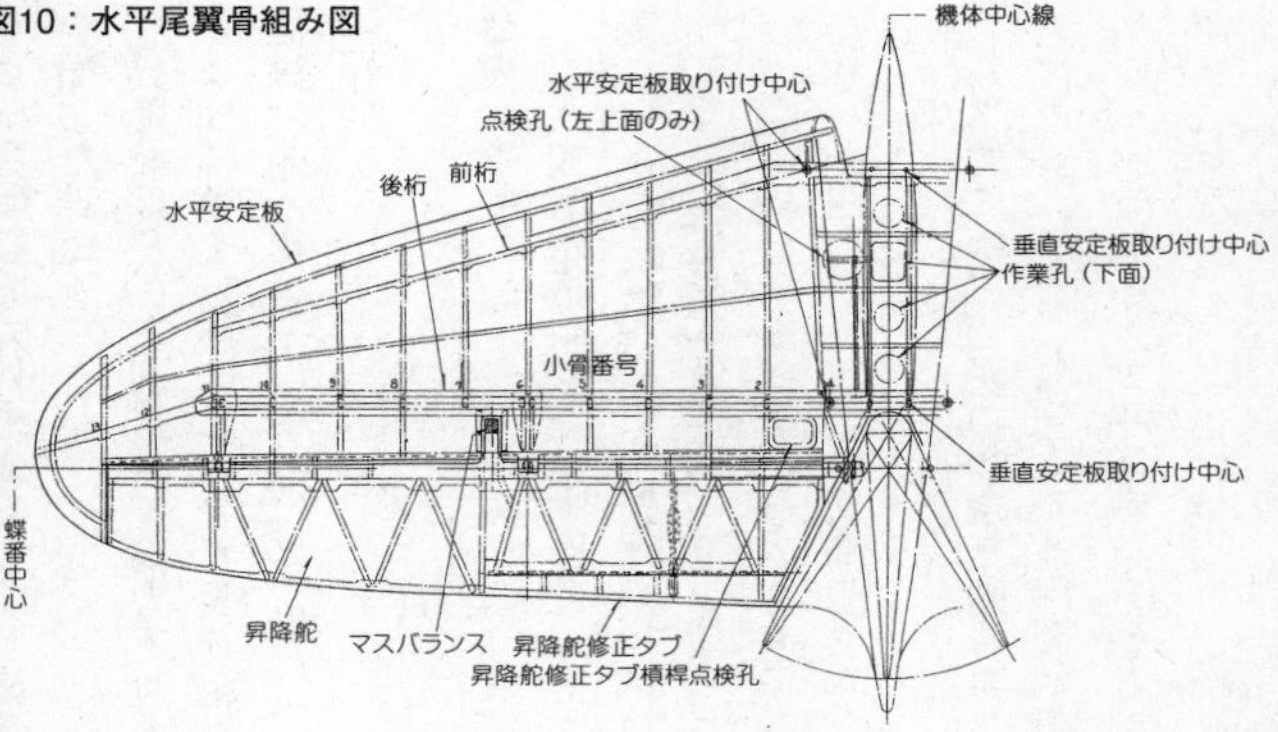

よび管を使った金属骨組みに、羽布張り外皮、第4～6小骨間の後縁に、固定修正片（タブ）を有する。作動角は上方に25°、下方に15°（図8）。

垂直尾翼は、垂直安定板、方向舵から成り、前者は前桁、後桁、小骨、外鈑より成る単桁式応力外皮構造。水平安定板前桁、後桁上部に、4本のボルトで結合される。高力アルミニウム合金第一種鈑を主体とした全金属製。

方向舵は、桁管、小骨、縁材の各骨組みに羽布を張った構造で、後縁下部に修正タブを有する。

上部前縁にはマスバランスが張り出し、中部前縁にも扇形をした、アーム状のマスバランスを有し、操舵の際に、左、右の踏棒にかかる反動を平衡させ、操縦者の疲労を軽減する措置を施している（図9）。

水平尾翼は、水平安定板、昇降舵から成り、前者は左、右一体に造られ、胴体基準線と平行に、上方350㎜の位置に固定される。

構造は、高力アルミニウム合金第一種鈑を主体とした全金属製応力外皮式で、前・後2本の桁に13本の小骨を配した骨組み。

昇降舵は左、右別造り、高力アルミニウム合金第一種鈑、および軸管を主体にした金属製骨組みに、外皮は羽布張り。後縁内側に修正タブ、前縁中央にマスバランスを有する（図10）。

●発動機

二式複戦が搭載した発動機は、すべての型式を通じ、三菱『ハ一〇二』空冷星型複列14気筒（離昇出力1080hp）で、陸軍制式名称は、『二式一〇五〇馬力発動機』。

本発動機は、海軍名称でいうと、『瑞星』二〇型系にあたり、キ四十六－Ⅱ、キ五十七－Ⅱなども搭載した、実用性の確かなエンジンであった。

基本的には、三菱の空冷発動機の基礎を確立した傑作、『金星』シリーズのピストン行程を20㎜短くした、いわばコンパクト版で、太平洋戦争を通じ、合計12795台も生産された。

▶カウリングをすべて取り外して整備をうける、キ45改甲の左発動機。ムービー・フィルムからのコマどりのため、少し鮮明さを欠くが、『ハ一〇二』の本体（黒色塗装仕上げ）と、前面に備えられた環状潤滑油冷却器のアレンジは充分に把握できよう。

図11：発動機覆（カウリング）構成

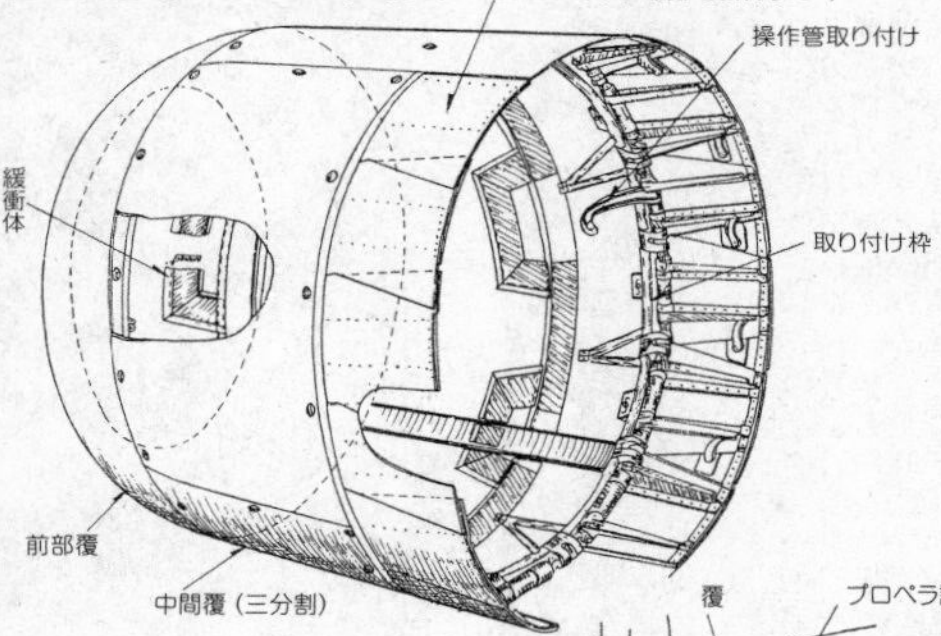

図12：耐寒用発動機覆

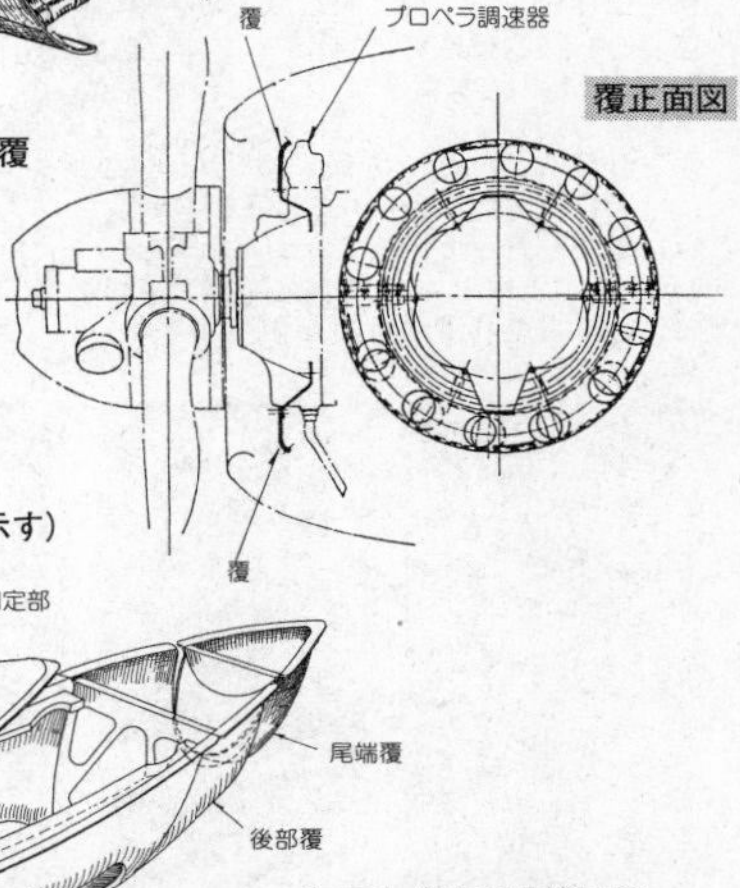

図13：発動機ナセル構成（左を示す）

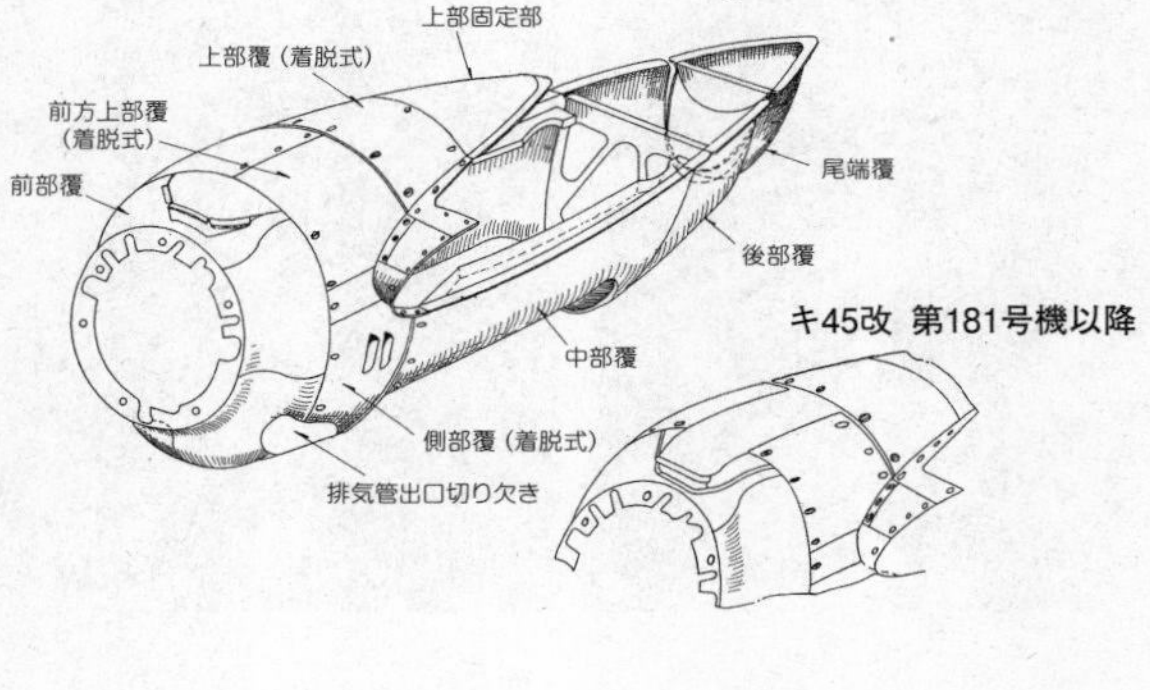

▶推力式単排気管をつけた、キ45改丁の右発動機クローズアップ。画面右が前方で、シリンダー頂部、カウルフラップの開き具合、推力式単排気管のディテールが一目瞭然。画面左下は、蜂ノ巣型潤滑油冷却器で、キ45改丙、および丁の後期生産機は、冷却器本体の取り付け法が、図15に示したのと異なり、写真のごとく水平向きに変更された関係で、空気取り入れ口のアレンジも若干変わっている。

▼［下２枚］上写真と同じ機体の、右発動機後方補器類、取り付け架、カウルフラップ、推力式単排気管を内、外側より見る。カウルフラップは、開位置で隙間が出ないように重なり合っていることがわかる。２枚とも、画面下に、蜂ノ巣型潤滑油冷却器本体のコア後面が写っている。

図14：発動機ナセル構成（左下面を示す）

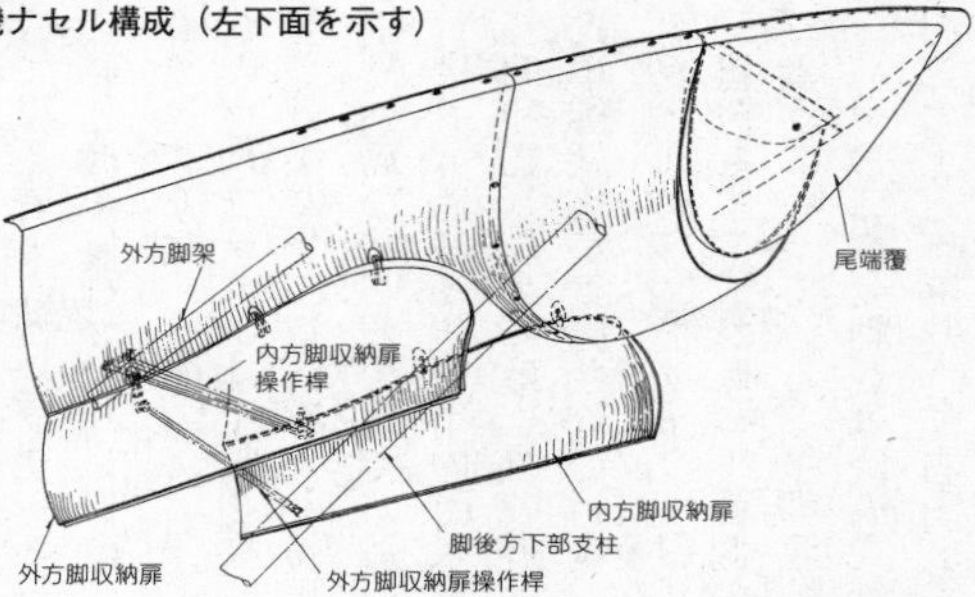

図15：気化器、潤滑油冷却
空気取り入れ装置

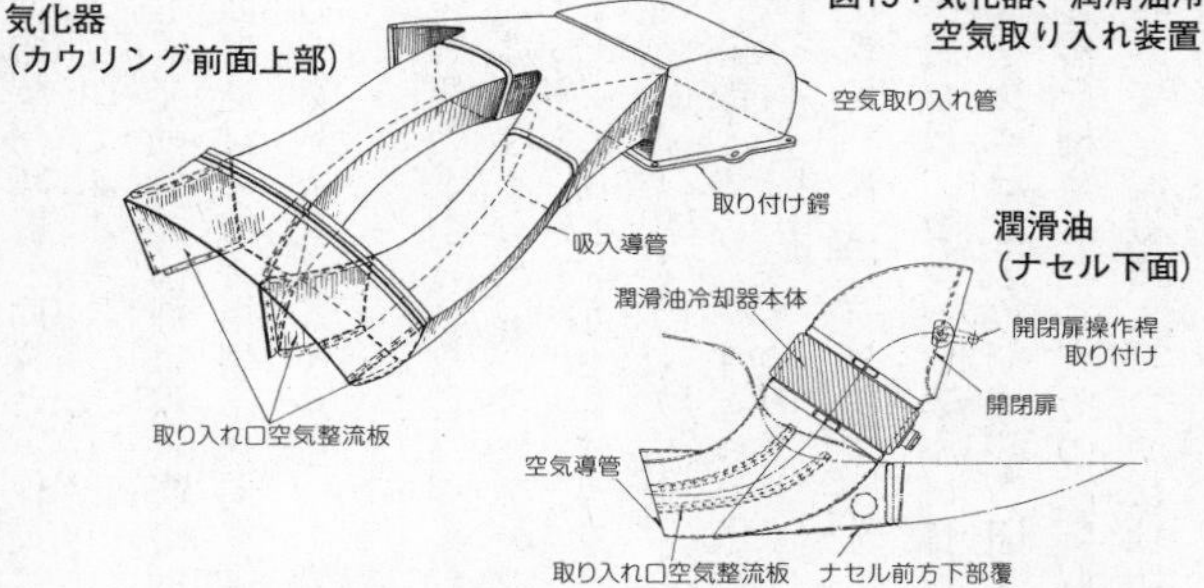

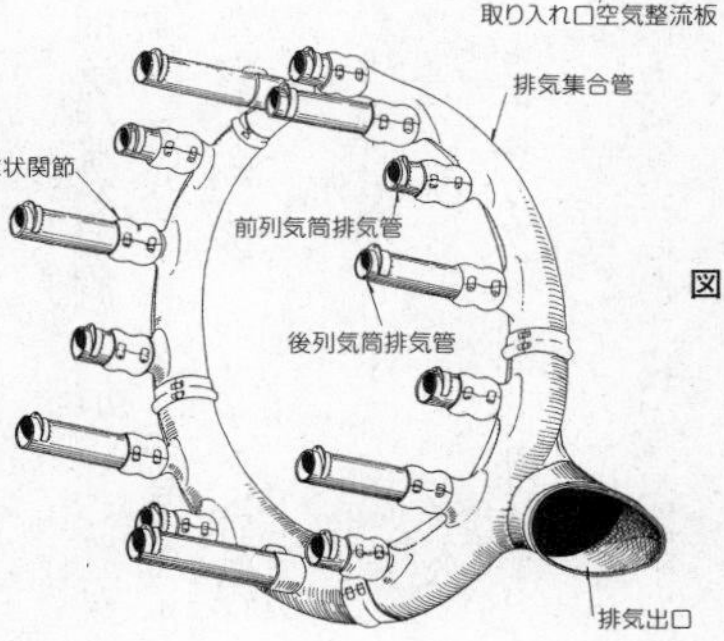

図16：排気管構成
（左発動機を示す）

組み合わされたプロペラは、他の陸海軍機と同様に、住友／ハミルトン油圧式恒速可変ピッチ3翅、直径は短めの2・950mである。

他の陸軍機と同様、二式複戦も、発動機の前面に環状潤滑油冷却器を配置したが、これだけでは不充分なため、ナセル下面に通常の蜂ノ巣型冷却器も備えていた（P・322写真）。

発動機を包むカウリングは、前方の絞り込みをやや強くした形だが、後方のラインは直線になっている。

カウルフラップは片側6枚で、外側の下から2枚目は、集合排気管をクリアするために大きく切り欠かれている。夜戦型には、ほとんど用いられなかったが、満州、北海道、樺太、千島列島など、寒冷地での運用に備え、図12に示したような、カウリング前面開口部に取り付ける、過冷却防止用の耐寒用発動機覆も用意されていた。

昭和19年後半には、夜戦型のキ45改丁のみならず、キ45改丙も対象にした、排気管の推力式単排気化が実施されている（P・322写真）。

カウルフラップの後方、主脚収納室を兼ねるナセルは、前部〜後部にかけて9枚のパネルに区分して構成され、下面側の尾端覆は、フラップの下げ操作時は、後部覆の内側に入り込むようになっている。主脚収納部を覆う扉は2枚で、観音開き式（図13、14）。

『ハ一〇二』発動機は降流式気化器を備えるため、その空気取り入れ口はカウリング前面開口部の上方にあり、左右を広くとって整流板により2つに仕切り、上方への突出をおさえるため、取り入れ筒を二股にして発動機シリンダーをクリア、気化器の直前で1本に束ねる、巧妙なアレンジ（図15）。

●操縦、同乗者席

操縦、同乗者席は、両席の中間に燃料タンクを配置した関係で、前、後に遠く離れ、互いの意思疎通にやや不便をきたすアレンジになったことは否めない。これは、後継機キ一〇二にも引き継がれており、川崎製双発機の定番スタイルといえた。

乗降用の風防は、両席とも右開き式だが、同乗者席のそれが単純にヒンジ開閉式だったのに対し、操縦者席のそれは前、後の縦枠につくられた溝に、左下辺横枠の両端が嵌合し、これに沿って開き、その際、上面中央が屈折するようになっていたのが大きな違い（図17）。

図17：風防構成

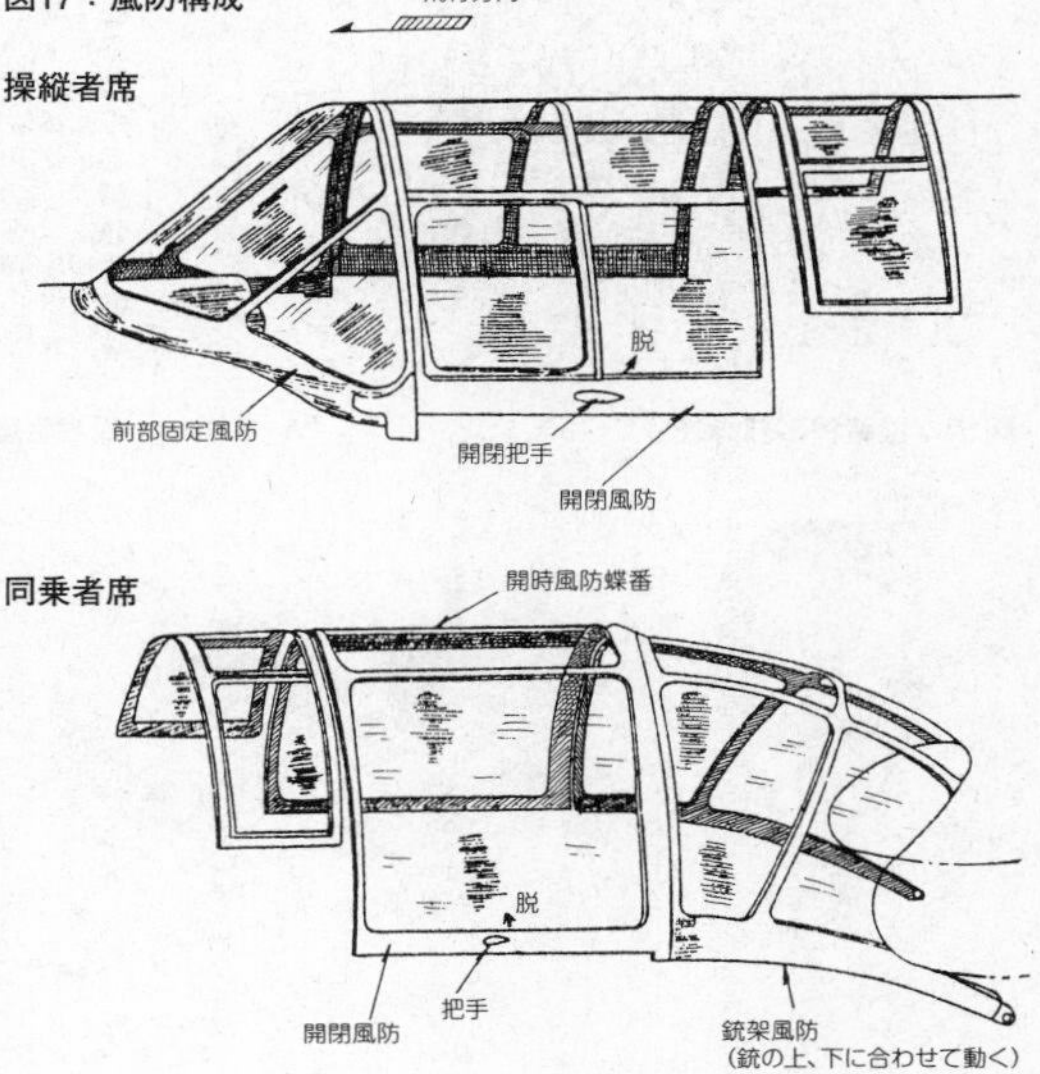

図18：キ45改甲 操縦室内配置図

❶発動機切り換え四方コック
❷フラップ操作レバー
❸昇降舵修正タブ操作輪
❹方向舵修正タブ操作輪
❺降着装置操作レバー
❻ミクスチュア・レバー
❼七方集合コック
❽注射切り換えコック
❾プロペラ調速レバー
❿フラップ開度指示器
⓫カウルフラップ操作レバー
⓬燃料注射切り換えコック（左）
⓭スロットル・レバー
⓮操縦桿
⓯射撃兵装安全装置操作レバー
⓰過給器切り換えレバー
⓱機銃/機関砲発射ボタン
⓲人工指向器
⓳遠方回転計
⓴吸入圧力計
㉑同調計
㉒計器板灯
㉓速度計
㉔羅針盤
㉕旋回計
㉖射撃照準器取り付け架
㉗計器板灯
㉘昇降計
㉙高度計
㉚燃圧計
㉛潤滑油圧力計
㉜飛行時計
㉝潤滑油温度計（左）
㉞潤滑油温度計（右）
㉟シリンダー温度計
㊱排気ガス計
㊲機関砲左右切り換え開閉器
㊳燃料計換算表
㊴燃料切り換えコック
㊵燃料計
㊶酸素圧力計
㊷発動機点火スイッチ
㊸雑品嚢
㊹燃料注射切り換えコック（右）
㊺注射ポンプ
㊻ピトー管排雨器
㊼旋回計調整器
㊽配電盤
㊾尾輪固定用操作レバー
㊿油圧切り換えコック操作レバー
51 高圧油切り換えレバー
52 油圧手動ポンプ
53 座席上下調整レバー
54 方向舵ペダル

図19：操縦桿頂部詳細

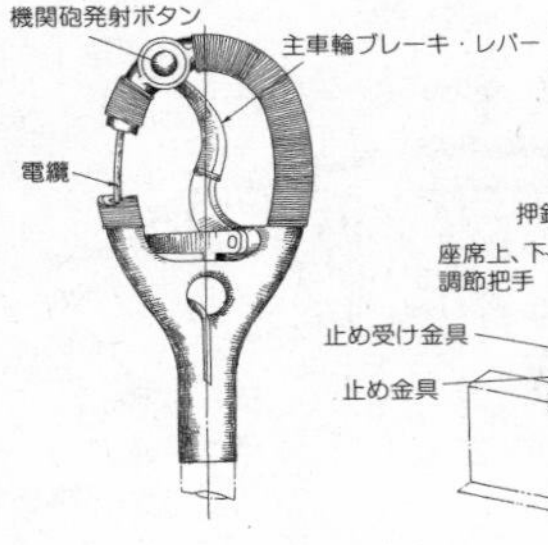

図20：操縦者座席構成

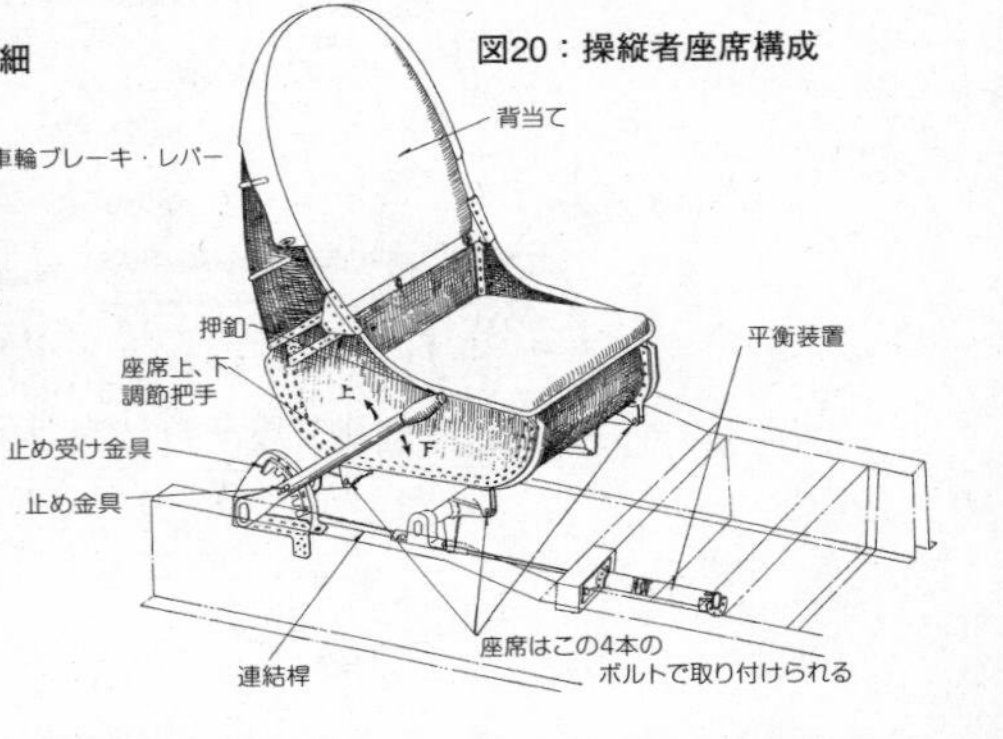

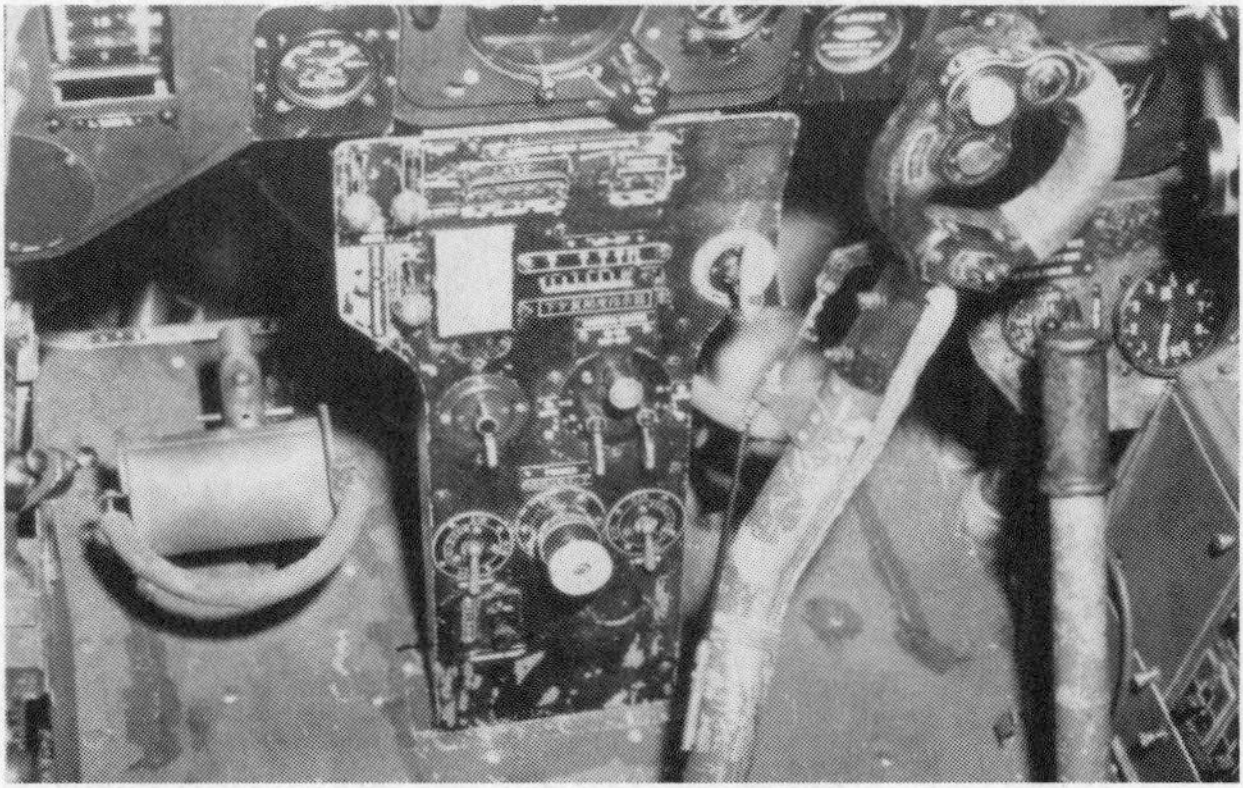

▲キ45改丁の操縦者席正面計器板。米軍調査機で、各計器の下部に英文の名称が貼られているが、計器自体は、昇降計、高度計など一部を除きオリジナルである。下写真は中央下部の補助計器板で、フラップ開度指示器、発動機点火スイッチ、燃料注射ポンプレバーなどが配置されている。その左右は方向舵ペダル、手前右に傾いた棒が操縦桿、その右の太いレバーは、尾輪固定用操作レバー。

◀キ45改丁の操縦者席左側（上写真）と、右側（中写真）。左側にはスロットル・レバー（右上）、プロペラ調速レバー、ミクスチュア・レバー、昇降舵、方向舵（手前）修整タブ操作ハンドルなど。右側には配電盤、圧力計、燃料タンク加圧切り換えレバー、油圧切り換えレバーなどが配置されている。図18のキ45改甲と比べると、右側の圧力計配置などに若干の変更が加えられたようだ。

▶同乗者席の右側前部。中央やや左下の２つのレバーは機関砲（ホ五上向き砲用？）油圧操作レバー（？）、その上は配電盤、その右は筒形の室内灯、その右の白っぽい小箱は米軍規格のものと思われる。画面左上には２個の計器が備えられている（高度計と速度計？）。

操縦室内のアレンジは、当時の双発戦としては一般的なもので、とくに際立った特徴ではないが、月光と異なり、操縦桿頂部が通常のスティック方式ではなく、イギリス機に多い〝環型〟なのが目を引く（図18～19）。なお、この操縦桿頂部は、キ45改甲と、夜戦型丁型（あるいは丙型以後）では異なり、P・327下写真に見られるように、丁型では操作ボタンの数が増えている。

同乗者席は、射撃兵装の項に掲載した図27に示すように、九八式七・九二粍旋回機銃の揺架に挟まれた形で後方向きに固定されている。図を見る限りでは、回転はしないようであり、機銃を操作するとき以外、通常飛行、無線機操作（席の向きとは逆の前方にある）のときなどはどのように座ったのだろう？

●降着装置

主脚は、シンプルな1本脚柱、流線型高圧車輪（800×280㎜、常用4気圧）、車軸、捩れ止め金具（トルク・アーム）、回転軸、斜め支柱、後方支柱、制動装置（ブレーキ）から成り、油圧により発動機ナセル内に完全収容される。

緩衝装置（オレオ）をもつ脚柱は、上部が脚取り付け架に支えられた回転軸に固定され、下部に車輪を嵌合し、1個のボルトにて固定される。下端は扛重機（ジャッキ）受けとなっている（図21）。

なお、緩衝支柱の諸元は、充填油として航空機用作動油第一種第一号を1・95ℓ注入、最伸長位置にて18~20kg／㎠の気圧を保ち、最大緩衝行程は160㎜となっている。

主脚の揚降は、油圧により脚起動器（アクチュエーター）を伸縮させ、後方支柱の機構を経て、緩衝支柱の回転運動を生じさせることで行なう。

脚収納時の固定装置は、後方下部支柱に付いたピンを、主翼小骨に取り付けた鈎により支持する。この鈎は、安全鈎起動器によって作動される。

▲キ45改丁後期生産機の左主脚を前方より見る。ナセル下面の蜂ノ巣型潤滑油冷却器部も含めた、各部のディテールが一目瞭然。主脚柱に沿って通る黒いパイプはブレーキパイプ。車輪タイヤは縦方向トレッドが８本入ったタイプ。潤滑油冷却空気取り入れ口内部には、流入空気を調節するシャッターがあり、取り入れ口の上縁とカウリング下面の間に、かなりの隙間が空くことに注目。

図21：主脚構成図（左主脚を示す）
（寸法単位：mm）

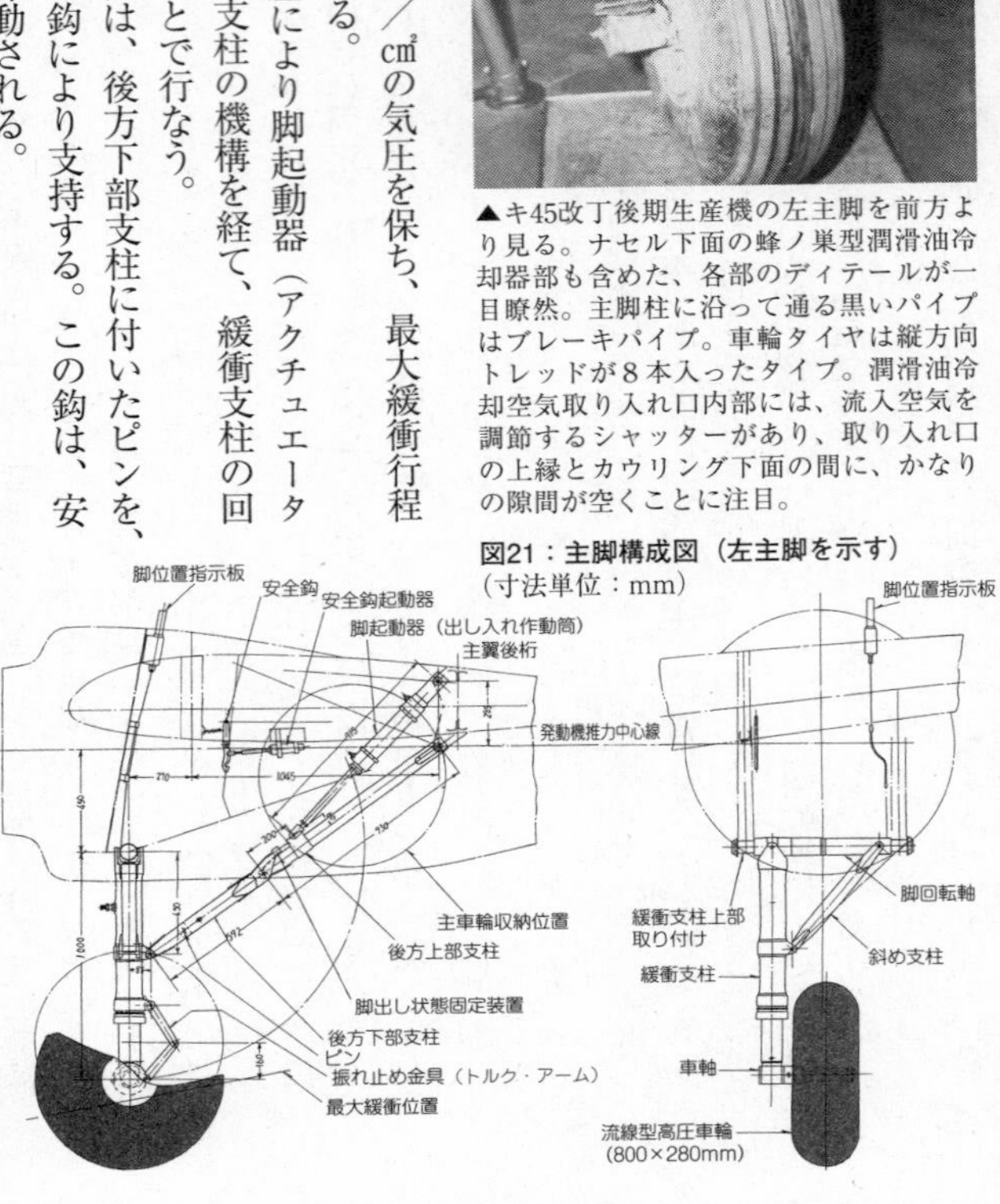

鈎の上部には索を連結してあり、非常時は、操縦者席の引き下げレバーにより、鈎が外れて脚が自由になる仕組み。

脚の揚降確認は、操縦者席計器板下部に取り付けた、青灯、赤灯により行なうが、電気系統故障などに備え、操縦者が視認できるよう、主脚の動きと連動してナセル上面に出入りする、機械式の指示棒（板）があった。

尾脚も油圧による引き込み式で、引き込み装置、上、下標示装置、固定装置より成り、尾輪は400×100㎜サイズの高圧車輪を用い、常用4気圧を保つ。

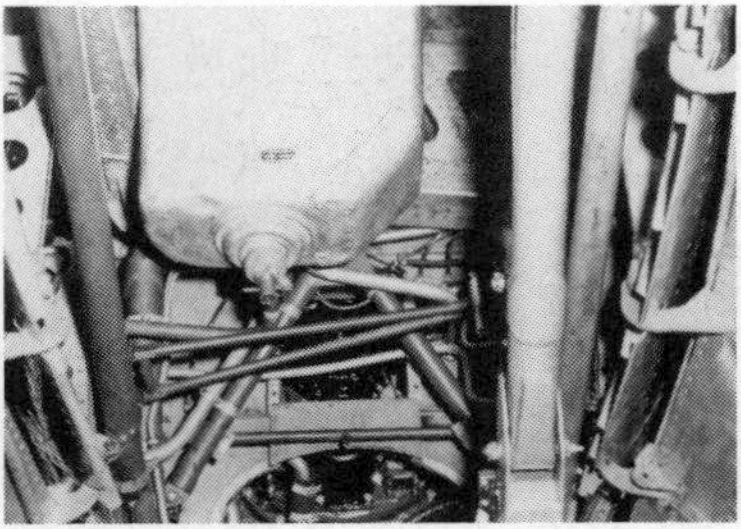

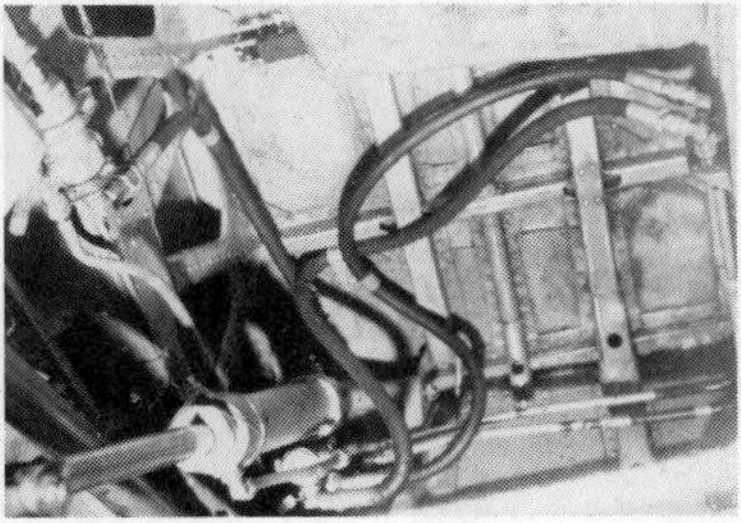

▲左主脚収容部の内部。上写真は前上方に向けて見たカットで、画面上方の白っぽい箱は潤滑油タンク、その奥の三角状パイプは中央脚架、手前右を上、下方向に通る白っぽいパイプが後方上部支柱。画面の左端/右端に収納扉と、その開閉ヒンジが写っている。中写真は後上方に向けて見たカット。画面左下が、脚の揚降を行なう起動器（アクチュエーター）で、黒い油圧パイプが連結している。

◀尾脚を右後方からクローズアップしたショット。オレオ部の蛇腹状覆、捩れ止め金具、股状金具（フォーク）、車輪、ホイールハブなどのディテールがよくわかる。股状金具の内側につく〝アール〟のついたカバーは泥除け、その上のコードは、車輪の回転を固定する装置の操作索。タイヤには、〝400×100高圧尾輪常用内圧4kg／㎠〟の文字が刻印されている。

図22：尾脚構成

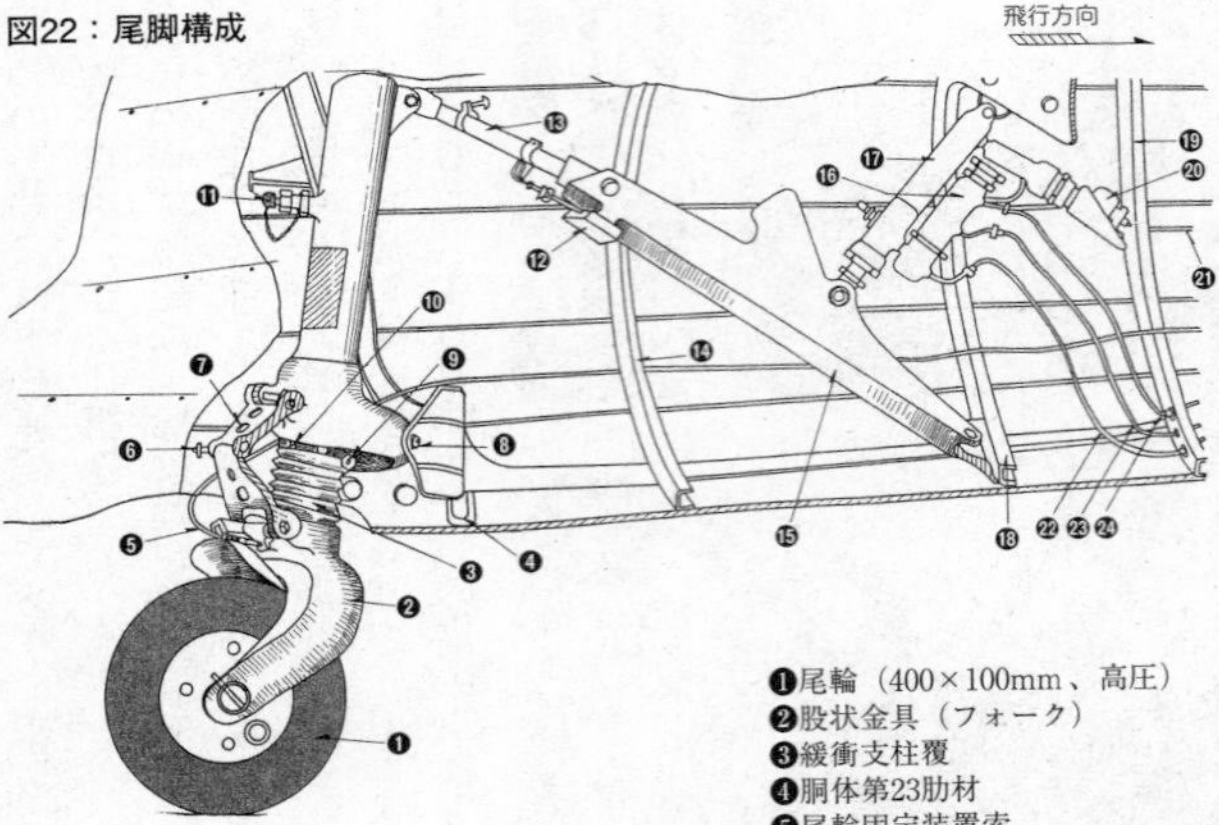

❶尾輪（400×100mm、高圧）
❷股状金具（フォーク）
❸緩衝支柱覆
❹胴体第23肋材
❺尾輪固定装置索
❻給油テクルミット
❼捩れ止め金具（トルク・アーム）
❽取り付けボルト
❾給油テクルミット
❿緩衝支柱上、下緊締ネジ
⓫注油栓
⓬警灯接続筐
⓭上部支持槓桿
⓮胴体第22肋材
⓯下部支持槓桿
⓰送油弁
⓱尾脚起動機（出し入れ筒）
⓲胴体第21肋材
⓳胴体第20肋材
⓴警灯接続筐
㉑電纜
㉒油圧管（還油）
㉓油圧管（圧油）
㉔油圧管（非常用圧油）

図23：尾脚出し入れ要領

出し状態

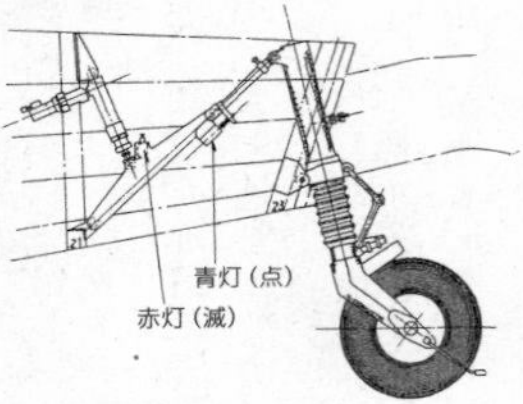

収納状態

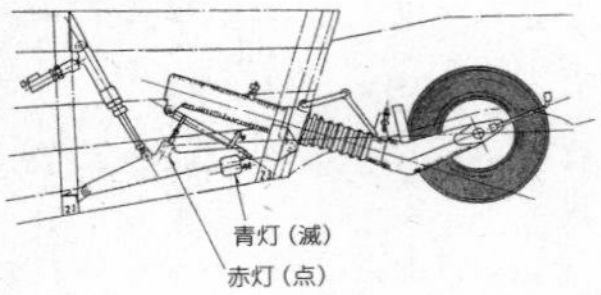

引き込み装置は、緩衝支柱、股状金具（フォーク）、上部支持槓桿、下部支持槓桿、および起動器より成る（図22）。

引き込みに際しては、油圧起動器の作動により、支持槓桿は上、下接続部より折れて、緩衝支柱は胴体肋材への取り付け点を中心として回転し、尾輪を胴体内に引き込む（図23）。

尾脚の揚降確認は、主脚と同様、操縦者席計器板に備えた、青（下げ）、赤（上げ）灯の点灯により行なった。

●射撃装置他

キ45改の射撃兵装は、甲型が機首上部に『ホ一〇三』一式一二・七粍機関砲2門、胴体右側下面に『ホ三』二〇粍機関砲1門、同乗者席に防御武装として九八式七・九二粍旋回機銃1挺であった（図24～27）。

そして、甲型に限らず後述する各型を含めた、キ45改の前方向け固定射撃兵装の照準は、図28、29に示した、光像式の一〇〇式射撃照準器により行なった。

飛行第四、五十三戦隊を中心に配備された、キ45改甲を応急改造の夜戦型〝丁装備機〟は、胴体内燃料タンクを撤去し、空いたスペースに、ホ一〇三を前上方約25°の仰角をつけて2門、〝上向き砲〟として固定したものだ。

よく知られるように、ホ一〇三は、米国のコルト・ブローニングM2をコピーしたもので、太平洋戦争中の陸軍戦闘機の主力火器であった。

性能、威力は、もとが優秀なだけに、満足すべきものであったが、防弾装備の強固な米軍機に対しては威力不足であった。

乙型は、甲型の胴体右側下面のホ三を、九四式三七粍戦車砲に換装した、対大型機迎撃用の武装強化型であるが、砲自体が航空機用ではないこともあって、多くは造られなかった。陸軍資料でも、三七粍砲は特殊装備としており、それを裏付けている。したがって、夜戦として使われた例も少ないと思われる。

丙型は、機首のホ一〇三に代えて、『ホ二〇三』三七粍機関砲1門（弾数15発）とした型で、昭和18年5月～10月にかけて、まず陸軍航空工廠において、甲型を改造して65機が造

▲飛行第四、または五十三戦隊配備機と思われる、キ45改甲“丁装備機”の機首、および右発動機ナセル周りのクローズアップ。機首のホ一〇三は、砲身の露出度が意外に大きい。整備員の右足下のパネルが外され、一二・七粍弾帯が見えている。左プロペラ・スピナーの上方に、わずかに突き出して見えるのが、操縦室後方に装備された、２門のホ一〇三上向き砲。

◀キ45改乙の胴体右側下面に、特殊装備として固定された、九四式三七粍戦車砲。固定位置と弾道溝は、『ホ三』用のそれと同じだが、駐退器などをクリアするために、下面にはかなりの突出部分が生じている。『ホ三』もそうだが、航空機用大口径機関砲の開発に遅れをとった陸軍の、苦しい状況を示すのが、このキ45改乙の戦車砲流用であろう。本砲は重量150kg、全長1.55m、初速約600m/秒、300mの距離から4.5cmの装甲板を貫徹する威力はともかく、発射速度、携行弾数、実用上の容易さなどの面で、不満があった。

図24：キ45改甲　機首上部射撃兵装

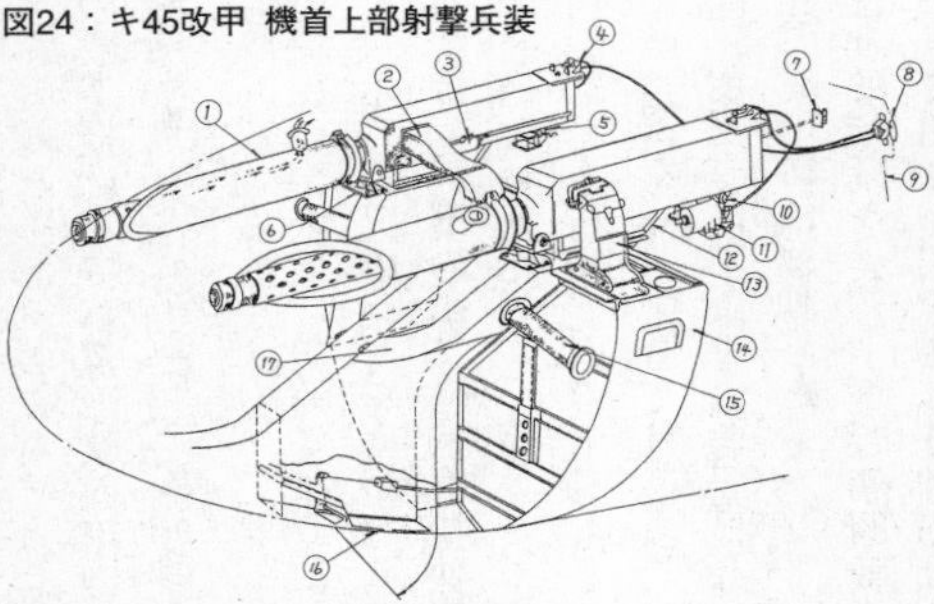

❶一式一二・七粍機関砲（ホ一〇三）
❷保弾子受け
❸油圧起動器
❹撃発装置
❺後方取り付け金具
❻前方取り付け金具
❼空薬莢排出扉操作レバー
❽安全装置槓桿
❾下部計器板
❿後方取り付け金具
⓫撃発用電磁器
⓬空薬莢受け
⓭給弾口
⓮弾倉
⓯空薬莢用ガス排出通路
⓰空薬莢排出扉
⓱空薬莢排出筒

図25：キ45改甲　胴体下面射撃兵装

❶発射ボタン
❷操縦室内配電盤に接続する電纜
❸『ホ三』二〇粍機関砲
❹胴体下面覆
❺前方取り付け金具
❻油圧起動器
❼振れ止め金具
❽予備弾倉装着架
❾予備弾倉上下用レバー
❿予備弾倉
⓫弾倉
⓬床板（着脱可能）
⓭後方取り付け金具
⓮空薬莢収容箱
⓯撃発用電磁器
⓰空薬莢排出筒

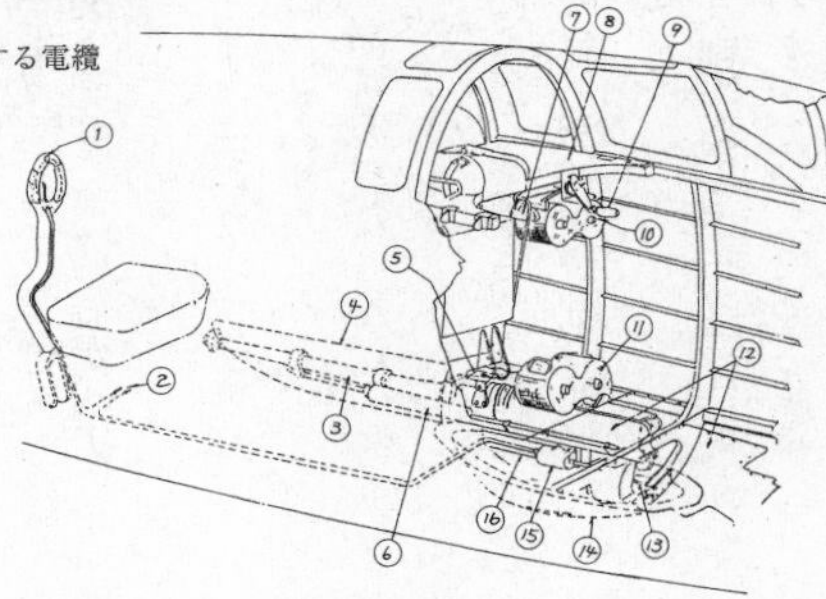

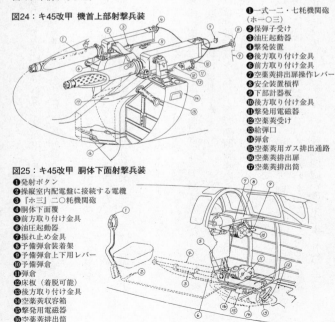

図26：胴体下面『ホ三』二〇粍機関砲詳細図

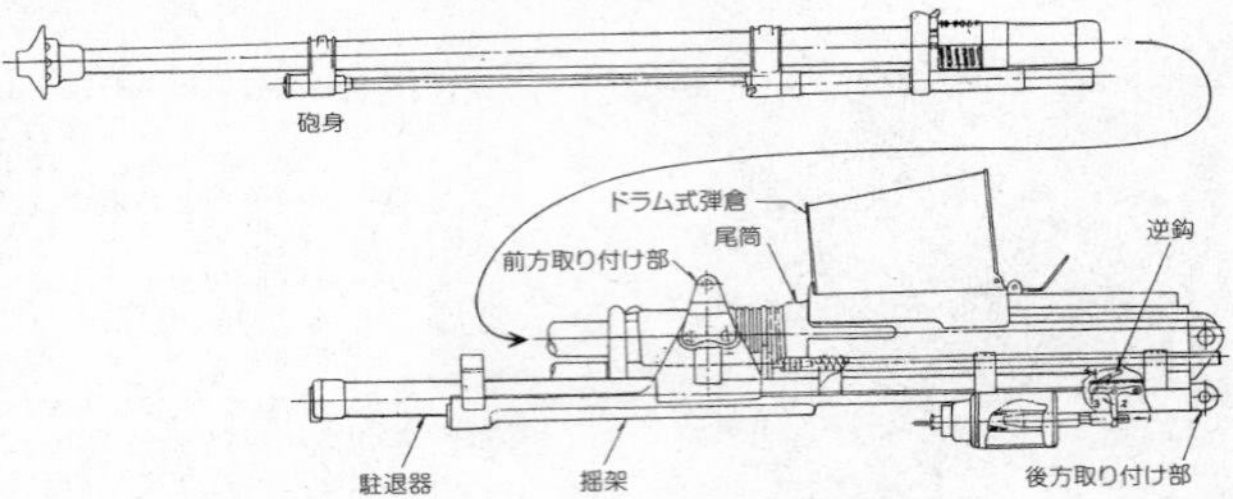

られた。

これらの改造機は、機首覆形状が甲型とほとんど同じ（ただし、パネル構成は一新）で、ホ二〇三の砲身が先端に突出しているのが特徴とされる。

この改造機につづいて、川崎で生産に入った丙型は、機首覆を前方に延長し、ホ二〇三の砲身をすっぽりと覆った。

陸軍資料では、丙型のホ二〇三も特殊装備と記されているが、実際には標準装備といえた。

なお、丙型は胴体右側下面のホ三もそのまま とされたが、陸軍航空工廠での改造機を見る限りでは撤去した機体もあったようだ。

ちなみに、丙型ではそれまで機首先端下部にあった着陸灯（図30）が、左外翼前縁に移動した。

丙型は夜戦型ではないが、飛行第四戦隊にも多く配備されて夜戦として使われており、昭和19年6月15日夜のB－29初空襲時の戦果も、大半が機首のホ二〇三によるものだった。

甲型改造の応急夜戦〝丁装備機〟の上向き砲であるホ一〇三は、B－29相手にはほとんど効果がないことがわかっていたため、陸軍は、昭和19年に入って、ホ五 二〇粍機関砲が実用化すると、本砲

図27：キ45改甲 同乗者席射撃兵装

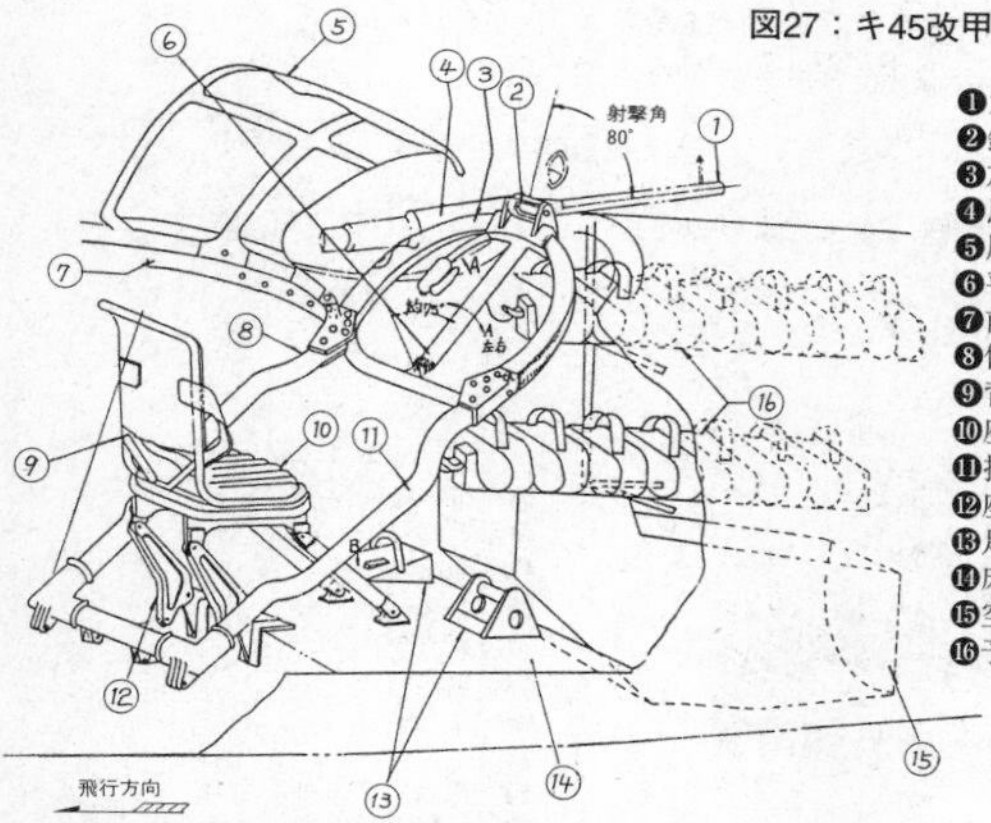

❶九八式七・九二粍旋回機銃
❷銃支持架
❸左右軌条
❹馬蹄形条
❺風防
❻平衡ばね筒
❼前後軌条
❽俯迎角23°
❾背当て
❿座席
⓫揺架
⓬座席連動機構
⓭足掛け
⓮床板
⓯空弾倉空薬莢収容箱
⓰予備弾倉装着具

▲比島にて米軍に接収され、発動機を始動してテストされる、生産型キ45改丙。機首覆も外されており、『ホ二〇三』三七粍機関砲がはっきりとわかる。口径のわりにはコンパクトなサイズであり、左右２本の“く”の字形取り付け架により固定されている。砲本体上部が弾倉で、15発を携行した。

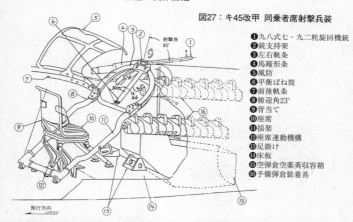

図28：一〇〇式射撃照準器取り付け要領（寸法単位：mm）
※キ45改甲を示すが、他型も同じ

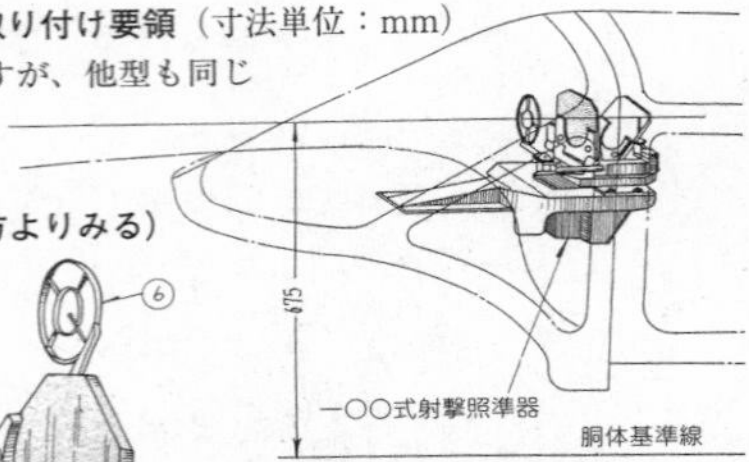

図29：一〇〇式射撃照準器（右上方よりみる）

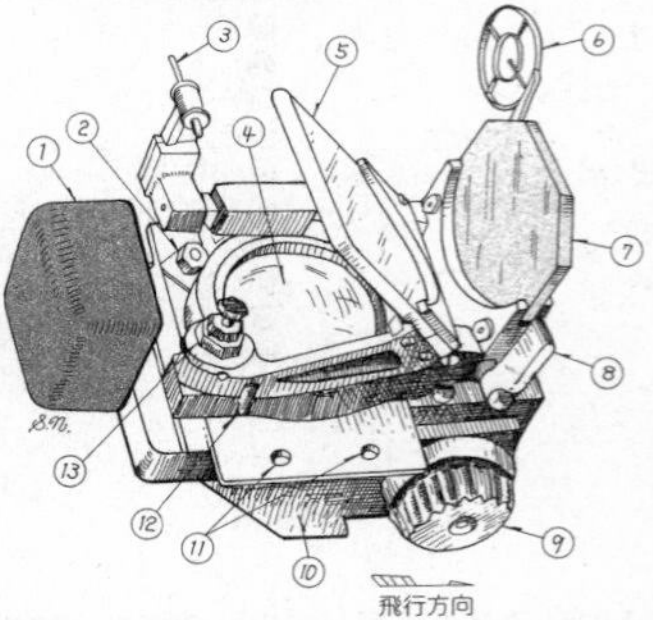

❶操縦者顔面保護パッド
❷左右調整用ボルト、ナット
❸予備照星
❹レンズ
❺反射ガラス
❻予備照門
❼フィルター
❽フィルター操作レバー
❾光源調整ダイヤル
❿取り付け板
⓫取り付けボルト孔
⓬高低調整用指標線
⓭高低調整用ボルト、ナット

▲飛行第五戦隊に配備された、キ45改丙。手前のマダラ迷彩機の胴体下面に注目。通常写真ではほとんど確認できない、『ホ三』用の空薬莢収容箱がはっきりと写っている。もっとも、下面には放出口も開いており、実戦では収容しないことにしていたようだ。

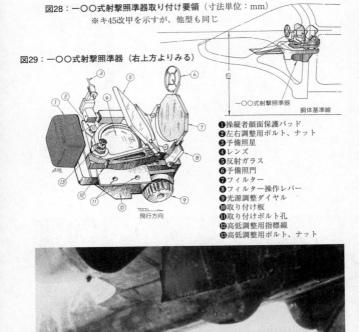

図30：着陸灯詳細

※図はキ45改甲の、機首先端に装備した場合のものを示す。キ45改丁の場合、左主翼前縁に移動しているので、固定法は若干異なったと思われるが、本体は同じ。

◀キ45改丁の操縦者席前部風防内クローズアップ。当時の写真としては、機密上、原則的に撮影を許されなかった一〇〇式射撃照準器、それに、これまでほとんど確認できなかった、上向き砲の射撃照準用ガラス板（前部風防後方縦枠の上方内側に見える）が写っている点で、非常に貴重な1枚。右側枠に吊り下げられた酸素マスク（？）、前部風防後方縦枠に設けられた、開閉風防用のレールなどもはっきりわかる。

◀米軍調査機のキ45改丁の、同乗者席から見た、『ホ五』上向き砲の本体部分（中央の黒っぽい長形部）。現在までのところ、ホ五上向き砲の取り付け内部を示す写真は、本写真のみと思われる。2門ともそれぞれ外側から給弾され、内側に打殻を放出するようになっている。画面右手前は、同乗者用の補助計器。

図31：落下タンク装備要領

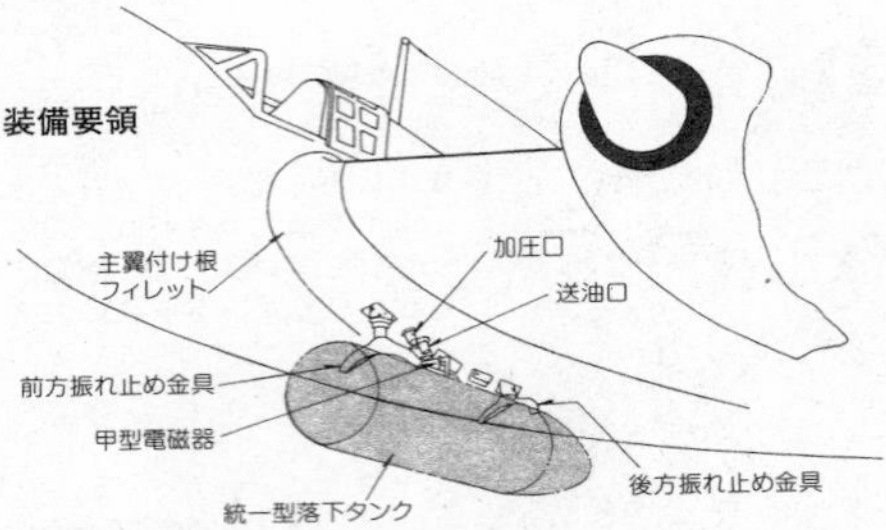

図32：落下タンク懸吊架詳細（爆弾懸吊架兼用）

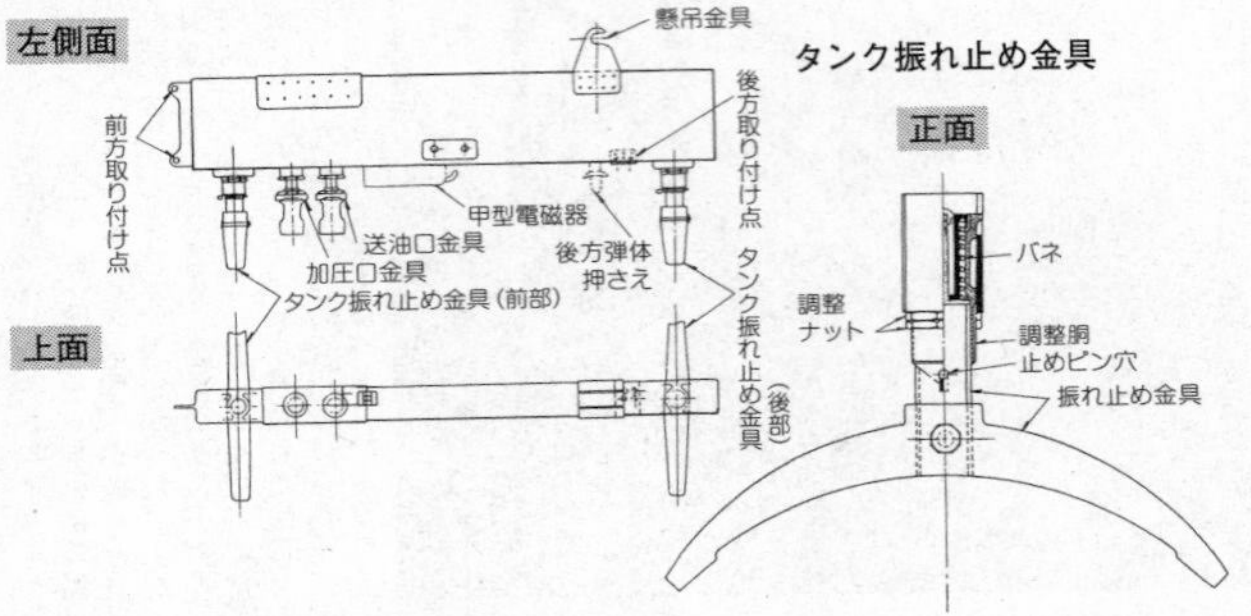

図33：統一型落下タンク詳細図（容量約200ℓ）

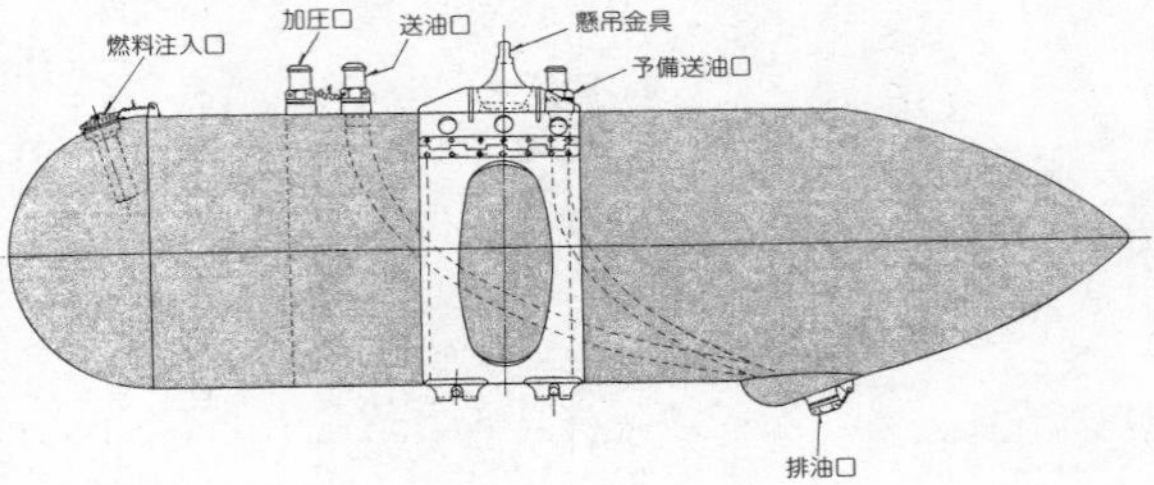

2門を上向き砲（仰角は32°）として装備する専用夜戦型を、丁型の名称で量産することを決定する。川崎工場での丁型の生産開始は4月。

ホ五は、ホ一〇三の口径拡大版で、当時の二〇粍砲としては小型、軽量であったが、初速750m／秒、発射速度850m／分と、海軍の九九式二十粍二号機銃と比較しても遜色はなかった。

このホ五上向き砲の詳しい装備要領は、現時点で取・説などの一次資料が未入手のため、カラーページのNASM保管機クローズアップ、およびP・339下写真でしのんでいただくしかない。いずれ、NASM保管機が復元着手されれば、それも明らかになると思われるのだが……。

なお、丁型の上向き砲の照準はどうしていたのかという疑問が湧くが、前述したように、本型の取・説の類いが未入手なので正確にはわからない。

もっとも、わずか1枚だが、丁型操縦者席前部を写したショット（P・339上写真）を見ると、固定風防後方縦枠の上部内側に、簡単なガラス板を取り付け、これに目安となる照門を記入しただけの、超簡易照準具で代用したらしい。

他のキ45改丁の現存写真すべてを見ても、これ以外に、例えば月光のような三式小型射撃照準器のごとき、〝純正部品〟をつけた機は見当たらない。

キ45改は、各型を通して、左右主翼付け根フィレット部の下面に、甲型電磁器を用いた、落下タンク、爆弾懸吊架を備えていたが、夜戦部隊では通常の迎撃任務には使用する機会がなかった。

いちおう、参考のために、図31～33に示しておく。統一型落下タンクとは、機体ごとの固有タンクではなく、陸軍機が、容量別に共通して使用する規格型タンクのこと。２００ℓ入りのものは、主に戦闘機が使用した。

蛇足ながら、海軍では増槽と呼称したが、陸軍ではタンクが制式呼称であり、本書もこれに従った。

第三章　日本陸海軍夜戦の塗装・マーキング

●海軍夜間戦闘機

昭和18年8月、斜銃装備の二式陸偵改造機が、夜間戦闘機『月光』の名称で制式採用されたとき、海軍第一線機の塗装は、上側面緑黒色（暗緑色）D_2、下面灰色J_3に塗る迷彩が標準となっていた。

しかし、当時ソロモン戦域に展開していた第二五一海軍航空隊機は、通常の二式陸偵も含めて、下面はJ_3を塗らずに無塗装のままにしていたようだ。

昭和18年10月、二五一空につづき、当初から夜間戦闘機隊として編制された最初の部隊、三二一空に、生産機が配備されるのと前後し、海軍は、月光の塗装を夜間行動に適した、全面緑黒色1色と規定した。

ただし、カウリングのみは従来どおり、わずかに青みを帯びたツヤ消し黒のままとし、防眩効果をもたせていた。

スピナー、プロペラは、当初無塗装のまま（後者の裏面はツヤ消しこげ茶色で、表面の先端には警戒用の赤帯2本を記入）とされたが、のちに双方ともツヤ消しのこげ茶に塗り、迷彩効果を高めた。この際、プロペラ・ブレード表面先端の警戒帯は、黄色1本が標準になったが、一部には2本とした機もあった。機体によっては、スピナーを迷彩色のD₂としたものもあったようだ。

各日の丸標識は、当然ながら白フチなしが標準であるが、三二一空への初期の配備機は、訓練段階のためか、全部、もしくは胴体日の丸のみ、白フチをつけていたような例もある。

主翼前縁の内側約1／2に、黄色（黄橙色）の味方機識別帯を記入したのも規定どおり。

海軍機の、尾翼の部隊符号／機番号の記入基準の概略を説明する。

月光が制式兵器採用された当時の海軍実施航空隊（いわゆる陸上基地のナンバー航空隊）の部隊符号は、航空戦隊ごとに任意のアルファベットを割り当て、その隷下の航空隊は、アルファベットのあとにアラビア数字1文字をつけて、それぞれの固有符号とした。

月光を最初に実戦で用いた二五一空は、昭和18年8月時点においては、第二十五航空戦隊に属しており、同航戦には〝U〟が割り当てられ、その1番目の部隊ということで〝U1〟を符号として用いていた。

通常、戦闘機の機番号は100番台を適用するが、二五一空の主力装備機は零戦であり、これと区別し、さらには月光の装備数が少数だったこともあり、10～20番台の2桁数字を適用した。

写真では〝U1－13〟、〝U1－20〟などが確認でき、これを白で、やや小さめに記入していた。

▲ラバウル東飛行場を滑走する、二五一空の『月光』一一型初期生産機“U1-20”号機。二式陸偵のそれを踏襲した、上側面D_2、下面無塗装の初期仕様で、主翼上面日の丸にも白フチがついていることが確認できる。

▲昭和20年２月、比島のルソン島クラーク基地にて、米軍に接収された、もと一五三空の『月光』一一甲型“53-85”号機。後期生産機の胴体日の丸は、サイズは変わらないが、前期生産機に比べて記入位置が少し前方に移動した。この“53-85”号機は、それよりもさらに少し前方寄りのようだ。右手前に転がっているのが、零戦と共通のヒレ付き木製増槽（全面灰色J_3）。

▼愛知県の明治基地で、出動前の発動機試運転を行なう、二一〇空の『月光』一一型前期生産機“210-60”号機。排気管を推力式単排気に改修済み。全面D_2、各日の丸は白フチなしで、一五三空、三三二空と同様に、尾翼記号（黄）はかなり小サイズ。

▲神奈川県・横須賀市の追浜基地に翼を休める、横須賀空の『月光』一一型後期生産機“ヨ－101”号機。全面D_2、各日の丸は白フチなし、黒色のカウリングと、D_2との明度の対比から、こげ茶色に塗られたスピナー、プロペラがはっきりと確認できる。本機は、このあと一一甲型仕様に“変身”し、さらには、一夜でB－29 5機撃墜の大殊勲機となる。

2番目の月光装備部隊、三二一空は、編制と同時に決戦部隊と期待された第一航空艦隊（昭和18年7月1日に創設）に編入された。

一航艦隷下部隊は、士気を高める意味もあって、各航空隊に〝虎〟、〝龍〟などの通称名を付与し、各装備機の尾翼部隊符号に、これを用いた。

三二一空の通称名は〝鵄《とび》〟が割り当てられ、千葉県の香取基地にて錬成している間は、これに2桁機番号を割り当て、白で記入していた。写真では、〝鵄－01〟、〝鵄－09〟などが確認できる。

しかし、昭和19年2月、マリアナ諸島への進出が開始されるのにともない、この通称名の部隊符号は廃止され、航空隊名の下2桁〝21〟と、2桁の機番号を黄で記入するように改めた。

これ以後、敗戦まで、海軍ナンバー航空隊の部隊符号は、3桁、もしくは下2桁の隊名を用い、機番号を含めて黄で記入するのを標準とした。

ただ、例外もあり、本土防空の精鋭三〇二空は、編制

▲飛行第四戦隊に配備された、陸軍航空工廠製のキ45改丙。川崎での標準生産機にはあまり見られない、暗緑色の細かい蛇行状パターン迷彩を施している。写真がやや不鮮明なのが惜しまれるが、本土防空部隊機を示す、日章旗状の国籍標識、とくに主翼の記入位置がよくわかる。尾翼マークの色は黄のようで、第三攻撃隊所属か？

▲昭和19年末、山口県の小月飛行場に待機する、飛行第四戦隊のキ45改丙、および丁群。中央機が丁型、“49”号機で、暗緑色の大きめ、かつ濃密なマダラ状迷彩パターンがわかる。第一攻撃隊であるためか、編隊ポジション・マークは記入していない。左、右遠方の機は、いずれも第二攻撃隊機。

◀昭和20年２月、大雪のあとの晴れ間をついて、松戸飛行場の片隅で発動機試運転を行なう、飛行第五十三戦隊のキ45改丁。暗緑色のマダラ状迷彩パターンを、やや細かめに施した塗装。尾翼マークは、写真がブレていて判別しにくいが、白（第一飛行隊）のように見える。方向舵下部の固有機番号は“23”か？　スピナー前半は黄（？）帯２本。

▲同乗者席を金属鈑で覆い、上向き砲などの兵装も取り外して、体当り攻撃機となった、五十三戦隊“震天制空隊”のキ45改丁“33”号機。夜戦特集の対象機ではないが、全面暗褐色塗装、国籍標識、尾翼部隊マーク（白フチ付き黄）などが鮮明に捉えられているので、資料写真として掲載した。胴体日の丸前方の、鏑矢マークが震天制空隊の固有標識。尾端の白帯も、何かの識別用であろう。

▲昭和20年６月頃、愛知県の清州飛行場に待機する、飛行第五戦隊のキ45改丁。ただし、他の多くの機と同様、上向き砲は取り外している。全面暗褐色の後期塗装で、胴体日の丸のみ白フチ付き。むろん、推力式単排気管を付けている。主翼下面日の丸記入位置、主翼前縁の味方機識別帯の塗装範囲に注意。

当初の暫定符号〝ヨD〟（ヨは横須賀鎮守府隷下、Dはその4番目の部隊――Aから数えて――）を最後まで用い、月光は機番号も含めて白で記入した機体が多かった。

また、本来は非実戦部隊の常設航空隊でありながら、昭和19年6月以降、硫黄島、本土防空戦に参加した横須賀航空隊の夜戦隊では、カタカナの〝ヨ〟の部隊符号、機番号を赤で記入した。

月光の場合、〝ヨ－101〟、〝ヨ－102〟が確認できる。

彗星の夜戦型、一二戊型の塗装は、他の艦爆型と同じく、上側面D_2、下面J_3の標準的なものであったが、識別を目的とするためか、機首下面までD_2に塗った機体がみられた。

極光、および銀河改造夜戦については、とくに陸爆型との塗装の違いはなく、上側面D_2、下面無塗装であった。

零夜戦、彩雲改造夜戦についても同様で、上側面D_2、下面J_3のまま。

●陸軍夜間戦闘機

陸軍夜戦といっても、実用機は二式複戦1種しかなく、同機の塗装が陸軍夜戦塗装のすべてである。

夜間戦闘専任部隊に指定された飛行第四、五十三戦隊ともに、昭和19年秋頃までは、全面灰緑色の上側面に、暗緑色のマダラ状迷彩（パターンは、フリーハンド塗装のため機体ごとに異なった）という、他の複戦部隊とまったく同じであった。

ただ、日の丸を白帯の中に記入し、日章旗状にして、本土防空部隊の識別標識としていた点が異なっていた。

昭和19年秋、陸軍は、実用機の迷彩塗色を、従来の暗緑色から、茶色系の暗褐色（黄緑七号が制式名称とされる）へと変更した。

本色は、原則的にマダラ状パターンなどにせず、ベタ塗りが基本であったことが留意すべき点。

二式複戦の場合、このころに川崎工場で生産されていたのは、大半が夜戦型の丁型（9月は95機、うち丁型以外は12機、11月には丁型40機に対し、それ以外はわずか2機に過ぎない）であり、その丁型も12月には生産終了するので、この新塗料を適用した機体はそう多くない。

この新塗料の適用に合わせ、二式複戦は、海軍の月光に順じ、上、下面の塗り分けとせずに、全面を暗褐色ベタ塗りの夜戦塗装としたことが特徴。

現存する写真を見る限りでは、飛行第四戦隊所属機は未確認だが、五十三戦隊をはじめ、指定夜戦隊以外の五、四十五戦隊の丁型、さらには二十七戦隊の丙型に、全面暗褐色ベタ塗り機が確認できる。

NF文庫

日独夜間戦闘機

二〇二三年十月二十二日 第一刷発行

著 者 野原 茂
発行者 皆川豪志
発行所 株式会社 潮書房光人新社
〒100-8077 東京都千代田区大手町一-七-二
電話/〇三-六二八一-九八九一(代)
印刷・製本 凸版印刷株式会社
定価はカバーに表示してあります
乱丁・落丁のものはお取りかえ致します。本文は中性紙を使用

ISBN978-4-7698-3281-2 C0195
http://www.kojinsha.co.jp

NF文庫

刊行のことば

第二次世界大戦の戦火が熄《や》んで五〇年——その間、小社は夥しい数の戦争の記録を渉猟し、発掘し、常に公正なる立場を貫いて書誌とし、大方の絶讃を博して今日に及ぶが、その源は、散華された世代への熱き思い入れであり、同時に、その記録を誌して平和の礎とし、後世に伝えんとするにある。

小社の出版物は、戦記、伝記、文学、エッセイ、写真集、その他、すでに一、〇〇〇点を越え、加えて戦後五〇年になんなんとするを契機として、「光人社NF（ノンフィクション）文庫」を創刊して、読者諸賢の熱烈要望におこたえする次第である。人生のバイブルとして、心弱きときの活性の糧《かて》として、散華の世代からの感動の肉声に、あなたもぜひ、耳を傾けて下さい。